科学新经典文丛

T H E
HIDDEN
REALITY

Parallel Universes and
the Deep Laws of
the Cosmos

隐藏
的现实

平行宇宙是什么

修订版

[美]
布莱恩·格林
(Brian Greene)
著

李剑龙 权伟龙 田苗
译

U0262344

人 民 邮 电 出 版 社
北 京

图书在版编目（ＣＩＰ）数据

　　隐藏的现实：平行宇宙是什么：修订版 ／（美）布莱恩·格林（Brian Greene）著；李剑龙，权伟龙，田苗译. -- 2版. -- 北京：人民邮电出版社，2021.6
　　（科学新经典文丛）
　　ISBN 978-7-115-56031-5

　　Ⅰ．①隐… Ⅱ．①布… ②李… ③权… ④田… Ⅲ．①宇宙学－普及读物 Ⅳ．①P159-49

　　中国版本图书馆CIP数据核字(2021)第031999号

版 权 声 明

◆ 著　　　　［美］布莱恩·格林（Brian Greene）
　　译　　　　李剑龙　权伟龙　田　苗
　　责任编辑　刘　朋
　　责任印制　王　郁　陈　犇
◆ 人民邮电出版社出版发行　　北京市丰台区成寿寺路 11 号
　　邮编 100164　电子邮件 315@ptpress.com.cn
　　网址 https://www.ptpress.com.cn
　　固安县铭成印刷有限公司印刷
◆ 开本：880×1230　1/32
　　印张：15.625　　　　　　　2021 年 6 月第 2 版
　　字数：366 千字　　　　　　2025 年 1 月河北第 12 次印刷
　　著作权合同登记号　图字：01-2012-0241 号
定价：79.90 元
读者服务热线：(010)81055410　印装质量热线：(010)81055316
反盗版热线：(010)81055315
广告经营许可证：京东市监广登字 20170147 号

内 容 提 要

自古以来，"宇宙"就意味着"所有的东西"。但在本书中，畅销书作家布莱恩·格林将以他那招牌式的睿智和幽默告诉你，我们的宇宙可能并非唯一的宇宙，而不过是无数平行宇宙中的一个。这些平行宇宙的图景更是让人匪夷所思，如百衲被多重宇宙、暴胀的多重宇宙、弦的多重宇宙、量子多重宇宙、全息多重宇宙、虚拟多重宇宙和终极多重宇宙等。请跟随格林的脚步，他会带你游历梦幻般的各种平行宇宙。即使你对世界的认识没有因本书而颠覆，你也会因此极大地拓展自己的视野。

献　给

特蕾西和索菲亚

壮丽的宇宙云图（代序）

刘慈欣

文明的历程就是人类越看越远的历程。随着视野的延伸，人们所知道的宇宙变得越来越大。

我小的时候生活在太行山区，那时远方的山脊线在我的眼中曾经是很奇妙的东西。看着那条以空旷的天空为背景的山脊，我总是好奇山的那边会有什么东西，渐渐地开始想象山那边有一个很神奇的世界。对于那时的我，那条山脊线就是世界的边缘。对于人类的远古祖先来说，这种感觉可能常常出现。在那时的人们眼中，可能一个山谷就是世界的全部。

不同民族的神话传说中都出现过覆盖全世界的大洪水的叙述，以至于人们曾认为地球真有过一个大洪水时代。其实这可能是一个误解，因为神话中的"世界"概念与我们今天的大不相同。比如，最著名的《圣经》中的大洪水也声称席卷全世界，但那个世界只是地中海地区极其有限的一个范围，那次洪水也只是一次地区性洪水而已，即使黑海灌入地中海的猜测成立，离现今意义上的世界性洪灾还差得远。

后来，人类的世界视野扩展到整个地球，并延伸到星空。在相当长的一段时间里，人类所认识的宇宙仍然只有太阳系大小，土星和海王星就是宇宙的边缘。17世纪末恒星视行差的发现使人类眼中宇宙的尺度发生了一次巨大的飞跃，但直到20世纪初，科学家们仍然认为银河系就是宇宙的全部。现在，可观测宇宙的尺度已经扩展到百亿光年以上，这是一个人类的想象力已经难以把握的巨大存在，而平行宇宙理论告诉我们，这样一个巨大的宇宙并非存在的全部，而可能只是沧海一粟。

我们对多重宇宙理论并不陌生，但大多来源于量子力学的多世界假说，而布莱恩·格林在这本书中共为我们描述了多达9种可能的多重宇宙，大多以前鲜有听闻，量子力学的那一种反而被放到了最后。

在这9种平行宇宙中，最为直观的应该是所谓的百衲被多重宇宙。我们对宇宙无限的概念并不陌生，在一个无限的宇宙中，相距遥远的区域必然形成无数个多重宇宙。最惊人的推论是：基本粒子的组合方式是有限的，如果宇宙无限，那么必然会出现粒子的组合与我们所在的子宇宙相同的其他子宇宙，而这样的子宇宙也有无穷多个。也就是说，我们的世界可能有无数个拷贝。这是一个在数学上最能为我们普通人理解的多重宇宙模型。最具哲学性的是所谓的终极多重宇宙，设想所有可能的规律和参数都是存在的，都能构成各自的宇宙，甚至包括那些无法用数学计算和表达的规律。这无疑是无穷大中的无穷大了。这样的宇宙动摇了认识论的哲学基础。科学探索建立在这样的动机上，即试图说明宇宙规律和宇宙参数为什么是现在这个样子，但在终极多重宇宙中，所有的可能性都存在，就像鞋店中有所有尺寸的鞋子，其中必然有合我们脚的那一双。这样，探索的意义就大打折扣。除以上两种外，书中还描述了包括弦论在内的现代最前沿的物理学和宇宙学理论所产生的多重宇宙模型，甚至还探讨了可能在计算机中产生的虚拟宇宙。

我一直认为，人类历史上最伟大、最美妙的故事不是游吟诗人唱出来的，也不是剧作家和作家写出来的，这样的故事是科学讲出来的。科

学所讲的故事，其宏伟壮丽、曲折幽深、惊悚诡异、恐怖神秘，甚至浪漫和多愁善感都远超出文学的故事。这本书更证明了这个想法。作为一个科幻迷，我在读此书时充满了阅读科幻小说的快感，但此书的想象力远远超越了科幻，其宏大广阔和疯狂的程度是任何科幻小说所不及的。比如，弦论中的高维空间形态有10的500次方种之多，由此可能产生同样数量的多重宇宙，而我们所在的宇宙中所有基本粒子的总和也不过10的90次方个；还有那包含一切可能的终极多重宇宙，科幻小说中从来不敢描述这样的概念。读这本书的自始至终，震撼紧跟着震撼，神奇叠加着神奇。书中的思想之辽阔深远，想象力之疯狂，让人头昏目眩。但本书不是科学幻想，其中的每一种多重宇宙模型都是严谨的科学推论，都有着理论和数学基础，其含金量是科幻所远不能比的。所以，科学不是想象力的桎梏，恰恰是想象力的源泉和翅膀。本书的书名本来叫《宇宙的云图》，我感觉这个书名更贴切一些。在这幅壮丽的云图面前，我们的思想尺度被拉伸到极致，有一种站在无限时空之外的体验。

现代科学，特别是物理学，已经进化到极其深奥的领域，其前沿理论所描述的世界已经远远超出了我们日常的经验范围，而描述这些理论所用的艰深的数学语言也让人望而生畏。本书的作者格林却有一种伟大的才能，能够把最深奥和晦涩的理论用符合我们现实经验的语言描述出来。这些描述不仅能够为我们所理解，而且鲜活生动，富有美感。这种才能在他以前的一本介绍弦论的书《宇宙的琴弦》中已经表现出来，那是我读过的将包括相对论、量子力学和弦论在内的现代理论物理学介绍得最为清晰明白的一本书。格林的才能在这本书中更是发挥得淋漓尽致。同时，本书的翻译也十分出色，译者对理论物理学和宇宙学有着专业而深刻的理解，用流畅的译文完美地表达了原书的意蕴。本书在高层次的科学传播著作的翻译中可以说是一个典范。

说到科学传播，我不由得生出诸多感慨。相对于有着明确现实意义的应用科学和技术，最基础的科学理论及其最前沿的进展是每个都应该了解的，因为这是人类眼中宇宙和大自然的最新图景。如果一个人从降生起直到老死，终生都没有走出过家门，这无疑是十分悲惨的人生。而如果我们在短暂的人生中匆忙而过，对超出我们视觉的宏大和微小的世界毫无了解，每天的思想都在生活和工作的范围里徘徊，那就等于在精神上一辈子没走出过家门，这无疑是人生的一大遗憾。

曾经，基础科学的最新理论对社会和人们的思想产生了深刻的影响，哥白尼的日心说、牛顿的古典力学以及达尔文的进化论莫不如此。但后来这种影响渐渐消失了，基础科学，特别是理论物理学变成了象牙塔上的空中楼阁，离社会生活越来越远。如果要找出一个界限的话，那就是量子力学，大众正是在量子力学出现之后才对理论物理学和宇宙学渐渐陌生的。相对于包括相对论在内的基于决定论的古典理论，量子力学以后的物理学显现出全新的哲学面貌，对人们所习惯和熟悉的认知方式产生了巨大的挑战。

于是，一个令人不安的现象产生了。在科学技术飞快改变着人类生活的同时，科学的最新的世界观却不为人知，社会公众和科学家眼中的大自然和宇宙的差距越来越大，公众眼中的宇宙仍是一幅古典的图景。这种认知的差距可能成为社会进步的潜在的最大障碍。

例如，现代物理学和宇宙学为我们展示了一个极为广阔的宇宙，而平行宇宙理论的出现（不论书中的9种多重宇宙假说中的哪一种成为现实）都使宇宙的广阔又增加了许多个数量级，将人迹未至的广漠空间又复制了无数份。这种宇宙与人类在大小上的反差触目惊心，这种反差其实是一个明确无误的哲学上的启示，召唤着人类走出灰尘般的地球摇篮，去填补那巨大的空白。这种开拓和扩张不仅是文明的使命，更是生命的本质。但是现在人们显然没有感受到这种召唤，他们仍沉浸在古典的宇宙图景中，在人类中心的幻觉里得过且过。

基础科学日益远离大众，有可能使人类躺在技术的安乐窝中再次进入蒙昧时代，社会急需第二次科学启蒙运动，这就使得《隐藏的现实：平行宇宙是什么》这样优秀的科学传播著作具有不可估量的意义。

2013 年 3 月 18 日

格林与平行宇宙（导读）

李剑龙

一个有传奇色彩的物理学家

暮春的正午，在纽约第120大街和百老汇大街的交叉处，一个行色匆匆的中年男人快步走向路口。他的头发松软，两鬓略白，身着蓝色衬衫和正装西裤，背着一款精致的黑色双肩包。路上的一位行人认出了他，但还未开口打招呼，他就如短跑运动员一般突然加速，抢在红灯亮起前冲过路口，继续向西走去。如果不是有人亲口向你描述，你就永远无法相信这位穿着考究、身手矫健的大叔就是哥伦比亚大学的理论物理学家布莱恩·格林。

1963年，格林出生于纽约，他的研究方向是超弦理论。这种理论认为组成世界的基本粒子都是在高维空间中不断振动的弦。弦论虽然听起来玄妙，但并不是玄学，若想"转轴拨弦三两声，未成曲调先有情"，演奏者就需要具备高超的数学洞察力。在这个方面，格林自幼就表现出异于常人的天赋。五六岁时，他就懂得在父亲的工程稿纸上计算30位数的乘法。12岁时，他的胃口已经超出了数学课的范畴。他的数学老师为他写了一张纸条："我们已经尽力了，请问谁能负责教教这个男孩？"

带着纸条，他同姐姐一起在哥伦比亚大学寻找志愿教他数学的人。从那时起，格林每周都会同一位数学系博士生一起学习，直到高中毕业。

掌握了数学这门描述自然规律的基本语言之后，格林开始痴迷于物理学的诗意。17岁时，格林考入哈佛大学物理系，并买了一本关于广义相对论的课本作为随身之物。"虽然当时我读不懂，但我就是想把它带在身边。我就是如此强烈地渴望学习爱因斯坦的理论。"广义相对论蕴含一种平等的理念，它将不同运动状态的观察者置于同等的地位。实际上，格林曾在童年的游戏中受到类似理念的熏陶。他的父亲艾伦·格林是一位作曲家，虽没有学过相对论，但他也喜欢教儿子从不同的角度观察世界。例如，一枚硬币从口袋里掉出来时，他会在父亲的建议下设想自己是硬币上随之旋转下落的一只蚂蚁。

自物理学诞生以来，理论研究者都试图将千姿百态的物质还原成少数几种基本成分，并在看似无关的现象中寻找共同的规律。广义相对论用宏观的语言描写了物质和时空之间的亲密纠葛，量子理论用微观的笔触勾勒出基本粒子家族的面目。然而，这两套成功的理论在原则和细节上势如水火，难以相容。自爱因斯坦起，一代又一代人都希望通过自己的努力修补二者的关系，找到一个包罗万象的统一理论。1984年，本科毕业的格林在罗德奖学金[1]的资助下前往牛津大学，加入了梦想追逐者的行列。

恰在此时，弦论克服了数学自洽性的困难，从少数精英追捧的小众偶像迅速成为声名鹊起的大众情人。有一天，格林听了一场学术报告，弦论的创始人之一迈克尔·格林[2]向大家介绍了这个新兴的"万

---

[1] 罗德奖学金（Rhodes Scholarships）创设于1902年，是英国大学中历史最长、声誉最高的一项奖学金，获得者将在牛津大学万灵学院学习两到三年。

[2] 迈克尔·格林（Michael Green，1946—），现为剑桥大学应用数学及理论物理学系教授、克莱尔霍学院院士，于2009年接替了霍金的卢卡斯数学教授席位。

物至理"。回来之后，格林和朋友们便四下搜集一切有关弦论的知识和信息。

弦论的迷人之处在于，不必刻意为之，它就能自然地生成一种传递引力相互作用的微观粒子（引力子），这是人们梦寐以求的特征。但是弦论又预言，这些振动的弦必然生活在十维时空之中。为了解释我们为什么只看到三维空间和一维时间，弦理论家认为其余的6个维度发生了蜷曲，因而暂时超出了我们的探测能力。基于数学家卡拉比[1]和丘成桐[2]的工作，人们将这些高维空间的蜷曲形态叫作卡拉比－丘空间（Calabi-Yau Space）或卡拉比－丘形态。正如圆号的蜿蜒铜管决定了空气振动的音色，卡拉比－丘空间也决定着弦的振动可以表现为何等模样的微观粒子。弦论能否成为一个合格的统一理论，其中一个关键在于除了未知的引力子之外，能否生成其他已知的基本粒子。

格林和另外两个学生挑选了一种卡拉比－丘空间，计算出了一整套粒子和规则。方法奏效了，他们的结果几乎完全与当时物理学家的需求一致。可惜，除此之外还有一些多余的粒子，这使他们的努力化为泡影。"虽然在细节上失败了，"格林的导师格拉汉姆·罗斯（Graham Ross）说，"但在当时，这是第一个向成功迈进的尝试。"这个尝试本身就是一项创举。格林等人将计算结果写成两篇学术论文，先后发表在《核物理学B辑》（*Nuclear Physics B*）上。迄今为止，这两篇诉说"失败经历"的论文一共被引用了500多次，对于绝大多数鼓吹"成功经

---

[1] 欧亨尼奥·卡拉比（Eugenio Calabi，1923— ），意大利数学家。他提出了著名的卡拉比猜想：能否找到一个紧而不带物质的超对称空间，其中的曲率非零（即具有重力）。
[2] 丘成桐（Shing-Tung Yau，1949— ），著名华裔数学家，师从陈省身教授，现为哈佛大学终身教授、美国科学院院士、中国科学院外籍院士，囊括菲尔兹奖、沃尔夫奖和克拉福德奖三个世界顶级大奖，对微分几何和数学物理的发展做出了重要贡献。

验"的理论物理学论文来说，这一数据可望而不可即。时至今日，虽然人们对弦论有了更深刻的理解，但仍然没人能构建出与实验结果完全一致的基本粒子。

凭借出色的研究工作，格林仅用两年时间就取得了博士学位。拥有如此不同寻常的天赋和履历，我们很容易将格林与美剧《生活大爆炸》（*The Big Bang Theory*）[1]中的物理学家谢尔顿[2]联系在一起。谢尔顿患有严重的社交障碍症，在世俗生活中完全是个呆子，他符合普通人对科学天才这一刻板形象的一切幻想（或者说是偏见）。实际上，除了在《生活大爆炸》中与谢尔顿有短暂的对手戏之外，格林的性格和这个怪人毫无相似之处。

格林在高中时参加过摔跤比赛，上大学时参加过越野赛跑，也出演过音乐剧。"显然，格林不是一般人。"格拉汉姆·罗斯回忆说，"他非常聪明，善于与人沟通。他向来是一个富有魅力的人物。"在牛津大学的时候，格林花了许多时间学习表演，他觉得这样可以打破局限，改变思维。"表演课通常要上三个小时。下课后，我的感觉就好比'哇！我刚刚到了一个平时从未去过的完全不同的宇宙'，我就是喜欢这种感觉。"于是，格林将上表演课的习惯保留了下来，这为格林后来在公众演讲和电视表演方面的出色发挥打下了基础。

年轻的格林从牛津大学毕业之后又回到哈佛大学做博士后，他的研究组主任正是大名鼎鼎的丘成桐。丘成桐在数学和物理以及二者的交界地

---

[1] 又译为《天才也性感》《天才理论传》《宅男行不行》《囧男大爆炸》《特别变态科学家》，该剧在2007年9月24日由哥伦比亚广播公司（CBS）推出。

[2] 谢尔顿·库珀（Sheldon Cooper）博士是《生活大爆炸》中的一个主要角色，由吉姆·帕森斯（Jim Parsons）饰演，中国观众亲切地称他为"谢耳朵"。帕森斯因为扮演这个角色在2010年获得艾美奖，2011年1月获得金球奖。

带有着重要的影响。他将自己数十年来的研究成果和心路历程与人合作写成了一本《大宇之形》（*The Shape of Inner Space*）[1]，并在书中50多次提到了格林。

20世纪80年代末，许多理论物理学家对卡拉比－丘空间在物理学中的前途失去了信心。丘成桐惋惜地回忆道："例如格林的牛津大学校友保罗·阿斯宾沃尔（现在杜克大学）发现自己很难找到可以继续研究卡拉比－丘空间和弦论的工作，而格林在牛津大学的两个同学和合作者转行去了金融界。格林却留了下来，并且和当时的物理学家一起做出了重要的发现。""必须承认我很高兴，"丘成桐写道，"他们坚持把这项特定的研究课题做了下去，而不是转做股票期货之类的事情。"

格林和当时的一个研究生一起研究了卡拉比－丘空间的"镜像对称性"（见本书第4章注释17，以及《宇宙的琴弦》[2]第11章）。这个概念认为，就像形状不同的铜管乐器偶尔也会发出完全一样的声音，不同形态的卡拉比－丘空间也可能让弦产生无法区分的振动模式。格林等人的工作证实了这个利好消息。他们找到了第1组"镜像对"，并提出了一种构造"镜像对"的方法。这个方法不但为蜷曲空间的理论计算提供了便捷，而且为弦论克服某些奇异性困难开辟了道路。

广义相对论之所以无法被纳入量子框架中，原因之一在于其中会存在奇点这样的极端情形，而量子物理学不知道该如何应对。例如，黑洞中心就存在一个体积无限小、密度无限大的奇点。这种情形就像用一除以零，在数学上没有意义，在物理上更不能成立。如果卡拉比－丘空间也遭遇奇点，那么该怎么办？格林和合作者发现了一种绝妙的办法。当

---

[1] 翁秉仁译，湖南科学技术出版社，2012年出版。

[2] 原书名是 *The Elegant Universe*，即《优雅的宇宙》，李泳译，湖南科学技术出版社，2004年出版。

一种卡拉比-丘空间遭遇某类奇点（即本书第4章提到的翻转奇点，详见《宇宙的琴弦》第11章）而发生撕裂时，它的"镜像对"却可以安然无恙，不受影响。由于两个空间的物理结果等价，格林等人反过来证明第一种卡拉比-丘空间经历的撕裂和奇点不会对弦论构成威胁。后来，他们又研究了另一种更剧烈的锥形奇点，结果同样令人鼓舞。

超级科学推销员

格林博士后出站后到康奈尔大学工作。1995年，也就是在格林发表锥形奇点工作的同一年，年仅32岁的他成为了教授。一年之后，格林少年时曾经拿着老师写的纸条拜访过的哥伦比亚大学数学系向他发出了邀请。起初，格林并不想回到300多千米外的纽约，因为那里"不够安静，无法坐下来思考"。但当时他的约会对象愿意搬到纽约（可能是《宇宙的琴弦》致谢中的艾伦·阿彻尔，一位知名配音演员）。后来恋情告吹，格林同美国广播公司（ABC）的电视制作人特蕾西·戴（Tracy Day）结了婚。

戴共4次获得艾美奖的新闻与纪录片奖，是一位资深媒体人。她曾赴现场报道过柏林墙倒塌、曼德拉出狱、海地难民危机、哥伦比亚贩毒集团、库尔德人出走等新闻事件。在美国国内，她报道过旧金山地震、俄克拉荷马爆炸、辛普森案的审判、"哥伦比亚号"航天飞机失事和多次总统选举。她还为美国公共电视网（PBS）、探索频道（Discovery）、美国有线电视新闻网（CNN）等电视媒体制作过纪录片和专题片，进行实况转播。我们不清楚格林与PBS将两本科学读物拍摄成7集纪录片时，戴发挥了多大作用，但如果当初他们没有相识，也许就不可能有后来世界科学节的一段佳话。

2008年初夏，杂耍演员和哲学家、魔术师和生物学家、音乐家和物理学家走到一起，在5天的时间里为纽约市民奉献了46场表演、辩论和派对。从此，一年一度的世界科学节成了纽约市的科学文化地标。格林和戴是世界科学节的共同发起人，被《纽约时报》誉为纽约第一科学夫妇。他们就像两种互为镜像的卡拉比－丘空间，虽然专业特长和人生轨迹不同，但能水乳交融、浑然一体，共同创造一场科学传播的盛典。此外，他们还孕育过两个共同的物理结果，分别是儿子亚历克·格林（Alec Greene）和女儿索菲亚·格林（Sophia Greene）。

中国科学院研究生院人文学院李大光教授说，美国国家科学基金会分配科研经费时，除了考察申请人的资历与声誉以外，还要特别考虑他们的研究结果是否得到了公众的支持。这从一个方面解释了为什么美国的科学传播队伍中不乏世界顶级科学家的身影。另外，美国自殖民地时代以来就有科学传播的传统。美国国父富兰克林在18世纪30年代出版过一本连续畅销25年的箴言书《穷查理年鉴》，其中就涉及了不少科学知识。进入19世纪以后，旁听科学家宣读论文、讲解新发现成为上流社会的生活风尚。可是随着科学研究的深入，从19世纪末开始，科学知识逐渐幻化为充满奇异符号和诘屈名词的"火星文"。尽管科学和技术一次又一次刷新了人类生活的面貌，但公众和前沿科学之间的鸿沟愈发难以弥合。

弦论将这种鸿沟推向了极致。尽管弦论被认为是能够统一广义相对论和量子物理的最有力的候选者，但它的概念过于抽象，数学过于晦涩，以至于绝大多数未做过相关研究的广义相对论和量子物理专家都不太明白弦论究竟说了什么。格林向这个鸿沟发起了挑战。他在一次采访中说："由于专业细节令人望而生畏，人们会避免接触科学知识。可是，科学思想的戏剧性不亚于任何一部小说……为什么每次都要虚构呢？为什么不来点儿真正的科学呢？额外的维度、空间撕裂，这些都是天然的素材。"

格林将他的数学洞察力和表达天赋融入了《宇宙的琴弦》，用流畅的语言和贴切的比喻将这些天然素材雕琢成一件件栩栩如生的艺术品。例如，关于卡拉比-丘空间和乐器形状的比喻就是格林的手笔。这本书问世仅一个月就印刷了三次，不仅登上《纽约时报》畅销书排行榜，而且在亚马逊上击败了约翰·格里森姆的新小说，一度销量排名第一。《纽约时报》的书评盛赞道："《宇宙的琴弦》不可不读……霍金为黑洞所做的事情，格林在弦上都做了。"

像中国的科学家一样，一开始格林也有点儿担心这本不那么严肃的弦论著作会招致同行的批评。不过大部分弦理论家觉得自己陷入了一个不为人知的小角落，他们反而喜欢这样的推销行为。"（弦论）太庞大，"格林解释说，"你可以在你的理论上花一辈子时间，竭尽你工作的每一分每一秒，却还无法知道这个体系的所有进展。"所以，弦论的科普读物能使大众受益，给尚未入门的本科生以启迪，那些陷入弦论汪洋大海的专业探险家也得以借此概览自己的一亩三分地之外的景色。

2003年，PBS的"新星"（NOVA）系列节目将《宇宙的琴弦》变成了看得见的景色，这就是三集纪录片《优雅的宇宙》。这部纪录片曾三次入围艾美奖，最终获得皮博迪奖（这是广播电视人为效仿普利策奖而设立的国际奖项）。在屏幕上，格林的数学洞察力化作一个个鲜活的画面：说到弦，便有一个艺术家拉大提琴；说到M-理论，格林便搬来一把梯子；说到D-膜，格林便把面包切成了薄片。除了电视画面之外，格林还尝试将弦论与音乐和舞蹈结合起来。1999年，他和爱默生弦乐四重奏在古根汉美术馆合作进行了一场混搭表演，主题为"超弦与琴弦"。格林先向大家简要讲解弦论，然后爱默生弦乐四重奏演奏一段表现弦论特征的乐曲。在2008年的世界科学节上，著名舞蹈家卡萝·阿米塔基根据《宇宙的琴弦》编排了一段更具文艺范儿的节目，叫作《三大理论》，用音乐、舞蹈、文字和投影向观众表现了艺术家心目中的相对论、量子物理和弦论。

格林的第二本科普读物《宇宙的结构——空间、时间以及真实性的意义》（ *The Fabric of the Cosmos: Space, Time, and the Texture of Reality* ）[1] 出版于2004年。7年以后，这本书也被PBS搬上了荧幕。如副书名所述，这本书以空间、时间（以及时空）和实在性为线索，对相对论、量子论、弦论和宇宙进行了全方位、多角度、高分辨率的梳理。这本书应该就是《隐藏的现实：平行宇宙是什么》的基础和前奏，可以称为《裸露的现实》。书中给人印象最深的内容是格林关于狭义相对论的叙述："任何物体穿越空间和穿越时间的合速度总是精确地等于光速。"这可以说是在所有相对论科普读物中最为入木三分的解释，它简直就是用通俗而不失严谨的语言"朗读"出了相对论公式的发音。

关于量子物理中的海森堡不确定性原理，格林用中国餐馆特有的点菜方式进行了解读："菜肴编排在A、B两列中，举个例子来说，如果你点了菜单A中的第一种菜，你就不能再点菜单B中的第一种菜；如果你点了菜单A中的第二种菜，你就不能再点菜单B中的第二种菜。"这段话被搬上了《生活大爆炸》第4季第20集，表演者正是格林博士本人。格林在《生活大爆炸》中向观众推销眼下这本书《隐藏的现实：平行宇宙是什么》。电视剧的主人公谢尔顿照例对这位成就和魅力均在自己之

---

[1] 刘茗引译，湖南科学技术出版社，2012年出版。

上的真正的物理学家进行了公开嘲讽，不过旋即声明他在开玩笑，他自己其实就是格林的粉丝。

丰富多彩的社会生活从某种程度上折射出这位学术追梦者的复杂心态，因为我相信没有科学家愿意在专业发展的黄金时期开辟第二职业。"弦论是21世纪的物理偶然落在了20世纪。"著名理论物理学家爱德华·威滕（Edward Witten）的这句名言或许成了一句谶言。20世纪80年代和90年代的两次弦论革命过早地透支了弦论的发展势头。相比之下，21世纪初的理论物理学并没有太大的进展。我们在庙堂之上重温的还是数十年前的荣耀，我们在坊间巷尾议论的英雄都已渐渐老去。于是，格林的学术兴趣转向了宇宙学，用理论方法寻找宇宙中存在超弦的迹象。现在，他担任了哥伦比亚大学的天体粒子物理、宇宙学及弦论研究所的共同主任。

通过观察宇宙微波背景辐射，我们知道宇宙始于一场大爆炸，经历过一次剧烈的暴胀，后来又开始加速膨胀。这三句话分别促成了三个诺贝尔奖。最近，格林又试图从这张宇宙婴儿时期的快照中寻找弦论预言的特殊图案。没有人知道这一次格林会不会成功，不过他满怀期待地说："在物理学中，从来没有一个理论像弦论这样走了很远之后又被证明是错误的……如果弦论最终是正确的，对我来说，那就像蛋糕上面铺了厚实而美味的糖衣。"

先学点儿人类宇宙观的演变史

本书翻译成中文后还存在一个问题。大多数中国读者不了解西方人的宇宙观，而作者又没有专门为大家介绍人类宇宙观的演变史，所以，我们可能无法切身体会多重宇宙概念对西方读者造成的心灵冲击。基于这个考虑，我认为读者在阅读正文前有必要了解一下这段革新历程。

几乎每个古老的民族都有关于星空的神话传说。这些传说有两个特点：其一，它们看似无所不包，但实际上什么都不能解释；其二，由于地处高寒地区的民族没有去过赤道，这些传说都有只见树木而不见森林之嫌。到了古希腊的亚里士多德时代，神话传说渐渐被一套理论所取代。亚里士多德的宇宙图景是由50多个层层嵌套的水晶球面组成的，地球在中心，灵魂之域在最外面。第一推动者动用他的力量使球面由外而内徐徐转动，直至永远。在后来的1000多年中，亚里士多德的图景逐渐被完善，其中4个核心信条被人们保留了下来，即地球是中心，轨道皆正圆，恒星永不变，天上非人间。这4个信条后来被哥白尼、第谷、开普勒、伽利略和牛顿打破。

1542年，哥白尼在《天体运行论》中提出了日心说，将地球从宇宙的中心废黜，从此人类的宇宙观进入了以太阳为中心的时代。宇宙观之后的演变过程都被人视为哥白尼革命的延续。

1572年，第谷发现仙后座出现了一颗超新星。这一发现违背了亚里士多德的信条，所以起初遭到了质疑。第谷愤愤不平地在《新星》（*De Stella Nova*）一书的前言中写道："这帮笨蛋，这群对天空视而不见的家伙。"

1609年，在第谷多年观测数据的基础上，开普勒提出了行星运行的三大定律，确定了行星的公转轨道是椭圆。这对于视正圆为世间最完美形状的亚里士多德图景又是一个打击。

1610年，在发现太阳存在黑子这样不完美的特点之后，伽利略又在望远镜中发现原来银河是由无数相距遥远的恒星组成的。此时，人类开始步入以银河系为中心的时代。

1687年，牛顿用万有引力定律证明，天上和人间的运动遵循相同的数学规律，天空的最后一丝神秘性消失了。从那时起，用望远镜和牛顿定律武装起来的科学家渐渐开始摸清银河系的结构。

以银河系为中心的宇宙观延续了几个世纪，直到1915年爱因斯坦提出广义相对论后，人们才逐渐放眼整个宇宙。1924年，哈勃证明仙女座星云是一个像银河系一样的恒星集团，银河系并非唯一。1929年，哈勃测量了星系距离和红移的关系，发现了哈勃定律。人们在广义相对论的框架内认识到，这表明宇宙正在膨胀。1948年，伽莫夫将粒子物理学的方法运用在宇宙起源的研究中，他预言的宇宙微波背景辐射在1965年得到了证实。可以说，大爆炸理论既是以宇宙为中心的宇宙观的高潮，又为这本书中讲到的多重宇宙的宇宙观奠定了基础。

本书该怎样读

如果说格林的《宇宙的结构》剖析的是我们的宇宙，那么自然有人会问还有没有别的宇宙？《隐藏的现实：平行宇宙是什么》将告诉我们，答案很可能是有。

在本书中，格林共为读者呈现了9个多重宇宙模型。格林把这9种多重宇宙当作小说中的9个主人公，所有的理论铺垫都为它们服务，所有的情节都围绕它们展开，而且其中穿插了格林对与平行宇宙相关的科学哲学的探讨。除了后两种多重宇宙之外，前7种多重宇宙都是相对论、量子论和弦论的衍生品。这些多重宇宙之间多少存在一些亲缘关系，但它们对"多重"两字的诠释并不完全相同。

1. 百衲被多重宇宙（第1种）

这种多重宇宙是理论代价最小的多重宇宙。我们只需要将相对论、量子论与现代宇宙学的观测结果相结合，略作演绎就能够得出这个推论。可能正因为如此，我很少看到这种多重宇宙成为科研论文的研究对象。约翰·巴罗（John Barrow）曾经戏称这种宇宙为"不含原创事物的宇宙"。建议读完本书之后，有兴趣的读者可以思考一下巴罗为什么这么说。这个模型是第2种多重宇宙模型的一个组成部分，由于计算过程涉及全息原理，它跟第7种多重宇宙也存在一定的联系。这部分内容主要在本书第2章中介绍。

这个多重宇宙的全名本是"碎布缝制的多重宇宙"，我们本来想将其译作"碎花布多重宇宙"，但觉得太文艺；又想译作"缝制多重宇宙"，但觉得太死板。后来，我们在一位已故的中国天体物理学家的博客上看到他把这种碎布的手工缝制品唤作"百衲被"，觉得这个词既准确又雅致，所以就拿来用了。

2. 暴胀的多重宇宙（第2种）

暴胀（有时也译作暴涨），是宇宙诞生后大约 10^{-35} 秒到 10^{-33} 秒之间发生的一场剧烈加速膨胀。物理学家认为，那时的宇宙中只有暴胀场，还没有像我们现在这样的基本粒子，所以，我们也可以认为大爆炸（也就是高温高密度的物质状态）出现在暴胀之后。这部分内容主要在本书第3章中介绍。

这一种多重宇宙的理论代价是，我们得假设暴胀场是真实存在的，它的动力学行为须和作者所叙述的暴胀模型中的假设保持一致，而且对于这种场景更精确的计算不会颠覆以前的结论。虽然我们没有办法直接从加速器中探测到暴胀场，但由于暴胀机制能一揽子解决许多宇宙学观测的问题，它的预言也得到了COBE[1]卫星的检验，因此可以认为付出这个代价是值得的。不建议读者在阅读本章之后过多地拷问细节问题，因为这些内容都还在争论之中。

---

[1] Cosmic Background Explorer 的缩写，意为"宇宙背景探测器"，美国国家航空航天局于1989年11月发射。

3. 弦的多重宇宙（第3种至第5种）

作者在第4章中简短地回顾了弦论的基本框架，在第5章中介绍了从弦论/M-理论得出的3种多重宇宙，即膜的多重宇宙（第3种）、循环多重宇宙（第4种）和景观多重宇宙（第5种）。这3种多重宇宙的理论代价应该是最大的。因为一旦我们假设弦论是正确的，我们就要为一整套弦论的概念腾出位置，例如膜、额外维度、卡拉比－丘形态、通量紧化以及弦景观。细心的读者会发现，膜的多重宇宙和循环多重宇宙关于额外维度的假设与景观多重宇宙是矛盾的。此外，景观多重宇宙通过暴胀和人择原理，也跟百衲被多重宇宙和暴胀多重宇宙有了密切关系。

2013年5月末，英国《每日邮报》刊登了一篇题为《我们的宇宙是万亿个宇宙中的一员？宇宙之图首次揭示"多重宇宙"存在的证据》的报道。报道中说的"多重宇宙"正是弦景观多重宇宙，而宇宙之图揭示的证据是指比 COBE 卫星及其继任者 WAMP 卫星[1] 更加先进的普朗克卫星[2] 确认了以前的观测结果，即宇宙微波背景辐射图谱中存在一个通常理论无法解释的"冷斑"。北卡罗来纳大学教堂山分校的理论物理学家梅尔西尼－霍顿（Laura Mersini-Houghton）和她的两位合作者早在2006年就曾对这个问题做过研究。根据他们的计算，我们的宇宙刚刚形成时会受到其他平行宇宙的引力拖曳，这就会在宇宙微波背景辐射中留下这种反常图案。这个反常图案就是梅尔西尼－霍顿说的"首个过硬证据"吗？他们在原始论文中可没说得这么坚决：

"我们从（整个研究）中获得的重要启示是，尽管弦景观的动力学都是理论性的，但它也可以做出具体的计算，也可以得出具体的预言。

[1] Wilkinson Microwave Anisotropy Probe 的缩写，意为"威尔金森微波各向异性探测器"，美国国家航空航天局于2001年6月发射。

[2] 即 ESA-Planck Collaboration（普朗克探测器），欧洲航天局（ESA）于2009年5月发射。

我们当然不是在声称我们的结果正是弦景观的工作机制。"

从学术界的反应来看，这项理论研究还很初步，结果是否可信仍需进一步检验。

普朗克卫星发布的婴儿宇宙的照片，图中的斑点代表早期宇宙中温度在十万分之一量级上的细微起伏，南半球的一块冷斑（右下角圈出的部分）的尺度远远大于预期。

温伯格（Steven Weinberg）在《活在多重宇宙中》（*Living in the Multiverse*）这场讲演中谈到，第一个用"景观"一词描述弦的海量真空态的人是萨斯坎德[1]（他有很多理论物理公开课已被译为中文，读者可以自己找）。萨斯坎德的灵感来自生物化学，因为大型分子的化学键存在很多种取向，所以大型分子存在多得难以言尽的状态。除了本书提

---

[1] 伦纳德·萨斯坎德（Leonard Susskind，1940— ），美国理论物理学家、美国斯坦福大学教授、美国国家科学院院士、美国艺术与科学院院士、弦论的创始人之一，著有《宇宙的景观》（*The Cosmic Landscape*）和《黑洞战争》（*The Black Hole War: My Battle with Stephen Hawking to Make the World Safe for Quantum Mechanics*，湖南科学技术出版社，2010年出版）。

到的内容外，温伯格还提到了景观多重宇宙带来的另外两种可能的结果：一种是从一次大爆炸中产生而各个区域分属于不同发展阶段的多重宇宙，另一种就是作者在第8章中讲到的量子多重宇宙。

4. 量子多重宇宙（第6种）

量子多重宇宙是最早提出的科学意义上的多重宇宙，却又是最难以理解的多重宇宙。即使是高维空间这样的抽象概念，普通读者在想象时也可以将其硬生生地压缩成三维空间，但量子力学的诸多反经验、反直觉的结论可没有那么好对付。觉得不过瘾的读者可以参考《宇宙的结构：空间、时间以及真实性的意义》和《上帝掷骰子吗：量子力学史话》[1]，其中"退相干"概念对于理解量子现实和我们所经历的单一现实之间的关系至关重要。

5. 全息多重宇宙（第7种）

关于全息原理在物理学中的地位，中国科学院理论物理研究所研究员李森的话有一定的启发性："别人说先有洛伦兹收缩，后有光速不变，爱因斯坦说让我们将光速不变作为前提，洛伦兹收缩可以推导出来。"现在，物理学家从广义相对论和量子理论出发得到了全息现象，于是有人借鉴了爱因斯坦因果倒置的逻辑，将全息提升到了原理的高度。所以，全息原理的地位应该比弦论/M-理论更高。我们在科研论文中会经常看到，弦论和它的对手——圈量子引力理论都被各自的支持者用来佐证全息原理。

全息多重宇宙的基础正是全息原理，这部分内容在第9章中介绍。除了作者讲到的内容外，这里还想为大家补充两点。首先，由于我们缺乏完备的统一理论，全息原理的佐证严重依赖将广义相对论和量子力学赶鸭子上架的"半经典方法"。许多研究指出，如果考虑更多的细节，全息原理的数学表达式中就可能会出现修正项。这是否会对全息多重宇宙的说法产生

---

[1] 曹天元著，辽宁教育出版社，2006年出版。

影响，目前还很难说。其次，讨论物体落入黑洞中这个问题时的"互补"视角可以延伸出一种"火墙问题"。最近，乔·泡耳钦斯基（Joe Polchinski）等人对书中提到的萨斯坎德的说法提出了质疑，掀起了一阵研究"火墙问题"的热潮。所以，读者读到这一段时，也不妨保持一种开放的心态。

6. 虚拟多重宇宙（第8种）和终极多重宇宙（第9种）

这两种多重宇宙占据了第10章，它们多少有点儿脱离物理学的范畴，蒙上了一层浓厚的哲学意味。也许可以认为，终极多重宇宙和莱布尼茨口中的"所有可能世界"一脉相承，而它的现代哲学观点涉及戴维·凯洛格·刘易斯[1]的"模型实在论"。我并没有看到刘易斯的观点，不过在霍金的《大设计》（*The Grand Design*）[2]的一篇书评中，我发现这种哲学观点实际上已经隐含在理论物理学的学术研究中了。遗憾的是作者并没有对这些饶有趣味的观点进行深入讨论。

作者在第10章中反复强调，每一种可能的宇宙都是真实存在的。但除了前面提到的几种多重宇宙之外，作者并没有进一步刻画更多可能宇宙的模样。关于宇宙，物理学家们曾提出过许多匪夷所思的模型（现在还在继续），虽然大部分被（或终将被）实验观测所否定，但它们大都符合作者说的"数学自洽"的要求，因而都可以被视为某种真实存在的宇宙。想了解这些可能宇宙的读者可以参阅巴罗的《宇宙之书：从托勒密、爱因斯坦到多重宇宙》（*The Book of Universes*）[3]。

除了开头的第1章和结尾的最后一章外，作者还在第6章和第7章中讨论了人择原理和围绕它展开的关于什么是科学的争论。作者讲得十

---

[1] 戴维·凯洛格·刘易斯（David Kellogg Lewis，1941—2001），美国当代著名逻辑学家和分析哲学家。

[2] 吴忠超译，湖南科学技术出版社，2011年出版。

[3] 李剑龙译，人民邮电出版社，2013年出版。

分透彻，目前还没有看到值得补充的材料。不过牛津大学人类未来研究院院长、哲学教授尼克·博斯特罗姆（Nick Bostrom）最近出版了一本著作《人择偏见》（*Anthropic Bias: Observation Selection Effects in Science and Philosophy*），或许值得读者参考。

关于"真实"一词的辨析

本书是一本试图拓展真实性定义的图书，所以，某一句中的"真实"和另一句中的"真实"可能不是一个意思。在此作一个简短的辨析。

本书原文中出现的real、reality、realize、realization、embody和instantiate几个英文单词均与"真实"的意思有关，在翻译成中文时是按照如下原则进行处理的。

real一词在全书中共出现过103次，除了实数（real numbers）之外，绝大部分都译作"真正的""真实的"或"真实存在的"。例如，"真正的宇宙"（第10章）是说由基本粒子（量子场）、相互作用和时空构成的宇宙，不包括计算机程序模拟的宇宙。在终极多重宇宙的语境中，real的含义有所不同，如"每一种可能的宇宙都是真实的宇宙"（第11章）。这意味着我们不去刻意区分宇宙究竟是由物质构成的，还是表现为计算机中的函数关系，抑或仅仅是数学理论中的一个自洽的构想。抽离了这些宇宙的外在形式之后，它们的内在关系具有同等的真实性，因而它们都是真实的。这就好比说用钢笔写的A、屏幕上显示的A和ASCII码表中的65号字符是同样真实的。"真实存在的"含义有时与"真正的"含义相近，如"在虚拟多重宇宙里，哪些事实、规律、法则才是真实存在的（传统意义上的真实）"；它有时与"真正的"含义相近，如"数学（所有的数学）本来就是真实存在的"（第10章）。

reality一词在全书中共出现过139次，译作"现实"。书中所说的现实大多表示由"真正的"事物和事件所构成的集合体，如"无限宇宙的现实"（第2章）。有时，"现实"也继承了"真实"的意义，如"数学现实"（第10章）。

realize一词在全书中共出现过74次，绝大多数译作"发现"或"意识到"，少数译作"成为现实"或"实体化"。例如，如"量子力学概率波中蕴含的每一种可能性都在一系列平行宇宙的某个子宇宙中成为现实"（第11章），"人们最终将建筑师的图纸实体化为一座摩天大楼"（第9章）。

realization一词在全书中共出现过17次，我们关心的含义是"实在化"，这与"成为现实"和"实体化"的意思相近，如"摩天大楼不过是对建筑师设计图中的信息进行物理实在化后的产物"（第9章）。

embody一词在全书中共出现过22次，我们关心的含义是"具体表达"，如"在这种宇宙的边界上，信息通过量子场来表达"（第9章）。又如，字母A可以用墨汁表达，也可以用像素表达。所以，embody的含义与realize的含义存在某种对应关系。

instantiate一词在全书中共出现过4次，这个词的含义有时与realize很接近，如"信息化身为真实的粒子"（第9章）。

附：布莱恩·格林大事记

1963年：出生于纽约市。父亲艾伦·格林是一位作曲家，母亲从事兽医工作。

1975年：12岁，在哥伦比亚大学博士生奈尔·比林逊（Neil Bellinson）的指导下学习高等几何和数论。

1980年：17岁，考入哈佛大学。

1984年：21岁，本科毕业；获得罗德奖学金，去英国牛津大学攻读博士，师从格拉汉姆·罗斯。

1986年：23岁，在《物理快报B》(*Physics Letters B*) 上发表了第一篇论文，题为 *Supersymmetric Cosmology With A Gauge Singlet*；博士毕业后返回哈佛大学做博士后研究。

1990年：27岁，在《核物理学B辑》上发表了一篇题为 *Duality In Calabi-Yau Moduli Space* 的论文，至今已被引用300多次；成为康奈尔大学的物理教师。

1995年：32岁，成为教授。

1996年：33岁，成为哥伦比亚大学物理系和数学系教授。

1999年：36岁，出版科普读物《宇宙的琴弦》，入围普利策奖（非虚构类），全球总销量超过100万册。

2000年：37岁，《宇宙的琴弦》获得英国皇家学会的艾凡提斯科学图书奖；在电影《黑洞频率》中饰演自己，在电影 *Maze* 中饰演路人。

2003年：40岁，与PBS合作拍摄了三集纪录片《优雅的宇宙》。

2004年：41岁，出版科普读物《宇宙的结构》，成为《纽约时报》专栏作者。

2007年：44岁，在电影《魔力玩具盒》中饰演一位科学家。

2008年：45岁，出版科幻读物《时间边缘的伊卡洛斯》。

2010年：47岁，《时间边缘的伊卡洛斯》被拍摄成同名电影。

2011年：48岁，与PBS合作拍摄了四集纪录片《宇宙的构造》；出版科普读物《隐藏的现实：平行宇宙是什么》；出演美剧《生活大爆炸》第4季第20集，并在剧中宣传《隐藏的现实：平行宇宙是什么》一书。

2012年：49岁，获得美国物理教师协会颁发的特迈尔纪念奖。

作者序

20世纪末和21世纪初，一个疑虑已成定局：当我们谈及揭示现实的真正本质时，日常经验是带有欺骗性的。细想起来，这也没那么出人意料。当我们的祖先在草原上捕食猎物、在森林里采集野果时，诸如计算电子的量子行为、寻找黑洞的宇宙学意义之类的能力并不会增加他们的生存优势。然而，脑容量变大、智力提高以及深度探索周围环境的能力的增强会产生明显的优势。在我们这个物种中，有的个体制造了机器，使我们的感官得以延伸；有的个体则掌握了数学这种系统方法，使我们得以发现和表达世间的规律。有了这些工具之后，我们开始窥视日常现象背后的本质。

根据已有的发现，我们不得不彻底改变宇宙的图景。借助物理学的入微洞察和数学的严谨推导，凭借观测的抛砖引玉和实验的如山铁证，我们业已证明：有别于我们直接见证的一切，空间、时间、物质和能量具有一种特殊的品行。如今，有关这些品行的深入分析和相关的科学发现正引领我们通向下一个可能的认知巨变：我们的宇宙也许并非唯一存在的宇宙。《隐藏的现实：平行宇宙是什么》就在探索这种可能性。

撰写这本书时，我假定读者并不具备物理学和数学方面的专业知识。相反，正如以前出版过的书一样，这本书中也有很多比喻和类比，穿插了许多历史事件，目的是用一种浅显易懂的方法展示现代物理学中最匪夷所思、最具启发性的洞见（如果最终证明这些想法都是正确的）。

其中许多概念都要求读者抛弃最轻松的思维方式，向始料未及的现实国度敞开怀抱。这是一场惊心动魄而易于理解的旅行，科学的迂回与曲折就是我们旅途中的路标。我小心翼翼地从中截取了一些画面，从日常生活绵延到完全未知的领域，构成了一幅波澜壮阔的宏伟图景。

与以前的书有所不同，我没有系统地介绍狭义相对论、广义相对论和量子力学的背景知识，没有为之撰写专门的基础章节。在大多数情况下，我仅在"需要"时才会介绍这些领域的基本知识。很多时候，我发现为了能够自圆其说，必须在这本书中进一步做出某种更完备的解释。此时，我会提醒经验老到的读者，告诉他们可以跳过某些小节往下阅读。

相比之下，许多章节最后几页讲到的内容十分深入，有的读者可能会觉得富于挑战性。写到这些地方时，我会为经验尚浅的读者进行简短的总结，允许他们跳过这部分内容而不失阅读的连贯性。虽然如此，但我还是希望每个人都根据自己的兴趣和耐心尽可能地阅读这些章节的内容。虽然这些内容很复杂，但由于本书面向的是大众读者，所以还是可以读下去的。

然而，注释部分有所不同。非专业读者完全可以跳过注释，经验老到的读者则会发现注释中有许多详细解释和延伸讨论。我认为这些注释很重要，但放在正文中会显得过于冗长。很多注释都是为受过正规数学或物理学训练的读者而写的。

我能完成本书，得益于许多朋友、同事和家人提供的批评、意见和反馈。他们中的有些人读了其中一部分，有些人读完了整本书。我尤其要感谢的是戴维·阿尔伯特（David Albert）、特蕾西·戴、理查德·伊斯特（Richard Easther）、丽塔·格林（Rita Greene）、西蒙·朱德斯（Simon Judes）、丹尼尔·卡巴特（Daniel Kabat）、戴维·卡根（David Kagan）、保罗·凯泽（Paul Kaiser）、拉斐尔·卡斯帕（Raphael Kasper）、胡安·马尔达希纳（Juan Maldacena）、凯蒂卡·马森（Katinka Matson）、莫里卡·派瑞克（Maulik Parikh）、马库斯·帕斯尔（Marcus Poessel）、迈克尔·波普维特斯（Michael Popowits）和肯·瓦因伯格（Ken Vineberg）。我十分高兴能与我的编辑、Knopf公司的马蒂·阿舍（Marty Asher）合作，我还要感谢安德鲁·卡尔森（Andrew Carlson）在本书出版的最后阶段提供的专业性指导。詹森·西弗斯（Jason Severs）绘制的插图大大提高了本书的可读性，我要感谢他的天赋与耐心。我还要感谢我的经纪人卡迪卡·马逊（Katinka Matson）和约翰·布罗克曼（John Brockman）。

　　为了撰写本书涉及的许多内容，我和很多同事进行了讨论，他们为我提供了很多帮助。除了以上提到的人士之外，我还要特别感谢拉斐尔·布索（Raphael Bousso）、罗伯特·布兰登贝格尔（Robert Brandenberger）、弗里德里奇·德内夫（Frederik Denef）、雅克·迪斯特勒（Jacques Distler）、米迦勒·道格拉斯（Michael Douglas）、林辉（Lam Hui）、劳伦斯·克劳斯（Lawrence Krauss）、詹娜·列文（Janna Levin）、安德烈·林德（Andrei Linde）、希斯·罗埃德（Seth Lloyd）、巴里·勒韦尔（Barry Loewer）、索尔·珀尔马特（Saul Perlmutter）、于尔根·施密特胡伯（Jürgen Schmidhuber）、史蒂夫·申克（Steve Shenker）、保罗·斯坦哈特（Paul Steinhardt）、安德鲁·斯特罗明戈（Andrew Strominger）、伦纳德·萨斯坎德（Leonard Susskind）、马克斯·特格马克（Max Tegmark）、戴自海（Henry Tye）、卡姆朗·瓦法（Curmrun Vafa）、戴维·华莱士（David Wallace）、埃里克·温伯格（Erick

Weinberg）和丘成桐（Shing-Tung Yan）。

1996年夏天，我开始撰写我的第一本科普书《宇宙的琴弦》。从那时起的15年间，我的研究方向和我想要写进书中的主题产生了意想不到的相互影响，并结出了累累硕果，我乐在其中。感谢我在哥伦比亚大学的学生和同事为我营造了一个充满活力的科研环境，也感谢美国能源部为我提供研究资金，还要感谢已故的彭帝·库里（Pentti Kouri）为我在哥伦比亚大学的研究中心（天体粒子物理、宇宙学及弦论研究所）工作提供大力支持。

最后，我要感谢特蕾西、亚历克和索菲亚，是他们让这个世界变成了所有可能的宇宙中最美好的那一个。

目　录

第1章 现实的边界

关于平行世界

当我还是小孩子的时候，假如只有一面镜子装饰我的卧室，我童年的梦想可能就大不一样了。不过，卧室里有两面镜子。于是，每天早上当我打开衣柜拿衣服时，镶在衣柜门上的镜子就会对准墙上的那面镜子，两面镜子之间的物体被来回反射，看起来有无穷多个。这种情形让人瞠目结舌。我喜欢凝视那一层又一层的镜像，透过镜子尽可能地把视线延伸到远方。所有镜像的移动貌似都是同时发生的，可是我知道，这不过是因为人类的知觉存在局限性，我在很小的时候就懂得光速是有限的。所以，我在脑海里设想自己看到了光在两面镜子之间往复穿行。头发一飘，胳膊一动，镜子都会默默地将其反射出来，镜像一个接着一个排列。有时，我会灵魂出窍，想象另一个自己沿着那条直线往前走，然后在某个地方停住脚步，造出一个新的现实，其他镜像都要跟随这个新的现实而变化。课间休息时，我有时也会想起那天早上乍现的灵光，它在两面镜子之间永无休止地跳动，于是我化身为当时的一个镜像，进入一个虚拟的、用光织造的、由幻想驱动的平行世界。

诚然，反射形成的镜像并没有自己的意识。可是，这种活力四射的幻想和想象中的平行现实与现代科学中一个越来越受重视的主题产生了共鸣：除了我们所知的那个世界，是否还可能存在另外一些世界？为了寻找这样的可能性，本书展开了一次探险，就像一次精心策划的旅行，带你游览科学的平行宇宙。

宇宙和许多宇宙

从前，"宇宙"的意思是"所有的东西"，一切，全部家当。从表面上看，宇宙不止一个、万物不止一种的观念似乎存在语法错误。然而，一系列理论进展渐渐认可了这种关于"宇宙"的认识。如今，这个词的含义取决于上下文。有时，"宇宙"仍然意味着绝对的一切。有时，这个词只不过指像你我这样的人原则上能够接触到的那部分事物。有时，这个词被用来描述一些独立的世界，这些世界的一部分或全部对我们来说都是无法企及的，也许暂时无法企及，也许永远无法企及。也就是说，这个词将我们的宇宙降格了，使它成为一个巨大的（也许是无限大的）集团中的一员。

"宇宙"的霸权被我们削弱以后，就给其他词让出了位置。这些词所描绘的范围更大，能够将全体现实都囊括其中。不论是平行世界（parallel worlds）、平行宇宙（parallel universes）、多重宇宙（multiple universes，multiverse）、另一些宇宙（alternate universes）还是虚拟实境（metaverse）、无上宇宙（megaverse），这些词都是一个意思，都相信世上不仅存在我们的宇宙，还存在一大堆别的宇宙。

你会注意到这些术语有点儿含混不清。组成一个世界或一个宇宙的东西到底是什么？什么样的标准能够区分单一世界的不同部分，以及本来就各不相同的宇宙？也许在将来的某一天，我们对多重宇宙的认识足够成熟以后，才能准确地回答这些问题。现在，我们不再拘泥于抽象的定义，而是借用波特·斯图尔特大法官（Justice Potter Stewart）[1]定义色情作品的方法。当美国联邦最高法院努力构建一个标准时，他宣称："我看到它时就能认出来。"

最后，一个世界或另一个平行宇宙的叫法只不过是一个语言表达问题。其中的关键，即关于这个主题的核心在于那些挑战传统观念并预示着我们长久以来所认为的唯一的宇宙只不过一个更宏伟、也许更陌生、只露出冰山一角的隐藏现实的一部分的世界是否真的存在。

平行宇宙的分类

一个惊人的事实是（这也是促使我写作本书的因素之一），许多物理学基础理论的重要进展，如相对论物理学、量子物理学、宇宙物理学、物理学的统一理论（unified physics）和计算物理学，都指引我们思考这样或那样的平行宇宙。的确，后面几章所要阐述的内容就是9种不同的多重宇宙理论，每一种理论都把我们的宇宙看作异乎寻常地宏大的多重宇宙的一部分，不过每种多重宇宙的样子都迥乎不同，每个子宇宙（member universe）的性质都大相径庭。有的理论认为其他平行宇宙和我们相隔千山万水，有的理论则认为其他平行宇宙就在我们周围几毫米的地方徘徊，还有一些理论认为讨论其他平行宇宙的位置都是在做无用功。支配平行宇宙的物理规律也面临类似的多样性。在有的理论中，其

[1]　波特·斯图尔特(1915—1985)，曾任美国最高法院大法官（1958—1981）。——译注

3

他宇宙的物理规律和我们一样；在有的理论中，虽然平行宇宙的物理规律存在差异，但规律之间也有亲缘关系；而在另一些理论中，无论是从形式上还是从内容上来说，平行宇宙中的物理规律都是我们从未遇到过的。想象一下现实到底有多么广阔无际，一种渺小的感觉和激动的心情就会油然而生。

最早有关平行世界的研究始于20世纪50年代，那时的研究者对量子力学表现出来的方方面面迷惑不已。量子力学是一种描述微观世界的理论，人们用它来解释原子和亚原子粒子层面的现象。量子力学提出，科学的预言必然是概率性的。这打破了以前的物理学框架，推翻了经典力学的固定模式。我们能够预言这个结果出现的概率，也能够预言那个结果出现的概率，但通常无法预言实际出现的到底是哪个结果。这个众所周知的结论违背数百年间确立起来的科学理念，足以令人震惊。然而，量子力学还有一个让人困惑的特征，却没有引起足够的重视。经过几十年的仔细研究，积累了丰富的实验数据之后，人们验证了量子力学的概率性预言，却没有任何人能够解释为什么在给定条件下众多可能的结果中只有一个能够实际发生。当我们做实验时，当我们观察世界时，我们都相信自己身处唯一确定的现实中。但是，那场量子革命开始一个多世纪之后，关于如何才能让量子理论的数学形式与这个基本事实兼容，全世界的物理学家还没有形成一致的意见。

多年以来，这一理解方式上的巨大鸿沟激发了许多有创造性的想法，但其中最令人感到不可思议的是为首的那一个。或许，早先的那个想法，也就是我们熟知的任何实验有且只有一个实际出现的结果的观念是不合理的。量子力学背后的数学（至少可以说是一种数学上的观点）认为，所有可能的结果都出现了，只不过每一种结果都存在于各自的独立宇宙中。如果量子力学经过计算得出的预言说一个粒子可能在这儿，也可能在那儿，那么在其中一个宇宙中，这个粒子在这儿，而在另一个宇宙中，这个粒子就在那儿。在每一个这样的宇宙中都有同样的一个你在见证其中某个结果的发生。你认为（错误地认为）自己所在的现实是唯一的。从太阳中的核聚变到思想赖以存在的神经冲动，当你发现量子力学允许一切物理过程发生时，这种想法的深邃之处就显而易见了。也就是说，不存在没有人走过的路。不过，每一条这样的路（每一种现实）都深深地隐藏在其他现实背后。

量子力学扣人心弦的多世界方法在最近几十年里备受关注。可是研究表明，这个理论框架很棘手，很难对付（我们将在第8章中进行讨论）。所以，经过半个多世纪的研究后，直至今天，这种方法仍然存在争议。有些研究量子力学的人认为这种方法已经被证实了，而另一些则信心满满地说其数学基础还不完备。

虽然在科学上立足未稳，但这个平行宇宙的早期版本使文学作品、电视和电影萌生了众多关于世外桃源和虚构历史（alternative history）的题材，类似的创意至今层出不穷。（我从小就特别喜欢《绿野仙踪》、《生活多美好》、《星际迷航》中"永恒边界之城"那一集、博尔赫斯写的《歧路花园》，以及最近的《滑动门》和《罗拉快跑》。）总之，在这些流行文化作品的帮助下，平行现实的概念已经融入了当下的时代精神之中，很多人为之深深着迷。不过，现代物理学中的很多理论都可以产生平行宇宙的想法，量子力学只不过是其中之一。实际上，量子力学也不是我最先要讨论的内容。

在第2章中，我将从另一条通向平行宇宙的道路出发，也许这是其中最容易走的一条。我们会发现，如果空间无限延伸（这个设想与所有观测结果都不矛盾，而且是许多物理学家和天文学家都喜欢的宇宙模型的一个组成部分），那么别的地方必然还存在这样一些区域（或许有办法通向那里），那里有你、我和一切事物的拷贝，他们都沉浸在不同于我们目前所在之处的现实中。第3章对宇宙学的探讨更加深入，暴胀理论假定宇宙最开始的时候，空间发生了极为快速的膨胀，从而产生了暴胀版本的平行世界。如果暴胀理论如大多数天文学的精确观测证据所示的那样是正确的，那么产生我们所处空间的暴胀就可能并不是唯一的。相反，在很远很远的地方，也许暴胀正在大量产生新的宇宙，比屋连甍、千庑万室，也许会永远持续下去。更重要的是，每一个气球似的宇宙都无限广袤、自成一体，所以每个宇宙都包含无数个我们在第2章中所提到的平行世界。

在第4章中，我们涉足超弦理论。简要回顾基础知识之后，我会介绍这个理论在统一自然定律方面的研究进展。在此基础上，我们将在第5章和第6章中讨论弦论的最新进展，于是就引出了3种新的平行宇宙理论。第一种是弦论的膜世界方案（braneworld scenario），它假设我们的宇宙是飘浮在高维空间中的一块"板材"（slab），这样的板材可能还有很多，就好比说多重宇宙是一条长长的面包，我们的宇宙是其中一个切片。[1]如果我们的运气好，在不久的将来，这个假说的预言就会被验证，瑞士日内瓦的大型强子对撞机上就会产生可观测的信号。第二种理论是说两个膜世界会猛烈地撞在一起，把一切都撞得一干二净，然后引发新一轮炽热的大爆炸——跟每个膜世界最初遭遇的那轮大爆炸一样。就好像两只巨大的手掌在开合，大爆炸会一轮又一轮地接连发生，膜会碰撞、弹开，通过引力相互吸引，然后又发生碰撞。这个循环的过程导致宇宙不是在空间上平行，而是在时间上平行。第三种理论是超弦理论的"景观"（landscape），它源自弦论所要求的额外空间维度存在数不胜数的形态和尺寸。我们将会发现，考虑到暴胀的多重宇宙，弦景观会包含海量的宇宙，空间的额外维度的每一种可能的形态都在其中出现。

在第6章中，我们主要讨论下述想法如何解释20世纪最令人惊讶的观测结果：空间中似乎充斥着一种均匀分布的能量，这种能量可以看作爱因斯坦宇宙学常数的另一个版本。最近，这种想法激发了许多关于平行宇宙的研究，继而引发了一场最近几十年中最为热烈的争论：总的来说，什么样的科学解释才是人们能够接受的。我们在第7章中进一步发问，描述宇宙之外的宇宙的理论能否被正确地理解为科学的一个分支呢？我们能检验这样的想法吗？如果我们利用这种想法着手解决悬而未决的难题，那么结果是会有所斩获，还是仅仅图个方便，把问题都扫进一块够不着的宇宙地毯里？对于这种观点，我力图道破其中的玄机，并强调我自己的看法：在特定的条件下，平行宇宙确实属于科学的范畴，毫不含糊。

第8章的主题是量子力学和量子多世界理论中的平行宇宙。我会帮你简要地回顾量子力学的基本特征，然后聚焦在其中最艰难的问题上：如果一个理论的基本模式允许相互矛盾的现实同时存在于一团无形的而在数学上又是精确的概率迷雾中，那么如何才能从中提取确定的结果呢？我会带你小心地论证，要想寻找答案，就得将量子现实置入众多的量子平行世界中。

第9章将我们带到更深层的量子现实中，那是我见过的最奇怪的平行宇宙理论。在最近30多年中，这个理论逐渐从黑洞量子特征的理论研究中显现出来，并在近十几年达到一个高潮，于是人们从弦论中得出一个振聋发聩的结论：我们的日常经验只不过是一个全息投影，真实的物理过程发生在包裹着我们四周的一个遥远的曲面上。你可以掐一掐自己，感受到的疼痛是真实的，但是它所反映的是远处另一类现实中的物理过程。

最后，在第10章中，更加奇妙的一种可能性将被探讨，那就是人造宇宙。我们的首要任务是弄清楚物理定律是否会赋予我们创造新宇宙的能力，然后讨论由软件而非硬件产生的宇宙（超级先进的计算机能够模拟出来的宇宙），还要研究一下我们能不能确信自己没有生活在别人或者别的东西的模拟中。这个平行宇宙的假说最是无拘无束，而且起源于哲学界：所有可能的宇宙都在最为宏大的多重宇宙中成为现实。这些探讨自然而然地让我们想要知道，在揭示科学谜题的过程中，数学扮演的是什么角色？我们的悟性究竟有多高，最终能否让我们对现实的认识变得更加深刻？

宇宙的秩序

平行宇宙问题是纯理论性的。实验和观测都还没有证明自然界存在其中任何一种版本的平行宇宙。因此，我写本书的目的并不是要让你相信我们所生活的世界是多重宇宙的一部分。我自己也不相信，而且大家都不应该相信任何缺乏坚实数据支持的东西。话说回来，如果研究得足够深入，许多物理学的研究进展都会落入某种平行宇宙的框架中。我觉得这事相当吊人胃口。并不是说物理学家已经在一旁准备就绪，手持多重宇宙的大网，将任何有迹可循的理论捕获，然后将它勉强收入平行宇宙论的网底。当然，我们要认真探讨的所有平行宇宙理论都源于数学，而这些数学都是用于解释通常现象和数据的科学理论的基础。

那么，我的目的就是向大家简明扼要地阐明，理性的步伐和理论思辨的链条指引着物理学家从各种各样的角度设想我们的宇宙成为万千宇宙中的一员的可能。我想让你对现代科学的研究方法有个大概了解，并不是说像我少年时那样脱去幻想的枷锁，沉浸在镜像反射的冥想中，而是自然而然地提出这个举世皆惊的可能。我想给你做个演示，看看在某种平行宇宙的理论框架下，原先的一笔糊涂账能否变得井然有序。与此同时，我也会列举其中一些至今仍未解决的关键问题，免得让人误以为这种解释方法滴水不漏。我的目标是，合上这本书时，你对可能性的认识（也就是日新月异的科学进展总有一天会重新划定现实的边界）会变得更加丰富多彩。

有些人在平行世界的观念面前望而止步。在他们看来，如果我们是多重宇宙的一部分，那么人类在宇宙中的地位和重要性就会被边缘化。我并不这样认为。我不觉得衡量人类的相对优越程度有什么价值。当然，作为人类一员的骄傲之处正是为科学大厦添砖加瓦的激动人心之处，驱策着我们架起理论的桥梁，沟通外部的空间和隐藏的维度。如果我们在这本书里介绍的某些想法被证明是正确的，说不定将来我们还可以跳出我们的宇宙。我认为，在这冷峻幽暗的宇宙中，我们的视角单一，却依然产生了如此深刻的认识，恰恰是这样的认识才在现实中经得住检验，也恰恰是这样的认识才表明我们曾经到过这个世界。

第2章 魅影重重

百衲被多重宇宙

假如你启程前往太空，驶向宇宙深处，你看到的空间是会无限延伸还是会戛然而止？或者，有没有可能你兜了一圈，最后又回到出发点，像弗朗西斯·德雷克爵士（Sir Francis Drake）[1]那样完成环球航行？这两种可能性——无限宽广的宇宙和巨大而有限的宇宙——都和我们的观测数据相符。在过去的数十年间，研究者们对这两种可能开展了大量研究。但是综合所有的细节问题之后，无限大的宇宙会导致一个鲜为人知而又令人窒息的结论。

在一个无限大的宇宙的深处，有一个星系很像银河系，有一个恒星系统酷似太阳系，其中有一颗行星犹如另一个地球，行星上的一幢房子和你的房子如出一辙，住在房子里的人长得跟你一模一样。此时此刻，那个人也在阅读同样的一本书，想象遥远的星系中还有一个你，又刚好读到这句话的结尾。而且，世上存在的拷贝不止这一处。在一个无限大

---

[1] 弗朗西斯·德雷克（约1540—1596），英国探险家、著名海盗，是第一位完成环球航行的英国海员。——译注

的宇宙中，这样的拷贝存在无穷多个。在有的拷贝中，你的魅影和你一样，现在正好读到这句话；在有的拷贝中，他跳过了这句话，或者想吃点儿点心，把书放在一旁。在另一些拷贝中，他的脾气，咳咳，不咋样，你可不想在漆黑的小路上遇到这种人。

你不会遇到他们。这些拷贝所居住的区域无比遥远，就算光从大爆炸时开始传播，也来不及穿过其中的辽阔空间传到我们这里。然而，即使无法看到这些区域，我们也会发现，根据基本的物理原理，如果宇宙真的无限大，它就可以成为无限多个平行世界（有的和我们一样，有的和我们不同，许多地方跟我们的世界毫无雷同之处）的家园。

为了走进这些平行世界，首先我们必须发展宇宙学的基本框架，也就是用科学的方法从整体上研究宇宙的起源和演化。

我们现在就出发。

大爆炸之父

"你的数学是对的，但你的物理很恼人。" 1927年物理学索尔维会议正在紧锣密鼓地进行，这是阿尔伯特·爱因斯坦（Albert Einstein）对比利时人乔治·勒梅特（George Lemaître）说的话。当时勒梅特告诉爱因斯坦，他十几年前所提出的广义相对论方程会戏剧性地重新书写《创世记》的故事。根据勒梅特的计算，宇宙诞生时只有一丁点儿大，密度却高得惊人。他称之为"原始原子"（primeval atom），正是这个原始原子在漫长的岁月里不断膨胀，形成了现在的可观测宇宙。

勒梅特是那一批著名物理学家中仅次于爱因斯坦的佼佼者。在一周的时间里，布鲁塞尔都市酒店的一位不速之客都在跟人激烈地争论量子理论。1923 年，勒梅特不但完成了与博士学位有关的工作，而且结束了在圣罗姆堡（Saint-Rombaut）学院的学习，成为了一名天主教神父。在会议间隙，勒梅特向那个人走去，他相信那个人的方程是一个新的科学理论的基础，能够描述宇宙的起源。那个人就是爱因斯坦，他知道勒梅特的理论。几个月前，他读到勒梅特的有关论文时，并没有发现勒梅特的广义相对论计算有什么差错。实际上，这个结果并不是第一次出现在爱因斯坦面前。1921 年，苏俄数学家、气象学家亚历山大·弗里德曼（Alexander Friedmann）发现了爱因斯坦方程的各式各样的解，其中有的空间在扩张，因而导致了宇宙的膨胀。面对这些解，爱因斯坦逡巡不前，一开始就认为弗里德曼的计算存在错误。但这一次，犯错的人是爱因斯坦。不久之后，他就收回了先前的主张。爱因斯坦不愿把赌注都押在数学计算上。他仍然反对这些方程，直觉告诉他宇宙应该长成什么样。他固执地相信宇宙是永恒的，从最宏观的尺度来看宇宙是固定不变的。爱因斯坦告诫勒梅特，宇宙并没有膨胀，而且从来都没有膨胀过。

　　6 年以后，在加州威尔逊山天文台的会议室里，爱因斯坦聚精会神地聆听勒梅特提出的一个更为详细的理论。宇宙始于一团原始的火花，而星系是燃烧的灰烬，飘浮在膨胀的空间中。研讨会结束后，爱因斯坦站起来表示勒梅特的理论是"他所听过的创世理论中最美丽、最令人满意的"。[1] 关于世界上最有挑战性的谜题，世界上最负盛名的物理学家已经心悦诚服。虽然对于公众来说，勒梅特的名气还不够大，但在科学家的心目中，他当之无愧地成为了大爆炸之父。

广义相对论

弗里德曼和勒梅特的宇宙学理论所依赖的基础，是爱因斯坦于1915年11月25日发往德国《物理年鉴》（*Annalen der Physik*）的一篇手稿。这篇论文揭开了那场持续近10年的数学冒险的高潮，而它所揭示的东西——广义相对论是爱因斯坦最彻底、最深刻的科学成就。在广义相对论中，爱因斯坦用一种优雅的几何语言彻底革新了人们对引力的理解。如果你对这个理论的基本特征以及它在宇宙学上的意义非常了解，则可以跳过前面三节的内容。如果你想简单地回顾一下其中的亮点，请跟我来。

大约从1907年起，爱因斯坦开始研究广义相对论。那时大多数科学家都认为引力早已被艾萨克·牛顿（Isaac Newton）的理论解释清楚了。全世界的高中生通常都会学习牛顿在17世纪末发现的万有引力定律，这一定律第一次用数学语言描述了大自然中最常见的作用力。牛顿定律是如此精确，以至于美国国家航空航天局的工程师仍在用它计算宇宙飞船的轨道，天文学家仍在用它预言彗星、恒星甚至整个星系的运动状态。[2]

20世纪早期，爱因斯坦发现牛顿的万有引力定律存在重大缺陷，这使得原本大获成功的牛顿定律引起了更广泛的关注。一个表面看起来有点幼稚的问题将这个缺陷赤裸裸地暴露在人们的面前。"引力，"爱因斯坦问道，"是如何发挥作用的？"比如说，在基本上是真空的环境里，太阳如何将引力的影响延伸到1.5亿千米以外，从而影响地球的运动状态？它们没有被一股线串起来，地球也没有被一条链子拖着运动，那么引力是如何对物体施加影响的？

在1687年出版的《原理》（*Principia*）一书中，牛顿认识到这个问题的重要性，但又承认他的定律在这个问题上毫无建树，令人不安。牛顿确信，一定有什么东西把引力从一个地方传递到另一个地方，但他没能确定那到底是什么东西。在《原理》中，牛顿自嘲地说将这个问题"留给读者思考"。但在随后的200多年中，读到这个难题的人都将其跳过直接往后面读了下去。爱因斯坦没有这样做。

爱因斯坦花了近10年的时间来寻找引力的潜在机制。1915年，他给出了一个答案。尽管其中的数学基础异常复杂，而且要求物理观念经历前所未有的飞跃，但爱因斯坦的回答还是和传说中的问题本身一样简单。引力到底通过什么样的机制在真空中传播？真空表面上看来一无所有，于是人们束手无策。然而实际上，真空中存在一种东西：空间。于是，爱因斯坦提出空间本身就是引力的传播介质。

事情是这样的。设想你在一个巨大的金属桌上玩弹珠。因为桌面是平坦的，弹珠会沿着一条直线滚动。但如果一场大火将这张桌子吞没，把它烤得凹凸不平、受到坑坑洼洼的桌面的影响，弹珠的运动轨迹就会截然不同。爱因斯坦证明，空间的构造也基于同样的道理。绝对的真空非常像平坦的桌面，物体的运动不受任何阻碍，勾画出一条直线。但是，物体的质量会影响空间的形状，有点像高温对金属桌面的影响。比如说，太阳在它的周围产生一个巨大的突起，就像桌上烫出一个金属泡。而正是桌面发生弯曲才导致弹珠的运动轨迹也发生弯曲，因此，太阳周围空间的弯曲使得地球和其他行星的轨道形成了现在的样子。

以上的解释虽然简单，却道出了要点。不仅空间会发生弯曲，时间也一样〔即所谓的时空弯曲（spacetime curvature）〕。弹珠会沿着桌子的弯曲表面运动，是因为引力在其中起作用（爱因斯坦认为，空间和时间的弯曲不需要引力再额外帮忙，因为这种弯曲本身就是引力）。空间是三维的，因此，如果空间发生弯曲，物体周围各个方向的空间都会发生弯曲，而不像桌子比喻中只有"下面"发生弯曲。虽然如此，弯曲桌面的景象还是抓住了爱因斯坦理论的精髓。在前人看来，引力非常神秘，它能够让物体和物体通过空间发生相互作用。直到爱因斯坦出现后，引力才被人们看成物体对周围环境的扭曲，因而能够影响其他物体的运动。现在，基于以上想法，你之所以会牢牢地站在地板上是因为你的身体正在沿着地球产生的空间（实际上是时空）凹陷往下滑。[1]

爱因斯坦花了数年时间想要给这个想法寻找一个数学框架，而他提出的爱因斯坦场方程（即广义相对论的核心）能够精确地告诉我们空间和时间在一定量物质的作用下是如何弯曲的（更精确地说，是一定量的物质和能量。根据爱因斯坦的质能方程$E=mc^2$，它们可以相互转化，其中E是能量，m是质量）。[3]同时，这个理论能够精确地描述时空弯曲会如何影响其中（恒星、行星、彗星以及光本身等）一切事物的运动，这就能让物理学家对天体运动做出详尽的预言。

---

[1] 想象空间的弯曲比想象时间的弯曲要容易得多，这就是为什么许多关于爱因斯坦引力的科普作品都主要在讨论前者。但是，对于诸如地球和太阳之类的物体所产生的引力来说，确实是时间的弯曲——而不是空间的弯曲——发挥了主要影响。打个比方说，设想有两个时钟，一个在地面上，一个在帝国大厦的房顶上。因为地面上的时钟更靠近地心，它所受到的引力比高耸在曼哈顿空中的时钟受到的引力强一点。广义相对论证明，正因为如此，两个时钟的时间流逝速度略有不同：相对于高空的时空来说，地面上的时空走得慢了一点点（每年慢十亿分之一秒）。这种时间流逝的差别就是我们所说的时间发生弯曲的一个例子。广义相对论随后证明，物体会朝着时间流逝更慢的地方运动；在某种意义上说，一切物体"都想"尽可能地长寿。按照爱因斯坦的观点来说，这就解释了为什么你一松手，东西就往下掉。

支持广义相对论的证据很快就出现了。天文学家早就知道水星绕太阳的公转运动与牛顿的数学公式所预言的略有偏差。1915年，爱因斯坦用自己的新方程重新计算了水星的运动轨道，结果成功地解释了那个偏差。后来，他向同事阿德里安·福克（Adrian Fokker）回忆说，当时他太激动了，导致心脏狂跳了好几个小时。1919年，由阿瑟·爱丁顿（Arthur Eddington）和他的合作者所进行的天文学观测表明，远处的星光经过太阳射向地球时，路线发生了弯曲。这正是广义相对论的预言。[4]理论被验证之后（《纽约时报》的大标题说"天上的光歪向一旁，科学界多少有点兴奋"），爱因斯坦就被捧为世界上新发现的科学天才、艾萨克·牛顿的法定继承人。

但是，最著名的广义相对论实验还没有开始。20世纪70年代，实验物理学家用氢原子钟（hydrogen maser clocks，其中所用的电磁波和激光类似，只不过工作波段位于微波波段）验证了广义相对论的预言，即地球周围的时空发生了弯曲，弯曲程度为1/15000。2003年，人们用"卡西尼－惠更斯号"飞船对经过太阳的无线电波的轨迹进行了更细致的研究，结果支持广义相对论预言的时空弯曲景象，时空弯曲程度为1/50000。现在，这个理论已经真正成熟了，我们之中的许多人出门时都得随身带着广义相对论。你偶尔用到的全球卫星定位系统会通过手机和卫星进行通信，而卫星上的计时装置早已考虑了它们在高空轨道上感受到的时空弯曲。如果卫星的时钟没有考虑这一点，由此产生的定位数据就会立刻产生误差。1916年，爱因斯坦提出了用于描述空间、时间和引力的抽象的数学方程。如今，这些方程已经写入了我们口袋中那些小玩意的日常应用中。

宇宙和茶壶

爱因斯坦给时空带来了勃勃生机。在流传了上千年的日常经验看来，空间和时间是固定不变的背景，而爱因斯坦挑战了这种直觉。谁又曾想到空间和时间也可以婀娜多姿，就像宇宙中看不见的舞蹈家呢？这就是爱因斯坦设想且已被观测验证的革命性理论。然而不久之后，爱因斯坦栽倒在某些由来已久而毫无依据的偏见上。

广义相对论发表后的那一年，爱因斯坦将它用在了最宏大的尺度——整个宇宙之上。也许你会觉得这是项艰巨的任务，但理论物理学的技巧在于，我们要对错综复杂的情况进行简化，在保留核心物理特征的同时，使理论分析变得顺手。这就是懂得忽略的艺术。通过所谓的宇宙学原理（cosmological principle），爱因斯坦搭建起一个简化的框架，开始着手研究理论宇宙学的科学与艺术。

宇宙学原理认为，如果你从大尺度上进行观察，就会发现宇宙是均匀的。想一想你的早茶。从微观尺度上看，早茶有很明显的不均匀性。这里有一些水分子，旁边就是真空；那里有一些多酚和单宁酸分子，旁边又是真空；等等。但是从宏观尺度上来看，肉眼看到的茶水是一片均匀的褐色。爱因斯坦相信，宇宙就像这杯茶。我们观察到的涨落都是小尺度的不均匀性：地球在这儿，旁边就是真空；月亮在那儿，旁边又是真空；接着是金星、水星，它们都散落在真空中；然后还有太阳。他认为，在整个宇宙的尺度上，这些涨落都可以被忽略，这就像你的茶水一样，平均一下就变得均匀了。

在爱因斯坦时代，支持宇宙学原理的证据寥寥无几（甚至宇宙中存在其他星系的共识还没形成），但是有一种强烈的感觉指引他，令他相信宇宙中没有任何特殊的地方。他认为，平均而言，宇宙的每个角落都差不多，所以其中的物理特征也都应该基本一样。从那时起，天文学观测就开始为宇宙学原理提供支持，只不过你至少得把眼光放远到1亿光年的尺度（大概是银河系直径的1000倍）上。如果你有一个边长为1亿光年的盒子并把它扔在这儿，拿出另一个这样的盒子并把它扔在那儿（也就是离这儿10亿光年的地方），然后测量每个盒子总体的平均性质（星系的平均数、物质的平均含量、平均温度等），你就会发现二者没什么区别。简而言之，如果你见过宇宙中某个边长为1亿光年的方形区域，你就什么都见过了。

这种均匀性非常关键，正是它使我们得以用广义相对论方程来研究整个宇宙。为了了解其中的缘由，想象一个美丽的、均匀的、平坦的海滩，再假设我让你描述海滩的小尺度特征——也就是每一粒沙子的特征。你晕了，这个任务太艰巨了。但是，如果我只让你描述海滩的总体特征（例如平均每立方米所含沙子的重量、平均每平方米表面的反射率等），你就明显可以做到。使任务变得可行的正是海滩的均匀性。称一下这里沙子的平均重量，量一下这里的平均温度，算一下这里的平均反射率，你就大功告成了。在别的地方进行测量会得到大致相同的结果。在一个均匀的宇宙中也是同样的道理。想要描述每一颗行星、每一颗恒星及每一个星系是不可能的，但是描述均匀宇宙的平均特征就很容易了。随着广义相对论的出现，我们就可以着手去做了。

事情是这样的。想要掂量一大块空间大概几斤几两，就得知道其中包含多少"东西"，更确切地说是物质的密度，再精确一点儿说是这个空间中的物质和能量的密度。广义相对论方程描述了这种密度如何随时间变化。不过，如果不引入宇宙学原理，方程就极为复杂，无人能解。

方程一共有10个，而且每个方程都与其他方程有着千丝万缕的联系，就好像一个戈尔迪之结（Gordian knot）[1]紧紧缠绕在数学上。幸好爱因斯坦发现，如果所要求解的宇宙是均匀的，计算就能大大简化；10个方程相互重复，实际上可以缩减为1个。宇宙学原理斩断了戈尔迪之结，将描述物质和能量在宇宙中分布的数学麻烦化简成了一个单独的方程。[5]

在爱因斯坦看来，运气并没有那么好。当他仔细研究这个方程时，发现了一个意外的现象，这让他高兴不起来。当时流行的科学和哲学观念不仅认为宇宙在大尺度上是均匀的，还认为宇宙是亘古不变的。这很像那杯茶里高速运动的分子，经过统计平均以后，人们看到的是平静的液体表面，而诸如行星绕太阳公转、太阳绕银河系中心公转之类的天体运动，经过统计平均以后，也应该得到一个大体上静止的宇宙。爱因斯坦信奉这种观念，因而对广义相对论中与之矛盾的结果耿耿于怀。计算表明，物质和能量的密度无法不随时间变化。密度要么变大，要么变小，不可能原封不动。

尽管这个结论背后的数学计算很复杂，但基本的物理图像极为简单。想象一个棒球从本垒飞向中外场护栏。开始，棒球飞速上升；然后减速，达到一个最高点，最终掉头往下落。棒球不像高空气球那样懒洋洋地飘在空中，是因为引力对它产生了吸引作用，将它一把拉回地面。就像拔河比赛陷入僵局一样，要想保持静止状态，就要求有一个大小相等而方向相反的力来抵消引力。对于高空气球来说，大气压强产生的向上推力抵消了向下的引力（因为气球里充入了氦气，比空气轻）；对于

---

[1] 希腊神话中弗利基亚国王戈尔迪所打的结，按照神谕，只有亚细亚未来的统治者才能解开它。后来，亚历山大大帝用利剑斩开了这个结。——译注

空中的棒球来说，这样的抵消力不存在（空气阻力确实会作用于运动的棒球，但对静止的情况没有效果）[1]，因此棒球不可能静止地停在空中某个位置。

爱因斯坦发现，相对于高空气球，宇宙更像一个棒球。因为不存在向外的力能够抵消引力的吸引作用，广义相对论证明宇宙不可能静止。空间的结构要么在扩张，要么在收缩，而不可能是固定不变的。今天一块空间的边长为1亿光年，明天这块空间的边长就不可能是如此了。要么空间变大，其中的物质密度变小（因为相同的物质分布得更广泛时会变得稀薄）；要么空间变小，其中的物质密度变大（因为物质的分布范围越狭小，物质就会变得越紧密）。6

爱因斯坦退缩了。根据广义相对论计算，宇宙在最广袤的尺度上会发生变化，因为宇宙的基本架构——空间本身会发生变化。爱因斯坦期待一个永恒静止的宇宙从方程中冒出来，但他的愿望落空了。虽然他开创了宇宙科学，但数学计算又让他陷入郁郁寡欢的境地。

征收引力税

常有人说爱因斯坦一转念就打开笔记本写写画画，不顾一切地破坏了广义相对论的优美方程，试图让方程和一个既均匀又静止的宇宙握手言和。这不完全是真的。爱因斯坦确实修改了方程，使之符合他所相信的静止宇宙，不过这个修改已经把代价降到了最低，而且完全合理。

为了理解他的做法，想象一下你在填写报税单。一行一行条目中零零散散地记录着你的数字，其他地方都空着不写。从数学上讲，一个空

---

[1]　大气压强也会对棒球产生浮力，只是不足以抵消棒球所受的重力。——译注

行就表示这个条目等于零，但从心理学上讲，空行还有更多的内涵。这意味着你忽略了这个条目，因为你认为这和你的财务状况没关系。

如果我们把广义相对论的公式弄成一张报税单，单子上就会有三行需要填写的条目。一个条目表示时空的几何——时空会发生弯曲，这是引力的具象化；另一个条目是空间中的物质分布，也就是引力产生的源泉——时空弯曲的原因。经过10年左右的潜心研究，爱因斯坦找到了用数学公式描述这两种特征的方法，然后小心翼翼地填上了两行内容。但是，完整的广义相对论税单还存在第3行条目，这个条目在数学上和其他两个条目是完全对等的，不过它的物理意义更加难以捉摸。在广义相对论给空间和时间升职，使之成为宇宙演化的参与者之后，它们就从描述事物所处场所的工具语言一跃成为拥有内在属性的物理实在。需要在广义相对论报税单第三行填写的是时空内部的一个特殊的引力属性：依附于空间结构本身的能量额度。就如同每立方米水包含一定的能量，其大小跟水温有关，每立方米空间也包含一定的能量，其大小跟第三行里的数值有关。在提出广义相对论的那篇论文中，爱因斯坦没有考虑这一行内容。从数学上讲，这相当于把这行的数值设为零，但正如报税单里的空行一样，他似乎把它直接忽略了。

当爱因斯坦发现广义相对论与静态宇宙产生矛盾时，就重新进行计算，而这一次他对第三行进行了更严格的检查。他发现观测数据和实验结果并不能说明这一行等于零。他还发现这一行包含了非常重要的物理内容。

如果第三行不设为零，而是写上一个大于零的数，为空间结构赋予一个均匀的正能量，爱因斯坦就发现（我会在下一章里解释其原因）空间的每个角落都会相互推离，产生某种大多数物理学家都认为不可能存在的东西：排斥性引力。更重要的是，爱因斯坦发现，如果他精确调整第三行数值的大小，宇宙中的排斥性引力就刚好能与空间中物质产生的普通引力平衡，于是得到一个静止的宇宙。就像让一个气球悬在空中，既不上升也不下降，宇宙也就固定不变了。

爱因斯坦将第三行的条目称作宇宙学成员或者宇宙学常数。有了它，爱因斯坦就高枕无忧了，或者说他就越发高枕无忧了。如果宇宙中存在一个尺码刚刚好的宇宙学常数，也就是说空间内部所包含的能量恰到好处，那么他的引力理论就和广为流传的宇宙在大尺度上保持不变的信念站在同一条战线上了。爱因斯坦无法解释为什么空间中蕴含的能量恰到好处，使平衡得以维持，但至少他证明了广义相对论加上一个合适的宇宙学常数，就能得出他和许多人都期待已久的宇宙模型。[7]

原始的原子

背景回到1927年在布鲁塞尔举行的索尔维会议。勒梅特走向爱因斯坦，向他介绍自己的研究结果，也就是广义相对论允许一种空间发生膨胀的宇宙模型。当时爱因斯坦已经为宇宙的静止与数学缠斗了许久，而且已经拒绝了弗里德曼类似的提法，根本就没有耐心再一次考虑膨胀的宇宙了。于是他批评勒梅特的数学计算很盲目，结果得出了一个明显荒唐的结论，搞的是"恼人的物理"。

被自己敬仰的科学家指责是个不小的挫折，但对勒梅特来说，这种窘境没有持续多久。1929年，借助坐落在威尔逊山天文台的世界上最大的望远镜，美国天文学家埃德温·哈勃（Edwin Hubble）收集了充足的证据，证明远处的星系都在急速地远离银河系。哈勃研究的遥远光子抵达地球时携带了一个明确的信号：宇宙不是静止的。宇宙正在膨胀。于是，爱因斯坦引入宇宙学常数的理由就站不住脚了。这个大爆炸的模型说，宇宙从一种高度压缩的状态诞生后一直在膨胀，这就是关于《创世记》的科学故事，从此广为流传。[8]

事实证明，勒梅特和弗里德曼是正确的。弗里德曼因第一个发现膨胀的宇宙解而名声大噪，勒梅特也因独立地发展出一套完整的宇宙学方案而声名鹊起。由于用数学的洞察力成功地解释了宇宙的运作规律，他们的工作被高度赞扬。相比之下，爱因斯坦真恨不得自己没有对广义相对论报税单的第三行画蛇添足。如果他没有竭尽所能地坚持那个未经证实的静态宇宙信念，就不会引入宇宙学常数，说不定能提前10年预言宇宙膨胀。

尽管如此，宇宙学常数的故事还远远没有结束。

模型和数据

宇宙学大爆炸模型中包含的一个细节极为重要。这个模型包括不是一个而是好几个不同的宇宙方案，所有方案都涉及膨胀的宇宙，但是空间的总体形状各不相同，尤其是关于空间的完整范围是无限的还是有限的，不同的方案有不同的理解。由于空间是有限的还是无限的问题对于平行宇宙的讨论不可或缺，我会举出所有的可能情况。

宇宙学原理——关于宇宙均匀性的假设限制了空间的几何特征，因为大部分形状都不够均匀：有的这里鼓起来，那里又平了，或者那里又扭曲了。然而，宇宙学原理不能唯一地确定我们所在的三维空间的形状。不过，它淘汰了一些情况，剩下一组精挑细选的候选者。即使对于专业人员来说，想象这几种情况都非常困难。不过，我们可以用二维空间的情况来打一个比方，以便更容易进行想象。这在数学上是严格的。

基于这个目的，首先我们考虑一个呈完美球形的白色台球。台球的表面是二维的（就像地球表面一样，你可以用两组数据标记台球表面上的点，例如纬度和经度。这就是为什么我们说它是二维的形状），而且是绝对均匀的，因为每个地方看起来都一样。数学家将台球表面称为二维球，而且说它有一个正的常曲率。不严格地说，"正"的意思是，如果你朝着一个球面镜看，你的镜像就是朝外鼓的；而"常"的意思是，无论你朝着球面镜的哪个部分看，镜像的扭曲程度都是一样的。

其次，想象一个绝对平坦的桌面。就像台球一样，桌子的表面也是均匀的，或者差不多均匀。假设你是一只在桌面上爬行的蚂蚁，从每一点向四周看，确实都一样，只不过你不能离桌子的边缘太近。即便如此，绝对均匀也不难实现。我们只需要想象一张没有边缘的桌子，而且有两种方法可以做到这一点。想象一个前后左右都无限延伸的桌子。这可不一般，桌子的表面无限大，但这样就没有边缘了，所以就不会有东西在某个地方掉下去。另一种方法是，想象一张跟早期的电子游戏屏幕一样的桌子。当吃豆精灵走出屏幕左边时，她就会从右边重新走进来；当吃豆精灵走出屏幕下边时，她又会从上边走进来。通常的桌面都没有这样的属性，不过这种空间在几何上完全成立，叫作二维环面（torus）。我会在注释里更彻底地讨论这种形状[9]，不过这里有必要提到的一点是，电子游戏屏幕的形状就像无限大的桌面一样，是均匀的，而且没有边缘。从表面上看起来，吃豆精灵面前有四个边，实际上它们是不存在的。她能走出边缘，而仍处于游戏中。

数学家会把无限大的桌面和电子游戏屏幕叫作（取值为）零的常曲

率形状。"零"的意思是，如果你观察反光的桌面或电子游戏屏幕，就会发现自己的镜像不会受到任何扭曲；而跟前文一样，"常"的意思是，无论你朝着球面镜的哪个部分看，镜像都是一样的。只有从整体上才能发现这两种形状的差异。如果你在无限大的桌面上旅行，而且朝着固定的方向走，你就永远回不到旅程的起点。在电子游戏屏幕上，你可以绕着整个屏幕走一圈再返回原处，即使你不打方向盘。

最后，想象一块品客薯片（这个有点儿难想象），如果将它向外无限延伸，就会得到另一种绝对均匀的形状，数学家称之为负的常曲率。这就意味着无论你朝品客薯片形状的镜子的哪一个部分看，你的镜像都是朝内收的。

幸运的是，关于二维均匀性状的讨论能够毫不费力地扩展到我们所关心的三维宇宙空间上。大小为正的、负的和零的曲率（均匀地向外鼓，均匀地向内收，以及没有任何扭曲）都各自代表一种均匀的三维形状。实际上，我们的运气双倍地好，因为虽然很难想象三维空间的样子（想象某种形状时，我们的思维总是将它置入一个环境中，如空间之中的一架飞机、空间之中的一颗行星；然而当我们想象空间本身的形状时，周围就没有包含空间的环境了）；均匀的三维形状与二维表兄弟的数学联系是如此紧密，以至于你可以学习大多数物理学家的做法而不失严谨性：将二维的例子作为心中所想的对象。

在下面的表格中，我做了一个总结，并且强调有些形状的大小有限（球和电子游戏屏幕），而有些则是无限大（无边的桌面和无限延伸的品客薯片）。从目前来看，表2.1还不够。还有另外的可能，如名字非常奇妙的双四面体空间（binary tetrahedral space），还有庞加莱十二面体空间（Poincaré dodecahedral space）。这种空间的曲率也是常数，不过我没有

表2.1 不同的形状和曲率类型

形状	曲率的类型	空间范围
球	正的	有限
桌面	零（或"平坦的"）	无限
电子游戏屏幕	零（或"平坦的"）	有限
品客薯片	负的	无限

注：宇宙中的任何地点都跟其他各处一样，此表列出了满足这个假设（宇宙学原理）的可能形状。

列出来，因为很难用日常物体来描述它们的样子。通过对前面列出的各种形状进行特定的切削操作，也能将它们雕刻成这种空间的样子，所以表2.1中列举的例子很有代表性。不过，这些细节问题不影响主要结论：遵从宇宙学原理的均匀宇宙只有几种可能的形状。有些形状的空间范围无限大，而有些则不然。[10]

我们的宇宙

弗里德曼和勒梅特从数学角度发现的膨胀空间被一个接着一个用来描述同样形状的宇宙。对于正曲率的情况，可以在大脑中想象二维的例子，例如一个充了气的气球在不断膨胀。对于零曲率的情况，想象一块平坦的橡胶垫沿着每个方向均匀地伸长。对于负曲率的情况，就把橡胶垫改造成品客薯片的形状，然后保持伸长的状态。如果把星系看作均匀地洒在二维曲面上的发光点，空间的膨胀将使每个发光点（也就是星系）相互远离，就像哈勃在1929年观测遥远星系时发现的那样。

这个宇宙模型十分惊人，不过要想给出确定的完整的说法，我们还得确定宇宙的形状是哪一种。当我们观察一个熟悉物体（例如甜甜圈、棒球或冰块）的形状时，总是先将它捡起来，然后在手里翻来覆去地看。问题在于，我们没法这样摆弄宇宙，因此，我们得用间接的方式确定它的形状。广义相对论方程提供了一种计算方法。可以证明，空间的曲率能够转化成唯一的可观测量：空间中的物质密度（更准确地说，是物质和能量的密度）。如果物质特别多，引力就会导致空间朝自己弯曲，形成球形。如果物质很少，空间就弯曲自如，形成薯片的样子。如果物质的含量刚刚好，空间的曲率就等于零。[1]

广义相对论方程也可以用定量方法精确地区分这几种形状。数学计算表明，"物质的含量刚刚好"，即所谓的临界密度，在今天的数值大约是 2×10^{-29} 克/厘米^3，大概相当于每立方米存在6个氢原子。用人们更熟悉的话来说，这相当于每个像地球这么大的空间中只有一个雨滴那么多的物质。[11]向四周望去，你可能觉得宇宙肯定超过临界密度，不过这个结论下得过于草率。计算临界密度时，我们假设物质在空间中是均匀分布的。所以，你得把地球、月亮、太阳等所有东西的每一颗原子都均匀地散布在宇宙中。问题就在于，散布之后每立方米空间中的物质是比6个氢原子重还是轻。

因为事关重大，天文学家几十年来一直在试图测量宇宙中物质的平均密度。他们的方法很直接，即通过高倍望远镜仔细地观察大范围的宇宙空间，再通过研究恒星和星系的运动推算出质量的分布情况，最后把恒星和其他物质的质量加起来。直到最近，观测结果仍然表明平均密

---

[1]　回忆一下前面介绍的物质如何弯曲周围区域的内容，你会很想搞明白为什么物质存在时可以*不存在*曲率。这是因为物质分布得很均匀，于是时空的弯曲也很均匀。在这种特殊情况下，虽然空间的曲率等于零，但时空的曲率不等于零。

度的值偏低，大约是临界密度的27%（相当于每立方米有两个氢原子），这也就意味着宇宙的空间曲率是负的。

然而，20世纪90年代末发生了一件不寻常的事情。我们会在第6章中提到，凭借出色的天文观测，加上一连串的因素，天文学家发现他们一直以来都没有重视账单中的一项基本内容：一种似乎均匀分布在空间中的能量。这个结果令绝大多数人感到震惊。一种散布在空间中的能量？听起来好像宇宙学常数，而我们都知道早在80多年以前爱因斯坦就引入了宇宙学常数，他又在众目睽睽之下收回了这个想法。难道现在的观测又让宇宙学常数复活了吗？

我们还不是很确定。距第一次观测10多年以后，今天天文学家还没有确定这种均匀的能量密度究竟是恒定不变的还是会随着时间变化。宇宙学常数，顾名思义（就像广义相对论报税单中那个固定的数目一样），当然是恒定不变的。为了照顾到能量可以变化的情况，为了强调这种能量不发光（这也就解释了为什么长久以来人们没有发现它的踪迹），天文学家新造了一个名词：暗能量（dark energy）。"暗"也意味着我们的认识中还存在许多空白。谁也无法解释暗能量的起源、基本成分和详细特征，这些问题目前仍在被广泛地研究，我们将在后续章节中继续进行讨论。

但是，即便疑问重重，哈勃太空望远镜和其他地面望远镜所进行的详细观测还是就弥漫在空间中的暗能量的含量达成了一致。这个结果不同于爱因斯坦很久以前给出的值（因为根据他给出的值会得出一个静止的宇宙，而我们的宇宙正在膨胀）。这并不奇怪。真正值得注意的是，观测结果认为弥漫在空间中的暗能量贡献了临界密度的73%。如果再加上天文学家已经测出的临界值（27%），我们就得到了100%的临界密度，宇宙中的物质和能量刚好使宇宙的空间曲率等于零。[1]

因此，现有的数据倾向于认为，不断膨胀的宇宙就像一个三维的无限大桌面或者有限的电子游戏屏幕。

无限宇宙的现实

我在本章开头说过，我们不知道宇宙是有限的还是无限的。前一节内容告诉我们，这两种情况在理论研究中都自然而然地出现了，而且都符合目前最精确的天文观测结果。在将来的某一天，我们该如何通过观测来证明宇宙属于哪种情况呢？

这个问题很棘手。如果空间是有限的，那么某些恒星和星系发出的光在抵达我们的望远镜之前，可能已经绕宇宙跑了很多圈。就好比光在平行的镜子之间反射时产生的系列镜像，绕圈的光也会重复产生恒星或星系的影像。天文学家已经在寻找这样的多重影像，不过还没有找到。这本身不能证明空间是无限的，但它能说明的是，如果空间是有限的，一定非常广袤，所以光还来不及绕着宇宙跑道跑上一圈。这就意味着观测的难度很大。如果宇宙是有限的，那么它的体积越大，它就伪装得越像无限大的宇宙。

对于某些宇宙学问题来说，比如宇宙的年龄，这两种情况孰对孰错不影响讨论。无论是有限还是无限，宇宙甚早期时星系必然挤在一起，使得宇宙更致密、更炽热，环境更极端。根据今天观测到的膨胀速率以及理论对这个速率如何随时间变化进行的分析，我们就会推测多久以前所能见到的一切挤成了极为致密的一团，这就是我们所说的开端。无论

---

[1] 根据普朗克卫星的最新观测数据，暗能量的组分占68.3%，暗物质占26.8%。——译注

是对有限的宇宙来说还是对无限的宇宙来说，目前最高水平的研究都将那个时刻限定在137亿年之前[1]。

不过从别的方面来说，有限和无限的差别就很重要了。例如，假如空间是有限的，当我们回溯甚早期的宇宙时，想象空间在不断收缩的图像就很准确。尽管在零时刻，这些计算本身都已经不成立了，但还是可以认为越接近零时刻，宇宙就变得越小。但是，对于无限的空间来说，这种景象就不成立了。如果空间的体积真的是无限大，那么它就永远是无限大。当这样的空间收缩时，其中的物质就会被挤得越来越紧密，物质的密度也会越来越大。不过，空间的总体仍然是无限大。将无限大的桌面面积除以2，你究竟会得到什么结果？无限大的一半仍然是无限大。将无限大的桌面面积除以100万后，你能得到什么？还是无限大。你所考虑的无限大宇宙越接近零时刻，其中的每个地方就变得越紧密，但宇宙的空间仍然是无限宽广的。

尽管观测还没有确定宇宙是有限的还是无限的，但我发现如果一定要给出个答案的话，物理学家和宇宙学家都倾向于无限宇宙的想法。我认为其中的部分原因是历史的偶然性，多年来研究人员都没有注意到电子游戏屏幕的有限形状，更可能的原因是这种情况太难计算了。也许这还体现出一个常见的误区，也就是人们以为只有学术界才对如何区分无限宇宙和宽广而有限的宇宙感兴趣。如果空间非常广袤，你只能接触到其中的一部分，你究竟会不会关心在你看不到的地方空间是消失了还是延伸到了无穷远的地方？

你应该关心一下。空间是有限还是无限的问题对于现实的本质有着重要的影响。这是本章内容的核心。现在，我们来考虑一个无限大的宇宙，看看它有什么内涵。不费多大力气，我们就会发现自己生活在一个拥有无穷多平行世界的现实中。

[1] 根据普朗克卫星的最新观测数据，这个值为138亿年。——译注

无限的空间和碎布缝缀的百衲被

为了简单起见，让我们先从遥远的无限宇宙回到地球上。想象你的朋友伊梅尔达，她在个人穿着方面穷奢极欲，买了500条精美华丽的绣花裙，又买了1000双由专人设计的鞋。如果她每天穿一条裙子，配一双鞋，总有一天她会穷尽所有的可能，重复以前穿过的搭配。这个时间很容易算出来。500条裙子和1000双鞋共有50万种不同的搭配。50万天大约是1400年，因此，假如伊梅尔达能够活很久，她就会重复以前穿过的搭配。如果伊梅尔达能长生不老，她就会周而复始地穿出每一种可能的搭配，每一种搭配都会出现无穷多次。有限搭配的无穷多次出现确保了循环可以进行无穷多次。

想象一位洗牌专家兰迪，他洗了大量扑克牌，然后把牌一张接一张紧凑地叠在一起。每一副牌被洗完之后，扑克牌的排列顺序到底会各不相同还是会出现重复？答案取决于每副牌的数量。52张牌可以存在806 58175170943878571660636856403766975289505440883277824000000000 000种不同的排列（选择第一张牌时存在52种可能，选择第二张牌时存在51种可能，选择第三张牌时存在50种可能……以此类推，将各个数字相乘）。如果兰迪洗过的牌比牌与牌之间可能的排列数目还要多，那么其中某些洗过的牌的排列顺序就会出现重复。如果兰迪已经洗了无穷多副牌，那么牌的每一种排列顺序都会重复出现无穷多次。就像伊梅尔达和她的衣着搭配一样，有限排列的无穷多次出现确保了所有结果都重复出现无穷多次。

在无穷大的宇宙中，这个基本概念正是宇宙学的核心。我们分两步来说明。

在一个无穷大的宇宙中，大部分地方我们都看不见，即使用最强大的望远镜也不行。尽管光的传播速度已经很快了，但如果一个东西离我们特别远，那么它发出的光（每一束在大爆炸之后不久就发出的光）也没有足够的时间传到我们这里。由于宇宙的年龄大概是137亿年，你可以把任何距离超过137亿光年的东西都划为这一类。这种合理的直觉正中要害，不过考虑到宇宙空间一直在膨胀，如果一个物体所发出的光刚刚被我们接收到，那么它和我们之间的距离实际上会更加遥远。所以，我们极目远眺所能抵达的最远地方就比先前的估算远得多——大约是410亿光年。[12] 确切的数值并不重要，关键在于某个距离以外的宇宙空间仍是我们无法观测的处女地。这很像站在岸上的人看不到那些驶出视野范围的船只。在天文学家看来，太空中那些距离太远而无法看到的天体位于我们的宇宙视界之外。

同理，我们所发出的光线没有抵达那些遥远的地方，所以我们也位于他们的宇宙视界之外。宇宙视界并不只是某人能看到的和不能看到的事物之间的分界线。根据爱因斯坦的狭义相对论，我们知道任何信号、任何扰动、任何信息等一切事物的传播速度都不会超过光速。这也就意味着，如果光都来不及在宇宙中不同的地方传播，那么这些地方就不曾以任何方式影响过彼此，所以它们的演化完全是独立进行的。

打一个二维的比方，我们可以将广袤空间在某一时刻的景象比作一条用碎布缝缀的巨大百衲被（缝有圆形的碎布），每一块碎布都代表一个宇宙视界。住在每块碎布中心的人能够和同一块碎布内的所有东西发生相互作用，但是他们和其他碎布中的一切事物都没有任何接触〔见图2.1（a）〕，因为他们彼此之间的距离实在太遥远了。在相邻两块碎布上，靠近碎布边界的那些点比碎布中心的点离得更近，它们可以相互作用。

我们想象宇宙百衲被上那些既不同行也不同列的碎布，到目前为止，所有位于不同碎布上的点之间都没有发生过任何形式的跨界相互作用〔见图2.1（b）〕。相同的道理可以应用到三维空间上，此时宇宙视界（也就是宇宙百衲被上的碎布）变成了球形，但结论没有改变：如果相距足够远，每一块碎布就会位于其他碎布的影响范围之外，所以，它们都是相对独立的国度。

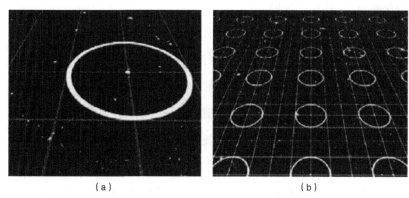

（a）   （b）

图2.1 （a）由于光速是有限的，位于任何碎布（即观测者的宇宙视界）中心处的观测者都只能与同一块碎布中的事物发生相互作用。（b）如果宇宙视界相距足够远，就不会存在任何跨界相互作用，于是视界范围内的演化过程是完全独立的。

如果空间巨大而又有限，我们就可以将它划分成数量巨大而又有限的独立碎布。如果空间无限大，就会存在无穷多块独立碎布。第二种可能性让人垂涎三尺，我们在第二步里解释这个原因。正如我们所看到的，在任何给定的碎布中，物质的粒子（确切地说，物质和一切形式的能量）只存在有限数目的不同搭配方式。跟我们说起伊梅尔达和兰迪的理由一样，这意味着那些遥远的无穷无尽的碎布正如我们所居住的空间区域一样，只不过都散布在无边无际的宇宙中，其中的环境必然重复出现。

有限的可能性

炎热的盛夏之夜，烦人的苍蝇在你的卧室里嗡嗡地飞个不停。你用了苍蝇拍，也用了难闻的喷雾剂，可是都没有效果。绝望之中，你开始对苍蝇讲道理。"这个房间很大，"你对苍蝇说，"还有很多地方可以任你飞。你实在没必要在我的耳边嗡嗡地飞个不停。""真的？"苍蝇狡猾地反问道，"很多是多少？"

在服从经典力学的宇宙中，答案是"无穷多"。当你跟苍蝇对话时，它（或者确切地说，它的质心）可以向左移动3米，或者向右移动2.5米，或者向上移动2.236米，或者向下移动1.195829米，或者……你明白了吧。由于苍蝇可以连续改变位置，它可以待的地方有无穷多个。实际上，当你把这种情况向苍蝇和盘托出时，你发现不仅苍蝇的位置有无穷种可能，就连苍蝇的速度也是这样。在某个时刻，苍蝇可能在这里，正以1千米/小时的速度向右飞。也许，它正在以500米/小时的速度向左飞，或者以250米/小时的速度向上飞，或者以349.283米/小时的速度向下飞，等等。尽管苍蝇的速度会受到一系列因素的限制（包括它所能消耗的有限的能量，因为它飞得越快，消耗的能量就越多），但速度的变化是连续的，于是又提供了无穷多种可能性。

苍蝇可不信这一套。"你说移动1厘米、半厘米或者1/4厘米时，我还能理解，"苍蝇回应道，"但是你说相差万分之一厘米、十万分之一厘米或者差别更小的地方时，我就无法苟同了。对于一个理论家而言，这几个地方确实不同，但如果说这里和这里向左十亿分之一厘米的地方有所不同的话，就违背日常经验了。这么小的差别我看不出来，所以我不觉得这是两个不同的地方。对速度来说也一样。我分得清1千米/小时和500米/小时，但是250米/小时和249.999999米/小时又有什么差别呢？拜托，只有非常聪明的苍蝇才敢说自己能发现其中的差别。实际上，没有任何一只苍蝇能够发现。所以，就目前而言，这两个速度是一样的。这个房间所蕴含的可能性远比你说的少。"

苍蝇提出的观点很重要。原则上，它可以位于无穷多个位置，也可以无穷多种速度运动。但是，在任何实际过程中，位置和速度的差别存在一定的极限，达到某个微小的程度以后就无法区分了。即使苍蝇利用最精密的仪器也难以区分。位置或速度发生多小的变化之后仍能被仪器检测出来，必须服从一定的极限。不管这种微小的变化到底有多小，如果都不为零，那就会大大减少苍蝇所能经历的可能性。

比方说，如果可以探测到的最小间隔是1厘米的1%，那么每1厘米的长度可以被分辨的不同地方都不可能达到无穷多，而只有100个。每1立方厘米的空间中就只有100^3（即100万）个不同的地方，于是你的普通卧室中就有100万亿个不同的地方。很难说苍蝇知道这个数目之后会不会感到心满意足，从此不再围着你的耳朵嗡嗡地飞。不过，我们的结论是，除了绝对精确的测量之外，任何事物所呈现的可能性都不是无限多，而是有限的。

也许你会反驳说，无法分辨空间的间隔或速度差异只不过说明测量技术还不够先进。随着技术的发展，仪器的精度也在不断提高，而对一只经费充裕的苍蝇来说，它所能分辨的不同位置、不同速度也会越来越多。这里我必须引入一些基础的量子理论。根据量子力学，我们可以准确地说，测量的精度存在一个基本的极限，这个极限永远不会被超越，而无论技术如何发展。这个极限源自量子力学的一个核心特征，即不确定性原理（uncertainty principle）。

不确定性原理认为，无论你使用何种仪器或何种技术，如果你提高其中一项测量内容的精确程度，就必然承担无法避免的代价：必然会降低测量另一项互补内容的精确程度。关于不确定性原理的一个最好的例子是，你对某个物体的位置的测量越精确，对它的速度的测量就越不精确，反之亦然。

在经典物理学看来，即就我们对花花世界的直觉而言，这种极限完全是天外来客。不过，可以打个粗略的比方，想一想给顽皮的苍蝇拍照的过程。如果快门速度很高，你就会得到一张照片，记录着按下按钮时苍蝇的位置。但由于照片是在一瞬间拍成的，拍到的苍蝇看起来没有动，照片没有给出苍蝇的速度信息。如果你把快门调慢一些，拍成的模糊照片就传达了某种苍蝇运动的信息，但由于照片很模糊，苍蝇的位置就测不准了。你无法从一张照片中同时得到位置和速度的准确信息。

同时，测量位置和速度必然会遭遇某种不精确度。根据量子力学，沃尔纳·海森堡（Werner Heisenberg）给出了这种不精确度的准确值。这种无法逃避的不精确度就是量子物理学家所说的不确定性。有一种非常有用的方法能够演示他的结果，帮我们理解得更清楚。正如要想拍出更清晰的照片，就得提高快门的速度，海森堡的计算表明，要想更精确地测量物体的位置，就得使用能量更高的探针。打开你的床头灯，它所产生的探针（散布在各处的低能量的光）使你能够看清苍蝇的腿和眼睛的大致形状；用能量更高的光子（例如X光，为了不烧死它，光子脉冲必须比较短暂）照射它，就能得到分辨率更高的图像，从而揭示苍蝇扇动翅膀时用到的肌肉。但根据海森堡的计算，要想得到绝对完美的分辨率，就必须先具备一个能量无限大的探针。这是不可能的。

所以，关键结论唾手可得。经典物理学认为，实践中无法获得完美的分辨率。量子物理学更进了一步，认为理论上也无法获得完美的分辨率。如果你想象一个物体的速度和位置（例如一只苍蝇或一个电子）发生了极为微小的变化，那么根据量子力学，你想的事情毫无意义。过于微小而无法测量的变化，即使在理论上也相当于根本没有变化。[13]

虽然我们讨论苍蝇问题时没有考虑量子力学，但基于相同的理由，这个极限也会将物体的不同位置和不同速度的可能性数量从无穷多个减少到有限个。而由于量子力学所致的有限精确程度已经深深地扎根于物理定律之中，事物的可能性就无法避免地会被削减为有限数目，毋庸置疑。

宇宙的副本

卧室里的苍蝇就说到这儿。现在，想象一片更广阔的空间区域。想象一片跟如今的宇宙视界大小相当的区域，一个半径为410亿光年的球形区域，其大小跟宇宙百衲被上的一块碎布一样。然后，不是把一只苍蝇而是把物质和辐射的粒子填进去。问题就出来了：这些粒子之间共存在多少种可能的排列方式？

嗯，就像一盒乐高积木，你的积木越多，即你能往那个区域里填入的物质和辐射越多，所产生的排列方式也就越丰富。但你不可能填入无穷多积木。粒子都有能量，所以粒子越多，能量就越多。如果一片空间区域中包含的能量太多，它就会被自己的重量压垮，坍缩成一个黑洞。[1] 黑洞形成以后，如果你还要往它的里面填入物质和能量，黑洞的边界（它的事件视界）就会变大，占据更大范围的空间。于是，给定大

---

[1]　在后续章节中，我会对黑洞展开更多的讨论。在这里我们只介绍熟悉的说法，这种说法已经在流行文化中广为传播，也就是一片空间区域——把它想成空间中的一个球体。它的引力非常强大，以至于任何东西都不能从它的边缘逃出去。黑洞的质量越大，直径也越大，所以无论什么东西掉进去，都会使黑洞的质量增加，还会使黑洞的直径变大。

小的空间区域所能容纳的物质和能量也存在一个极限。对于一片像现在的宇宙视界一样大的空间区域来说，这个极限还是很大的（大约 10^{56} 克）。然而，极限的大小并不是关键，关键在于存在这样一个极限。

宇宙视界中有限的能量只能包含有限数目的粒子，比如电子、质子、中子、中微子、μ子、光子，抑或任何其他已知或未知的粒子。同时，宇宙视界中有限的能量也要求其中每一个粒子（就像卧室里恼人的苍蝇）的位置和速度的可能取值是有限的。合起来，粒子的数量有限，其中每个粒子的位置和速度的可能取值也有限。这就意味着在任何一个宇宙视界中，粒子间的可能排列方式也是有限的。〔我们将在第8章中讲到，量子理论中更专业的说法是我们并不提到粒子的位置和速度，而是粒子的量子态（quantum state）。在这个意义上，我们会说宇宙碎布中的粒子所能经历的可观测的量子态的数目是有限的。〕实际上，我们很快就能算出（如果你很想知道其中的细节，请看注释），宇宙视界中可能存在的可区分的粒子搭配状态约有多少个（一个1后面跟着 10^{122} 个零）。虽然很大，但这个数字是有限的。[14]

衣物搭配的有限性能够保证，只要出门的次数足够多，伊梅尔达的打扮必然会出现重复。扑克牌排列顺序的有限性能够保证，只要洗牌的次数足够多，兰迪的牌的排列顺序必然会出现重复。同样的道理，粒子排列方式的有限性能够保证，只要宇宙百衲被上的碎布足够多（独立的宇宙视界足够多），比较不同碎布之间的粒子排列方式时，必然会发现其中有重复。就算你可以重新设计整个宇宙，尝试让每一块碎布都与你先前看到的那块不一样，但空间的范围大到一定程度以后，你必然会用尽所有不同的设计，而不得不重复利用前面用过的排列方式。

在一个无穷大的宇宙中，重复现象更为极端。无限的空间中存在无数块碎布。因此，既然粒子的排列方式有限，那么无数块碎布中的粒子的排列方式一定被复制了无穷多次。

这就是我们想要的结果。

仅物理而已

在解读这个结果之前，我先要声明一下我所持有的偏见。我相信，一个物理体系完全由其粒子的排列方式所决定。如果你告诉我组成地球、太阳、银河系以及万事万物的粒子是如何排列的，你就已经彻底描绘了现实的模样。物理学家普遍接受还原论的观点，当然有的人并不认同。特别是当生命出现时，有的人相信必须存在一种非物质的东西（精神、灵魂、生命力、气等）让物质焕发生机。尽管我对这种说法持开放态度，但我从没见过有证据能够支持这一点。在我看来，最有说服力的观点是，一个人的肉体和精神特征不是别的，而只不过是他身体中粒子排列方式的一种体现而已。确定了粒子的排列方式，你就确定了一切。[15]

我们根据这种思路得出，如果我们所熟知的粒子排列方式在另一块碎布（另一个宇宙视界）中复现，那块碎布就和我们的这块看起来一样，感觉上也一样。这表明，如果宇宙的范围无限大，无论你对这种现实观有何反应，你都不是独自一个人。在宇宙的别处，你的完美拷贝还有很多很多，他们的感受完全一样。不能说哪个拷贝才是你。所有拷贝的肉体都完全相同，因而其精神也完全相同。

我们甚至可以估算一个最近处的拷贝到我们的距离。如果不同碎布中的粒子排列方式是随机的（这个假设符合改进后的宇宙学理论，我们会在下一章中谈到），那么我们就可以认为我们所在的碎布和其他碎布中的环境以相同的概率在宇宙中出现。于是我们认为，平均而言，每 $10^{10^{122}}$ 块宇宙碎布之中就有一块跟我们所在的这块一样。也就是说，在直径大约为 $10^{10^{122}}$ 米的空间区域中，应该存在一块跟我们的这块一样的宇宙碎布，其中有你，有地球，有银河系，有我们的宇宙视界中的所有一切。

如果放低眼光，不要求寻找跟我们的宇宙视界一模一样的副本，而是寻找一个以太阳为中心、半径为几光年的区域的拷贝，这个愿望实现起来就容易得多：平均而言，每个直径为 $10^{10^{100}}$ 米的区域里就能找到这样一个拷贝。如果想要找大致相同的拷贝，那么就更加容易。毕竟，完全复制一个区域的方法只有一种，而粗略复制一个区域的方法有很多种。如果你跟这些不完全的拷贝相见，就会发现其中一些拷贝真假难辨，而另一些拷贝有的一眼就能认出，有的讨人喜欢，有的相貌惊人，不一而足。你曾经做出的决定都相当于一种特定的粒子排列方式。如果你向左走，你全身的粒子就向左走；如果你向右走，你全身的粒子就向右走。如果你说"yes"，你的大脑、嘴唇和声带中的粒子就按照一种模式运动；如果你说"no"，这些粒子就按照另一种模式运动。你可能做出的每一个动作，你做出的每一个决定，以及你放弃的每一个选择，都会在某些碎布中上演。在某些碎布中，关于你自己、你的家庭以及你在地球上的生活的那些你最担心的事情发生了；在某些碎布中，你最狂野的梦想实现了；在某些碎布中，那些相近而不完全相同的粒子排列方式联手打造了一个全新的世界；而在大多数碎布中，粒子的排列方式并不能产生我们所认为的生命，于是它们是一系列不毛之地，至少不存在我们所了解的生命形式。

随着时间的流逝，图2.1（b）中的宇宙碎布会不断变大。时间越久，光传播得越远。因此，每个宇宙视界都会变大。最终，宇宙视界会互相重叠。当那个时刻来临时，不同区域之间就不能再看作相互独立的了，平行宇宙不再平行——而是并合在一起。虽然如此，我们的发现仍然成立。只要画一些新的宇宙碎布，把每块碎布的半径设为光从大爆炸开始到那个时刻所传播的距离就行了。每块碎布都变大了一些，所以为了形成图2.1（b）所示的样子，它们的圆心之间的距离也得随之增大。不过，既然我们有无限的空间可以利用，要进行这样的调整并不困难，空地还多着呢。[16]

于是我们得到了一个撩人的普适结论。在一个无限宽广的宇宙中，现实并不像我们大多数人所期望的那样。无论何时，空间中都存在无数个独立世界，它们组成了我说的"百衲被多重宇宙"（Quilted Multiverse），而我们的可见宇宙，也就是我们在深邃的夜空中所能看到的一切，只不过是其中之一。对无穷个独立世界进行仔细调查，我们会发现粒子的排列方式发生了无数次重复。任何特定宇宙中的现实（包括我们的现实）都已经在百衲被多重宇宙中被其他宇宙复制了无穷多次。[17]

这是为什么

听到这个结论以后，你或许会目瞪口呆，觉得太荒谬，很想推翻它。你可能会反驳说，我们所发现的离奇性质——无穷多个关于你、其他每个人以及一切事物的拷贝，恰恰证明我们用到的几个假设存在某种错误。

会不会是整个宇宙都充满粒子的假设错了呢？或许，我们的宇宙视界之外是一望无际的虚空。这很有可能，不过为了符合这个图像，必须对理论进行某种修改，这会让这种想法变得完全不可信。我们很快就会见到的最精妙的宇宙学理论跟这种想法背道而驰。

会不会在我们的宇宙视界之外，物理学定律发生了改变，于是我们对这些遥远世界进行的理论分析就不靠谱了？这也很有可能。但是正如我们会在下一章中看到的，最近的进展得出了一个鲜明的观点，也就是虽然物理定律可以变化，但这种变化不会推翻我们关于百衲被多重宇宙的结论。

宇宙的空间会不会是有限的呢？绝对有可能。如果空间的大小是有限的，仍然会有一些有意思的碎布存在其中。不过，如果有限宇宙的空间很小，就不会包含大量的碎布，也就不会有我们自己的复制品了。证明宇宙有限是其中最有可能颠覆百衲被多重宇宙的方法。

然而，为了更深刻地理解勒梅特原始原子的起源和本质，最近几十年致力于将大爆炸理论推到时间起点的物理学家已经发展出一套理论，叫作暴胀宇宙学（inflationary cosmology）。在暴胀的理论框架里，支持无限大宇宙的观点得到了理论和观测的有力支持。在下一章中我们将会看到，它几乎成了一个必然成立的结论。

此外，暴胀理论给我们带来了另一套更为奇异的多姿多彩的平行世界。

第3章 永恒和无穷

暴胀多重宇宙

20世纪中期，一群具有开创精神的物理学家发现，即使你将太阳熄灭，又把银河系中的其他恒星拿走，甚至把远处的星系也一扫而空，太空也不会变成漆黑一片。在人的眼睛看来，天空是黑的，但倘若你能看到微波波段的辐射，就会发现四面八方的天空都在均匀地发光。它的起源是什么？正是万物的起源。值得注意的是，这无处不在的微波辐射海洋其实是宇宙创生存留至今的一个遗迹。这一突破为大爆炸理论找到一个可检验的观测现象，但与此同时，它揭示了大爆炸理论的一个根本缺陷，从而为弗里德曼和勒梅特的开创性工作之后又一个宇宙学重大突破——暴胀理论（the inflationary theory）奠定了基础。

暴胀宇宙学向宇宙最初的那一刻引入了一场剧烈爆炸式的超高速膨胀，对大爆炸理论进行了修正。我们将会看到，这一修正极为关键，它能够解释残留辐射的某些令人困惑的特征。不仅如此，暴胀宇宙学还是本书的关键内容，因为在最近几十年里科学家渐渐认识到这个理论最有说服力的版本会得出大量平行宇宙，彻底改变现实的模样。

炽热开端的遗迹

物理学家乔治·伽莫夫（George Gamow）是个身高一米九的傻大个儿，他以20世纪早期在量子物理和核物理方面做出的重要贡献而闻名于世，在历尽沧桑之后仍然保持着机智灵敏和风趣幽默。（1932年，他和妻子曾计划离开苏联。他们将巧克力和白兰地等必需品装进一艘小艇中，试图自己划到黑海对岸去。当这两位赶路人被恶劣的天气逼回岸边时，伽莫夫竟然巧舌如簧地给官方编了一个故事，说自己在海上进行的一项科学实验不幸失败了。）搬进位于圣路易斯的华盛顿大学之后，伽莫夫把兴趣转向宇宙学。得益于他的研究生——才华横溢的拉尔夫·阿尔珀（Ralph Alpher）的鼎力相助，伽莫夫继弗里德曼（曾在圣彼得堡做过伽莫夫的老师）和勒梅特之后发展了一幅关于宇宙最初时刻更详细、更鲜活的图像。伽莫夫和阿尔珀的图像就像对先前的理论进行了一次版本更新。

高度致密、异常炽热的宇宙一诞生就开展了一场疯狂的运动。空间迅速膨胀、迅速冷却，于是一锅粒子汤从原始的等离子状态脱离出来，开始凝结。在最初的3分钟里，虽然宇宙的温度迅速降低，但仍然高得像一座核熔炉，合成了最简单的原子核：氢、氦以及微量的锂。不过，又过了仅仅几分钟，温度就下降到约10^8K（开尔文[1]），大概是太阳表面温度的1万倍。尽管按照日常生活的标准，这个温度高得不得了，但对于核反应来说就不够了。于是从那时起，粒子的暴乱渐渐平息下来。从此，在漫长的岁月中，除了空间一直在膨胀，粒子汤一直在冷却之

[1] 开尔文（K）是物理学中常用的温度单位。它和摄氏温标的零点不同，0℃等于273.15 K。——译注

外，没什么大事发生。

然后，大约37万年以后，当宇宙大约冷却到3000K，也就是太阳表面温度的一半时，单调沉闷的宇宙气氛被一个关键的转折打破了。以前，空间中充满了带电的等离子态粒子，其中绝大部分是质子和电子。由于带电粒子拥有一种能弹开光子（光的粒子）的特殊能力，原始的等离子态看起来就是不透明的[1]。光子连续受到电子和质子的猛烈阻击，会均匀地发亮，就像被浓雾掩盖的汽车远光灯。然而，当温度下降到3000K以下时，高速运动的电子和核子就会随之减速，开始结合成原子；电子被原子核俘获，开始围绕原子核运动。这一转变非常关键。因为质子和电子所带的电荷大小相等、性质相反，它们结合成的原子就是电中性的。光可以透过电中性的原子汤，就像滚烫的刀子可以穿过黄油，于是原子的形成驱散了宇宙的浓雾，大爆炸的回光从此自由了。从那时起，这些原始的光子就在空间中四处流动。

注意：有件事情很重要。尽管光子不再被带电粒子踢来踢去，但它们还会受到另外一个重要因素的影响。随着空间的膨胀，物质会变冷变稀薄，光子也不例外。但不同于物质粒子的是，光子的温度降低时，其速度并不会减慢。作为光的粒子，光子总是以光速运动。于是，光子冷却时，振动频率也会降低，这意味着光子的颜色会变化。紫色光子会变成蓝色，然后变成绿色，然后变成黄色、红色，最后变成红外线（就像用夜视镜看到的那种光），变成微波（就像在你的微波炉里不断反射，加热食物的光子），最后进入无线电的频率范围。

---

[1] 等离子态就像固态、液态、气态一样，是物质的一种状态。例如，在极高的温度下，原子间不断发生剧烈碰撞，原子中的电子获得能量发生电离，就形成了等离子态。像太阳这样的恒星就处于等离子态。——译注

伽莫夫首先发现了这一点,阿尔珀和他的合作者罗伯特·赫尔曼(Robert Herman)做了更精确的计算。所有这些分析都表明,如果大爆炸理论是正确的,那么空间之中应该到处弥漫着宇宙创生时的残余光子。在光子获得自由之后的100多亿年里,它们的振动频率随着宇宙的膨胀和冷却而变化。详细的计算表明,光子的温度应该降到了绝对零度附近,它们的频率也就位于微波的频率范围内。正因为如此,它们才被称作宇宙微波背景辐射(cosmic microwave background radiation)。

最近我重读了伽莫夫、阿尔珀和赫尔曼在20世纪40年代提出和解释以上结论的几篇论文。这几篇论文堪称物理学的奇迹,其中涉及的计算细节基本上没有超出研究生的物理基础课,但结论意义深远。作者得出的结论是:我们都沐浴在光子的海洋中,这是脱胎于熊熊烈火的宇宙为我们留下的传家珍宝。

虽有如此溢美之词,但令人惊讶的是这几篇论文在当时并没有引起多少关注。这很可能是因为当时的主流是量子物理和核物理,宇宙学还没有出人头地,成为一门定量科学,所以物理学的学术圈就不太接受看起来很边缘化的理论研究。从某种程度来讲,这几篇论文之所以受到冷遇也是因为伽莫夫平时玩世不恭〔有一次他修改了一篇和阿尔珀合写的论文的署名,把他的朋友、未来的诺贝尔奖得主汉斯·贝特(Hans Bethe)也加上了,这样论文的署名就是"阿尔珀、贝特、伽莫夫",听起来像希腊字母表的前三个字母〕,这就导致有些物理学家没有认真对待。不管他们怎么努力,伽莫夫、阿尔珀和赫尔曼没能让任何人关注他们的结果,更没有说动天文学家花大力气去探测他们预言的残留辐射。那些论文很快就被人忘在脑后了。

20世纪60年代早期,在不了解先前研究工作的情况下,普林斯顿物理学家罗伯特·迪克（Robert Dicke）和吉姆·皮布尔斯（Jim Peebles）走上了类似的道路。他们也发现大爆炸应该留下了一笔遗产，也就是空间中无处不在的背景辐射。[1]然而，不像伽莫夫的研究团队，迪克自己就是一位声名卓著的实验学家。所以，迪克不用说服别人，自己就能开展观测，寻找这种辐射。迪克和他的学生戴维·威尔金森（David Wilkinson）、皮特·洛尔（Peter Roll）一起设计一组实验，用来接收大爆炸残留的某些光子。可是，普林斯顿的研究人员还没来得及实施观测计划，就接到了科学史上的一个著名电话。

迪克和皮布尔斯还在做计算的时候，在距离普林斯顿不到50千米的贝尔实验室里，物理学家阿诺·彭齐亚斯（Arno Penzias）和罗伯特·威尔逊（Robert Wilson）正在为一架无线电通信天线（巧合的是，这架天线的基础是迪克在20世纪40年代搞出的一套设计方案）发愁。无论他们怎样调整天线，结果都会听到嗞嗞声，接收到一股稳定的、不可避免的背景噪声。彭齐亚斯和威尔逊相信，一定是设备的什么地方出问题了。随后又发生了一系列偶然的谈话，这始于1965年2月皮布尔斯在约翰霍普金斯大学做的一次报告，当时的听众有卡内基研究所的射电天文学家肯耐斯·特纳（Kenneth Turner）。于是，他把皮布尔斯讲的内容转告给了他在麻省理工学院的同事伯纳德·博克（Bernard Burke），而后者恰好与贝尔实验室的彭齐亚斯有联系。得知普林斯顿的研究内容之后，贝尔实验室的团队意识到，他们的天线的嗞嗞声很有来头：它接收到了宇宙微波背景辐射。彭齐亚斯和威尔逊给迪克打电话，迪克迅速确认他们无意间偷听到了大爆炸的回响。

两个小组同意将各自的论文同时发表在著名的《天体物理学杂志》（*Astrophysical Journal*）上。普林斯顿的小组讨论了他们关于背景辐射的宇宙学起源的理论，而贝尔实验室的小组报告了他们对空间中均匀分布的微波辐射进行的探测，其用词非常保守，完全没有提到宇宙学。两篇文章都没有提到伽莫夫、阿尔珀和赫尔曼的早期研究。彭齐亚斯和威尔逊凭借这个发现获得了1978年的诺贝尔物理学奖。

伽莫夫、阿尔珀和赫尔曼伤心至极。在随后的几年中，为使自己的研究获得承认，他们花了很大力气进行抗争。渐渐地，物理学术圈才向他们在这一不朽发现中的首要贡献致以迟到的敬意。

远古光子神秘的均匀性

宇宙微波背景辐射发现后的几十年间，它渐渐成为宇宙学研究的重要工具，原因很明显。在很多学科中，研究人员为了能够直击历史现场，不受任何约束，即使赴汤蹈火也在所不惜。然而，他们通常不得不面对一堆遗迹，如风化的化石、腐烂的羊皮纸或者类似木乃伊的残骸，然后基于这些证据，拼凑出远古环境的全貌。宇宙学是一门能够直击历史现场的学科。我们肉眼所见的点点星光其实是一束束光子流，它们有的已经朝我们流动了几年，有的流动了几千年。更遥远的天体发出的光可以由高倍望远镜接收到，它们更加古老，有的已经流动了几十亿年。当你看到一束束远古的光时，可以毫不夸张地说，你看到的其实是远古的时光。虽然这些匆匆过客来自很遥远的地方，但宇宙大尺度结构体现出的均匀性强烈地提示我们，平均而言，在别处发生过的事情在此处也发生过。仰望星空时，我们也在回望过去。

宇宙的微波光子是我们得以回望过去的绝佳机会。无论技术如何发展，微波光子都是我们有希望看到的最古老的事物，因为比它们更年迈的同伴都被更早时的宇宙浓雾困住了。当我们研究宇宙的微波背景光子时，我们也就是在端详宇宙在大约140亿年前的模样。

计算表明，在如今每立方米空间中都有约4亿个宇宙微波背景光子匆匆而过。虽然我们的眼睛看不到，但老式电视机可以探测到。把电视闭路线断开，调到一个没有信号的台，在你看到的一屏幕雪花中，有1%左右来自大爆炸光子携带的信息。这个想法很有意思。电视剧《全家福》和电影《蜜月新人》再度登上银幕时，同一束电波中混杂着宇宙最古老的化石，那些承载电视剧的光子出发时，宇宙的年龄只不过才区区几十万年。

大爆炸模型对空间中充满微波背景辐射做出了正确的预言，这是一场胜利。科学思想和技术仅仅发展了300年，我们人类这个物种就从原始望远镜、站在斜塔上扔球跨越到了能够提取宇宙刚刚诞生时的物理信息。虽然如此，但对观测数据的进一步研究导致了一个尖锐的问题。不用电视机，而是用人类建造的最精密的天文仪器对辐射的温度进行更为精细的测量，我们会惊异地发现整个空间中的辐射是完全均匀的。无论你让探测器指向哪儿，辐射的温度都是绝对零度之上的2.725K。如何解释这种极致均匀性的成因成了一个大难题。

看过第2章的内容（以及我在4段之前做出的评述），我猜你会说："可是，这只不过是宇宙学原理在发挥作用——无论跟哪儿比较，宇宙中都不存在特殊的地方，所以每个地方的温度应该都是一样的。"有道理。但是想想看，宇宙学原理是一个简化性假设，包括爱因斯坦在内的物理学家引入这个假设是为了简化宇宙演化的数学计算。既然空间中的微波背景辐射确实是均匀的，宇宙学原理就获得了一个很有说服力的佐证，我们也就越发相信从这个原理出发所得出的结论。不过，辐射所体现出的惊人的均匀性将炫目的聚光灯照在了宇宙学原理自己身上。尽管宇宙学原理听起来很合理，但那又是什么物理机制导致已被观测承认的宇宙均匀性呢？

比光速还快

跟别人握手时我们都感受过一丝轻微的不安，有的手又潮又热（不算太糟），有的手又湿又冷（糟透了）。不过，当你的手跟那只手相握时，你会发现那点儿温度差很快就没有了。当物体相互接触时，热量会从温度高的地方传递到温度低的地方，直到二者的温度相等。你无时无刻不在经历这种事。这就是为什么你放在桌上的咖啡最后会跟房间的温度一致。

类似的理由似乎可以用来解释微波背景辐射的均匀性。就像握在一起的手和晾在桌上的咖啡，均匀性或许体现了环境温度回落到一个共同的温度。这种事很常见。唯一的新奇之处在于，这个回落过程应该发生在整个宇宙的尺度上。

然而，在大爆炸理论中，这个解释行不通。

为了让不同地方的不同物体达到同一温度，一个重要的条件是存在相互接触。可以是直接接触，就像握手，或者最低限度的接触，通过交换信息，不同地方的环境就有了关联。只有经过这样的相互影响，才能形成一个共同的环境。暖水瓶就是专门设计出来用以阻止这种相互影响的，从而防止温度变均匀，保持温度的差异。

对宇宙温度均匀性的解释过于简略，这个简单的发现凸显了其中存在的问题。宇宙中的不同地方都相距很远——也就是说，你向右边一指，那个地方在夜空中如此遥远，它发出的第一束光才刚刚传到你这儿，然后，你向左边一指，结果也一样，从未相互影响过。尽管这两个地方你都能看见，但是从一个地方发出的光还要跑很远的路才能传到另一个地方。所以，如果遥远的左边和遥远的右边存在两个观测者，他们就从未见过对方。而由于光速划定了一切事物的速度上限，它们还从未以任何方式相互影响过。用上一章的语言来说，它们位于彼此的宇宙视界之外。

这让谜题变得再明显不过。如果住在远处的那些地方的生物跟你说一样的语言，书架里藏了一样的书，你就会感到很震惊。如果没有接触过，不同的地方怎么可能流传一样的风俗？如果相互独立的宇宙空间拥有相同的温度，精度超过小数点之后4位，你同样也应该感到震惊。

多年前，当我第一次接触这个谜题时，我曾经很震惊。但经过进一步思考之后，我开始对谜题本身感到困惑。两个一度非常靠近的物体怎么会（我们相信，可观测宇宙中的一切事物在大爆炸发生时都离得很近）以如此高的速度相互分离，以至于从一个物体发出的光还没来得及传到另一个物体？光速划定了宇宙速度的极限，那么在相同时间里，两个物体分开的距离怎么会比光传播的距离还远呢？

这个问题的答案强调了一个经常被人忽视的地方。速度不能超过光速仅仅是指物体在空间中的运动速度。但是星系之间的相互退行并不是因为它们在空间中运动——星系没有喷气式引擎，而是因为空间本身在膨胀，星系只不过在随波逐流，被空间拖着走而已。[2]问题在于，相对论没有限制空间膨胀的速度，所以星系间的退行速度也不存在限制。任意两个星系之间的相对退行速度可以超过任何速度，包括光速。

实际上，广义相对论的计算表明，在宇宙最初的那一刻，空间的膨胀速度是如此之快，以至于其中不同的区域相互远离的速度超过了光速。因此，这些区域就无法相互影响。于是，难题就转化成了相互独立的宇宙区域之间为什么能建立几乎完全一样的温度。宇宙学家将这个谜题称作视界问题（horizon problem）。

拓宽视界

1979年，阿兰·古斯（Alan Guth，当时他在斯坦福直线加速器中心工作）提出一种观点，随后安德烈·林德（Andrei Linde，当时他在莫斯科的列别捷夫物理研究所工作）对此做出关键改进，接着保罗·斯坦哈特（Paul Steinhardt）和安德烈斯·阿尔布雷希特（Andreas Albrecht）（一个教授－学生二人组，他们在宾夕法尼亚大学工作）对此做了进一步的改进。人们广泛认为这套理论解决了视界问题。解决方案叫作暴胀宇宙学（inflationary cosmology），它依赖爱因斯坦广义相对论的某些难以捉摸的特性，这些特性我马上就会讲明，但是这套理论的大致轮廓很容易概括。

视界问题之所以会折磨标准的大爆炸理论是因为空间的不同区域分离得太快，不足以建立起热平衡。[3] 暴胀理论减慢了甚早期空间的分离速度，使它们有足够的时间建立相同的温度，于是就解决了这个问题。然后，这个理论提出，完成"宇宙握手"之后，宇宙经历了一场短暂的爆发性的快速膨胀，而且越来越快——这叫作暴胀。它对缓慢的开端做了补偿，而且迅速将天空的不同区域拖到了非常遥远的地方。我们看到的均匀性不再是谜题了，因为不同的空间区域迅速远离彼此之前就已经建立了共同的温度。大体上说，这就是暴胀理论的核心内容。[1]

然而，你要知道物理学家并没有说明宇宙是如何膨胀的。从目前我

---

[1] 换句话说，极快速的加速膨胀意味着，相对于传统的大爆炸理论，今天相距遥远的区域在宇宙早期曾经靠得更近，这就能够保证暴胀发生前不同区域之间已经建立了共同的温度。

们所能得到的最精确的观测来看，爱因斯坦的广义相对论方程可以将此事说清楚。于是暴胀方案是否可行，就取决于它提出的对标准大爆炸膨胀模式的修改能否自然地从爱因斯坦的方程中出现。乍一看，能不能出现还很难说。

例如，我敢保证，如果你把牛顿带到现在，花5分钟时间给他普及广义相对论，向他解释弯曲空间和膨胀宇宙理论的大体框架，他就会发现你接下来讲的暴胀理论非常荒谬。无论爱因斯坦的数学多么奇特，语言多么新奇，牛顿都会坚决捍卫引力是一种吸引作用的观点。于是，他会把1英镑按在桌上，强调说引力能把物体拉在一起，能减缓宇宙的一切分离运动。膨胀开始时慢慢吞吞，然后在一瞬间急剧加速，这或许能解决视界问题，但都是瞎编的。牛顿会断言，引力的吸引作用既意味着击出的棒球会不断减速，又说明宇宙的膨胀必然会随时间减慢。当然，如果膨胀速度一直减小，减到零以后就会转为收缩，向内的坍缩会不断加快，非常像棒球往地上掉落的过程。但是，空间向外膨胀的速度不可能提高。

牛顿犯了一个错误，不过你不能怪他，要怪就怪你给他普及广义相对论时讲得过于简略。不要冤枉我。可以理解，如果只给你5分钟（其中1分钟花在解释棒球上），你就会把重点集中在弯曲的时空是引力的源头上。牛顿已经注意到自己对引力的传播机制不甚了了，他一直将此看作自己理论的一个漏洞。当然，你想把爱因斯坦的解决方法告诉他。爱因斯坦的引力理论弥补了牛顿物理学的漏洞。广义相对论中的引力跟牛顿物理学中的引力有本质的不同，而在前文之中有一个特征要引起我们的重视。

在牛顿的理论中，能产生引力的只有物体的质量。质量越大，物体产生的引力就越大。在爱因斯坦的理论中，引力不仅源于物体的质量（和能量），还源于它的压强。称一称密封包装的薯条。挤一挤包装袋，增大袋里空气的压强，然后再称一称。根据牛顿的理论，两次所称的重量应该相等，因为质量没有变化。根据爱因斯坦的理论，挤过的包装袋更重，因为虽然质量没有变，但压强变了。[4]在日常生活中，我们不会意识到这一区别，因为对通常的物体来说，这个效应极为微弱。即便如此，广义相对论的实验已经证明了这种效应，明确了压强对引力有贡献。

这一条与牛顿理论的差别非常关键。无论是在薯条包装袋里、膨大的气球里还是在你正在看书的房间里，空气的压强都是正的，就像质量是正的一样，它对引力的贡献也是正的，从而导致重量增加。虽然质量总是正的，但在某些情况下压强可以是负的。想象一条被拉长的橡皮筋，橡皮筋中变形了的分子产生向内的拉力，而不是向外的推力，物理学家称之为负压（negative pressure，negative tension）。这很像广义相对论所说的，正压产生吸引性的引力，负压产生的效果相反——排斥性引力（repulsive gravity）。

牛顿被唬得晕头转向。在他看来，引力只能产生吸引作用。但你的脑子仍然保持清醒：你已经在广义相对论与引力签订的合同中见过这个奇怪的条款了。想起上一章介绍的爱因斯坦的宇宙学常数了没有？我说过，如果向空间中注入均匀的能量，宇宙学常数就会产生排斥性引力。当时我没有解释其中的缘由，现在可以说了。宇宙学常数不但为空间的结构赋予均匀的能量（能量的大小取决于常数的大小），还向空间散布均匀的负压（我们很快就会讲到为什么）。于是，同上所说，考虑每一种情况中的引力，负压跟正质量、正压强的作用相反。它产生排斥性引力。[1]

在爱因斯坦的手中，排斥性引力被用于一种错误的目的。他本想精确地调整空间中负压的大小，保证由此产生的排斥性引力能够抗衡宇宙更让人熟悉的普通物质产生的引力，产生一个静态宇宙。正如我们看到的，他后来放弃了这个想法。60多年后，暴胀理论的研究者提出一种排斥性引力。这跟爱因斯坦的版本不同，就像马勒第八交响曲的最终乐章里不同于音叉的嗡嗡作响。暴胀理论并没有提出一种向外的推力（其强度适当，大小不变，用以维持宇宙的稳定），而是想象有一股排斥性引力的巨浪，它出奇地短暂，异常地强烈。在暴胀发生以前，空间的区域有足够的时间达到相同的温度，但是后来它们在浪潮的推动下渐行渐远，在夜空中遥遥相望。

此时，牛顿一定又会提出反驳意见。他发现你的解释存在另一个问题，越发让人产生怀疑。匆匆看过一本标准教科书，理解广义相对论更复杂的细节之后，他逐渐接受了这种怪事：引力可以（从理论上）产生排斥作用。但是，他责问道，这种散布在空间中的负压究竟是什么？把被拉长的橡皮筋产生的向内的拉力当作负压的例子是一回事。100多亿年前，就在大爆炸发生的时刻，空间中暂时充满了大量均匀的负压又是另外一回事。什么样的东西，什么样的机制，什么样的存在拥有这样的能力，可以产生这种转瞬即逝而又无处不在的负压？

暴胀理论的开创者给出了一个答案。他们证明，反引力暴胀所需要的负压可以自然地从一种新的物理机制中产生，这种机制以一些量子场

---

[1] 也许你会认为负压会向内拉，所以它和排斥性的（向外推的）引力相矛盾。实际上，无论正负，均匀的压强根本没有任何推拉的效果。只有当两侧的压强不均匀，一边高一边低时，你的鼓膜才会变形。我在这里说的排斥性推力是指均匀的负压产生的引力。这一点的难度很大，但很关键。再说一遍，尽管正的质量、正的压强产生吸引性引力，负的压强却会产生我们不太熟悉的排斥性引力。

（quantum fields）作为原料。在我们的故事中，这些细节至关重要，因为产生暴胀的机制是暴胀多重宇宙理论的核心。

量子场

在牛顿时代，物理学关心的是你能看到的物体（如石头、炮弹、行星）的运动，而牛顿提出的方程特别体现了这种取向。牛顿的运动定律从数学上描述了有形的物体被推开、被拉动、被射向天空时的运动程度。一个多世纪以来，牛顿定律都大获全胜。然而在19世纪早期，英国科学家迈克尔·法拉第（Michael Faraday）引发了一场思想的转变，他提出一个让人难以捉摸而又可被证明的强大概念——场。

把冰箱里的强磁铁拿出来，放在离一枚回形针两三厘米高的地方。后面的事你都知道了。回形针会跳起来，吸在磁铁的表面。这个实验如此普通、如此熟悉，于是人们很容易忽视其中的离奇之处。没有发生接触，磁铁也能让回形针动起来。这怎么可能？没有跟回形针发生任何接触，怎么可能对它施加影响？这些现象以及大量有关的思考使法拉第推导出，尽管磁铁本身没有接触到回形针，但是磁铁产生的某种东西做到了。这种东西就是法拉第说的磁场。

我们看不到磁铁产生的磁场，也听不到，甚至我们的感官感受不到磁场的存在，但这只不过反映了我们的生理缺陷而已。正如火焰能产生热量，磁铁能产生磁场。磁场不像固体磁铁那样是有形之物，而是磁铁向空间中发出的一种"雾状物"（mist）或者"精华"（essence）。

磁场只不过是场的一种。带电粒子产生另一种场：电场。例如，在一个铺满羊毛地毯的房间里，你伸手抓金属门把手时会吓一跳，那就是电场在作怪。出人意料的是，法拉第的实验证明，电场和磁场的关系非常紧密：变化的电场会产生磁场，反之亦然。19世纪中后期，詹姆斯·克拉克·麦克斯韦（James Clerk Maxwell）用定量的方法描述了这种想法，他用空间中每一点上的两组数来表示电场和磁场，数的大小体现了某个地方的场对周围施加影响的能力。如果一个地方（比如核磁共振成像室）的磁场很强，金属物体就会受到非常大的推力或拉力。如果一个地方的电场很强，剧烈的放电现象（如闪电）就可能发生。

麦克斯韦发现的以他的名字命名的方程支配着电场和磁场的强度如何在空间中分布，如何随时间变化。同样，这些方程还支配电场和磁场泛起的涟漪，也就是电磁波，我们都沐浴在电磁波之中。打开手机、收音机或者有无线网卡的计算机，它们所接收到的信号只不过是每秒钟从你的身体中进进出出的海量电磁波的一小部分。最为惊人的是，麦克斯韦方程显示可见光本身也是一种电磁波，我们的眼睛经过演化，可以看到这种电磁波。

20世纪下半叶，物理学家将场的概念和他们对微观世界日新月异的认识（即量子力学）结合起来，结果量子场论（quantum field theory）为关于物质和自然力的最精确的理论搭建了一个数学框架。利用它，物理学家证明除了存在电场和磁场之外，还存在一整套其他场，它们分别叫作强核力场、弱核力场、电子场、夸克场和中微子场等。还有一种只在理论上成立的场，叫作暴胀场（inflaton field）。这就是暴胀宇宙学的理论基础。[1]

---

[1] 空间的快速膨胀叫作暴胀（inflation）。根据历史习惯，许多单词以"on"结尾（电子是electron，质子是proton，中子是neutro，μ子是muon，等等），物理学家就把暴胀中的"i"去掉，把驱动暴胀产生的场命名为暴胀场（inflaton field）。（后文有时会将inflaton译作暴胀子。——译注）

量子场和暴胀

场携带能量。定性地说，我们这么说是因为场发挥作用需要消耗一定能量，比如让物体（如回形针）运动就需要消耗能量。定量地说，量子场论的方程向我们证明，若给定某个地方的量子场取值，就能算出其中包含多少能量。场的取值可以随着地点的不同而不断变化，但如果场的取值恒定，每个地方都一样，那么它在空间中的每一个点都有等额的能量。古斯想法的关键之处在于这种均匀的场向空间中注入均匀的能量，同时施加均匀的负压。于是，他发现了一种能够产生排斥性引力的机制。

为了看清为什么均匀的场能产生负压，我们先想想更常见的正压。打开一瓶法国极品香槟。当你慢慢地将瓶塞拿开时，你会感受到香槟中冒出来的二氧化碳产生的正压，这种正压把瓶塞向你的手里推。有件事你可以直接确定，这种向外的作用从香槟中带走了一点能量。你知道将瓶塞拿开时，瓶口的那一团白汽是怎么回事吗？这是因为香槟把瓶塞往外推时消耗了能量，导致温度略有下降，继而导致水蒸气凝结成了液滴。这就像你在寒冬腊月里呼出的白汽一样。

现在，把香槟换成不那么受欢迎的教学用具——在瓶子中均匀分布的场。这一次，当你将瓶塞拿开时的感觉会截然不同。当你把瓶塞一点一点往外拔时，就在瓶中额外制造了一点空间，使得场可以渗透其中。因为场是均匀的，每一点的能量都相同，所以，场填充的体积越大，瓶子包含的能量就越多。这就意味着，跟香槟不同的是，拿开瓶塞反而可以增加瓶中的能量。

这怎么可能？能量是从哪儿冒出来的？想象一下，如果瓶里的东西没有把瓶塞向外推，而是把瓶塞向内拉，那么又会如何？你得把瓶塞向外拔才能把它拿开，这个动作会把能量通过你的肌肉传递给瓶里的东西。为了解释瓶中增加的能量，我们得出一个结论：不像香槟会把瓶塞向外推，一个均匀的场会向内吸。这就是我们所说的均匀的场会产生一个负的而不是正的压强。

尽管宇宙中没有品酒师，但结论同样成立：如果有一个场（理论上的暴胀场）在空间中均匀分布，它就不但会在空间中存入能量，而且会产生负压。现在我们已经熟悉了这种负压会产生排斥性引力，继而导致空间的膨胀速度越来越快。当古斯把宇宙早期极端环境中暴胀场的能量数值和压强大小代入爱因斯坦方程时，计算表明，由此得出的排斥性引力极为惊人。这个力的强度轻松超过爱因斯坦几十年以前摆弄宇宙学常数时想到的排斥性引力很多数量级，还会引发一场壮观的空间扩张。这已经够让人激动了，但是古斯发现他其实中了一个更大的奖。

相同的理由同样可以用来解释为什么宇宙学常数可以产生负压。（如果瓶子里的空间被赋予一个宇宙学常数，那么当你慢慢取出瓶塞时，你在瓶中制造的额外空间就会贡献额外的能量。这些能量唯一的来源是你的肌肉，所以宇宙学常数必然会反其道而行之，产生一个向内的负压。）就像一个均匀的场，宇宙学常数的负压也会产生排斥性引力。然而要点不在于相似性本身，而在于宇宙学常数和均匀的场之间的差异。

宇宙学常数不过是一个常数，一个写入广义相对论报税单第三行的固定数字。这同样会在今天产生排斥性引力，就像它在100多亿年前做过的那样。相比之下，场的取值可以改变，而且一般都会改变。当你打开微波炉时，你就改变了其内部的电磁场；当技师扳上核磁共振成像仪的开关时，他就改变了机器中的电磁场。古斯发现，充满空间的暴胀场也有相似的行为——想要爆炸就打开，然后再关上，这就使得排斥性引力只能在某个短暂的时间窗口发生作用。这非常关键。观测表明，如果空间经历过急剧的膨胀，这种膨胀就必然发生在100多亿年前，然后突然停止，转为步态庄严、受到天文测量精确数据支持的膨胀。因此，暴胀理论最重要的特点是，强大的排斥性引力存在的时间非常短暂。

暴胀开了又关的物理机制是由古斯最先提出来的，后来由林德、阿尔布雷希特和斯坦哈特做了大幅改进。为了体会他们的想法，请想象一只球，更好的对象是几近圆形的埃里克·卡特曼（Eric Cartman），他摇摇欲坠地站在南方公园中的一座白雪覆盖的山上。物理学家会说，根据他所处的位置，卡特曼具有很大的能量。更准确地说，他具有很大的势能（意为蓄势待发的能量）。随着他一个筋斗滚下去，势能就会转化为运动的能量（动能）。经验表明，这种现象很典型，而物理定律也很精确。一个蕴含势能的系统会利用一切机会把能量释放出来。简而言之，物体会往下落。

一个取值不为零的场也携带势能：这种能量也可以释放出来，卡特曼的比喻将此事描绘得淋漓尽致。正如卡特曼爬山导致自己的势能增加，这个过程跟斜坡的形状有关。如果在平地上行走，卡特曼的势能的变化幅度就会很小，因为他不怎么会走到高处。而在陡峭的地方，卡特曼的势能就会急剧变大，场的势能也由类似的形状描述，叫作势能曲线（potential energy curve）。这条曲线（如图3.1所示）决定了场的取值改变时势能如何变化。

让我们跟随暴胀子开创者的思路，想象在宇宙最初的那一刻暴胀场均匀地充满空间，它的数值使它高高地位于势能曲线之上。跟着这些物理学家的思路，我们再进一步设想势能曲线变得平坦，出现一个平缓的

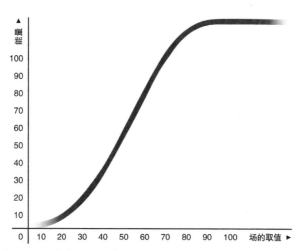

图3.1 场的取值（横轴）与暴胀场所包含的能量（纵轴）的关系。

高地（见图3.1），它允许暴胀子在其上徘徊。假设这些条件都满足的话，则又会如何呢？

有两件事很关键。如果暴胀子位于高地之上，就会向空间输入很大的势能和负压，引发暴胀。但是，就像卡特曼滚下山坡时会释放势能，暴胀子滚下势能曲线取值变小时，也会将空间中的势能释放出来。而当它的取值变小时，它所蕴含的能量和负压就会烟消云散，导致急速膨胀过程的终结。同样重要的是暴胀场释放的能量并没有消失。相反，好比一团蒸汽遇冷凝结成水滴，暴胀子的能量凝结成了空间中的一锅均匀的粒子汤。这两个步骤（短暂而极速的膨胀，随后是能量转变成粒子）形成了一片广袤而均匀的空间，其中充满了诸如恒星和星系之类的常见结构的原材料。

理论和实验都没有确定更精确的细节（暴胀场的初始取值、势能曲线的确切形状等[5]）。不过，在暴胀理论的典型版本中，计算表明暴胀子的能量滚下斜坡的时刻要比宇宙的第一秒还要早得多，其数量级是 10^{-35} 秒。然而，在这么短的一段时间里，空间膨胀的倍数非常庞大，差不多

是 10^{30} 倍。这几个数字太惊人了，我们没法打比方。这意味着一块豌豆大小的空间在比眨眼的一瞬间还要短暂得多的时间里扩张到比可见宇宙的范围还要大。

无论想象这种尺度的困难有多大，关键都在于可见宇宙对应的原始空间被极速的膨胀扩大成广袤的宇宙之前，它们的尺度都非常小，相互之间很容易建立起均匀的温度。爆炸式的膨胀以及后来100多亿年间的宇宙演化导致这个温度大幅下降，但是早先的均匀性保留了下来。这就解答了宇宙的均匀环境来自何处的谜题。在暴胀之中，空间中必然会形成均匀的温度。[6]

永恒的暴胀

在古斯提出暴胀设想之后的30年里，暴胀已经成为宇宙学研究的主流。不过从整个研究的宏观层面上看，确切地说，暴胀是一种宇宙学框架，而不是某种具体的理论。研究者已经阐明，实现暴胀的方法不止一种，产生负压的暴胀场的数目以及诸如每个场遵循的势能曲线之类的细节都可以各不相同。幸好各式各样的暴胀理论存在相通之处，所以我们下结论时不用谈及具体的理论版本。

其中一个理论非常重要。塔夫茨大学的亚历山大·维连金（Alexander Vilenkin）首先对这个理论进行了彻底研究，其他人又进一步做了完善，其中最著名的是林德[7]。实际上，这就是为什么我花了半章的篇幅解释暴胀的来龙去脉。

在许多暴胀理论的版本中，空间的极速膨胀并不是一劳永逸的事情。相反，我们的宇宙的形成过程（空间飞快地延伸，然后发生相变）[1]，换作一种更普通、更缓慢的膨胀，同时伴随粒子的产生）可以在遥远的宇宙空间中一再上演。从高空俯瞰，宇宙中散布着数不清的广阔区域，它们都是暴胀相变所产生的空间的一部分。我们的地盘，我们常认为是唯一的宇宙，其实是这些区域中的一员，它飘浮在一望无际的广袤空间中。如果其他区域中也存在智慧生物，他们也会把各自的宇宙当作唯一的宇宙。于是，暴胀宇宙学就把我们领入了第二种平行宇宙理论。

为了把握暴胀多重宇宙的含义，我们必须处理卡特曼的比喻未能顾及的两个细节问题。

首先，卡特曼停留在山顶的图像比拟的是一个蕴含着极高势能和强大负压的暴胀场，这个场准备滚到能量更低的地方。然而，卡特曼停留在一座山的山顶上，而暴胀场在空间中的每一点都有一个取值。暴胀理论认为，在一个初始的区域中，每一点上的暴胀场都有相同的取值。于是，为了得到更科学的图像，我们可以设想一个奇怪的场景：在一片空间中，卡特曼的无数克隆体停留在无数密密麻麻地堆在一起的、一模一样的山顶上。

其次，到目前为止，我们几乎没有涉及量子场论的量子特征。就像我们的量子宇宙中的所有事物一样，暴胀场也受到量子不确定性的制约。这就说明暴胀场的取值存在随机的量子抖动，这里的取值瞬间增大，那里的取值瞬间减小。日常生活中的量子抖动非常微弱，难以观察到。然而计算表明，暴胀场的能量越大，量子不确定性引起的涨落就越剧烈。在暴胀期间，由于暴胀子的能量极高，早期宇宙中的量子抖动非常剧烈，它占支配地位。[8]

所以，我们不仅要设想一排排卡特曼克隆体站在一模一样的山顶上，而且要想象他们都在发生随机的震颤——这里强烈，那里微弱，再远的地方又非常强烈。在这种情况下，我们就能知道后面发生的事了。不同的卡

---

[1] 相变是指物质从一种形态变成另一种形态，比如水结冰或者金属熔化。——译注

特曼克隆体在各自山顶上停留的时间并不相同。在有些地方，强烈的震颤把大部分卡特曼克隆体扔到山下去；在有些地方，温和的震颤诱使小部分卡特曼克隆体摔下去；而在另一些地方，强烈的震颤会把滚落的卡特曼克隆体向上顶。一段时间之后，震颤就把地形随机分成不同的区域——很像人们把美国分成不同的州。在有些地方，山顶上一个卡特曼克隆体也没有，而在有些地方，很多卡特曼克隆体仍然安全地待在山顶上。

　　考虑到量子抖动的本性是随机的，由暴胀场也会得出类似的结论。开始时，空间区域中每一点的暴胀场的势能都很高。然后，量子抖动起到的作用就像震颤一样。因此，如图3.2所示，空间就迅速分化成不同的区域：在有些地方，量子抖动把暴胀场从坡顶推了下去；而在另一些地方，暴胀场的势能仍然很高。

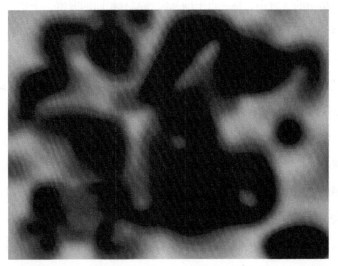

图3.2　有些地方的暴胀场已经从斜坡上滚落下去（深灰色），而有些暴胀场仍在高位（浅灰色）。

　　到目前为止，一切都很顺利。不过，从现在开始大家就得跟紧我了，这里要讲到宇宙学和卡特曼的不同之处。一个高高地坐落在势能曲线上的暴胀场会对周围的环境造成显著的影响，而卡特曼不会。根据前面解释过的原理（量子场中均匀的能量和负压会产生排斥性引力），我们发现场占据的空间会以不可思议的速度向外膨胀。这就意味着两种相反的过程在左右着暴胀场在空间中的演化。量子抖动倾向于把场踹下来，于是高能量暴胀场占据的空间就会减少。暴胀会迅速放大那些场仍保持高位的区域，高能量暴胀场占据的空间的体积就会增大。

哪种过程占优势呢？

在绝大多数暴胀宇宙学模型看来，增大的过程至少不比变少的过程慢。原因是，如果过早地把暴胀场踹下来，产生的那点暴胀就不足以解决视界问题；而在宇宙学上获得成功的暴胀版本中，增大的过程压过了变少的过程，于是高能量暴胀场所占据的空间的体积就会越来越大。注意，在这种情况下，暴胀场又会引发进一步的暴胀，我们会发现暴胀一旦发生就永远停不下来。

这就像一场病毒性传染病的蔓延。为了解除疫病的威胁，消灭病毒的速度必须超过病毒繁殖的速度。暴胀病毒的"繁殖"速度（场的高取值引发了空间的快速膨胀，导致更多区域充斥着相同的高取值的场）太快了，远远超过了消灭它的竞争过程的速度。暴胀的病毒成功地逃过了灭顶之灾。[9]

瑞士奶酪和宇宙

总之，这些理论都表明，暴胀宇宙学揭开了一幅新的画卷，画面中出现的是一种无比广阔的现实，而我们通过一个简单而直观的比喻就能领会到这一点。设想宇宙是一块巨型瑞士奶酪，其中干酪质的部分代表暴胀场取值较大的区域，孔洞部分代表暴胀场取值较小的区域。也就是说，奶酪中的孔洞就像我们现在的宇宙，超快速的膨胀已经停止，暴胀场的能量在相变的过程中转化成一锅粒子汤，这些粒子随着时间的推移会渐渐形成星系、恒星和行星。在这个比喻中，我们已经知道宇宙奶酪中的孔洞会越来越多，它们随机出现在奶酪的各个位置，因为量子机制会降低暴胀场的取值。与此同时，干酪质的部分会不断变大，因为其中的高取值暴胀场会引发奶酪的暴胀。综合考虑，这两种机制就会导致一块宇宙奶酪永远处于膨胀之中，其中点缀着的孔洞越来越多。用更标准的宇宙学语言来说，每一个孔洞都是一个泡泡宇宙〔bubble universe，或者叫口袋宇宙（pocket universe）〕[10]。每一个泡泡宇宙都存在于超快速膨胀区域的夹缝中（见图3.3）。

图3.3　在充满高取值暴胀场的空间持续膨胀的同时，泡泡宇宙不断在其中形成，这就是暴胀的多重宇宙。

　　泡泡宇宙听起来很小，可别让这个描述性的名字误导了。我们的宇宙极为宽广。泡泡宇宙可以是一片单独的区域，镶嵌在更为广阔的宇宙结构中——无比巨大的宇宙奶酪中的一个泡泡。在暴胀理论中，泡泡指的是整个宇宙的广袤空间。对其他泡泡来说，这种情况同样成立。每一个泡泡都是一片真实的、巨大的、变化的空间，就像我们的宇宙一样。

　　在某些暴胀理论中，暴胀并不是永远存在的。通过修改理论细节，如暴胀场的数量、势能曲线的形状等，聪明的理论学家可以把事情安排妥当，使得宇宙各处的暴胀场在适当的时候落到低处。不过，这些提议并不是物理规律，而更像是例外。普通品种的暴胀模型得到的是一个永远处于膨胀之中的宇宙，其中雕刻着成千上万个泡泡宇宙。因此，如果暴胀理论是正确的，并且其中的物理过程永远都在进行（许多理论都这样认为），那么暴胀多重宇宙的存在就是一种必然的结果。

转变观点

　　回到20世纪80年代，当维连金发现暴胀的永恒特征和由此产生的平行宇宙时，他激动地拜访了麻省理工学院的阿兰·古斯，把这个发现告诉了后者。讲到一半时，古斯的头向前垂了下去，他睡着了。这并不一定是坏兆头，古斯在物理讨论中打盹的习惯是出了名的。我做报告的时候，他就在底下眯了一会儿，睡到一半时，他会睁开眼睛，提出最为深刻的问题。但是，当时学术界的反应并不像古斯这样热切，所以维连金将这个想法搁置一旁，转而研究其他问题。

如今，人们的看法发生了变化。维连金当初考虑暴胀的多重宇宙时，直接支持暴胀理论本身的证据还很薄弱。所以，对于关心这个理论的少数几个人来说，暴胀产生一大堆平行宇宙的想法就像推论中的推论。然而从那时起，支持暴胀的观测结果越来越多，这又要归功于对宇宙微波背景辐射的精确测量。

尽管提出暴胀理论的主要动机是人们发现微波背景辐射非常均匀，但当时的理论家已经意识到，空间的快速膨胀并不会导致辐射的绝对均匀。相反，他们提出暴胀会把量子力学的抖动放大，从而在均匀的辐射中加入微弱的温度涨落，就像光滑的水面上掀起的浅浅涟漪。这个想法十分引人注目，影响极为深远。[1]事情是这样的。

量子的不确定性会引起暴胀场的取值发生抖动。实际上，如果暴胀理论是对的，那么我们这里的暴胀之所以停下来是因为大约140亿年前发生了一次剧烈的量子涨落。十分幸运，那次涨落使我们周围的暴胀场降到了势能曲线的低处。然而，故事还没有结束。正当暴胀场的取值从斜坡上滚落，我们的宇宙的暴胀就要停止时，这些取值仍然会受到量子抖动的影响。量子抖动会把这里暴胀场的取值升高一点，把那里的取值降低一点，就像铺开的床单落在床垫时表面会掀起一阵波浪。这会让空间中暴胀场的能量产生微小的变动。通常，这种量子涨落非常微弱，而且影响的尺度很微小，所以从宇宙的层面来看都无关紧要。然而，暴胀并不属于通常情况。

空间的膨胀速度非常快，即使在暴胀停止的相变过程中，微观尺度

----

[1] 在这些工作中起带头作用的有维亚切斯拉夫·穆哈诺夫（Viatcheslav Mukhanov）、格纳迪·奇比索夫（Gennady Chibisov）、史蒂芬·霍金、阿里克谢·斯塔罗宾斯基（Alexei Starobinsky）、阿兰·古斯、皮瑞英（Pi So-Young）、詹姆斯·巴丁（James Bardeen）、保罗·斯坦哈特和迈克尔·特纳（Michael Turner）。

也会被放大，变为宏观的尺度。就好比在没气的气球上写上蝇头小字，如果把气球吹起来，字迹就容易辨认了。暴胀将宇宙的结构放大以后，量子抖动的影响就清晰可见了。更为特别的是，量子抖动引起的能量的微小差异经过放大以后变成了宇宙微波背景辐射中的温度涨落。理论计算表明，温度的差异不会很大，大约是0.001K。如果一个地方的温度是2.725K，放大的量子抖动就会把附近区域的温度降低一点（如2.7245K）或升高一点（如2.7255K）。

精确的天文观测试图寻找这种温度的涨落，而且成功了。与理论的预言一致，研究者探测到了0.001K的涨落（见图3.4）。更令人赞叹的是，天空中微小的温度涨落所遵循的模式跟理论的计算丝毫不差。关于温度的涨落如何随不同区域的距离（这个距离是说从地球上看不同区域时的视线夹角）而变化，图3.5比较了理论的预言和实际的测量结果，二者的吻合程度令人震惊。

图3.4 在暴胀宇宙学中，空间极度膨胀，将微观的量子涨落拉伸到了宏观尺度，导致在宇宙微波背景辐射中可以观测到温度涨落（深色斑点的温度比浅色的略低一些）。

2006年的诺贝尔物理学奖颁给了乔治·斯穆特（George Smoot）和约翰·马瑟（John Mather），以表彰他们和宇宙背景探测器（Cosmic Background Explorer）小组的1000多位研究人员在20世纪90年代早期首次发现宇宙微波背景辐射的温度涨落。在过去的10年中，每一次更新更精确的测量都在更高的精度上验证了温度涨落的预言，其中的数据如图3.5所示。

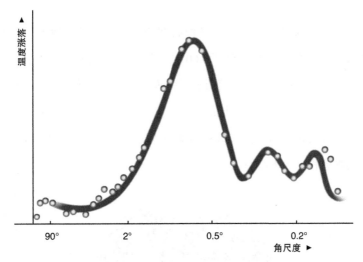

图3.5 宇宙微波背景辐射的温度涨落模式。纵坐标表示温度差，横坐标表示两个地点的间距（即从地球上观察两个地点时的视线夹角，左边表示角度相差很大，右边表示角度相差很小）。[11] 实线表示理论的预言，圆圈表示观测数据。

这些研究终于为这个激动人心的故事画上了句号。这个发现始于爱因斯坦、弗里德曼和勒梅特的深刻洞察，其后又从伽莫夫、阿尔珀和赫尔曼的计算中获得了巨大的推力，在迪克和皮布尔斯的研究中重振旗鼓。彭齐亚斯和威尔逊的观测给出了相关证据，如今故事达到了高潮，一支由天文学家、物理学家和工程人员组成的联合军队通力协作观测到了无比微弱的、在100多亿年前就已俯拾皆是的宇宙信号。

从定性的层面来说，我们都得感谢图3.4中的斑点。当我们的泡泡宇宙停止暴胀时，能量略微大于平均值的区域（根据$E=mc^2$，等价于质量略大于平均值的区域）产生的引力稍稍强了一点，引力从周围吸引了更多的粒子，于是能量继续增大。增大后的能量会产生更加强大的引力，吸引越来越多的粒子，然后越变越大。这种物质和能量的结团类似于滚雪球，经过百亿年的演化以后，它们及时变成星系和恒星。通过这条途径，暴胀理论在宇宙最大和最小的结构之间建立了非同寻常的联系。星系、恒星、行星和生命本身的存在都是微观层面的量子不确定性经过暴胀放大后的结果。

暴胀的理论基础可能还处在探索阶段，毕竟暴胀场还只是一种理论假设，这种场是否存在还需要进一步研究。暴胀场的势能曲线是由研究者人为设定的，而不是观测结果。在空间的一个区域中，暴胀场必须莫名其妙地从势能曲线的顶部开始运动。就连理论的某些细节都不是特别正确，尽管如此，理论和观测的相符程度还是让很多人相信暴胀方案已经揭示了宇宙演化的深刻实质。因为许多理论中的暴胀都是永恒的，所以会有越来越多的泡泡宇宙在其中产生。于是，理论和观测就间接联手打造了备受瞩目的第二个版本的平行宇宙。

体验暴胀多重宇宙

在百衲被多重宇宙里，不同的平行宇宙之间没有明显的界限。所有的宇宙都在同一片天空下，不同区域的总体性质大致相同。惊奇就藏在细节之中。我们大多数人都不会想到世界会重复出现，我们大多数人都不会想到我们或许能够遇到自己的副本、朋友和家人的副本。事实上，如果航行到足够远的地方，我们就会遇到这样的事。

在暴胀多重宇宙里，子宇宙之间泾渭分明。每个宇宙都是宇宙奶酪中的一个洞，周围是暴胀场取值仍然很高的区域。这样的区域还在发生暴胀，不同的泡泡宇宙被迅速拉开，退行的速度正比于挡在它们中间的空间的大小。距离越远，膨胀的速度就越大。最后的结局是，相距甚远的泡泡之间的分离速度超过了光速。时间再长，技术再先进，也没有办法超越这个界限，甚至相互传递信号都不行。

采用老办法，我们可以想象自己驶向其他几个泡泡宇宙。旅途中会发生什么事呢？嗯，因为每个泡泡宇宙都来自相同的物理机制（暴胀场从高处落下来，相应的区域从暴胀中挣脱出来），支配这些宇宙的是同一个物理理论，所以他们都要满足相应的物理定律。但是，就像同卵双胞胎会由于成长环境的差异而全然不同，相同的物理定律也会在不同的环境中体现出千差万别的形态。

例如，设想其中一个泡泡宇宙看起来很像我们的宇宙，其中充满由恒星和行星组成的星系，但有一个关键的地方不同。宇宙中充斥着强大的磁场，比我们最先进的核磁共振仪产生的磁场还要强大几千倍，而且这种磁场不可能被操作技师关掉。这样强大的磁场会影响到许多方面，不但会有含铁的东西急匆匆地向着磁场的方向飞去，就连基本粒子、原子和分子的基本性质都可能发生改变。在磁场强到一定程度以后，细胞的功能就会发生紊乱，我们所了解的生命形式就不可能维持了。

正如核磁共振仪中的物理定律和外面的物理定律一模一样，支配磁性宇宙的基本定律也跟我们这儿的没有区别。两个宇宙在实验和观测方面的差异仅仅由于有一处环境不同：强大的磁场。磁性宇宙中有天赋的科学家会及时理清环境因素，得到跟我们相同的数学公式。

在过去的40年里，我们宇宙中的科学家已经为类似的方案创建了一个例子。基础物理学中最值得称颂的理论是粒子物理的标准模型，它认为我们周围笼罩着一层薄雾似的东西，称之为希格斯场〔Higgs field，来自英国物理学家皮特·希格斯（Peter Higgs），做出重要贡献的还有罗伯特·布劳特（Robert Brout）、弗朗索瓦·恩格勒特（François Englert）、杰拉德·古拉尔尼克（Gerald Guralnik）、卡尔·海根（Carl Hagen）和汤姆·基布尔（Tom Kibble），他们在20世纪60年代最先提出这个想法〕。希格斯场跟磁场一样都不可见，因此它们充满整个空间而不会留下直接痕迹。但根据现代的粒子理论，希格斯场将自己伪装得更彻底。粒子穿过空间中弥漫着的均匀的希格斯场时既不加速也不减速。粒子不像在强磁场中那样必须沿着特定的轨道运动。根据这个理论，粒子受到的影响更加复杂，意义更加重大。

基本粒子试图穿过希格斯场时会获得并保持它们的质量，而且跟实验测定的数值相符。根据这个想法，当你推动电子或夸克，想要改变它们的速度时，所感受到的抵抗力源自粒子和蜂蜜似的希格斯场之间的"摩擦"。如果你把某个地方的希格斯场拿走，穿过的粒子就会突然失去质量。如果你把另一个地方的希格斯场的取值加倍，穿过的粒子的质量也会突然翻倍。[1]

这种人为诱导的变化只是一种假设，因为即使在很小的空间中大

---

[1] 我强调的是基本粒子，比如电子和夸克。因为像质子和中子（都是由3个夸克组成的）这样的复合粒子的大部分质量都来自组分之间的相互作用（强核力将质子和中子内的夸克绑在一起，这种复合粒子的大部分质量来自胶子从强核力中获得的能量）。

幅改变希格斯场的取值，所需要的能量也远远超出我们的能力范围。（还有一个原因是希格斯场是否存在仍是个悬而未决的问题。理论物理学家热切地盼望大型强子对撞机中质子的剧烈碰撞能够把希格斯场削去一小块以产生希格斯粒子。今后的几年也许就会探测到。[1]）但是在暴胀宇宙学的许多版本中，不同泡泡宇宙中的希格斯场会自然而然地选择不同的取值。

希格斯场就像暴胀场一样，随着取值的不同，希格斯场的能量也不同，由此可以得出一条曲线。但是，和暴胀场的能量曲线的关键不同在于，希格斯场通常不会停在取值为零的地方（见图3.1），而是滚落到图3.6（a）所示的一个低洼处。于是，可以设想我们的泡泡宇宙和另一个泡泡宇宙早期的样子。在这两个宇宙中，高温会使希格斯场的取值发生剧烈振荡。当宇宙膨胀、温度降低时，希格斯场就平静下来，取值会落在图3.6（a）中的一个低洼处。比方说，在我们的宇宙中，希格斯场落在左边的低洼处，基本粒子的性质就跟实验的结果一样。但在另一个宇宙中，希格斯场可能会落在右边的低洼处。如果是这样的话，那个宇宙的性质就跟我们的宇宙大为不同。尽管两个宇宙中的基本规律是一样的，但粒子的质量及其他性质并不一样。

粒子的性质即使存在不太大的差异，结果也会截然不同。如果另一个泡泡宇宙中的电子质量比我们宇宙中的大，电子和质子就可能聚在一起形成中子，不可能产生普遍存在的氢原子。基本的相互作用力包括电磁力、核力以及（我们认为是基本的）引力，它们是由粒子的传递而产

---

[1]　2012年7月4日，欧洲核子研究组织（CERN）宣布大型强子对撞机实验已经得到了希格斯粒子存在的初步证据。——译注

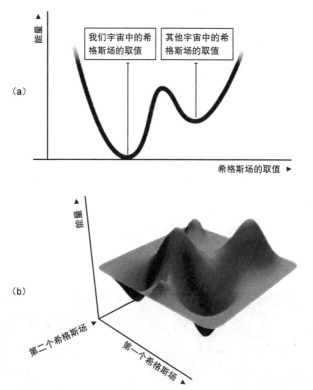

图3.6（a）希格斯场的势能曲线有两个低洼处。我们宇宙的特征与希格斯场落在左边的低洼处有关；但是在别的宇宙中，希格斯场可以落在右边的低洼处，从而得出不同的物理特征。（b）有两个希格斯场的理论的势能曲线。

生的。改变粒子的性质，作用力的性质就会彻底改变。比方说，粒子的质量越大，行动就越迟缓，所以由它传递的作用力的作用距离就很短。在我们的泡泡宇宙中，原子的形成和稳定存在都依赖电磁力和弱核力的性质。如果你对这些作用力的改动很大，原子就会分崩离析，或者更可能全部结合在一起。如果粒子性质的变化幅度比较可观，我们宇宙中那些熟悉的特征就不复存在了。

　　图3.6（a）只给出了最简单的情况，其中只有一种希格斯场。但是

理论物理学家已经研究了存在多个希格斯场的更复杂的方案（我们很快就会看到这种情况自然地从弦论中产生），于是泡泡宇宙的多样性就更加丰富了。图3.6（b）给出了两个希格斯场的例子。跟以前一样，大大小小的低洼处表示不同泡泡宇宙中希格斯场的取值所在。

如果别的宇宙中充满了这种取值各异的希格斯场，它们的性质就会跟我们的宇宙大相径庭，图3.7简要地画出了这种情况。这就会导致暴胀多重宇宙中的旅程充满危险。许多宇宙都不在旅行指南的热门排名中，因为生命过程不能适应其中的环境，无法生存下来，这就给"金窝银窝不如自家的草窝"赋予了新的意义。在暴胀多种宇宙中，我们的宇宙可能是一块绿洲似的小岛，周围是大量寸草不生的宇宙岛群。

图3.7　因为不同泡泡中的场落在不同的取值上，暴胀多重宇宙中不同宇宙的物理特征就会千差万别，尽管所有的宇宙都遵循相同的基本物理规律。

果壳中的宇宙

因为从根本上存在差异，百衲被多重宇宙和暴胀多重宇宙看起来没有关系。百衲被的多样性来自空间的无限性，暴胀的多样性来自暴胀的永久性。这二者之间其实存在着深刻而奇妙的联系，于是我们兜了一圈又回到前两章的讨论中。暴胀产生的平行宇宙又会产生很多表弟，也就是百衲被多重宇宙。这个过程需要时间。

爱因斯坦的研究揭示了很多奇闻异事，其中最难以捉摸的是时间的流动性（the fluidity of time）。虽然日常经验告诉我们时间的流逝是客观存在的，相对论却证明这只是一种表象，因为我们生活在低速的弱引力环境中。如果速度接近光速或者置身于强大的引力场中，我们所熟悉的全局意义下的时间概念就会蒸发殆尽。如果你从我的身边急速跑过，我认为同时发生的事情在你看来就不是同时了。如果你在黑洞的边界附近闲逛，你的手表走过的一小时要比我的一小时漫长得多。这不是魔术师的障眼法，也不是催眠师的催眠术。时间的流逝取决于测量者的详细状况——运动轨迹以及他所受到的引力。[12]

当我们考虑整个宇宙或者被暴胀环绕着的泡泡宇宙时，问题很快出现了：既然时间的可塑性极强，需要量身定制，那么我们又该如何从宇宙的层面讨论一个绝对的时间呢？我们可以自如地讨论宇宙的"年龄"，可是由于星系在快速地相互远离，速度又跟间距成正比，难道时间流逝的相对性不会让每一个宇宙计时员的候选者面临头疼的时间账目问题吗？更尖锐地说，当我们说宇宙已经"存在140亿年"时，难道我们用某个特定的时钟测量过这段时间吗？

当然测过。通过认真思考宇宙的这种时间就可以直接将暴胀和百衲被多重宇宙联系起来。

任何针对时间的测量都是在测量某个特定物理系统的变化。就拿一个挂钟来说，我们测量的是指针的位置变化。拿太阳来说，我们测量太阳在天空中的位置变化。拿碳-14来说，我们测量放射性衰变产生的氮原子占原始样本的百分比。由于历史原因，加之为了简便，我们以地球的转动和运行作为参照来定义"天"和"年"的标准。但是，当我们考虑宇宙尺度上的时间时，就要采用其他更有用的计时方法。

我们已经知道，暴胀会产生大量的空间区域，这些区域的性质大体而言是均匀的。在一个泡泡宇宙中测量两个独立区域的温度、压强、物质的平均密度，结果会基本相符。虽然测量结果会随着时间变化，但是大尺度的均匀性能够保证平均而言这里的变化和那里的变化一样大。一个重要的情况是，在上百亿年的历史中，由于空间在无情地膨胀，我们的泡泡宇宙中的物质密度在稳步地减小，但由于变化发生得很均匀，我们的泡泡宇宙的大尺度均匀性并没有遭到破坏。

有机物中的碳-14会逐渐减少，通过测量其中的变化就能确定地球上的时间流逝。同理，通过测量逐渐减小的物质密度也能确定空间中的时间流逝。又由于变化发生得很均匀，物质的密度就可以用来标记时间的流逝，从而为我们的泡泡宇宙建立一个全局性的标准。如果人人都勤奋地用物质的平均密度来校准手表（从黑洞回来以后或者以接近光速的速度旅行过后，还要再次对表），在整个宇宙中我们都能保证手表的同时性。当我们说起宇宙的年龄（也就是我们的泡泡宇宙的年龄）时，我们想象这个时间是用在全宇宙都校准了的手表测得的。只有在这些手表看来，宇宙的时间才是一个合理的概念。

在我们的泡泡宇宙的最早期，相同的理由也可以用在另一个细节的变化上。当时普通的物质还没有形成，所以我们不能考虑空间中物质的平均密度。换言之，暴胀场携带着我们宇宙的能量宝库（这些能量不久以后就会转变成我们熟悉的粒子），所以我们可以设想用暴胀场的能量来校准时钟。

现在根据能量曲线，暴胀场的能量由场的取值确定。为了知道我们的泡泡宇宙中给定地点的时刻，我们就得知道那里的暴胀场的取值。于是，就像两棵年轮数目相同的树木的年龄也相同以及两块放射性碳元素所占比例相同的冰川沉积物的年龄也相同一样，空间中两个地点的暴胀场的取值相同时，我们就说它们经过了相同长度的时间。这就是我们在泡泡宇宙中设定和校准时间的方法。

我之所以讲这么多是因为当我们考虑暴胀多重宇宙的瑞士奶酪时会得出一个反直觉的惊人结论。就像哈姆雷特的名言"我即使被关在果壳之中，仍自以为无限空间之王"一样，从外面看，每个泡泡宇宙的空间范围都是有限的，但是从里面看，它们又都是无限大的。这是个了不起的发现。无限的空间正是我们讨论百衲被多重宇宙时用到的条件，所以我们可以把百衲被多重宇宙纳入暴胀的故事中。

外部和内部的观测者之间存在绝对的认知鸿沟，因为他们对时间的定义截然不同。虽然说起来很隐晦，但我们还是会发现，在外部观测者看来永无止境的时间在内部观测者看来都不过是某个时刻无限延伸的空间罢了。[13]

泡泡宇宙的内部空间

为了理解这是怎么回事，想象特雷克希飘浮在充满暴胀场的快速膨胀的空间区域中，她正在观察附近泡泡宇宙的形成过程。把暴胀测量仪对准不断变大的泡泡，她就能直接追踪暴胀场的取值变化。虽然那个区域（宇宙奶酪中的孔洞）是三维的，但是沿着一维的泡泡直径测量暴胀场更简单，于是特雷克希所记录的数据就生成了图3.8。在特雷克希看来，越靠上的数据对应的时间越靠后。从图表可以明显看出，特雷克希会发现泡泡宇宙（在图中表示为颜色较浅的格子，那里暴胀场的取值变小了）变得越来越大。

70	60	50	40	30	20	10	0	10	20	30	40	50	60	70
80	70	60	50	40	30	20	10	20	30	40	50	60	70	80
90	80	70	60	50	40	30	20	30	40	50	60	70	80	90
100	90	80	70	60	50	40	30	40	50	60	70	80	90	100
100	100	90	80	70	60	50	40	50	60	70	80	90	100	100
100	100	100	90	80	70	60	50	60	70	80	90	100	100	100
100	100	100	100	90	80	70	60	70	80	90	100	100	100	100
100	100	100	100	100	90	80	70	80	90	100	100	100	100	100
100	100	100	100	100	100	90	80	90	100	100	100	100	100	100
100	100	100	100	100	100	100	90	100	100	100	100	100	100	100
100	100	100	100	100	100	100	100	100	100	100	100	100	100	100

图3.8 每一行都记录了外部观测者眼中某个时刻的暴胀场取值。越靠上的数据对应的时间越靠后。每一列代表空间的不同位置。泡泡宇宙是暴胀场取值变小暴胀停止的一个空间区域。浅色条目记录了泡泡宇宙中的暴胀场取值。在外部观测者看来，泡泡宇宙变得越来越大。

然后我们设想诺顿也在研究同一个泡泡宇宙，不过他是从内部看。他用自己的暴胀测量仪孜孜不倦地进行细致入微的天文观测。不像特雷克希，诺顿用到的时间概念跟暴胀场的取值是一致的。这是问题的关键，所以我需要你全神贯注地听我讲。想象一下，包括你在内，泡泡宇宙中所有人都戴着一只手表，手表显示暴胀场的取值。当诺顿举行一场宴会时，他告诉客人等到暴胀场等于60的时候再来。因为每个人的手表都是根据相同的均匀标准（暴胀场的取值）设定的，所以，宴会进行得一帆风顺。每个人都按时出现在了宴会上，因为每个人对时间的定义都是一致的。

根据这个道理，诺顿很容易计算出泡泡宇宙在某个时刻的大小。实际上，诺顿要做的不过是按照数字进行描画。把暴胀场中所有取值相等的格子连起来，诺顿就描出了泡泡宇宙之中某个时刻的所有地点。这是诺顿的时间，是内部观测者的时间。

诺顿把这一切画成了图3.9。把暴胀场取值相同的点连起来，形成的每一条曲线都代表某个时刻的全部空间。图上清楚地显示每条曲线都向两边无限延伸，这就说明在内部的居民看来，泡泡宇宙是无限大的。图3.9中的无穷多行数据反映了特雷克希体验的外部时间的无限性，而在诺顿这样的内部人员看来，这代表了每时每刻空间都是无穷无尽的。

这个发现十分了得。我们在第2章中已经知道百衲被多重宇宙要求空间无限宽广，我们当时说这种情况可能成立，也可能不成立。现在我们知道，暴胀多重宇宙中的每个泡泡从外面看都是有限的，从里面看又都是无限大的。如果暴胀多重宇宙成立的话，那么泡泡中的居民（比如我们）不仅是暴胀多重宇宙的子民，而且是百衲被多重宇宙的成员。[14]

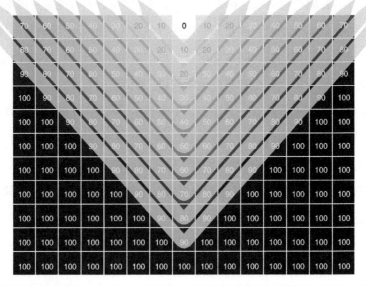

图3.9 泡泡宇宙中的某个人对图3.8中的信息进行了重新编排。大小相同的暴胀场取值对应于同一时刻，所以每条曲线都包括存在于某个时刻的全部空间点。暴胀场的取值越小，对应的时间就越靠后。注意每条曲线都可以无限延伸，所以在内部观测者看来，空间是无限的。

当我第一次学习百衲被多重宇宙和暴胀多重宇宙理论时，其中的种种暴胀环节让我叹服。暴胀宇宙学解决了一系列存在已久的谜题，同时它做出的预言跟观测结果十分相符。根据我们说过的原因，暴胀一旦发生就不会自动停止；泡泡宇宙一个接一个地在暴胀中产生，我们就居住在其中一个宇宙里。从另一方面来说，空间十分巨大还不够，只有拥有无限大的空间时，百衲被多重宇宙才能功德圆满（巨大的宇宙中可能有你的副本，无穷大的宇宙中肯定有你的副本），百衲被多重宇宙看来无法避免：不过宇宙也可能是有限的。但是，我们现在发现，如果从内部居民的观点来进行恰当的分析，永恒暴胀中的泡泡宇宙都是无限大的。

暴胀平行宇宙产生了百衲被平行宇宙。

现有的宇宙学最佳数据对应的最佳理论让人相信我们可能身处一个巨大的暴胀平行宇宙系统中，系统的每个部分都是一个巨大的百衲被平行宇宙。前沿研究所得出的宇宙概念不但是平行宇宙，而且是平行的平行宇宙。这就表明现实不但非常广阔，而且浩瀚无边。

第4章　自然定律的统一

通向弦论之路

从大爆炸到暴胀，追根溯源，现代宇宙学可以归结为一个核心的科学理论：爱因斯坦的广义相对论。在这个新的引力理论中，爱因斯坦颠覆了人们关于时空是一成不变的刚体的既有观念。于是，科学不得不敞开怀抱，迎接一个千变万化的宇宙。能有这样的成就着实不易。然而，爱因斯坦还梦想着更上一层楼。20世纪20年代，爱因斯坦收集了一些数学弹药，加上他的几何直觉，开始着手研究一种统一场论。

爱因斯坦之所以要统一场论，是因为他想寻找一个框架把自然界中所有的相互作用力都缝在一处，编织成一条和谐统一的数学绸缎。为了不让物理定律各自为政，爱因斯坦想把所有的定律都融为一体，不分彼此。为此，爱因斯坦付出了数十年的辛苦努力。历史证明，这些努力大多徒劳无功——梦想过于宏伟，而时机尚未成熟。但是，后来人接过了爱因斯坦的衣钵，向最精美的候选理论"弦论"大步走去。

我在前两本书《宇宙的琴弦》和《宇宙的结构》中讨论过这段历史，介绍过弦论的基本特性。自这两本书出版以来，弦论的生命力一直饱受公众质疑。出现这样的状况并不奇怪。在弦论发展历程中，它已经做出了一些关键的预言。通过实验来对这些预言进行检验，我们就能确定弦论的真伪。我们即将看到有3种不同的多重宇宙理论以弦论为基础，因此，说明弦论目前的进展情况，阐明弦论与实验结果和观测数据之间的联系就变得尤为重要。这就是本章的要义所在。

统一理论简史

在爱因斯坦谋求理论统一的年代，人们只知道两种基本力的存在，其中一种是由爱因斯坦的广义相对论所描述的引力，另一种是由麦克斯韦方程所描述的电磁力。爱因斯坦想把这两种力都融合到同一个数学公式中，使自然界的所有作用力成为一个统一的整体。爱因斯坦对这个统一理论抱有很高的期望。他认为19世纪麦克斯韦所提出的理论就是统一场论的原型——确实如此。在麦克斯韦之前，导线中流过的电荷、小孩的磁铁所产生的力和照亮地球的太阳光被认为毫无关联。麦克斯韦指出，实际上这不过是一种科学意义上的"三位一体"。电流能产生磁场；在导线周围晃动磁铁时能产生电流；波浪式的扰动在电场和磁场中掀起一阵阵涟漪，就产生了光。爱因斯坦打算将麦克斯韦的统一理论向前推进一步，也许这是统一所有自然定律所需的最后一步——统一电磁力和万有引力。

这个目标并不简单，爱因斯坦也并不是随口说说。他有一种无与伦比的能力，能够一心一意地投入到自己设立的目标中。在生命的后30年中，他为这个理论而痴狂。1955年4月17日，爱因斯坦去世的前一天，他的私人秘书兼管家海伦·杜卡斯（Helen Dukas）在普林斯顿医院陪伴他。海伦回忆道，爱因斯坦一直卧病在床，他稍微感觉舒服一点时便要来那几张写有方程的草稿纸。他无休无止地摆弄那些数学符号，而大统一理论存在的希望越来越渺茫。爱因斯坦没能迎接第二天的朝阳。他最后做的那些潦草的演算没有为统一理论提供有价值的线索。[1]

和爱因斯坦同时代的人很少像他那样痴迷于统一理论。在量子力学的指引下，从20世纪20年代中期到60年代中期，物理学家揭开了原子世界的奥秘，学会了驾驭原子中蕴藏的能量。探寻物质基本成分的强烈诱惑毫不掩饰地摆在物理学家的面前。虽然许多人都认为统一理论的目标很值得赞赏，但在那个时代，这个目标的设定不过是人们的一时兴起。当时的理论家正忙着同实验家携手合作，共同揭示微观世界的法则。爱因斯坦去世后，统一理论的研究工作就被搁置下来。

后来的研究发现，爱因斯坦在寻求统一理论的过程中所用的手段过于狭隘，于是他败得很惨。爱因斯坦不仅没有重视量子物理的角色（他认为统一理论会取代量子力学，所以他一开始就不把量子力学考虑在内），也没有考虑到实验揭示的另外两种作用力——强核力（strong nuclear force）和弱核力（weak nuclear force）。前者像强力胶一样把原子核中的粒子粘在一起，而后者则负责放射性衰变，同时起到些别的作用。需要统一的作用力不是两种，而是4种，爱因斯坦的梦想看起来更加遥不可及了。

20世纪60年代和70年代，形势发生了转变。物理学家发现量子场论方法除了可以用在电磁力上，它在弱核力和强核力上的应用也很成功。引力之外的这3种作用力都可以用同一种数学语言来描述。此外，对这些量子场理论的详细研究表明〔诺贝尔奖中最著名的成果——谢尔顿·格拉肖（Sheldon Glashow）、史蒂芬·温伯格（Steven Weinberg）和阿卜杜斯·萨拉姆（Abdus Salam）的获奖研究，以及格拉肖和他的哈佛同事霍华德·乔治（Howard Georgi）的后续研究〕，电磁力、弱核力和强核力之间的关系暗示着存在一种潜在的统一架构。根据爱因斯坦近半个世纪前就已提出的想法，理论家声称这3种看起来形态迥异的作用力或许真的可以统一为同一种作用力，它们只不过是这种力的不同表现而已。[2]

这些研究朝着统一理论迈出了坚实的步伐，然而在这绚烂的帷幕之下隐藏着一个致命的问题。当科学家把量子场论的方法用在自然界的第4种作用力（也就是万有引力）上时，计算失败了。量子力学和爱因斯坦描述引力场的广义相对论之间矛盾重重，导致计算结果没有意义。然而，广义相对论和量子理论在它们各自的领域内（宏观世界和微观世界）都很成功。统一这两个理论时得到的无意义结果表明，我们对自然法则的理解还存在一个深不见底的裂纹。如果有人证明你手头的定律是相互矛盾的，那么毫无疑问，这些定律并不正确。理论的统一曾是一种带有美学意味的目标，现在它又在逻辑上变得势在必行。

20世纪80年代，人们见证了又一个关键进展。一个名为超弦理论的新方法引起了全世界物理学家的注意。这个理论缓解了广义相对论和量子力学之间的冲突，从而为引力进入统一的量子力学架构提供了希望。统一理论的超弦时代来临了。研究的气氛非常热烈，数学计算充斥了成千上万个期刊版面，超弦理论逐渐丰满，系统的基础已初具规模。一个复杂的数学结构出现，给人们留下了深刻的印象，然而超弦理论（简称弦论）的许多方面仍然是未知数。[3]

20世纪90年代中期，专心致力于揭开谜团的理论家误打误撞，将弦论塞进了多重宇宙的故事中。研究者们早就知道，用于分析弦论的数学方法引入了各式各样的近似，因此需要进一步完善。在某些完善的工作提出来以后，研究者们发现这套数学理论明白无误地说明我们的宇宙可能隶属于一个多重宇宙。实际上，弦论的计算表明我们的宇宙之外不是一个多重宇宙，而是数目众多、类型各异的多重宇宙。

为了全面掌握这些激动人心而又充满争议的进展，为了评估这些进展在寻找宇宙深层法则的过程中所扮演的角色，我们就得以退为进，首先了解弦论研究的现状。

量子场归来

首先，让我们从量子场论大获成功的传统体系入手。这些都是预先的准备工作，此后我们才能讨论超弦理论的统一，才能强调两种自然法则的表述方法之间的关键联系。

正如我们在第3章中所说的，经典物理学把场描述成在空间中四处弥漫的薄雾，其中泛起的涟漪和波浪将扰动传到四面八方。例如，让麦克斯韦来描述这段文字所反射的光时，他一定会极力鼓吹电磁波的概念。电磁波由太阳和附近的灯泡产生，在空间中掀起一路波浪，最后到达这页纸。麦克斯韦从数学上描述波的运动，将空间中每一点上场的强度和方向表示成各种数字。波动的场对应起伏不定的数字：在给定的位置上，场的取值周而复始地减小、变大。

当人们用量子力学描述场的概念时，量子场论就诞生了。它有两个新的基本特征。这两个特征我们都已经讲过了，但可以再复习一遍。第一，量子的不确定性会导致空间中每一点上场的取值发生随机抖动——想想暴胀宇宙学中暴胀场的涨落；第二，量子力学断言，正如水是由水分子组成的，场也是由无穷小的粒子组成的，它们叫作场的量子。对电磁场来说，光子就是量子。量子力学认为，灯泡每秒钟发出的光包含1万亿亿个光子。于是，量子力学修改了麦克斯韦对灯泡的经典描述。

人们经过数十年的研究发现，场的这些量子力学特征完全是普遍存在的。任何场都会产生量子抖动，任何场都对应于某种粒子。电子是电子场的量子，夸克是夸克场的量子。打一个（非常）粗糙的比方，物理学家有时候会把粒子看作场里长出的疙瘩（knot）或硬块（dense nugget）。虽然这是一种图像化的描述，但量子场论的数学同样把粒子描述成没有大小、没有内部结构的点。[4]

我们对量子场论的信赖源自一个基本事实：没有任何实验结果违背它的预言。相反，实验数据以惊人的精度验证了量子场论描述粒子行为的方程。最著名的例子是描述电磁力的量子场论——量子电动力学（quantum electrodynamics）。有了这个理论，物理学家就可以对电子的磁性进行详尽的计算。计算过程一点儿也不轻松，其中最精确的计算方法花了数十年才得以完成。功夫不负有心人。计算结果符合实验的测量，精确到小数点后10位，理论和实验的符合程度简直令人无法想象。

经历了这样的成功以后，也许你会认为量子场论能够为所有自然力搭建起相应的数学框架。少数杰出的物理学家也抱有相同的期望。到了20世纪70年代末，其中某些人的刻苦工作证明弱核力和强核力确实正好可以纳入量子场论的框架结构。这两种作用力可以用场的方法精确描述（弱核场和强核场），它们根据量子场论的数学规则发生演化和相互作用。

然而，正如我在前面的历史概述中所指出的，同一批物理学家中的许多人很快发现，自然界中最后一种作用力——引力的故事则要难讲得多。每当人们把广义相对论方程混入量子力学方程时，数学计算就卡壳了。用两者的组合方程计算某些物理过程的量子概率，例如同时考虑电磁力的排斥作用和引力的吸引作用时，计算结果显示两个电子碰撞后发生反弹的概率通常是无限大。虽然宇宙中的某些事物（如空间的范围和其中的物质含量）可以是无限大，但概率并没有与之为伍。根据定义，概率的取值必须在0和1之间（或者，按照百分比来说，在0和100%之间）。无限大的概率并不能说明某件事必然发生或很可能发生；相反，这种概率没有意义，就好比说一打鸡蛋中的第13个鸡蛋。无限大的概率发出了一个清晰的数学信号：组合后的方程没有意义。

物理学家把失败归咎于量子不确定性产生的抖动。人们发明的数学技巧已经可以分析强核场、弱核场和电磁场的抖动，然而当他们把相同的方法应用到引力场（支配时空本身弯曲的场）上时，结果就失效了，只剩下矛盾重重的数学，比如无限大的概率。

为了理解其中的原因，设想你是旧金山的一幢老房子的房东。如果房客举办闹哄哄的派对，你就得花点儿功夫对付他了，不过你无须担心欢庆活动会损害建筑结构的完整性。但是，如果发生了地震，局面就变得严峻许多。3种非引力的作用力的涨落（这些场是时空小屋的房客）就像在屋内无休止地举行派对。物理学家花了整整一代人的时间来对付喧嚣的抖动，到20世纪70年代，他们已经发展出相应的数学方法，能够描述非引力作用力的量子性质。但是，引力场的涨落有质的不同。这种涨落更像一场地震。由于引力场和时空的结构编织在一起，引力的抖动会一遍遍地撼动整个结构。用相同的数学方法分析这种普遍存在的量子抖动时，结果就是轰然崩溃。[5]

多年以来，物理学家对这个问题视而不见，因为问题只有在极端的条件下才会浮出水面。引力在物体质量很大时才走到幕前，量子力学则是在物体尺寸非常小的时候发挥作用。如果遇到质量巨大且尺寸微小的情况，就要同时使用量子力学和广义相对论，不过这种情况非常罕见。然而，世界上确实存在这样的情况。当引力和量子力学共同着眼于大爆炸或黑洞时，的确满足了极大质量被压入很小空间的条件。就在这个节骨眼上，数学计算土崩瓦解，只留给我们一些悬而未决的问题。宇宙是如何开始的？在黑洞的中心，一切都毁灭了，时空又是如何终结的？

真正令人泄气的地方是，除了黑洞和大爆炸这两个特例之外，你在计算物理系统在多小的体积里聚集多大的质量时，引力和量子力学才会同时发挥关键作用。结果，在一个体积约为 10^{-99} 厘米^3 的狭小空间中〔大约相当于一个半径为 10^{-33} 厘米的球，即所谓的普朗克长度（Planck length），如图4.1所示〕，需要聚集 10^{19} 倍的质子质量，也就是普朗克质量（Planck mass）。[6]所以，量子引力的势力范围比我们用世界上最先进的加速器探测到的尺度的一千万亿分之一还要小。这个广阔的未知领域中很可能充满新的量子场以及相应的新粒子。谁知道还会有什么？要想统一引力和量子力学，就要从此岸艰苦跋涉到达彼岸，尽数网罗一路上已知和未知的事物，而这个广阔领域的绝大多数地方都无法用实验探究。这是项雄心勃勃的艰巨任务，很多科学家都断言，其可望而不可即。

图4.1 在普朗克长度下，引力和量子力学针锋相对。这比人们用实验手段探测过的尺度的一千万亿分之一还要小。在这张图上，每个均匀分布的大格都代表尺寸减小到原来的 1/1000。只有这样，图表才可以画在一页纸上，不过视觉效果会低估尺寸变化的范围。打一个更好的比方，如果把一个原子放大到可见宇宙那么大，普朗克长度经过相同的放大倍数后会跟一棵树的高度相当。

于是，流言传遍了20世纪80年代中期的物理学术圈，传说统一理论之路有了重大突破，新方法叫作弦论，你可以想象当时人们的脸上流露出的惊讶和怀疑的表情。

弦论

虽然弦论的名头很唬人，但它的基本想法很容易理解。我们已经了解过弦论之前的标准观点，也就是把自然界的基本成分想象成点状的粒子——没有内部结构的点，它们受到量子场论方程的支配。不同种类的粒子对应于不同种类的场。弦论挑战了这幅图像，它提出粒子并不是点状的。这个理论认为粒子其实是微小的、弦状的振动着的细丝，如图4.2所示。这个理论断言，如果靠近一点观察以前被认为是基本成分的粒子，你就会发现一根微乎其微的弦在振动。深刻发掘电子的内部，你看到的是一根弦；深刻发掘夸克的内部，你也会看到一根弦。

$10^0 m$　$10^{-3}m$　$10^{-6}m$　$10^{-9}m$　$10^{-12}m$　$10^{-15}m$　$10^{-18}m$　$10^{-21}m$　$10^{-24}m$　$10^{-27}m$　$10^{-30}m$　$10^{-33}m$　$10^{-36}m$

图4.2　弦论中的普朗克尺度的物理本质，它认为物质的基本组成是弦状的细丝。由于我们的仪器的分辨能力有限，每根弦看起来就像一个点。

　　这个理论提出，如果进一步精确观察，你就会发现不同种类的粒子中包含的弦都是一模一样的，只不过振动的模式有所不同，它们共同演奏了一曲统一理论的主旋律。电子的质量比夸克的小。根据弦论，这说明电子之中弦的振动能量比夸克中的小（再次反映了$E=mc^2$公式中能量和质量的等价性）。电子还带有电荷，而且比夸克的电荷大。这个差异体现了弦的不同振动模式之间存在别的更精细的差异。就像吉他的弦的不同振动模式演奏出不同的音符，弦论中细丝的不同振动模式产生了不同性质的粒子。

　　事实上，这个理论不仅使我们把振动的弦看作相应粒子性质的起源，还要把弦认作粒子本身。由于弦的尺寸微乎其微，与普朗克长度的量级（10^{-33}厘米）相当，即使今天最精密的实验也无法分辨弦的一维结构。大型强子对撞机可以让粒子猛烈地相撞，能量超过质子质量所对应能量的10万亿倍，能够探测10^{-19}厘米的尺度。这是一根头发直径的一千万亿分之一。这就好比从冥王星上看，地球变成了一个点。即使用世界上最先进的粒子加速器研究弦的模样，结果它还是一个点。虽然如此，根据弦理论，粒子都是弦。

　　简而言之，这就是弦论。

弦、点和量子引力

弦论还有许多其他重要的特征。自问世以来，弦论的发展大大丰富了我所讲的那点儿贫乏的内容。在后面几节里（以及第5章、第6章、第9章），我们会遵循其中最核心的发展脉络，不过我想先强调三个重中之重的关键点。

首先，当物理学家提出一个量子场论的模型时，他需要确定这种理论包含什么样的量子场。这会受到实验〔每一种已知类型的粒子都要求理论中包含对应的量子场〕和理论〔人们假定存在某些粒子及其对应的场（如暴胀场和希格斯场）是为了解决悬而未决的难题〕的双重限定。标准模型就是最典型的例子。标准模型被誉为20世纪粒子物理学的最高成就，是因为它能够精确地描述全世界范围内所有粒子加速器产生的海量数据。标准模型包含57种不同的量子场（这些场对应于电子、中微子、光子，以及形形色色的夸克——上夸克、下夸克、粲夸克，等等）。不可否认，标准模型获得了极大的成功，然而许多物理学家觉得真正基本理论的构成要素不应该长得如此不雅。

弦论激动人心的特点在于，粒子可以从理论之中衍生出来：弦以不同的模式振动，产生了不同类型的粒子。又由于振动模式决定了对应的粒子性质，如果你对这个理论懂得足够多，能够列举弦的所有振动模式，你就同时解释了所有粒子的所有性质。于是，弦论能够定量地推导出所有粒子的性质，这也是它能够超越量子场论的潜力和希望所在。振动的弦不仅能够将所有粒子收入囊中，未来它还会给我们带来"惊喜"，比如发现未知的粒子类型。原则上，从弦论的根源出发，经过废寝忘食的计算就会得到这样的结果。弦论并不像拼图那样逐步建立起对世界的完整描述，它试图一步到位。

第二个关键点是说，在弦的各种可能的振动模式中，有一种模式恰好能够描述引力场对应的量子粒子的性质。在弦论之前，虽然融合引力和量子力学的理论尝试没有成功，但这些研究发现，无论量子的引力场对应于哪种理论中的假想粒子（或称引力子，graviton），它必然拥有某些特定的性质。这些研究认为引力子必然没有质量，不带电荷，而且其中一种量子力学性质必然是自旋为2（spin-2）。（非常粗略地说，引力子应该像陀螺一样自转，自转速度是光子的2倍。[7]）好消息是，早期的弦理论家约翰·施瓦茨（John Schwarz）、乔尔·谢尔克（Joël Scherk）和米谷民明（Tamiaki Yoneya）分别发现弦振动模式的清单上正好有一种能够满足引力子所要求的性质。20世纪80年代中期，当人们令人信服地证明弦论是一个在数学上自洽的量子力学理论时〔主要归功于施瓦茨和合作者迈克尔·格林（Michael Green）的工作〕，引力子的出场又暗示弦论或许能够提供人们追寻已久的量子引力理论。这是弦论履历表上最为重要的一项，也正因为如此，弦论才会迅速跻身世界顶级科学成就的行列。[1][8]

第三点，无论弦论提出的观点多么激进，它都会再次验证一个物理学发展史上备受尊崇的规律。新理论再成功，旧理论也不会变成明日黄花。成功的新理论通常会将旧理论包含在内，并将我们能够精确描述的物理现象的范围大幅度地向外拓展。狭义相对论将人类的认识拓展到了

[1] 如果你想了解弦论如何越过引力和量子力学统一道路上的绊脚石，请看《宇宙的琴弦》第6章；关于其大体脉络，请看注释8。如果概括得再简短一点，请注意点粒子只存在于一个地方，但是弦有长度，所以它会略微伸展开来。于是，伸展的弦会削弱以前从中作梗的、喧嚣的短距离量子抖动。20世纪80年代末，人们已经找到强有力的证据，证明弦论能够成功地融合广义相对论和量子引力。最新的发展（见第9章）让这种情形势不可当。

高速运动的领域；广义相对论更上一层楼，将人类的认识拓展到了大质量物体的领域（也就是强引力场的范围）；量子力学和量子场论将人类的认识拓展到了微观领域。这些理论所引入的概念、所揭示的特性都是前人闻所未闻的。但是，如果将这些理论应用到日常生活中，应用到质量、速度和大小都很常见的范围内，它们就会退化成20世纪之前就已存在的表述形式——牛顿的经典力学，或法拉第、麦克斯韦等人的经典场论。

弦论可能是这个前进过程的下一个步骤，或许是最后一步。它只用了一个框架就接管了相对论和量子论所宣称的领地。你们应该坐直了听好，弦论在某种意义上已经完全囊括了以前的一切发现。这个理论的基础是振动的细丝，它看起来似乎与广义相对论弯曲时空的图像没什么共通之处。虽然如此，当我们把弦论的数学计算应用到某种引力主导的、量子力学可以忽略不计的情况（例如像太阳那样的大质量大尺寸天体）时，爱因斯坦方程就会自动冒出来。振动的细丝和点状粒子也是截然不同的。但是，当我们把弦论的数学计算应用到量子力学主导而引力可以忽略不计的情况（例如那些振动不剧烈、速度不大、长度不长的弦。这些弦的能量不高，换句话说质量不大，所以引力实际上不起作用）时，弦论的数学形式就摇身一变成为量子场论的公式了。

图4.3将牛顿以来物理学家提出的主要理论之间的逻辑关系概括成了一张图表。弦论本可以和过去彻底决裂，本可以甩开图表上的箭头。值得注意的是，弦论并没有这样做。跨过20世纪物理学的绊脚石时，弦论是个彻头彻尾的革命者。然而，弦论同时是个立场坚定的保守派，它把过去300年的科学发现都纳入了自己的数学框架。

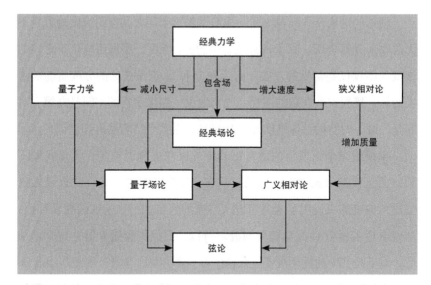

图4.3 显示了物理学主要理论进展之间的关系。从历史上看，获得成功的新理论会拓展人们的认知领域（拓展到高速的、大质量的、微观的范围），而当我们将新理论应用到某些不那么极端的物理条件下时，它又会退化成旧理论的形式。弦论的发展也遵循了这种模式，它拓展了人们的认知领域，同时它又在适当的条件下退化成广义相对论和量子场论。

空间的维度

现在说点奇怪的事情。点粒子变成细丝，这不过是弦论新框架的一部分。在弦论研究之初，物理学家曾遇到过某种致命的数学缺陷（或称量子反常，quantum anomalies），这会导致一些令人无法接受的事情，比如能量自发地产生、自发地消失。通常，当一个新提出的理论遭受这类问题折磨时，物理学家会眼疾手快地做出反应。他们会将这个理论弃之不用。实际上，20世纪70年代许多人认为这是弦论最应该受到的待遇。但是，少数人坚持下来，选择了另外一条路。

理论的进展令人眼花缭乱，他们发现这个问题和空间维度的数目不无关系。计算表明，除了日常经验中的3个维度，宇宙还应该有更多的维度（不仅仅是常见的左右、前后和上下），于是弦论的方程就能够洗去污垢，摆脱这些问题的困扰。确切地说，如果宇宙的空间是九维、时间是一维，时空的总体维度等于10的话，弦理论方程的麻烦就消失了。

我很想完全用通俗的语言将其中的来龙去脉说清楚，可是我做不到，而且我从未见过有人成功过。在《宇宙的琴弦》中，我曾经做过尝试，但是那只说明了通常情况下维度的数目如何影响弦的振动特征，却没有说清维数10究竟源自何处。所以，我们得稍微保留一点学术细节，以下是其中的数学机密。弦论中有一个方程，包含一项（D-10）乘以"麻烦"的贡献，其中的D表示时空的维数，而"麻烦"是某种能够导致令人烦恼的物理现象的数学表达式，比如上文提到的能量不守恒问题。为什么方程具有这样的形式？我没法给出直观的通俗解释。但是，如果你自己动手计算，结果的确如此。现在，这个简单而关键的结果告诉我们，如果时空的维数等于10，而不是我们所希望的4，这一项的贡献就等于0乘以"麻烦"。而由于0乘以任何数都等于0，所以在一个十维的宇宙时空中，麻烦就烟消云散了。这就是其中的数学原理。真的。这也就是为什么弦理论家认为宇宙的时空维数大于4。

无论你沿着数学的路标前进时思想多么开放，如果你从未听说过额外维度的想法，就会觉得这种理论听起来很疯狂。空间的维度并不像车钥匙，也不像你最喜欢的袜子那样会被弄丢。如果宇宙除了长度、宽度和高度之外还有别的维度，那么它们肯定早已被人发现了。其实不是那么回事。早在20世纪初，德国数学家西奥多·卡鲁扎（Theodor Kaluza）和瑞典物理学家奥斯卡·克莱因（Oscar Klein）就已有先见之明，他们在一系列论文中提出有些维度可能很善于逃避人类的检测。他们设想有些维度不像常见的空间维度那样延伸到遥远的、可能是无限远的地方，而是蜷缩成很小的一团，所以很难被我们看到。

设想一根喝水用的普通吸管。不过我们要把它变得不普通，设想它跟平时一样细，但跟帝国大厦[1]一样高。高耸的吸管的表面（跟别的吸管一样）是二维的。一个维度是垂直的，很长；一个圆形的维度环绕在吸管上，很短。现在，想象你站在哈德逊河附近遥望高耸的吸管，如图4.4（a）所示。因为吸管很细，所以它看起来就像一根垂线直插云霄。在这个距离上，你并不能辨别出吸管还有个圆形的微小维度，虽然这个维度存在于吸管垂直方向上的每一处。于是你会错误地认为，吸管的表面只有一个维度，而非两个。[9]

再打一个比方，想象犹他的盐场上铺着一块巨大的地毯。从飞机上看，地毯形成了一个二维的表面，沿着南北方向和东西方向铺开。如果你乘降落伞跳下来，从近处观察这块地毯，就会发现地毯表面排列着一层致密的绒面：平坦的地毯衬里上的每一点都附着一小圈棉花。地毯有两个可见的维度（南北和东西方向），但还有一个微小的不易发现的维度〔图4.4（b）上的圆圈〕。

卡鲁扎-克莱因的研究提出，空间本身的结构也存在类似的差别，有的维度很大，很容易看清，有的维度很小，难以发现。我们了解常见的三维空间，是因为这3个维度就像吸管的垂直维度和地毯的南北、东西方向一样覆盖了很大的范围（可能是无限大）。但如果空间的额外维度像吸管或地毯的圆形部分那样蜷缩起来，变得格外微小（只有原子的数百万分之一甚至数十亿分之一），这种维度就可能像未蜷缩的维度一

---

[1]　纽约的地标建筑，高443米。——译注

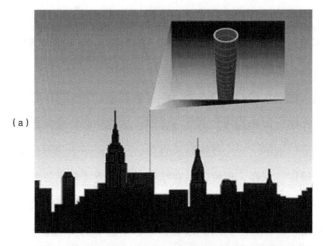

（a）

（b）

图4.4 （a）高耸的吸管表面有两个维度，其中垂直的维度很长，可以看见，而圆形的维度很小，很难探测到。（b）一块巨大的地毯有3个维度，其中南北方向和东西方向的维度很大，可以看见，而地毯绒面上的圆形维度很小，很难探测到。

样常见，无所不在，只不过我们无法发现，即使用今天最强大的放大仪器也不行。这些维度真的弄丢了。这就是卡鲁扎－克莱因理论的开篇部分，它认为除了日常经验中的三维空间外，我们的宇宙还有更多的空间维度（见图4.5）。

图4.5　卡鲁扎-克莱因理论假设常见的3个巨大空间维度的每一个点上都附着了微小的额外维度。如果我们可以将空间的结构放大到一定程度，就能看见这些理论假设的额外维度（为使图片的展示效果清晰，我们只在格点上画出了附着的额外维度）。

这种思路表明，"额外"的空间维度虽不常见，但并不荒谬。这个开局不错，但是又引入了一个重要问题：20世纪20年代的那些人为什么要提出这个奇怪的想法？卡鲁扎的动机产生于他以前的一个想法，在爱因斯坦发表广义相对论不久，他发现只要毫不夸张地大笔一挥，就可以对爱因斯坦的方程做出修改，将方程应用到一个空间多出一维的宇宙上。他开始分析这组修改后的方程，顿时欣喜若狂。他的儿子回忆道，卡鲁扎失去了往日的风度，双手使劲捶打书桌，朝脚下开了一枪，又猛地唱起了《费加罗的婚礼》中的一支咏叹调。[10]卡鲁扎发现，这组修改过的方程包含由爱因斯坦提出的、已经成功地描述了常见三维空间和一维时间中的引力作用的方程。但由于这组新公式包含的维度比平时多一个，卡鲁扎又发现了一个额外的方程。快看，当卡鲁扎推导出这个方程时，他意识到这正是麦克斯韦在半个多世纪以前发现的用来描述电磁场的方程。

卡鲁扎发现，如果宇宙拥有一个额外的维度，就可以把引力和电磁力都描述成空间的涟漪。引力的涟漪沿着常见的3个空间维度传播，而电磁力的涟漪沿着第4个维度传播。于是，卡鲁扎理论又提出一个问题：为什么我们无法看到第4个空间维度？克莱因在他的成名作中提供了一个解决办法：如果处于我们直接经验之外的那些维度非常小，我们的感知和仪器就无法发现它们的存在。

1919年，得知额外维度的理论可能实现大统一时，爱因斯坦迟疑了。这个能够推动大统一之梦的框架给爱因斯坦留下了深刻的印象，但这个古怪的方法让他犹豫不决。爱因斯坦拖着卡鲁扎的论文未同意发表，经过两三年的仔细考虑，他终于回心转意，及时成为隐藏维度理论最强大的支持者之一。后来，他研究自己的统一理论时一再提起这个主题。

尽管有了爱因斯坦的祝福，后来的研究还是证明卡鲁扎－克莱因计划遇到了一系列障碍，其中最难克服的障碍是这个计划无法将电子这样的物质粒子的具体性质纳入自身的数学结构之中。为了绕开这个障碍，在随后的二三十年里，人们锲而不舍，提出了许多聪明的办法，对卡鲁扎－克莱因理论进行推广和修正，但是完美无瑕的理论并没有出现。20世纪40年代中期，通过额外维度实现大统一的想法已经见弃于人了。

30多年后，弦论出现了。宇宙的空间不但可以超过三维，而且这是弦论中的数学要求。于是，弦论为卡鲁扎－克莱因计划提供了一个现成的新设定。如果弦论是人们寻求已久的大统一理论，那么为什么我们看不到弦论提出的额外维度？卡鲁扎在数十年前就已回答，这些维度就在我们身边，只不过它们太微小了，所以我们看不到它们。弦论重启了卡鲁扎－克莱因计划。20世纪80年代中期，全世界的研究者都倾向于相信完成一切物质和一切作用力的统一只不过是时间问题。在弦论最狂热的支持者看来，这指日可待。

前途无量

弦论刚提出的时候，其发展势如破竹，人们几乎不能跟上全部进展。很多人把当时的氛围同20世纪20年代相提并论，那时的科学家向着新发现的量子领域长驱直入，所向披靡。激动之余，我们也就能理解为什么某些理论家说基础物理学的主要问题（引力和量子力学的联姻、自然界中所有作用力的统一、物质性质的阐释、空间维度的数目、黑洞奇点的本质以及宇宙起源的谜团）将很快得到解决。不过，经验更丰富的研究者预言，实现这个愿望为时尚早。弦论的内涵如此丰富，范围如此广阔，数学如此复杂，以至于经历过最初的欢欣鼓舞之后，又过了30年，相关研究才部分走上正道。量子引力作用的领域比我们目前的实验所能探测的一切事物还要小得多。客观地说，路漫漫其修远兮。

我们走到这条路的哪里了？在本章的后续内容里，我会带领大家纵览若干关键领域中最高级的知识（与平行宇宙主题相关的内容留在后续章节中进一步阐述），也会对弦论迄今为止的成就加以品评，而挑战仍然隐约可见。

弦论和粒子的性质

在所有物理学理论中，最深刻的一个问题是，为什么自然界的粒子具有这样的性质？比如说，为什么电子有特定的质量，为什么上夸克有特定的电荷？这个问题广受关注，不仅因为它的内在价值，还要归结于我们以前提到过的一个撩人心弦的事实。假如粒子的性质并非如此（假如电子的质量稍稍大一些或小一些，假如电子之间的排斥力强一些或弱一些），在太阳这样的恒星中，提供能源的核过程就会停业。没有恒星，宇宙的面貌就会截然不同。[11]最尖锐的问题是，没有恒星发光发热，地球生命得以维持的一系列复杂过程就不会发生了。

这个问题带来了一个严峻的挑战：准备好笔和纸，可能还有计算机，利用人类对物理定律的最深刻的理解去计算粒子的性质，然后在其中寻找与测量值相符的结果。如果我们能完成这个挑战，就迈出了科学史上意义最深远的一步，就可以理解为什么宇宙是现在这个模样。

在量子场论看来，这个目标遥不可及，永远无法实现。量子场论把测量到的粒子性质作为输入信息——这些特征是理论定义的一部分，于是才能愉快地接受大大小小的质量和电荷。[12]在一个假想的世界里，电子的质量和电荷可能大一些或小一些，量子场论可以轻松应付，连眼睛都不会眨一下，只需要调整一下理论的方程中的参数大小。

弦论会技高一筹吗？

弦论最美好的一个特点是（这也是我学习弦论时印象最深刻的地方），粒子的性质取决于额外维度的大小和形状。弦是如此微小，它们并不只在日常经验的3个宏观维度中振动，而且它们会在蜷缩的微观维度中振动。正如空气流过吹奏乐器时产生的振动模式取决于乐器的几何形状，弦论中弦的振动模式取决于蜷缩维度的几何形状。回想一下，粒子的性质（比如质量和电荷）由弦的振动模式所决定，我们会发现真正决定这些性质的其实是额外维度的几何形状。

所以，如果你知道弦论的额外维度究竟是什么样子，你就能顺利地预言振动的弦的具体性质，也就能预言弦振动所产生的粒子的具体性质。问题在于没人能搞清楚额外维度的几何形状究竟是什么样子，而且这个问题由来已久。弦论的方程从数学上对额外维度的几何加以限制，要求这些维度都满足一种特定的形态，称之为卡拉比－丘形态（术语叫作卡拉比－丘流形，Calabi-Yau manifolds）。这种形态以数学家尤金尼奥·卡拉比（Eugenio Calabi）和丘成桐（Shing-Tung Yau）的名字命名，这两位数学家早在弦论的重要性被发现之前就已经研究了这种形态的性质（见图4.6）。可问题是，卡拉比－丘形态并非只有一种。卡拉比－丘

图4.6　弦论的空间结构的一处特写，额外的维度蜷缩成卡拉比－丘形态的一个例子。就像地毯的绒面和衬背，常见的3个宏观维度上的每一个点（在图中用二维格点表示）都附着了卡拉比－丘形态，但为了使视觉效果更清晰，我们只画出了格点上的形态。

形态就像乐器一样，其大小和外形都可以变化多端。正如不同乐器发出的声音五花八门，额外维度的大小和形状不同（以及其他更详尽的特征，我们将在下一章中谈到）时，弦的振动模式也有所不同，因而产生的粒子的性质和搭配也就不同。弦理论家之所以未能做出明确预言，主要的障碍是额外维度的形状尚未确定。

回到20世纪80年代，我刚开始研究弦论，那时已知的卡拉比－丘形态并不多，所以人们打算逐个进行研究，看看哪个形态符合已知的物理学原理。在这个方向上，我的博士论文迈出了较早的一步。几年以后，当我做博士后研究时（老板是丘成桐），卡拉比－丘形态的数量已经上千了，想要逐个分析就更加困难了。不过，研究生就是用来干这种活的。随着时间的推移，卡拉比－丘形态的条目还在增加。在第5章中我们会看到，这些条目已经比海滩上的沙子还要多了。无论哪个海滩，无论哪个地方，绝对是这样。逐个分析额外维度的每一种可能性已经不现实了。于是，理论家继而想从弦论中找出某种数学线索，指引他们挑选出某种特定的卡拉比－丘形态，某种独一无二的形态（the one）[1]。迄今为止，还没有人成功。

所以，弦论还没有解释基本粒子的性质，没有兑现它的承诺。就这一点而言，弦论到目前为止并没有比量子场论取得更大的进步。[13]

但我们应该记住，弦论之所以会出名是因为它具有解决20世纪理论物理学的核心矛盾（广义相对论和量子力学之间的强烈对抗）的能力。有了弦论，广义相对论和量子力学最终才能够完美结合。这就是弦论的高明之处，它带领我们翻越了挡在量子场论标准方法面前的关键障碍。如果我们对弦论的数学有了更深刻的理解，就能够为额外维度选出

---

[1]　"The one"也有救世主的意思。——译注

一个独一无二的形状，这个形状又能够解释所有观测到的粒子性质。这将是一场伟大的胜利。但是，没有人保证弦论能够应对这个挑战。弦论也没有必要应对这个挑战。量子场论获得了巨大成功，受到了应有的赞誉，只是没能解释基本粒子的性质。如果弦论也不能解释粒子的性质，但能在一个关键指标（也就是容纳引力）上超越量子场论，这就已经称得上不朽的功勋了。

确实，在第6章中，我们将会看到一个充满平行世界的宇宙——这是现在人们对弦论的一种解读，用数学为额外维度选出一种独一无二的形状，也许这个愿望完全是错误的。正如有了形态各异的DNA，地球上才会有多姿多彩的生命，正是有了形态各异的额外维度，在以弦为基础的多重宇宙中才会出现多姿多彩的平行宇宙。

弦论和实验

如果弦的典型尺寸像图4.2所示的那么小，那么为了窥探它的一维结构（也就是弦和点的本质不同），你就得装备一个比大型强子对撞机的能量还要高上几千万亿倍的加速器。依托现在的技术，这样一个加速器需要造得跟银河系一样大，每秒钟消耗的能量够全世界用1000年。除非技术上取得翻天覆地的突破，否则在我们的能量相对较低的加速器看来，弦的外观和点粒子别无二致。这就是我强调过的理论特征在实验上的体现：在低能范围内，弦论的数学会变换为量子场论的数学形式。因此，即使弦论是真正的基本理论，在实验上可以实现的很大范围内，它还是会扮演量子场论的角色。

这是件好事。尽管量子场论既不足以融合广义相对论和量子力学，又不能预言自然界的粒子的基本性质，但它还是能够解释很多别的实验结果。量子场论把测量到的粒子性质作为输入信息（输入信息决定了人们如何选择量子场论中的场和能量曲线），然后利用自身的数学公式进行计算，预言这种粒子在其他实验（通常是加速器）中的行为特征。预言的结果极为精确，这也就是为什么一代代的粒子物理学家把量子场论作为首选的研究方法。

在弦论中选择额外维度的形态相当于在量子场论中选择场和能量曲线。不过，弦论所面临的挑战在于粒子的性质（比如粒子的质量和电荷）和额外维度的形态背后的数学关系特别复杂。这导致反向计算（借助实验数据来选择额外维度的形态，就像在量子场论中借助实验数据来选择场合能量曲线一样）困难重重。也许有一天我们的理论技巧已经炉火纯青，可以用实验数据来确定弦论的额外维度的形状，但现在还不行。

在可以预见的将来能将弦论和实验数据联系起来的最有前途的一条康庄大道是，对于本可以用传统方法解释的现象，弦论给出的解释会更自然、更可信。这就好比你提出一个理论，认为我用脚趾头打出了这行文字，一个更自然、更可信的假设是（我可以证明这个假设是正确的）我用的是手指。表4.1总结了实验上的类似考虑，这就能为弦论建立间接的例证。实验的任务涵盖了大型强子对撞机上的粒子物理实验（寻找超对称粒子和额外维度的证据）、桌面实验（在百万分之一米的尺度下探测引力的强度）和天文观测（寻找特定种类的引力波，以及宇宙微波背景辐射中微小的温度涨落）。这张表不但分别介绍了各种方法，还给出了总体评语。不引入弦论也能解释这些实验中的正面信号。例如，虽然超对称的数学框架（见表4.1）最初是从弦论的理论研究中发现的，但后来弦论以外的方法也引用了超对称。如果发现了超对称粒子，就能验证弦论的一个片段，但并不能构成确凿的证据。同理，尽管弦论是额外空间维度的天然家园，但我们已经看到额外维度同时是弦论以外的模型的一部分，比如卡鲁扎提出额外维度的想法时就没有考虑到弦论。因此，表4.1中的方法能够得到的最好结局是，一系列正面结果证明弦论的拼图已经摆在了正确的位置。就像吆喝叫卖脚趾型键盘一样，弦论之外的解释在一系列正面结果面前会显得不太自然。

表4.1 实验和观测及其将弦论和数据相联系的能力

实验 / 观测	解　释
超对称	超弦理论中的"超"指的是超对称，这种数学结构的含义一目了然：每种已知的粒子都存在各自的伙伴粒子，伙伴粒子之间的电荷相同，核力的性质也相同。理论家猜测，这些粒子之所以至今未被探测到是因为它们比对应的已知粒子重，超出了旧式加速器的探测能力。大型强子对撞机的能量或许足够高，可以产生这些粒子，所以人们纷纷预计揭示自然界超对称性质的大门即将被开启。
额外维度和引力	由于空间是传播引力的介质，空间的维度越多，引力可以传播的范围就越广。正如一滴墨水掉在一大桶水里会变淡，当引力在额外维度中传播时，其强度也会变小。这就解释了为什么引力显得很弱（当你拿起一杯咖啡时，你的肌肉就已击败整个地球产生的引力）。如果我们能在比额外维度还要小的距离上测量引力的强度，在它还没传开时就逮到它，就应该发现引力的强度变大了。迄今为止，在 1 微米（10^{-6} 米）以上的尺度上，还没有发现偏离了三维空间的实验结果。如果物理学家在更微小的尺度上做实验时发现了偏差，就会令人信服地证明额外维度的存在。

续表

实验 / 观测	解　释
额外维度和 丢失的能量	如果存在额外的维度，但是它比1微米还要小得多，我们就无法通过实验直接测量引力的强度。但是，大型强子对撞机提供了另一个发现额外维度的方法。高速运动的质子迎头相撞，产生的碎片可以从常见的宏观维度中抛射出来，挤入其他维度（这些碎片可能是引力的粒子，即引力子，我们随后会解释其中的原因）。如果发生了这样的事情，碎片就会带走一些能量，所以我们的探测器就会发现碰撞之后有一些能量丢失了。这种能量丢失的信号就为额外维度的存在提供了强有力的证据。
额外维度和 迷你黑洞	通常黑洞被描述为大质量恒星的残骸，这些恒星耗尽核燃料后在自身重量的作用下向内坍缩，但是这个描述有点狭隘。压缩到一定程度以后，任何东西都会变成黑洞。如果额外维度导致引力在短距离上的强度变大，黑洞就更容易形成了，因为更强大的引力意味着不用压缩得太多也能产生同样大小的吸引作用。如果两个质子从大型强子对撞机中获得了极高的速度，它们相撞时把能量注入足够狭小的空间中，黑洞就会随之产生。虽然产生的黑洞只有一丁点儿大，但产生的信号非常明显。回想史蒂芬·霍金的工作，他通过理论分析证明微小的黑洞会迅速衰变成一束质量更轻的粒子，这些粒子的踪迹可以被对撞的探测器发现。

续表

实验 / 观测	解 释
引力波	尽管弦的尺寸很小，但如果你能以某种方法抓住一根弦的话，就可以把它拉长。你得使出超过 10^{24} 牛的力气，但是想要把弦拉长，只要提供能量就够了。理论家发现一些奇怪的情况，某些天体物理过程也许可以提供这种拉长用的能量，所产生的弦会在太空中飘荡。虽然它们离我们很遥远，但这些弦也许可以被探测到。计算表明，当一根长长的弦发生振动时，产生的时空涟漪（也就是引力波）的形状会非常与众不同，因此就会产生一个清晰的观测信号。在今后的几十年里（如果不能更早的话）高度灵敏的地面探测器，在经费充足的情况下甚至会有空间探测器，或许可以探测到这样的涟漪。
宇宙微波背景辐射	通过宇宙微波背景辐射能够探测量子物理效应，这一点已经得到证实，在辐射中测到的温度差异其实是量子抖动被空间膨胀放大的结果。（回想气球的比喻，干瘪的气球上写着一行小字，气球一膨胀，上面的字就能看到了。）在暴胀过程中，空间变得如此广袤，以至于由弦留下的更微小的痕迹或许都可以变得足够大，从而可以被探测到。欧洲航天局的普朗克卫星或许可以完成这一任务。这项任务成败与否取决于弦在宇宙早期时的行为细节——它们在干瘪的宇宙气球上留下何种类型的信息。人们提出各式各样的想法，进行了各式各样的计算。现在理论家在等待数据向我们说明一切。

111

负面的实验结果所提供的有用信息就少得多了。如果没有找到超对称粒子，或许说明这种粒子并不存在，但也可能说明这种粒子太重了，连大型强子对撞机也没法产生；如果没有找到额外的维度，或许说明额外维并不存在，但也可能说明额外维的尺度太小了，现有的技术水平还探测不到；如果没有找到微型黑洞，或许说明微观尺度上的引力并没有增强，但也可能说明我们的加速器还不够强大，无法深入地探索引力大大增强的微观世界；如果没有在引力波和宇宙微波背景辐射中探测到弦的信号，或许说明弦论错了，但也可能说明信号太微弱了，现有的设备还探测不出来。

于是，迄今为止最有前途的正面实验结果很可能还无法一锤定音，宣告弦论的成功，而负面的结果也很可能无法宣告弦论的失败。[14]但是，不要搞错。如果我们发现了额外维度、超对称、迷你黑洞或者其他可能的信号的证据，在寻找统一理论的历史上，那将是一个伟大的时刻。这将会大大增强我们的信心，并无可非议地表明我们铺砌的数学道路通向了正确的方向。

弦论、奇点和黑洞

在大部分情况下，量子力学和引力会愉快地忽视对方，前者适用于分子和原子这类微观事物，后者适用于恒星和星系这类宏观事物。但是，这两种理论不得不摒弃前嫌，共同应对奇点（singularity）问题。奇点是一类极端的物理条件（质量巨大，尺寸微小，时空结构发生强烈的弯曲、穿孔或撕裂），有的真实存在，有的还只是理论假设。量子力学和广义相对论在奇点问题上表现得一塌糊涂，得到的结果就像你用计算器把一个数除以零时显示的出错信息。

无论哪种传言中的量子引力理论都必须取得一项丰功伟绩，那就是让量子力学和引力团结起来，圆满解决奇点问题。由此得出的数学公式永远不会失效，甚至在大爆炸发生的时刻以及黑洞中心也不会失效，[15] 从而在研究者困扰已久的问题上给出有意义的结果。弦论正是在这个问题上取得了最令人瞩目的跨越，越来越多的奇点开始对弦论俯首帖耳。

20世纪80年代中期，兰斯·迪克森（Lance Dixon）、杰夫·哈维（Jeff Harvey）、卡姆朗·瓦法（Cumrun Vafa）和爱德华·威滕（Edward Witten）的研究团队发现，空间结构中的某些穿孔〔或称轨形奇点（orbifold singularity）〕让爱因斯坦的数学公式举步维艰，在弦论中却毫无问题。成功的关键在于，虽然点粒子会落入破洞之中，但弦不会。因为弦有长度，不会掉进洞里，它们会缠绕在洞的周围，或者粘在洞口，但是这种轻微的相互作用能让弦论的方程成功过关。其中的重要性不但在于空间真的会产生裂孔（可能会产生，也可能不会产生），而且在于弦论向我们交付的结果正是我们想要从量子引力理论得到的东西：一种新的方法，能够解决广义相对论和量子力学自身无法解决的问题。

到了20世纪90年代，我和保罗·阿斯宾沃尔（Paul Aspinwall）、戴维·莫里森（David Morrison）的合作研究以及爱德华·威滕的独立研究发现，弦论还可以对付一种更严重的奇点〔或称翻转奇点（flop singularity）〕，这种奇点出现在空间的球形部分被无限压缩的情况下。直观的解释是，运动的弦能自如地经过空间的疙瘩，就像呼啦圈可以套在肥皂泡上，成为一圈保护屏障。许多计算表明，这样一圈"弦状护盾"能够消除一切潜在的威胁，使得弦论的方程不会遭受不良反应（没有"1除以0"之类的错误），虽然传统的广义相对论方程会在这种情况下崩溃。

从那时起，研究者陆续证明更多更复杂的奇点（诸如锥形奇点、定向迹形奇点、增强奇点……）也在弦论的全面掌控之中。于是，会让爱因斯坦、玻尔、海森堡、惠勒和费曼说"我们不知道究竟怎么办"的情况越来越多，但在弦论中能得出相对完备而自洽的描述。

这是一个伟大的进步，然而弦论仍然面临的挑战是如何修补黑洞和大爆炸的奇点，但这两种奇点比以前提到的奇点更加严重。为了实现这个目标，理论家付出大量心血，取得了重大进展。但我们的总结报告是，大多数难题、大多数有关的奇点都还没有被完全攻克。

虽然如此，其中一个重要进展还是对黑洞问题的相关方面有所启发。我将在第9章中提到，20世纪70年代雅克布·贝肯斯坦（Jacob Bekenstein）和史蒂芬·霍金的研究发现黑洞具有特定大小的无序度，科学术语叫熵（entropy）。根据基本的物理学知识，正如放袜子的抽屉所具有的熵反映了袜子有很多种随机的排列方式，黑洞的熵也反映了黑洞的内部结构有很多种随机的排列方式。然而，无论怎样努力，物理学家还是没能搞清楚黑洞有什么样的内部结构，更不必说分析其中有多少种可能的排列方式了。弦理论家安德鲁·斯特罗明戈（Andrew Strominger）和卡姆朗·瓦法打破了僵局。他们从弦论的某种基本成分（我们将在第5章中讲到其中一些）混合而成的东西出发，建立了黑洞无序度的数学模型。这种模型一目了然，很容易从中得出熵的具体数值。他们得到的结果与贝肯斯坦−霍金的答案完全符合。虽然这项研究引出了很多深层的问题（例如没有明确指出黑洞的微观组成），但它还是第一次用量子力学的方法实打实地数出了黑洞无序度的大小。[16]

弦论在奇点和黑洞的熵问题上的进展令人瞩目，这就更加坚定了物理学家的信心，他们相信黑洞和大爆炸问题必将得到解决。

弦论和数学

为了检验弦论是否正确地描述了自然现象，唯一的方法是将理论与实验和观测的数据相联系。这个目标很难实现。弦论的所有进展目前仍然停留在数学层面。但是，弦论不仅仅是数学的消费者，它的某些最重要的进展已经变成了数学理论。

20世纪之初，为了发展广义相对论，用一种严谨的语言来描述弯曲时空，爱因斯坦充分地开采了数学档案中的宝藏。卡尔·弗里德里希·高斯（Carl Friedrich Gauss）、波恩哈德·黎曼（Bernhard Riemann）以及尼古拉·罗巴切夫斯基（Nikolai Lobachevsky）等早期数学家在几何学上的深谋远虑为他的成功提供了重要保障。从某种意义上说，弦理论对新数学理论的推动正在帮我们偿还爱因斯坦的知识债务。这样的例子很多，我要讲一个能突出弦论在数学上的成就的例子。

广义相对论在时空的几何形状和我们观察到的物理现象之间建立了紧密的联系。有了爱因斯坦的方程组，知道一个区域的物质和能量的分布，你就能得出相应的时空形状。不同的物理环境（不同的物质和能量分布）会产生不同形状的时空，而不同形状的时空对应不同的物理环境。掉进黑洞会有什么感觉呢？找到卡尔·史瓦西（Karl Schwarz-schild）研究出的爱因斯坦方程的球形解，算一算其中的时空几何就知道了。如果黑洞在高速自转呢？算一算新西兰数学家罗伊·克尔（Roy Kerr）在1963年发现的时空几何就知道了。在广义相对论中，如果物理为"阳"，那么几何则为"阴"。

弦论对于这个结论有不同的见解，因为从不同形状的时空出发对现实进行描述，得到的结果也可能是无法用物理手段区分的。

有一个方法可以帮助我们理解其中的道理。从古代数学到现代数学，我们都把各式各样的几何空间描述为点的集合。例如，乒乓球就是构成其表面的点的集合。在弦论之前，构成物质的基本组成也被描述为一堆点，即点粒子。这种基本成分的共同点说明，几何和物理之间存在某种一致性。但是弦论中的基本成分不再是一个点，而是一根弦。这表明我们应该将一种不是基于点而是基于圈的新几何与弦论联系在一起。这种新的几何称为弦几何（stringy geometry）。

为了切身体会弦几何，想象一根弦在一种几何空间中运动。注意，弦也可以像点粒子一样，无拘无束地从这里滑到那里，撞到墙上，经过陡坡和低谷，等等。但是在某些情况下，弦也会独树一帜。想象一个形如圆柱体的空间（或者空间的一部分）。弦可以将自己缠绕在这样一个空间的周围，就像一个汽水瓶外套着一根橡皮筋。这种事情点粒子可做不到。和未缠绕的弦相比，缠绕的弦所体验的空间几何并不相同。当一根圆柱体变粗时，绕在外面的弦会被拉长，而沿着圆柱表面运动的未缠绕的弦则没有变化。通过这种方式，缠绕的弦和未缠绕的弦能够敏锐地察觉到所处空间形态的不同特征。

这个结果值得玩味，因为我们可以由此得出一个完全始料未及的惊人结论。弦理论家发现，空间的不同几何形状也可以配成特殊的一对，在未缠绕的弦看来，各个形状的几何特征完全不同。在缠绕的弦看来，各个形状的几何特征也是完全不同的。但是（这就是关键所在），如果同时用缠绕的弦和未缠绕的弦探测两种形状，结果就不分彼此了。未缠绕的弦从其中一个空间中看到的景象正是缠绕的弦从另外一个空间中看到的景象，反之亦然。这就导致从总体上看，我们由弦论得到的总体物理信息是完全一样的。

这些成对的形态为我们提供了一种强大的数学工具。在广义相对论中，如果你对一个或另一个物理特征感兴趣，就得对相应情况下唯一的几何空间进行完整的数学计算。但是，弦论中存在许多对物理上等价的几何形态，这就意味着你有了一个新的选择：你可以从两者中选择任一个，计算哪种形态都可以。离奇之处在于，虽然我可以向你保证由这两种形态得到的答案完全相同，但计算细节大相径庭。在许多情况下，对其中一种几何形状的计算难于登天，把它翻译成另一种形状的计算后却又变得极其简单。显然，只要能把复杂的数学计算变得简单易行，无论什么方法都会具有很大的实用价值。

年复一年，为了在一系列尚未解决的数学问题中取得进展，数学家和物理学家在难易互译词典中投入了大量精力。我特别喜欢的一个问题是说，给定一个卡拉比－丘形态，其中可以塞入（以一种特定的数学方法）多少个球。对于这个问题，数学家已经研究了很长时间，但对于其中最简单的情况几乎无从下手。就拿图4.6中的卡拉比－丘形态来说，当一个球被塞进这种形态中时，它可以沿着其中的部分形态绕上好几圈，就像一个套索可以绕着啤酒瓶缠上好几圈。因此，有多少种方法可以把一个球塞入这种形态中，而且要绕上5圈呢？当我们提出这样一个问题时，数学家不得不清清嗓子，低头看看自己的鞋，然后借口说有急事要告辞了。弦论铲平了这个障碍。将一种卡拉比－丘形态的计算转化为另一种更简单的计算后，弦理论家得到的答案令数学家大为震惊。把一个绕了5圈的球塞入图4.6中的卡拉比－丘形态有多少种方法？229305888887625种。如果绕10圈呢？

704288164978454686113488249750种。如果绕20圈呢？ 5312688264992 35771139178144834727140669222679238664714519360000000种。这些巨大的数字预示了一系列新的结果，开启了数学发现的新篇章。[17]

因此，无论弦论提供的方法能否正确描述物理的世界，仅仅作为一种研究数学世界的有效方法，弦论已经证明了自己的能力。

弦论现状的评估

基于以上4节内容，我们将弦论的状态报告绘制成表4.2，其中一些内容是我还没有明确提到过的。这个表描绘了一幅理论发展变化的图像，这个理论虽然已经获得了惊人的成就，但还没有通过最重要的考核，即实验的验证。除非弦论能够与实验或观测产生令人信服的联系，否则它还将停留在理论层面。寻找这样的联系是个巨大的挑战，但这并不是只有弦论才要面对的挑战。任何试图统一引力和量子力学的理论都远远超出了实验研究的前沿。对于这样一个雄心勃勃的目标来说，这是不可或缺的一部分。将知识的基本边界向外延伸，为人类几千年来所提出的最深刻的问题寻找答案，这是一项艰巨的事业，不可能在一夜之间就大功告成，甚至几十年的时间都不够。

许多弦理论家在评估其现状时认为，下一个关键的步骤是将弦论的方程用最精确、最有效、最全面的形式表示出来。直到20世纪90年代中期，在弦论研究的前20年中，许多研究都是用近似方程做的。很多人相信近似方程可以揭示理论的粗略特征，不过由于结果太粗略了，没法做出精确的预言。我们将要谈到的最新进展产生了大幅度的飞跃，远远超出了近似方法所能达到的范围。虽然我们还是无法做出确定的预言，但毕竟有一种新的思想诞生了。这种思想源于一系列理论突破，为我们开启了新的宏大远景。在那里，一群新的平行世界隐约可见。

表4.2 弦论现状简报

目标	目标必须实现吗	现状
统一引力和量子力学	**必须。** 主要目标就是融合广义相对论和量子力学。	**极佳。** 大量计算和研究证明弦论成功地融合了广义相对论和量子力学。[18]
统一所有的作用力	**不必。** 统一引力和量子力学并不要求进一步统一自然界的其他作用力。	**极佳。** 虽然不是必须（实现）的，但长久以来物理学研究还是想要寻找一个彻底的统一理论。弦论的实现方法是用同一种方法来解释所有的作用力，这些力的量子其实是以特定模式振动着的弦。
吸收以往研究中的关键突破	**不必。** 原则上，一个成功的理论必须与过去的成功理论存在相似之处。	**极佳。** 虽然发展不一定是渐进式的，但历史证明通常情况下的确如此；成功的新理论总是会将过去的成功理论收入麾下，作为某种极限情况。弦论已经吸收了物理学之前的成功理论中的关键突破。
解释粒子的性质	**不必。** 这是一个高尚的目标，如果能够实现，意义必将深远。但对于一个成功的量子引力理论来说，这不是必须（实现）的。	**待定，没有预言。** 弦论超越量子场论，提出了一个解释粒子性质的新框架。但迄今为止，这一潜力尚未被完全发掘；额外维度具有大量各不相同的可能形态，暗示了大量各不相同的粒子性质的组合。目前还没有办法从中选出一个能够描述已知粒子的形态。

续表

目标	目标必须实现吗	现状
实验的验证	**必须。** 这是决定一个理论正确与否的唯一办法。	**待定，没有预言。** 这个标准最重要。迄今为止，弦论还没有经过实验的检验。乐观主义者希望大型强子对撞机上的实验以及太空望远镜的观测能够拉近弦论和数据之间的关系，但我们没法保证现有的技术足够精确，能够实现这个目标。
解决奇点问题	**必须。** 对于物理上可以实现的奇点，即使仅仅存在于理想条件下，量子引力理论也必须解释清楚。	**极佳。** 这是一个巨大的进步，弦论已经解决了很多不同种类的奇点问题。这个理论还需要解决黑洞和大爆炸中的奇点问题。
黑洞熵	**必须。** 黑洞熵是广义相对论和量子力学相遇时产生的标志性问题。	**极佳。** 弦论明确地推导出并验证了20世纪70年代所提出的熵公式。
数学上的贡献	**不必。** 正确的自然科学理论不必对数学有所贡献。	**极佳。** 虽然我们不必用数学贡献的大小来衡量弦论，但它已经做出了重要贡献。这说明弦论的数学基础非常深厚。

第5章　宇宙，咫尺之遥

膜和循环多重宇宙

很多年前的一个深夜，我在康奈尔大学的办公室里整理隔天要分发的大一物理期末试卷。由于这是一个优等班，我想给他们出一些比较有挑战性的题目，用来活跃思维。但当时已经很晚了，而我又饿，因此，我没有小心翼翼地尝试各种可能，而是很快将一个标准问题改成他们已经在考试中见过的题目，然后就回家了。（细节并不重要，不过题目是一个梯子靠在墙上，失去支撑点后开始往下滑，然后计算梯子的运动轨迹。我把标准问题改成了梯子的密度会随长度方向的变化而变化。）第二天早上考试开始，当我坐下来解答这个问题时才发现修改看似微小，却让解答变得十分困难。原来的问题也许用半页纸就能完成解答，但现在我用了6页纸。我说得很笼统，但你应该能理解我的意思。

这个小插曲想要说明的是一种规律，而非例外。教科书中的问题都非常特殊，经过出题人的精心设计，能让学生花费适当精力后就可以完全解出。但只需对教科书中的问题改动一点点，改变其中的假设，或者扔掉其中的简化条件，问题就会迅速变得无从下手。也就是说，这些问题很快变得和典型的实际问题一样复杂了。

事实上，从行星的运动到粒子间的相互作用，绝大多数现象都很难用高度精确的数学公式进行描述。相反，理论物理学家的任务是找出在特定情况下可以丢弃的复杂因素，从而得出一个容易对付且仍未丢失重要细节的数学公式。计算地球的运动时，你最好算上太阳的引力，如果你连月球的引力都算进去了，那就更好了，但数学计算的复杂性会明显上升。〔19世纪的法国数学家查尔斯·德洛内（Charles-Eugène Delaunay）出版了两本900页的书，其中涉及太阳、地球和月球错综复杂的引力舞蹈。〕如果你想进一步考虑其他行星的全部影响，那就比登天还难。幸运的是，在许多实际计算中，你可以放心地丢掉除太阳以外的一切因素，因为太阳系的其他成员对地球的影响微不足道。这些近似手段验证了我以前的观点：物理学是一种懂得忽略的艺术。

但是脚踏实地的物理学家很清楚，近似的手段并不总是具有说服力，有时它也会将我们置于险境。有些复杂因素对某个问题来说最不起眼，但有时会对另一个问题产生令人惊讶的重大影响。一滴雨水落下，几乎不影响巨石的重量；但如果巨石靠在悬崖边上摇摇欲坠，它就可能因为一滴雨水而坠落，接着引发一系列雪崩式的连锁反应。如果用近似方法忽略雨滴的重量，可能会让人错过一个关键细节。

20世纪90年代中期，弦理论家发现了一些类似雨滴的东西。他们发现一些在弦理论中广泛应用的数学近似实际上忽略了一些重要的物理过程。随着更精确的数学方法出现，弦理论家终于可以超越近似方法。从此，许多意料之外的理论特性现出原形，其中就有一种新型的平行宇宙。在所有的平行宇宙理论中，这种理论或许最有希望接受实验检验。

超越近似

理论物理学中每一个重大的学科（例如经典力学、电磁学、量子力学和广义相对论）都由一个核心的方程或方程组定义。（你不需要了解这些方程，不过我会在注释中列出其中一部分内容。）[1] 我们面临的挑战在于，即便在最简单的情况下，这些方程的求解都异常困难。正因为如此，物理学家才经常使用简化手段（比如忽略冥王星的引力，或者把太阳看作完美的球形），这样做可以让计算变得简单易行，从而得到力所能及的近似解。

多年以来，弦论的研究一直面临更大的挑战。弦论的核心方程实在太复杂，物理学家只能写出它的近似版本。就连近似的方程也很复杂，为了求解方程，物理学家不得不提出一些简化的假设，所以，弦论的研究基础是近似之后的近似。不过，从20世纪90年代开始，这种情况大为改善。在一系列理论进展中，许多弦理论家超越了近似方法，展现出无与伦比的清晰度和洞察力。

为了切身体会这些理论突破，设想拉尔夫打算买两期每周开奖的全球彩票，而且他骄傲地算出了中奖的概率。他告诉爱丽丝，因为他每期中奖的概率有十亿分之一，如果他买两期的话，中奖的概率就会达到十亿分之二。爱丽丝呵呵一笑："嗯，差不多，拉尔夫。""真的吗？不要自作聪明。你说的差不多是什么意思？""嗯，"她接着说，"你高估了中奖概率。如果你第一次就中奖了，多买一次并不会增加你中奖的概率，因为你已经中过奖了。如果你两次都中奖了，我们当然会更有钱，但是因为你要算的是中奖概率，中奖后再次中奖就不能计算在内了。所以，要获得确切的答案，你需要减去连续两次中奖的概率——两个十亿分之一相乘，也就是0.000000000000000001。最后的计算结果是0.000000001999999999。明白了吗，拉尔夫？"

暂且不提她的沾沾自喜，单说爱丽丝的计算方法，这正是物理学家使用的一种微扰方法。在计算过程中，最简单的方法往往是第一轮计算中只考虑那些贡献最明显的项（也就是拉尔夫的出发点），然后在进行第二轮计算时考虑更精确的细节，对第一轮的计算结果做出修改或"微扰"，正如爱丽丝所做的。这种方法很容易推广。如果拉尔夫打算连买10期彩票，第一轮计算表明他中奖的概率是十亿分之十，即0.00000001。但这就像前面举的例子，用这种近似方法会把多次中奖的概率算错。当爱丽丝接着进行第二轮计算时，她会妥善地把拉尔夫中两次奖的概率考虑在内，比如说第一期和第二期中奖，或者第一期和第三期中奖，或者第二期和第四期中奖。正如爱丽丝所说的，这些修正都正比于十亿分之一乘以十亿分之一。但拉尔夫仍可能中3次奖，只不过概率更小。爱丽丝的第三轮计算也需要将这一点考虑在内，由此做出的修正正比于3个十亿分之一相乘，也就是0.000000000000000000000000001。同理，第四轮计算则要考虑中4次奖的情况，概率更小，以此类推。每一轮修正的贡献都远远小于以前的计算，所以算到一定程度以后，爱丽丝认为答案已经相当精确了，可以到此为止。

不仅仅是物理，自然科学的其他分支也常常以类似的方式开展计算。在大型强子对撞机中沿着相反方向绕行的两个粒子发生猛烈碰撞的概率有多大？在第一轮计算中，我们考虑它们相撞后发生了反弹（这里的"相撞"并不意味着它们直接接触，而是其中一个粒子射出了一个传递作用力的"子弹"，比如一个光子，然后被另一个粒子吸收）。在第二轮计算中，我们要考虑到粒子碰撞两次的概率（相互之间发射了两个光子）。在第三轮计算中，为了修正以前的计算，我们还要考虑粒子碰撞3次的概率，以此类推（见图5.1）。正如彩票的例子一样，这种微扰方法的效果很好，因为随着粒子相互作用的次数越来越多，就像买彩票中奖的次数越来越多，相应的概率急剧减小。

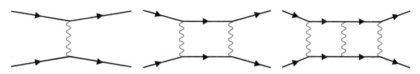

图5.1 两个粒子（在每个图中由左边的两条实线表示）通过向对方发射各种"子弹"来产生相互作用（所谓的"子弹"就是携带作用力的粒子，由波浪线表示），发生反弹后向前运动（右边的两条实线）。每个图代表的过程都对粒子相互弹开的概率有贡献。子弹越多，相应过程的贡献就越小。

概率之所以会急剧减小是因为在彩票的例子中，每多中一次奖就要多乘上一个十亿分之一的因子。在物理学中，每多碰撞一次就要多乘上一个叫作耦合常数（coupling constant）的因子。这个因子的大小衡量了一个粒子射出一个传递作用力的子弹并被另一个粒子吸收的概率。对于电子这样的受电磁力支配的粒子来说，实验结果已经确定了相关的光子子弹耦合常数约等于0.0073。[2] 对于中微子这样的受弱核力支配的粒子来说，耦合常数大约是10^{-6}。大型强子对撞机中呼啸而过的质子是由夸克组成的，对于夸克这样的受强核力支配的粒子来说，耦合常数略小于1。虽然以上数字不像彩票例子中的0.000000001那样小，但如果我们将0.0073与其自身相乘，结果就会迅速减小。乘一次后大约是0.0000533，乘两次后大约是0.000000389。这就是为什么理论家考虑电子多次碰撞的概率时很少碰到麻烦。虽然多次碰撞的计算过程极为复杂，但结果的贡献小得惊人，所以你只需要算出几个光子的贡献，就能得到异常精确的答案。

诚然，物理学家都喜欢准确的结果，但许多问题的计算过程都太复杂了，所以我们只能借助微扰方法。由于耦合常数很小，用近似计算得出的预言也会与实验结果非常吻合。

长期以来，类似的微扰方法一直是弦论研究中的主要方法。弦论包含一个常数，称之为**弦耦合常数**（简称**弦耦合**）。这个常数决定了两根弦相互弹开的概率。如果弦论被证明是正确的，也许有一天我们也可以像测量之前提到的耦合常数那样测出弦耦合的大小。但目前这种测量还只是纯粹的假设，所以弦耦合的取值仍然是个未知数。在过去的几十年中，由于缺乏实验的指导，弦理论家只好做了一个关键假设，认为弦耦合常数很小。因为小耦合常数能够让物理学家用微扰分析的光辉照亮计算的道路，从某种意义上来讲，这就像醉汉在路灯下找钥匙一样。由于在弦论之前的很多成功方法中，耦合常数确实很小，一个更有意思的比喻就会强调说醉汉常常在同一个亮处找到钥匙，腰杆就不由得挺直了。无论如何，简化的假设使得大量数学计算成为可能。微扰方法不但阐明了两根弦相互作用的基本过程，而且发现了很多藏在问题背后的基本方程。

如果弦耦合常数确实很小，我们就会预计这些近似计算准确地反映了弦论的物理机制。但如果弦耦合常数不小呢？如果弦耦合常数不像彩票中奖和电子碰撞那样，而是数值很大，不断对第一轮近似做出的修正就会越来越大，因此你永远不知道何时可以停止计算。人们做出数以千计的微扰计算将变得毫无根据，多年的研究将一触即溃。除此之外，即便弦耦合常数不大不小，至少在某些情况下，你也许还会担心近似的计算是不是忽视了微妙而致命的物理现象，比如以前提到的雨滴敲打巨石的例子。

回首20世纪90年代初，当时并没有多少研究可以解释这些伤脑筋的问题。20世纪90年代下半叶，有识之士的喧哗声打破了沉寂。人们发现了一种新的数学方法，可以完胜微扰近似，称之为对偶（duality）。

对偶

20世纪80年代，理论家发现弦论并非只有一种，而是存在5种不同的版本。这些版本被赋予朗朗上口的名字，比如I型、IIA型、IIB型、杂化-O型和杂化-E型。我没有早点提起，是因为虽然计算表明这几个理论在细节上有所不同，但它们的总体特征是相同的（振动的弦和额外的空间维度），这也是到目前为止我们所关心的问题。现在这5种弦理论的变体开始崭露头角。

多年以来，物理学家都靠微扰方法分析其中的每一种弦论。计算I型弦论时，他们假定耦合常数很小，然后展开多轮计算，类似于拉尔夫和爱丽丝分析彩票的方法。计算杂化-O型和其他弦论时，他们也采用同样的办法。但是，如果弦耦合常数并没有那么小，研究人员就只好摊摊手耸耸肩，承认他们的数学技巧太落后，无法给出任何可靠的结论。

直到1995年春天，爱德华·威滕用一系列惊人的结果轰动了弦论界。威滕博采众长，参考了乔·泡耳钦斯基（Joe Polchinski）、迈克尔·达夫（Michael Duff）、保罗·汤森德（Paul Townsend）、克里斯·哈尔（Chris Hull）、约翰·施瓦茨、阿寿克·森（Ashoke Sen）等众多科学家的见解后，用有力的证据证明，即使驶出小耦合常数的海滩，弦理论家仍然可以安全航行。其中的核心思想简洁有力。威滕认为，当我们把一种弦论的耦合常数调得越来越大时，这种理论就会非常明显地逐步转化成某种人们非常熟悉的东西：另外一种耦合常数越调越小的弦论。例如，当I型弦论的弦耦合很强时，它就转化成弱耦合的杂化-O型弦论。这就意味着5种弦论并非完全不同。放在特定的条件下研究时，每一种弦论都各不相同，但如果取消其中的限制，每一种弦论又都可以转化为其他弦论。

最近我发现的一幅图妙不可言，图中的人物近看像爱因斯坦，离得远一点时会变模糊，然而从更远的地方看则变成了玛丽莲·梦露（见图5.2）。如果你看到的只是两个只有在极端情况下才现形的图像，你就有

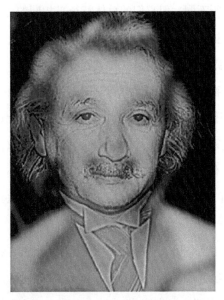

图5.2　此像从近处看像爱因斯坦，从远处看又像玛丽莲·梦露。图片由麻省理工学院的奥德·奥利沃（Aude Oliva）创作。

充分的理由认为这是两个独立的图像。但是，如果你在两种极端情况的中间范围仔细查看这个图像，就会意外地发现爱因斯坦和梦露其实是同一肖像的不同方面。同理，在极端情况下查看两种弦论时，如果每种弦论的耦合都很弱，它们就会像爱因斯坦和梦露那样泾渭分明。如果你就此打住，就像多年来的弦理论家所做的那样，你的结论就会说这两种理论是独立存在的。但如果你在中间范围查看这两种理论，就会发现其中一种弦论渐渐变成了另一种，就像爱因斯坦变成梦露一样。

从爱因斯坦到梦露的变形是一种游戏，从一种弦论到另一种弦论则是一场变革。这就意味着，如果一种弦论由于耦合太强而无法进行微扰计算，我们就可以将计算如实地翻译成其他弦论的语言，后者可以成功地进行微扰计算，因为它的耦合较弱。从表面看来截然不同的理论能够相互转化，物理学家称之为对偶。它已经成为现代弦论研究中最普遍的主题之一。对偶可以用两种数学形式描述同一种物理机制，于是就将计算的弹药库的容量翻了一番。从某个角度看难于登天的计算过程，从另一个角度看又变得完全可行了。[1]

参考了同行提供的重要细节之后，威滕提出5种弦论可以通过一种对偶的网络联系在一起。[3] 这个包罗万象的联合体叫作M-理论（我们很快就会知道为什么叫这个名字），它将5种形式的弦论用各种对偶关系缝合在一起，以获得对每一种弦论更精确的理解。作为我们所要讨论的主题的核心，这种思路将会证明弦论中除了弦之外还有别的东西。

---

[1] 我们在第4章中讲过，从不同形状的额外维度出发，可以得出完全相同的物理模型。你可以将上述内容看作对这个结果的一种大幅推广。

膜

刚开始研究弦论时，我就提出了那两个随后几年中很多人问过我的问题：为什么人们觉得弦如此特别，为什么把重点放在这种只有长度的基本成分上。毕竟，理论本身的要求是它的基本成分的活动范围（宇宙的空间）有9个维度，所以为什么不去考虑另外一类实体，比如形状像二维薄片的、像三维液滴的，或者像它们更高维度的表亲的。20世纪80年代我在读研究生的时候才知道答案。90年代中期做弦论讲座时，我常常提到这个答案。这是因为如果基本成分的维度超过一维，背后的数学理论就会出现致命的矛盾（例如某种量子过程的发生概率成了负数，这样的计算结果毫无意义）。⁴但如果我们把相同的数学用到弦上，矛盾就会相互抵消，得出的结果非常可信。[1]弦已然自成一体，或者说看似如此。

装备了新发现的计算方法以后，物理学家可以更精确地分析他们的方程，于是产生了一系列让人意想不到的结果。其中最令人吃惊的发现是，弦论之中只有弦的观点开始松动了。理论家发现，当我们研究像盘面、液滴这样的高维成分时，遇到的数学问题其实是人为导致的，因为我们用到了近似方法。一支理论家小分队用更精确的方法证明弦论的数学影子中确实潜伏着各种不同维度的成分。⁵微扰方法的技术太粗糙，无法发现这些成分的存在，但新的方法最终还是出现了。到了20世纪90年代末，人们非常明确地提出弦论之中并非只有弦。

通过分析，理论家在弦论中发现了形状像飞盘或飞毯一样的二维物体：膜（membranes）（M-理论中关于"M"的一种含义），也叫作二维

---

[1]　这个结果并不是数学上的神秘巧合。从数学上可以确切地说弦是一种具有高度对称性的形状，正是这种对称性才能消除矛盾。详见注释4。

膜。但事情还没有结束。分析显示，还存在一种三维物体，叫作三维膜；还存在一种四维物体，叫作四维膜，以此类推，直至九维膜。理论家从数学上证明这些实体就像弦一样，都可以发生振动和摆动。的确，在这种情况下，最好的解释方法是把弦看作一种一维膜——理论的基本砖块的清单长度超出了人们的预料，弦只是其中之一。

许多科学家虽然已经将职业生涯的黄金时间献给了弦论，但另一个启示让他们瞠目结舌。弦论所要求的空间并非9维，而是10维。如果我们算上时间的维度，时空的维度加起来应该是11维。这是怎么回事？回忆一下我们在第4章提到的（$D-10$）乘以"麻烦"的问题，当时得出的结论是弦论的时空维度必须是10维。我们发现，得出这个等式的数学计算假定了弦的耦合常数很小，于是又一次用到了微扰近似的方法。没想到啊没想到，这种近似漏掉了弦论的一个空间维度。威滕指出，这是因为弦耦合常数的大小直接控制着至今才被人了解的第10个空间维度的大小。当研究人员假设弦耦合很小时，便无意中把这个空间维度也变小了，小到从数学上都看不见了。更精确的方法纠正了这个错误，提出在弦论或者M-理论中，宇宙包含10维的空间加1维的时间，时空维度一共11维。

我记得很清楚，1995年在南加州大学举行的国际弦论会议上，人们睁大眼睛茫然地左顾右盼。威滕就是在那次会议上第一次公布了其中的一些结果，打响了如今被称为第二次弦论革命的第一枪。[1]在多重宇宙的故事中，膜是最核心的元素。在膜的指引下，研究人员发现了另一种版本的平行宇宙。

---

[1] 第一次革命是指1984年约翰·施瓦茨和迈克尔·格林的研究结果，由此诞生了弦论的现代版本。

膜和平行世界

我们往往把弦想象成一种细微之物，正是这个特征使得理论的检验面临巨大的挑战。不过，我在第4章中已经指出弦并不一定很小。一根弦的长度由它的能量所决定。电子、夸克以及其他已知粒子的质量所对应的能量都很小，相对于弦的能量来说更加微不足道。但你如果向一根弦中注入足够多的能量，就可以把它拉长。受到技术发展所限，地球上的我们完全无法完成这样的实验。如果弦论是正确的，更高级的文明就可以随心所欲地把弦拉长。宇宙中的自然现象也能够制造出长长的弦。例如，弦可以绕在某部分空间周围，然后卷入一场宇宙膨胀，并随之被拉长。表4.1中列出了其中一种可能的实验信号，用来探测长长的弦在遥远的空间中振动时会产生引力波。

高维膜就像弦一样，也可以变得很大。这就为弦论开辟了一种描述宇宙的全新方式。要想理解我说的意思，首先要想象一根长长的弦，它就像一根悬在头上的电缆，一眼望不到边。然后想象一块巨大的二维膜，它就像一张巨型的桌布或一面庞大的旗帜，向四周无限延伸。这些图像都很容易想象出来，因为我们可以让它们待在日常生活的三维空间中。

如果有一块三维膜非常大，也许可以无限大，情况就截然不同了。这样的三维膜会将我们占据的空间充满，就像水会把巨大的鱼缸充满一样。这种无处不在的情况表明，与其把三维膜看成三维空间中的一个物体，不如把它想象成空间本身的基底。正如鱼栖息在水中，我们生活在一块充满整个空间的三维膜上。空间，我们直接生活的那个空间，其实比人们通常认为的更具物质性。空间成了一个东西、一个物体、一个实体——一块三维膜。当我们奔跑和漫步时，当我们生活和呼吸时，我们就是在一块三维膜中穿行。弦理论家把这样的模型叫作膜世界方案（braneworld scenario）。

这就是弦论通向平行宇宙的大门。

我之所以强调三维膜和三维空间的关系，是因为我想将弦论和日常现实中熟悉的现象联系起来。但弦论中的空间维度不止3个。高维空间可以容纳的东西不止一块三维膜。开始时我们可以保守一些，想象两块巨大的三维膜。你可能觉得很难想象其中的图像。当然我也一样。我们在进化的过程中获得了辨别事物的能力，从中获悉可能的机会和危险，而这些事物都刚好分布在三维空间中。因此，虽然我们很容易想象两个普通的三维物体位于某个空间区域内，但我们当中很少有人能想象两个同时存在而又各自独立的三维实体，其中每个实体都能将三维空间完全充满。为了更方便地讨论膜世界方案，让我们在脑海中将其中的一维空间压缩掉，想象我们生活在一块巨大的二维膜上。具体说来，可以把二维膜想象成一块非常薄的巨型面包片。[1]

为了充分利用这个比喻，想象这块面包片包括传统意义上的全部宇宙——猎户座、马头星云、蟹状星云、整个银河系、仙女座星系、草帽星系和猎犬座涡状星系等。无论多远，一切都在我们的三维空间中，如图5.3（a）所示。想象第二张三维膜的样子时，我们只需要想象第二块巨型面包切片。放在哪里呢？把这块面包片放在我们的面包片的旁边，只是从额外维度看稍稍偏离了一点〔见图5.3（b）〕。想象3个、4个或更多三维膜的景象也很容易，向宇宙长条面包中加入面包片就行了。长条面包的比喻强调了许多膜整整齐齐地排成一行的场景，我们很容易想象更多可能的

---

[1] 你仔细想想便会发现面包片其实是三维的（切片的表面有长和宽，切片的厚度就是高），但请不要感到困惑。面包片的厚度提醒我们它是巨型三维膜的视觉替身。

（a）

（b）

图5.3 （a）在膜世界方案中，传统意义上我们所理解的全部宇宙位于一块三维膜上。为了便于想象，我们压缩掉其中一个维度，然后把膜世界表示成一种二维物体，对于无限延伸的膜，我们只画出了其中的有限部分。（b）弦论的高维空间可以容纳许多平行的膜世界。

景象。膜可以横七竖八地飘在空中，维度可大可小，都可以包括在内。

所有膜上的基本物理定律都是相同的，因为它们都来自同一个理论，即弦论或M-理论。但是，就像暴胀多重宇宙中的泡泡宇宙，其中的环境细节（比如膜中充斥的这种或那种场的取值，甚至用于定义膜的空间维数）都可以对膜的物理特征产生深远的影响。有的膜世界可能跟我们的宇宙非常像，其中充满各种星系、恒星和行星，而有的膜世界则可能大不相同。其中某个膜上可能生活着像我们一样存在自我意识的生命，曾经认为它们的切片（他们生活的空间区域）是宇宙的全部。在弦论的膜世界方案中，我们现在知道这无异于夜郎自大。在膜世界方案看来，我们的宇宙只是膜的多重宇宙中的普通一员。

当膜的多重宇宙首次在弦论中露面时，人们最直接的反应都集中在一个明显的问题上。如果隔壁刚好有一块巨大的膜，如果整个平行宇宙徘徊在咫尺之遥，就像一块块讨好邻居用的黑麦面包切片，为什么我们却看不见呢？

黏糊糊的膜和引力的触角

弦的形状共有两种，其中一种是圈状的闭弦（loop），另一种是片段状的开弦（snippets）。我还没有提到这个区别，因为相对于理论的总体特征，这个区别不甚重要。但在膜的世界中，闭弦和开弦的区别就非常关键了，一个简单的问题道出了其中的缘由。弦可以飞到膜的外面吗？答案是：闭弦可以，开弦不行。

著名的弦理论家泡耳钦斯基最先发现这一切都跟开弦的端点有关。那些弦论中的方程不仅使物理学家相信膜是弦论的一部分，而且揭示了弦和膜之间极为亲密的关系。如图5.4所示，膜是开弦的端点唯一可以驻留的地方。计算表明，如果你试图把弦的端点从膜中拉出来，就像要把 π 变小或者要把2的平方根变大一样，这是绝无可能的。从物理上讲，这就像试图将磁极从条形磁铁的两端抽出来一样，不可能办到。开弦可以自由地在膜中穿来穿去，毫不费力地从一个地方飘到另一个地方，但它们无法从膜上跑出来。

图5.4　膜是开弦的端点唯一可以驻留的地方。

如果这些想法不仅仅停留在有趣的数学层面，那么实际上我们都生活在一个膜上，而你现在正直接感受着我们的膜对弦端点的牢固抓握。试试看能不能跳出我们的三维膜。多使点劲儿，再试一次。我估计你仍在膜上。在膜世界中，组成你和其他普通物质的弦都是开弦。虽然你可以跳上跳下，一次又一次地把棒球扔出去，将一个声波从收音机传到耳朵里，这些动作都不会受到膜的阻挠，但你并不能从膜上离开。当你试着往外面跳时，你的开弦端点会把你牢牢地固定在膜上。我们的现实世界可能是飘浮在高维空间中的一块板，但我们被永久囚禁在板上，无法到别处探险，无法探索广阔的宇宙。

这个图像对于传递引力之外的三种作用力的粒子也成立。研究表明，这种粒子起源于开弦。其中最值得注意的是光子，它是电磁力的供应商。可见光是一束光子流，因此它可以自由地在膜中穿梭，从这段文字到你的眼睛，从仙女座星系到威尔逊天文台，但光子也无法逃到膜的外面。另一个膜世界或许在几毫米外徘徊，但由于光无法穿过这个间隙，我们也就看不到关于膜世界存在的丝毫迹象。

有一种作用力与众不同，那就是引力。我们在第4章中就曾指出，引力子的一个显著特征是自旋为2，是开弦产生的传递非引力相互作用的粒子（如光子）自旋的2倍。引力子的自旋是单个开弦的2倍，这意味着你可以把引力子看作由两根开弦复合而成，它们首尾相连，形成了一根闭弦。由于闭弦没有端点，膜就没法将它们抓住。因此，引力子可以在膜世界和高维空间中自由往返。于是，在膜世界方案中，引力成为探测我们之外的高维空间的唯一手段。

我们在第4章中提到弦理论的一些检验方法，这个发现在其中起着核心作用（见表4.1）。在膜还未进入弦论之时，20世纪80年代到90年代期间，物理学家猜想弦论的额外维度大概跟普朗克长度相当（半径约为10^{-33}厘米），这也是包含引力和量子力学的理论的自然尺度。膜世界方案则提倡一种更广阔的思维。只有用引力才可以探测3个常见维度之外的空间，而引力是所有作用力中最微弱的一个，所以额外空间的范围可以非常宽广，而且到目前为止仍没有被探测到。

如果额外维度真的存在，那么就应该比以前认为的大得多——也许大了一千亿亿亿倍（约10^{-4}厘米），于是在表4.1第二行里测量引力强度的实验就有机会探测到额外的维度。当物体通过引力作用相互吸引时，它们就在交换大量引力子。引力子是传递引力作用的无形信使。物体之间交换的引力子越多，它们彼此间的引力作用就越强。当一些引力子从我们的膜中泄漏流入其他维度时，物体间的引力作用就被稀释了。额外维度越大，稀释程度就越高，引力就显现得越来越弱。实验家设想，将两个物体放在比额外维度的半径还要小的距离上，仔细测量其中的引力，这样就能拦截引力子，防止它从我们的膜中泄漏出去。如果是这样的话，实验者就应该发现引力的强度在成比例地增大。因此，依靠这种方法可以探索膜世界方案中的额外维度，虽然我在第4章中没有提到。

如果额外维度没那么大，而是直径大约为 10^{-18} 厘米，则它们仍然可以被大型强子对撞机探测到。正如表4.1第三项所示，质子在很高的能量下发生碰撞时，弹出的碎片可以进入额外的维度，结果导致我们的维度中产生明显的、可以探测的能量损失。这个实验同样也基于膜世界方案。如果数据证明能量有所损失，我们就可以解释道：我们的宇宙存在于一个膜上，从膜上掉落的残片——引力子带走了那些能量。

表4.1第四项中的微型黑洞也是膜世界方案的一个副产品。如果近距离时的引力强度真的变大了，大型强子对撞机就有机会通过质子对撞实验产生微型黑洞。当然，前提条件仍然是膜世界方案的成立。

相关的细节为这三个实验带来了新的期待。这些实验不仅在寻找额外维度的空间和微小的黑洞之类的奇异结构，也在寻找我们生活在膜上的证据。进一步说，正面的结果不仅会证实弦论的膜世界方案，也为宇宙之外的宇宙提供间接证据。如果我们可以确定自己住在一个膜上，从数学上来讲，没有理由认为我们的膜是世界上唯一的宇宙。

时间、循环和多重宇宙

尽管我们到目前为止所遇到的多重宇宙在细节上有所不同，但它们拥有一个共同的基本特征。在百衲被多重宇宙、暴胀多重宇宙和膜的多重宇宙中，其他宇宙都"远在"空间的某处。对于百衲被多重宇宙来说，"远在"的意思就是通常意义上的遥远；对于暴胀多重宇宙来说，它的意思是超出我们的泡泡宇宙的范围，坐落在高速膨胀的空间区域中；对于膜的多重宇宙来说，它的意思是从另一个维度来看可能很近。如果膜世界真的存在，我们就得认真思索多重宇宙的另一种版本，那些宇宙并没有利用广袤的空间，而是利用漫长的时间。[6]

从爱因斯坦起，我们就知道时间和空间可以蜷缩、弯曲和拉伸，但通常我们不会设想整个空间以某种形式飘来飘去。整个空间"向左"或"向右"运动25厘米又意味着什么呢？作为一个脑筋急转弯题目，这个问题很好，但如果将它放在膜世界方案中考虑，它就变得稀松平常了。膜就像粒子和弦一样，当然可以在周边的环境中自由运动。于是，如果我们看到的或感受到的宇宙是一块三维膜，我们就很可能正在高维空间中滑行。[1]

如果我们生活在这样一块滑行的膜中，附近还存在其他的膜，而我们撞到其中一块膜上，这又将导致什么后果呢？虽然还有很多细节没有算出来，但有一点可以确定，两块膜的碰撞（两个宇宙的碰撞）是非常劲爆的。最简单的可能是，两块平行的三维膜越来越近，最后撞在一起，就像两片合上的铜钹。运动中蕴含的巨大能量会迸发出炙热的粒子和辐射，它们足以毁灭膜宇宙中的任何组织结构。

在保罗·斯坦哈特、奈尔·图罗克（Neil Turok）、伯特·欧弗鲁特（Burt Ovrut）和贾斯汀·库里（Justin Khoury）组成的研究小组看来，这个大灾难不仅是一个终结，也是一个开端。粒子从极端炽热、高度致密的环境中喷涌而出，听起来就像刚刚发生了一场宇宙大爆炸。然

---

[1] 你仍然可以问整个高维空间是否可以运动，虽然这个想法很有趣，但这和此处的讨论无关。

后，两块膜的碰撞或许会毁灭以前形成的一切结构，包括星系、行星甚至人类，从而为宇宙的重生做好准备。事实上，一块充满粒子和辐射的炽热浓浆的三维膜就像普通的三维空间一样会向外膨胀。随着膜的膨胀，环境渐渐冷却，粒子开始聚集，最终产生下一代恒星和星系。有些人建议给这种宇宙再生过程起一个贴切的名字：大劈开（big splat）。

尽管这个名字很生动，但"splat"[1]一词忽视了膜和膜碰撞时的一项重要特征。斯坦哈特和他的合作者认为，碰撞之后的膜并不会粘在一起，而是会发生反弹。它们向对方施加的引力会逐渐减慢彼此间的相对运动，当它们分开的距离达到最大值时，它们会再次相互靠近。两块膜相互靠近时又获得了相对速度，随之发生碰撞，紧接着每块膜又回到熊熊烈火之中，从而开启一个宇宙演化的新时代。这种宇宙理论的本质是世界在时间中反复循环，于是形成一种新型平行宇宙，称之为循环多重宇宙（cyclic multiverse）。

如果我们生活在循环多重宇宙的一块膜上，其他（除了跟我们定期碰撞的膜以外的）子宇宙就位于我们的过去和未来。斯坦哈特和他的合作者估计，在宇宙的碰撞探戈舞中，一个完整的周期（诞生、演变和死亡）所花去的时间大概为1万亿年。在这个理论中，按照时间顺序来看，我们所知的宇宙不过是其中最新的一个。史上曾经出现过的某些宇宙中可能存在智慧生物，他们可能创造了文化，但如今这些宇宙早已灰飞烟灭。总有一天，我们的一切努力以及宇宙中其他生命形式的一切成就同样会烟消云散。

---

[1] "splat"的直接意思是两块平行的木板合在一起时的"啪嗒"声，对应于大爆炸中的"bang"（"砰"的声音）。——译注

循环宇宙的过去和未来

虽然膜世界方案是其最精美的化身，但循环宇宙的历史也很悠久。就像地球的自转产生可以预见的日夜交替，地球的公转产生周而复始的季节变更，这自然会导致许多传统文化提出宇宙的循环理论。在现代科学出现以前，最古老的循环论来自印度教的传统教义，其中设想一种重重嵌套的复杂宇宙循环。根据一些人的解释，这种循环贯穿了百万年到万亿年。西方思想家，最早可以追溯到苏格拉底之前的哲学家赫拉克利特以及古罗马政治家西塞罗，都提出了五花八门的循环宇宙论。宇宙被一场大火烧毁，又从余火尚存的灰烬中再次兴起。在那些考虑宇宙起源等崇高问题的人中，这个方案最受欢迎。随着基督教的传播，创世只发生过一次的观念逐渐占了上风，但循环论偶尔还是会受到人们的关注。

现代科学出现以后，自从宇宙学研究引入广义相对论起，循环宇宙模型又受到人们的追捧。1923年，亚历山大·弗里德曼在苏联出版的一本通俗读物中讲到，在他得到的爱因斯坦引力方程的各种解中，有一种反复振荡的宇宙，它膨胀到最大值后开始收缩，缩成了一个"点"，然后可能会开始新一轮膨胀。[7]1931年，爱因斯坦放弃他以前的静态宇宙模型，亲自考察了振荡宇宙的可能性。其中最详细的研究是1931—1934年间加州理工学院的理查德·托尔曼（Richard Tolman）发表的一系列论文。托尔曼对循环宇宙模型进行了彻底的数学计算，引发了一系列相关研究——它们常常潜伏在物理学的水潭里，掀起一阵旋涡，偶尔浮上来冒个泡，闹出更大的动静，直到今天。

循环宇宙学如此诱人，部分原因在于它可以明显避开宇宙如何起始的棘手问题。如果宇宙经历了重重循环，如果循环发生过无数次（或许将来也是如此），就避开了最原始的开端问题。每一轮循环都有自己的开端，但在这个理论中，每一轮的开端都有一个具体的物理原因：上一轮循环的终止。如果你想问整个宇宙循环的开端出现在多久以前，答案很简单，就是没有这样的开端，因为循环永远处于轮回之中。

于是从某种意义上说，循环的模型企图占有你的宇宙学蛋糕，并将它一口吃掉。回到宇宙学科学研究的早期阶段，稳态宇宙理论（steady state theory）就宇宙起源问题提出了自己的一套迂回战术。这个理论认为，尽管宇宙在膨胀，但它确实没有开端：随着宇宙的膨胀，新的物质不断产生，填补了多出来的空间，确保宇宙各处的环境恒定不变。但是，天文学观测旗帜鲜明地指出，很久以前的宇宙环境与我们今天所经历的明显不同，这就和稳态宇宙理论发生了抵触。其中最需要指出的是，大多数观测证据表明宇宙最早期的状态根本不稳定，而是混沌不堪，一触即发。一场大爆炸打碎了稳态理论的美梦，将起源的问题又带回了舞台中央。就在此时，循环宇宙理论提供了一个扣人心弦的额外选项。每个循环都可以将大爆炸作为开端，于是便能与天文学数据相符。但是，这个理论将无限个循环串在一起，以避免最初的开端。所以，循环宇宙理论似乎将稳态模型和大爆炸模型最具吸引力的特点融合在了一起。

后来，到了20世纪50年代，荷兰天体物理学家赫尔曼·赞斯特拉（Herman Zanstra）引起了人们的注意，他发现循环宇宙模型的某个方面存在问题，而且数十年前就已经隐含在托尔曼的理论中。赞斯特拉指出，在我们之前，宇宙不可能经历过无限多轮循环。宇宙学工程中用到的扳手是热力学第二定律。这个定律要求无序度（熵）随着时间的推移而逐渐变大，我们将在第9章中进一步讨论。这是日常生活中的常见现象。虽然早上厨房被收拾得井井有条，但到黄昏时它可能已经变乱了。同样的情况也发生在洗衣桶里、办公桌上和游戏室内。在这些日常生活的情境中，熵的增加纯粹是一种麻烦；而在循环宇宙学中，熵的增加至关重要。就连托尔曼自己也意识到，广义相对论方程将宇宙的熵含量和对应循环的持续时间联系在了一起。熵越多，意味着宇宙收缩时粒子以更混乱的方式挤在一起。这就会产生一个巨大的反弹，空间会膨胀得更广阔，于是这个循环会持续更长的时间。站在今天回首过去，热力学第二定律则意味着以前的循环发生得越早，其中的熵含量就越少（因为热力学第二定律指出，熵向着未来增加，必然向着过去减少），[1]因此持续时间就越来越短。赞斯特拉通过计算证明，只要时间足够久远，循环一定短得无法进行，必然会截止于某个时刻。这些循环必定存在一个开端。

斯坦哈特和同伴声称，他们提出的循环宇宙新版本可以避免这个缺陷。在他们的理论中，循环并不是指宇宙在膨胀、收缩、再次膨胀，而是指不同膜世界之间的距离（separation）会增大、缩小，然后再次增大。膜本身在不断膨胀——在每一轮循环中都是如此。从一轮循环到另一轮循环，正如热力学第二定律所说，熵不断产生出来，但由于膜正在膨胀，其中的熵会散布到越来越大的空间中。熵的总量增加，但熵的密度下降了。当每一轮循环结束时，熵被稀释得如此严重，以至于密度几乎为零——彻底复位了。于是，有别于托尔曼和赞斯特拉的分析，循环既可以继续无限地走向未来，也可以无限地追溯过去。膜世界的循环多重宇宙并不需要一个开始的时刻。[8]

---

[1]　那些对时间之箭的难题较熟悉的读者应注意，为了与观测相符，我假定熵会向着过去减少。详细内容见《宇宙的结构》第6章。

回避古老难题的能力为循环多重宇宙锦上添花。但正如它的支持者所指出的，循环多重宇宙不仅为宇宙难题提供了解决方案，还做出了一个具体的预言，用它可以区分循环多重宇宙和流行的暴胀体系。在暴胀宇宙理论中，宇宙早期爆发的剧烈膨胀会严重扰乱空间的结构，进而产生大量引力波。这些涟漪会在宇宙微波背景辐射中留下些许痕迹，如今高度灵敏的观测实验正在寻找这些痕迹。相比之下，膜和膜的碰撞也产生了短暂的破坏，但没有强烈的暴胀将空间放大，产生的引力波必然很弱，无法产生持久的信号。因此，如果有证据表明早期的宇宙中有引力波产生，那将是否定循环多重宇宙的重要证据。从另一方面来说，如果没有发现任何关于此种引力波的证据，暴胀模型就将面临非常严峻的挑战，而让循环理论更具吸引力。

循环多重宇宙论在物理学界中很有名气，也受到了相当大的质疑。实验观测能够改变这种状况。如果大型强子对撞机得到了膜世界存在的证据，如果宇宙早期的引力波信号仍然无处追寻，支持循环多重宇宙论的人数可能就会与日俱增。

滚滚洪流

数学计算证明，弦论不仅是弦的理论，还要将膜包括在内。这在弦论的研究领域中产生了重大影响。于是，新的研究方向出现了，膜世界方案及相关的多重宇宙理论或许会彻底重塑我们对现实的认知。在过去的15年中，如果不是发展出了更精确的数学方法，其中的大多数灵感仍然会处于可望而不可即的状态。虽然如此，物理学家用更精确的方法主要想解决的问题（从理论发现的众多额外维度形态中挑选出一个符合实际的结果）始终没有得到解决，远远没有得到解决。实际上，新的方法把问题变得更加严峻了。这些方法发现了许多新宝藏，其中藏有大量额外维度的可能形态，极大地增加了候选者的数量，但从中选出唯一符合实际的结果毫无可能。

膜的一种性质对这些理论进展来说非常关键，叫作通量（flux）。正如电子会在周围产生一种四处弥漫的带电"薄雾"（也就是电场），磁铁会在周围产生一种四处弥漫的磁性"薄雾"（也就是磁场），膜也会在周围产生一种四处弥漫的膜的"雾"，叫作膜场（brane field），如图5.5所示。早在19世纪初，法拉第首次开展电场和磁场实验时，为了定量描述场的强度，他画了一系列场线，并让场线的密度随距离的不同而变化。他将其称为场通量（the field's flux）[1]。从那时起，这个名词就在物理学辞典中站稳了脚跟。膜场的强度也就由相应的通量来表示。

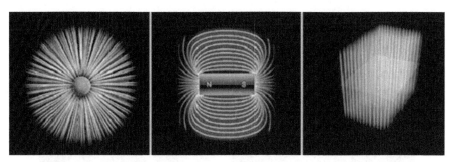

图5.5　从左到右依次为电子产生的电通量、条形磁铁产生的磁通量以及膜产生的膜通量。

拉斐尔·布索（Raphael Bousso）、泡耳钦斯基、史蒂芬·吉丁斯（Steven Giddings）、沙米特·卡其如（Shamit Kachru）等许多弦理论家意识到，要想把弦论的额外维度彻底搞清楚，不但需要确定额外维度的

[1]　通量在汉语中的意思是"通过的场线的量"，有时也直译作流。——译注

形态和大小（从20世纪80年代到90年代初，包括我在内，这个领域内的研究人员或多或少地把目光局限在了这个问题上），而且要确定在额外维度中弥漫的膜通量。让我花点时间进行详细说明。

研究人员刚开始用数学方法研究弦论的额外维度时就已经知道，卡拉比－丘形态常常包含很多开放的区域，就像沙滩球内的空间、甜甜圈中的孔洞、吹制的玻璃雕塑里的空间一样。但直到新千年之初，理论家才意识到这些开放区域并不一定要完全敞空。它们可以被某块膜包起来，让膜通量从中穿过，如图5.6所示。我在以前的研究（在《宇宙的琴弦》中有所总结）中主要考虑的是"一丝不挂的"卡拉比－丘形态，不包含任何装饰物。研究人员意识到，就算我们给出某种卡拉比－丘形态，还可以对那些额外特征进行"乔装打扮"，于是就会发现额外维度还存在数不胜数的额外形态。

图5.6　在弦论中，部分额外维度可以被膜包起来，让膜通量贯穿其中，产生经过"乔装打扮"的卡拉比－丘形态。〔图中使用了卡拉比－丘形态的一种简化版本（某种"三孔甜甜圈"），包裹的膜和通量线被简要地画成围绕部分空间的亮条纹。〕

用一个粗略统计来感受其中的规模。我们主要讨论膜的通量。量子力学规定电子和光子必须一个一个地数，也就是说可以存在3个光子和7个电子，但不可能存在1.2个光子或6.4个电子。量子力学也可以证明，通量线也得被分成一股一股的。它们可以从周围的曲面中穿过一次、两次、三次……除了这个整数的限制以外，理论上就再也没有其他限制了。在实际情况下，当通量的数目变得很大时，往往会让周围的卡拉比－丘形态发生扭曲，导致以前的可靠计算方法变得不那么精确。为了避免陷入更加动荡的数学水域，研究人员通常只考虑10股以内的通量。[9]

这就意味着，如果给定的卡拉比－丘形态包含一个开放的区域，我们就可以用通量将它"乔装打扮"成10个不同的模样，产生10种额外维度的新形状。如果给定的卡拉比－丘形态拥有两个开放的区域，那么它们就将拥有100种不同的通量"外衣"（第一个区域的10种可能搭配第二个区域的10种可能）。与三个开放的区域相对应的是1000种不同的通量"外衣"，以此类推。这些"外衣"究竟有多少种？ 一些卡拉比－丘形态大约有500个开放区域。同理，可以得出10^{500}种额外维度的不同形状。

于是，更精确的数学方法为我们带来了额外维度的大丰收，我们再也无法在少量的具体形态中进行筛选了。突然间，卡拉比－丘形态给自己穿上了各式各样的"服装"，比可观测宇宙中的粒子种类还要多得多。这就让某些弦理论家感到无比困惑。正如前面章节所强调的，如果无法唯一地确定额外维度的形态（这也等价于确定额外维度所穿的通量"服装"），弦论的数学就丧失了预言能力。我们已经在数学方法上寄予了太多希望，希望它们能够超越微扰理论的局限。然而，当我们把其中一些方法用到具体问题上时，确定额外维度形态的问题只会进一步恶化。有的弦理论家绝望了。

有的弦理论家乐观一些，他们认为现在放弃为时尚早。总有一天（也许这一天指日可待，也许这一天很遥远），我们会发现那个缺失的原理，从此就能确定额外维度的模样及其身着的通量"服装"。

有些人的想法则更加极端。他们认为，为了确定额外维度的形态，数十年的努力付诸东流，这似乎在暗示着什么。或许，这些极端分子毫无顾忌地接着说我们应该认真对待弦论得出的所有可能的形态和通量。或许，他们呼吁数学计算之所以包含这么多可能性是因为所有结果都是真实存在的，每一种不同形状的额外维度都存在于各自的宇宙之中。又或许，在观测数据的基础上进行看似狂野的幻想之后，我们会发现这恰好能够用来解释那个最棘手的难题：宇宙学常数。

第6章　老常数的新思考

景观多重宇宙

0 和 0.000000000000000000000000000000000000000000000000000000000000000000000000000000000000000000000000000000000000000000001 之间的差异看起来并不大，而且在任何常见的测量手段看来，这种差异几乎可以忽略不计。然而，人们越来越怀疑这个微小的差异可能会彻底改变我们对现实图景的认识。

1998 年，通过细致入微的观测，两组天文学家首次得到了遥远星系中的恒星爆炸的结果，也就是上一段给出的那个微小数值。从那时起，许多科学家的研究工作都得到了相同的结果。这个数到底意味着什么，为什么小得如此令人吃惊？越来越多的证据表明，它正是先前我所提到的广义相对论方程中的第 3 项：爱因斯坦的宇宙学常数。这个常数决定了弥漫在整个空间中的看不见的暗能量的含量。

几十年以前，实验观测和理论推导使绝大多数研究人员确信宇宙学常数等于零。但是，近年来的观测结果在重重检验之下始终屹立不倒，因此物理学家们越来越确定宇宙学常数等于零的结论已经被推翻了。理论家们急急忙忙地想弄清楚他们到底错在哪儿。不过，有的人并没有犯错。多年以前就曾有人提出一种有争议的思路，他们认为也许有一天我们会发现宇宙学常数不等于零。其中有一个关键的推论，那就是除了我们所生活的宇宙之外，还会有许多别的宇宙，即多重宇宙。

宇宙学常数的回归

还记得宇宙学常数吗？如果它存在的话，就会有一种均匀的不可见能量——暗能量充满整个空间。暗能量的标志性特点就是具有排斥力。爱因斯坦在1917年产生了这种想法，他引入宇宙学常数的斥力，用以平衡宇宙中普通物质的引力效应，从而使宇宙既不膨胀也不收缩。[1]

许多人说，爱因斯坦听闻哈勃1929年关于空间正在膨胀的观测结果之后，他就将宇宙学常数称作自己所犯的"最大错误"。乔治·伽莫夫爆料，爱因斯坦曾在一次谈话中说过这句话。但鉴于伽莫夫爱开玩笑，喜欢夸大其词，有人曾质疑这个故事的准确性。[1] 可以肯定的是，当观测结果表明静态宇宙的观念已经误入歧途时，爱因斯坦就丢弃了他的引力场方程中的宇宙学常数。数年后，他提出："如果在创立广义相对论时哈勃已经发现了宇宙膨胀，那么就不会有宇宙学常数的引入了。"[2] 然而事后不一定就是诸葛亮，有时候头脑本来很清楚，后来反而糊涂了。1917年，在写给物理学家威廉姆·德希特的信中，爱因斯坦表达了更微妙的观点：

---

[1] 注意这里的用词。在大多数情况下，我使用"宇宙学常数"和"暗能量"两个术语时不作区分。当需要严谨一点时，我用宇宙学常数的数值来表示弥漫在空间中的暗能量的含量。如前所述，物理学家对术语"暗能量"的用法往往略微宽松，是指在相当长的一段时间内，任何看起来像或伪装成宇宙学常数的事物。但是暗能量可能会缓慢地变化，因此并非真正恒定不变。

不管怎样，有一件事是不变的。广义相对论的引力场方程**容许**宇宙学常数的引入。如果有一天我们对固定星空的组成、固定星体的视运动、作为距离函数的光谱线位置等实际问题进行了足够多的研究，就能够超越经验的方法，确定宇宙学常数是否为零。信念是一种很好的动机，但不是一种好的判断方法。[3]

80多年后，由索尔·珀尔马特（Saul Perlmutter）主持的超新星宇宙学计划和由布莱恩·施密特（Brian Schmidt）带领的高红移超新星搜索队正是采用了这种方法。他们仔细地研究了大量光谱线（spectral lines），即由遥远恒星发出的光。就像爱因斯坦曾预计的那样，他们用实证方法研究了宇宙学常数是否为零的问题。

令许多人震惊的是，强有力的证据表明宇宙学常数确实不等于零。

宇宙的命运

研究开展之初，这些天文学家并没有将注意力放在宇宙学常数的测量上。他们将目光投向另一个宇宙特性，即宇宙膨胀的减速率的测量上。普通物质的引力将一切物体相互拉近，因此会使膨胀速度减小。减速率的精确大小对于预测宇宙在遥远的未来将如何演化至关重要。如果减速率很大，就意味着宇宙的膨胀会渐渐停止，调转方向，进入收缩期。如果这一趋势不减弱，就会导致一场大坍缩（big crunch）——宇宙大爆炸的相反过程。另一种可能是发生反弹，就像前面章节提到的循环模型那样。如果减速率很小，后果就完全不同。就像一个高速运动的小球能够挣脱地球引力的束缚，向着遥远的外部空间飞去一样，如果宇宙的膨胀速度足够快，而且减速率很小，宇宙空间就会永远膨胀下去。通过测量宇宙的减速率，这两个小组探寻着宇宙的最终命运。

他们的办法直截了当：首先测量在过去不同时期宇宙空间的膨胀速度有多快，然后比较速度间的差异，这样就能确定宇宙膨胀过程中的减速率。很好。但是，我们该怎样测量呢？就像许多天文学问题一样，答案最终归结到对光的精确测量上。宇宙中的星系就像明亮的灯塔，它们随着空间膨胀一起运动。如果我们能够测量出在一定距离范围内的星系相对于我们的退行速度，同时由于我们现在所接收到的光是星系在很久以前发出的，那么我们就能够确定过去相应时刻宇宙空间的膨胀速度。通过比较速度的差异，我们就能了解宇宙减速率的大小。这就是基本思路。

详细地说，我们需要解决两个主要问题。我们从今天对遥远星系的观测中如何得出它们的距离，如何得出它们的速度？我们先说距离的测量。

距离和亮度

确定天体的距离在天文学中是最古老最重要的问题之一。首选的方法之一是视差法，5岁小孩平时都会尝试这种方法。我们盯着一个物体看的时候，交替闭上左眼和右眼，就会发现那个物体来回跳动，孩子们可能会（暂时地）对这一现象着迷。如果你没有做过这个实验，那么拿起这本书盯着其中一角试试。这种跳动产生的原因是左眼和右眼相隔一定的距离，要想对准同一个地方看，两只眼睛就得朝向不同的角度。对那些距离非常远的物体来说，由于角度相差很小，这种跳动就不太明显。确定两眼视线的夹角——视差与所观测物体的距离的精确关系，就可以将这个简单的经验定量化。你不用担心如何计算具体的细节，你的视觉系统会自动得出结果。这就是为什么你看到的世界是三维的。[1]

遥望夜空中的恒星时产生的视差太小，无法进行可靠的测量。这是由于两眼的距离太近，无法让视线产生明显的夹角。但有一个聪明的办法可以解决这个问题：对同一恒星的位置进行两次测量，测量的时间相差约6个月，这相当于用地球所处的两个位置代替人的两只眼睛。通过增大观测地点的间距，也就增大了视差。尽管视差仍然很小，但在某些情况下足以进行测量了。早在19世纪初，一群科学家就为第一个测出恒星视差进行激烈的竞争。1838年，德国天文学家和数学家弗里德里希·贝塞尔（Friedrich Bessel）成功地测量了天鹅座中被称为天鹅座61的恒星的视差，获得夸耀的权利。他测出的角度差为0.000084°，该恒星距离我们约10光年。

此后，这项技术逐步完善，如今利用卫星测得的视差远远小于贝塞尔的测量结果。技术进步已经能让我们精确地测出几千光年以内的恒星距离，但如果要测量更远的距离，视差还是太小，这种方法遇到了困难。

另外一种能够测量更遥远天体距离的方法建立在一种更简单的思路上：当你将一个发光物体（不管是汽车的前灯还是发光的恒星）移得越远时，它发出的光在向你传播的过程中就散布得越广泛，所以它的亮度会发生衰减。比较发光物体的视亮度（从地球上观察到的亮度）和固有

[1]　这也是3D电影技术的工作原理：电影制作人通过适当调整几乎一样的图像在屏幕上的偏移，就会使你的大脑将产生的视差反映为不同的距离，造成一种3D环境的错觉。

亮度（近距离观察时的亮度），你就可以计算出它的距离。

这种方法的难度也不小，其关键在于如何确立天体的固有亮度。一颗恒星很暗淡，究竟是因为它的距离太远还是因为它本来就没有发出太多光？这就解释了为什么长期以来人们都在努力寻找一种相对常见的天体，不需要站在它的旁边就可以准确地知道它的固有亮度。如果你能找到这种所谓的标准烛光，就会有一种判断距离的统一基准。知道一个标准烛光相对于另外一个天体的暗淡程度，就能够马上得出它比对方远了多少。

一个多世纪以来，天文学家提出并应用各种各样的标准烛光，获得了不同程度的成功。近年来，有一种方法的成果最为注目，它利用了一种叫作Ia型超新星的恒星爆发。当一颗白矮星从伴星表面吸引物质时，Ia型超新星就爆发了。这颗伴星通常是一颗红巨星，白矮星就围绕它转动。已经发展成熟的恒星结构物理学指出，如果白矮星吸引的物质足够多（使其总质量增加到约1.4倍太阳质量），就无法对抗自身的引力。于是，臃肿的白矮星崩溃了，导致一场非常剧烈的爆炸，所释放的光足以与一个星系内1000多亿颗恒星发出的光的总和相抗衡。

这些超新星是理想的标准烛光。因为爆炸如此剧烈，我们在极其遥远的距离都能看到。最重要的是，这些爆炸都是相同物理过程的结果——白矮星的质量增加至约1.4倍太阳质量，导致星体坍缩，随后爆发的超新星固有亮度的峰值都非常接近。利用Ia型超新星的方法也面临一个挑战，在一个典型星系中每过几百年才会发生一次超新星爆发，怎样才能赶在超新星爆发时进行观测？超新星宇宙学计划和高红移超新星搜寻小组解决这一难题的方式让人想起了流行病学研究：如果你研究的人口基数很大，即使条件相对罕见，也可以得到准确的信息。同样，用配备大视野广角探测器的望远镜同时监测数以千计的星系，研究者就能定位几十颗Ia型超新星，然后用更传统的望远镜进行密切观察。测出每个超新星的视亮度之后，这两个团队就能计算出这些位于数十亿光年外的星系的距离——这就完成了他们为自己设定的第一个目标。

究竟是哪儿到哪儿的距离

下一步我们要讨论的是，如何得出远处的超新星爆发时宇宙膨胀的速度。在此之前，让我先简略地解开一个可能令人困惑的结。当我们在非常大的尺度和宇宙在不断膨胀这一背景下探讨距离时，问题就不可避免地出现了，天文学家实际上测到的是什么距离呢？星系很久以前所发出的光我们现在才看到，测到的是很久以前我们与所观测星系之间的距离吗？是我们的当前位置与星系在很久以前的位置之间的距离，还是我们的当前位置与星系的当前位置之间的距离？

我认为下面是思考这类问题以及类似宇宙学难题时最精辟的方式。

试想一下，你想知道纽约、洛杉矶和奥斯汀三个城市之间的直线距离，于是在美国地图上测量了它们之间的距离。你发现从洛杉矶到纽约是39厘米，奥斯汀到洛杉矶是19厘米，纽约到奥斯汀是24厘米。然后你根据地图的比例尺将这些测量值转换为现实世界的距离，若比例尺为 $1:10^7$，你就会得出这三个城市之间的实际距离分别是3900千米、1900千米和2400千米。

现在想象一下地球表面发生了均匀膨胀，使得所有距离翻了一番。这当然是个重大变化，但只要做出一个重要的变换，你的美国地图就依然完全有效。你只需要将比例尺修改为 $1:2 \times 10^7$ 就行了。地图上的 39 厘米、19 厘米和 24 厘米现在对应于膨胀后的 7800 千米、3800 千米和 4800 千米。即便地球继续扩大，只要你不断地实时更新比例尺（中午为 $1:2 \times 10^7$，下午 2 点为 $1:3 \times 10^7$，下午 4 点为 $1:4 \times 10^7$），那么你的静止不变的地图仍会保持准确，变化的比例尺只是反映了不同位置如何被不断膨胀的地表拉开距离。

膨胀的地球是个很有用的例子，其原理同样适用于膨胀的宇宙。星系的运动并没有消耗自身的能源。好比膨胀的地球上的城市一样，星系相互远离是因为它们所嵌入的基底——空间本身正在膨胀。这意味着数十亿年前宇宙地图所标出的星系位置在今天看来仍然和过去一样，都是有效的。[4]但是，就像膨胀地球的地图比例尺一样，宇宙的地图比例尺也必须实时更新，以确保从地图距离到实际距离的转换仍然准确。宇宙学中的转换因子称为宇宙的尺度因子（scale factor）。在膨胀的宇宙中，尺度因子随时间而增大。

无论何时，当你思考宇宙膨胀问题时，我强烈建议你将宇宙想象成一幅不变的宇宙地图。将它看作平整地放在桌面上的普通地图，通过实时更新地图的比例尺来计量宇宙的膨胀。稍加练习，你就会发现这种做法极大地简化了概念上的障碍。

举一个相关例子，我们来考虑遥远的诺亚星系中超新星爆发时所发出的光。我们比较超新星的视亮度和固有亮度，就可以测出从发射〔图6.1（a）〕到接收〔图6.1（c）〕的过程中光的强度衰减了多少，其衰减的原因是光在传播过程中散布到了一个大球面上〔图6.1（d）中所画的圆圈〕。通过测量光的衰减程度，我们就可以得出球面的大小（也就是

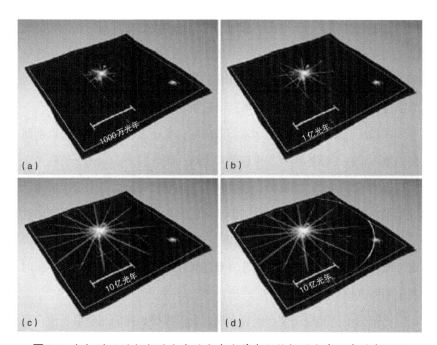

图6.1 （a）遥远的超新星发出的光在向着我们传播时散布开来（我们所在的星系位于地图的右边）。（b）光传播时，宇宙在不断膨胀，这反映在地图的比例尺中。（c）当我们接收到光时，其强度已在传播过程中发生了衰减。（d）我们通过比较超新星的视亮度和固有亮度，就能测出光线散布到的球面（画成了一个圆）的表面积，因此它的半径也确定了。球的半径勾画出了光子的轨迹，其长度是当前我们和包含超新星的星系之间的距离，这就是观测到的结果。

它的表面积），然后用一点儿高中几何知识，就可以得出球的半径。这个半径勾画出了光的整个轨迹，所以其长度等于光的传播距离。此时，本节开始时讨论的问题再次出现：如果有正确选项的话，实际测得的距离究竟对应于这三个候选距离中的哪一个呢？

　　在光传播的时候，空间一直在膨胀。静态的宇宙地图唯一需要变化的是，定期更新比例尺。因为我们刚刚接收到了超新星的光，而光也刚

157

刚走完了它的旅程，所以我们必须用宇宙地图上刚刚更新的比例尺将地图上的间隔〔也就是图6.1（d）中超新星到我们之间的轨迹〕转换为物理上的传播距离。该过程明确告诉我们，测量结果是我们和诺亚星系的当前位置之间的距离，也就是第三个选项。

我们还应该注意，因为宇宙不断膨胀，光子飞驰而过后，它以前路过的地方也在不断扩展。如果在照片上画一条线段来表示光子的轨迹，那么当空间膨胀时，线段的长度也在增加。将接收时刻的宇宙尺度因子应用到光子的整个旅程上，第三个选项就直接包含膨胀所有的影响。这是正确的方法，因为光强度的衰减量由光散布到的球面当前的大小决定，而且球面半径等于光子轨迹当前的长度，其中包括以前宇宙膨胀时产生的所有拉伸。[5]

比较超新星的视亮度和固有亮度，就可以得出我们与星系当前位置之间的距离。这就是两组天文学家测出的距离。[6]

宇宙的颜色

测量包含明亮的Ia型超新星的星系的距离就到此为止。但是，当这些宇宙的灯塔瞬间点亮的时候，我们怎样从中得知宇宙多年前的膨胀速度呢？这里所涉及的物理知识并不比霓虹灯的工作原理复杂多少。

霓虹灯能发出红色的光，是因为当电流通过霓虹灯的气室时，氖原子中的轨道电子被瞬间撞到较高的能级。然后，当氖原子平静下来时，被激发的电子跃迁到平常的运动状态，剩余的能量以光子的形式释放出来。光子的颜色（也就是它的波长）由它所携带的能量确定。20世纪初建立的量子力学有一个重要发现，即每种元素的原子都拥有一系列独一无二的电子能量跃迁模式，由此释放的光子也具有一系列独一无二的颜色。对于氖原子来说，红光占绝对优势（当然实际上是橘红色），这正是霓虹灯显现的色彩。其他元素（如氦、氧、氯等）与之类似，区别在于释放出的光子的波长不同。不发红光的"霓虹灯"很可能充满汞（发蓝光）或者氦（发金黄色光），又或者是在玻璃管表面涂上一层通常是荧光粉的物质，其中的原子还可以发出各种各样其他波长的光。

　　大部分天文观测遵循同样的思路。天文学家用望远镜收集遥远星体的光，再根据光的颜色组成（也就是他们测出的光的波长），就可以得出光源的化学成分。一个早期的例子是在1868年日食期间，法国天文学家皮埃尔·让桑（Pierre Janssen）和英国天文学家约瑟夫·诺尔曼·洛克耶（Joseph Norman Lockyer）各自独立分析了太阳最外层所发出的光，这些光恰好能够在月球的边缘看到。他们发现在光谱中出现了一条神秘的亮线，任何人都无法在实验室里用已知物质得到这条亮线对应的波长。这导致了一个大胆而正确的假设，这种光是由一种前所未有的新元素发出的。这种未知的物质就是氦，它是唯一一个首先在太阳上被发现而随后才在地球上被发现的元素。这项工作令人信服地证明，如同你的指纹能够唯一地确定你的身份一样，原子发出（或吸收）的光的波长也能唯一地确定原子的种类。

　　在随后的几十年里，天文学家收集到的星光越来越遥远，他们对这些光的波长进行分析，并从中发现了一种特殊的性质。虽然这些波长都与氢、氦等原子在实验室中众所周知的特征波长类似，但是观测到的波长都有点变长了。某个遥远天体发出的光的波长可能变长了3%，另一个天体可能变长了12%，第三个天体可能变长了21%。在可见光的波长范围内，由于光的波长越长，其颜色就越红，因此天文学家将这种效应命名为红移（redshift）。

命名是一个良好的开端，但究竟是什么因素导致波长变长呢？众所周知，答案就是宇宙正在膨胀，外斯多·斯莱弗（Vesto Slipher）和埃德温·哈勃（Edwin Hubble）的观测最能说明这一点。前面介绍的静态宇宙地图是专门为此而做的直观解释。

想象有一束光从诺亚星系出发，一路向地球挺进。由于我们是在不变的宇宙地图上绘制光波的轨迹，每当不受干扰的光波向着我们的望远镜飞来时，我们就会发现一个又一个完全相同的波峰接踵而至。波动的均匀性可能会使你认为，光射出时的波长（相邻波峰之间的距离）与光被收到时的波长完全相同。但是，当我们用比例尺将地图上的距离转换为实际距离时，趣味盎然的部分就出现了。因为宇宙在不断膨胀，所以光的旅程结束时的比例尺要比旅程开始时的比例尺大。言外之意是，虽然从地图上测量时光的波长没有变化，但是当我们将结果转化为实际距离时，波长就变长了。我们最终接收到的光的波长要比刚发出时的长。光波就像弹性纤维上缝纫的丝线，拉伸弹性纤维时会将缝纫的丝线拉长，空间结构膨胀时也会将光的波长拉长。

我们可以定量地算一算。如果光的波长拉长了3%，那么现在的宇宙要比光刚发出时的宇宙大3%；如果波长拉长了21%，那么现在的宇宙也要比光的旅程开始时的宇宙大21%。因此，红移的测量告诉我们的是，相对于宇宙现在的大小，我们观测到的光刚发出时的宇宙有多大。[1]

非常明显，最后一步就是测量一系列红移，以描绘宇宙在每个时期的膨胀行为。

很久以前，你用铅笔在孩子房间的墙上做过一个标记，这个标记记录了他在那一天的身高。一系列这样的标记可以记录他在一系列日子中的身高。如果标记足够多，你就可以知道在过去不同时期他长得有多快。他在9岁的时候长得很快，11岁时就慢了一些，而另一个快速成长期在13岁左右，等等。测量某个Ia型超新星的红移时，天文学家得到了一个类似的空间"铅笔标记"。就像孩子的身高标记一样，Ia型超新星的红移测量数据多了以后，人们就可以计算出过去不同时间段内宇宙膨胀的速度。反过来说，有了这些数据，天文学家也可能计算出空间膨胀放缓的速率。这就是研究小组所制订的进攻计划。

计划要想具体实施，他们还得完成一个步骤：得出这些宇宙"铅笔标记"对应的时间。研究团队需要确定每颗超新星的光是在何时发出的。这是一项简单的工作。因为超新星的视亮度与固有亮度之间的差别体现了它的距离，而且我们知道光的速度，所以我们能够立刻计算出超新星的光发出了多长时间。这个推理过程是正确的，但是这里还有一个重要而又微妙的问题，就是如何处理前面提到的光子的运动轨迹随着宇宙膨胀而变长的问题。我们得强调一下。

光子在膨胀的宇宙中穿行时，它实际经过的路程只是光源到我们的

---

[1]　如果空间是无限大，你就可能想知道现在的宇宙比以前更大表示什么意思。答案是，"更大"是指相同的星系之间，现在的距离比过去的距离大。宇宙膨胀意味着星系现在正在远离彼此，这在不断变大的宇宙尺度因子中得到了反映。在宇宙无限大的情况下，"更大"并不是指整体空间的大小，因为空间一旦是无限大，它就永远都是无限大。但为了便于表述，即使是在空间无限大的情况下，我也会继续用宇宙的大小变化来指代星系之间的距离变化。

距离的一部分，其中一部分贡献来自光以固有的速度穿过了空间，而另一部分贡献来自空间本身的拉伸。你可以参照一下机场的自动人行道。在不增大固有速度的条件下，你在自动人行道上走过的路程要比在普通道路上走过的路程长，这是因为自动人行道加强了你的运动。同样，在不增大光的固有速度的条件下，空间膨胀时远处超新星的光所传播的距离要比空间不膨胀时远。这是因为在光的传播过程中，空间的拉伸加强了它的运动。为了正确判断我们看到的光是在何时发出的，我们必须将距离的这两种贡献都考虑在内。这里涉及一点数学问题（如有兴趣，请看注释），但是现在已经彻底弄清楚了。[7]

考虑到这一点以及理论和观测的许多其他细节，这两个小组就能够计算出过去不同时期宇宙尺度因子的大小。他们能够找到一系列记录宇宙大小和时刻的"铅笔标记"，从而能确定在宇宙的历史中膨胀速度是如何变化的。

宇宙的加速度

经过慎重的检查、复查并再次检查后，两个小组都发布了自己的结论。与人们长久以来的期望相反，在过去的70亿年间，空间的膨胀速度并没有放慢，而是在加快。

图6.2简要描述了这项开创性的工作，并进一步支持了这个结论的后续观测结果。观测发现，宇宙尺度因子确实像预期的那样：直到约70亿年以前，宇宙的膨胀速度都在逐渐减慢。如果这种状况持续下去的话，图6.2中的曲线就会变平，甚至会向下拐。但数据显示，在大约70亿年前，大事发生了。曲线开始向上翘，这意味着宇宙尺度因子增大的

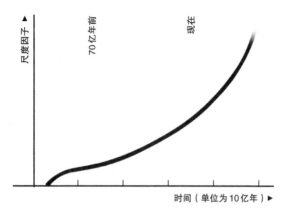

图6.2 宇宙的尺度因子随着时间的变化，表明宇宙的膨胀速度有所减缓。从大约70亿年前起，宇宙开始加速膨胀。

速度开始加快。就像宇宙换了高速挡，空间开始加速膨胀。

我们宇宙的命运就取决于这条曲线的形状。随着宇宙的加速膨胀，空间将会无限地扩张下去，以越来越快的速度将遥远的星系拉扯开。在今后的数千亿年里，现在位于我们附近的所有星系（称为本星系群的、由几十个星系组成的引力束缚集团）将退出我们的宇宙视界，进入一个我们永远也看不到的区域。除非未来的天文学家拥有早先流传下来的记录，否则他们的宇宙学理论就要对宇宙孤岛[1]做出解释，宇宙孤岛中的星系漂浮在一片静谧的黑暗之海上，数量不会超过坐落在深山老林中的学校里的学生。我们生活在一个优越的时代，眼光由宇宙所赐，却将被加速膨胀夺去。

在随后的几页中，我们将会看到，与我们这一代人所面临的广阔宇宙相比，留给未来天文学家解释加速膨胀的视角显得越发局促了。

---

[1] 宇宙孤岛意指银河系。20世纪初的天文学家曾经认为银河系就是宇宙的全部。——译注

宇宙学常数

如果你看到一个球被人向上抛出后的速度还会增加，你就会断言一定有什么东西在推动它远离地球表面。超新星的观测者也得出了类似的结论：宇宙在出人意料地向外加速膨胀，这同样需要某种东西能够战胜万有引力向内的吸引作用，从而将宇宙向外推。我们现在已经很熟悉这种情况了，宇宙学常数和它所产生的排斥性引力恰好能胜任该项工作，它们是理想的候选者。超新星观测者使宇宙学常数重新回到万众瞩目的焦点，但这个过程并非如爱因斯坦在几十年前的信中所暗示，凭借的不是"错误的判断"，而是数据的原始力量。

数据使研究人员得以计算宇宙学常数的值——弥漫于空间中的暗能量的含量。研究人员指出，按照物理学中的惯例，将这个结果用等效质量的形式表示（将 $E=mc^2$ 变换为另一种不那么常见的形式，即 $m=E/c^2$），超新星观测数据要求宇宙学常数小于 10^{-29} 克/厘米^3。[8]若要与观测数据相一致，在宇宙诞生后的70亿年间，如此小的宇宙学常数产生的向外推动作用会小于普通物质和能量所产生的向内吸引作用。但由于宇宙的膨胀稀释了普通物质和能量，最终宇宙学常数占据上风。请记住，宇宙学常数不会被稀释。宇宙学常数产生的排斥性引力是空间的一种固有属性——每立方米的空间都具有相同的向外推动作用，这由宇宙学常数的值决定。因此，两个天体间的距离越远，宇宙膨胀将它们推开的作用力就越强。约70亿年前，宇宙学常数产生的排斥性引力取得了胜利。从那时起，宇宙的膨胀就开始加速了，如图6.2所示。

为了进一步符合惯例，我需要重新将宇宙学常数的值用物理学家常用的单位表示出来。就好比向杂货店老板买10^{15}皮克的土豆（相反，你如果说1000克，虽然数量相同，但明显更合理），或者告诉你的朋友在10^9纳秒后会见到她（相反，你如果说1秒，虽然时间相同，但明显更合理）会显得十分奇怪，对物理学家来说，用克/厘米^{3}来表示宇宙学常数也很奇怪。相反，由于某些我们很快就会谈到的原因，自然的选择是将宇宙学常数的值用所谓的普朗克质量（约10^{-5}克）每立方普朗克长度（边长为10^{-33}厘米、体积为10^{-99}厘米^{3}的立方体）这样一个复合单位来描述。在这个单位下，宇宙学常数的测量值大约是10^{-123}，这正是本章开始时提到的那个非常小的数。[9]

　　我们对这个结果有多大把握？自首次测量以来，支持宇宙正在加速膨胀的数据变得越发确凿。此外，辅助的测量（例如关注微波背景辐射的详细特征，参见《宇宙的结构》第14章）与超新星的测量结果惊人地吻合。如果说问题还有余地的话，那就是我们用什么来解释宇宙加速膨胀。如果将广义相对论作为引力的数学描述，那么唯一的选择就是宇宙学常数的反引力效应。其他的解释都需要做出一些修正，引入一些额外的奇异量子场（就像我们在暴胀宇宙中看到的那样，在一段时期内可以充当宇宙学常数的角色），[10]或者改变广义相对论方程（此时随着距离增加，引力强度的衰减要比牛顿或爱因斯坦的引力快得多，于是允许遥远区域的星体退行得更快，不要求引入宇宙学常数）。但是到目前为止，宇宙加速膨胀最简单、最令人信服的解释就是宇宙学常数不为零，因此整个空间充满了暗能量。

　　对许多研究人员来说，非零的宇宙学常数是他们一生中最惊人的观测结果。

零的解释

当第一次听到风声说超新星的观测结果认为宇宙学常数不是零的时候，我的反应和大多数物理学家一样。"这不可能。"大多数（但不是全部）理论家在几十年前就已断定宇宙学常数的值为零。这种观点最初来自"爱因斯坦的最大失误"的传言，但是随着时间的推移，各种支持它的令人信服的理由出现了，其中最有说服力的是量子不确定性。

因为存在量子不确定性和所有量子场随之而来的抖动，所以即使在真空中也存在狂乱的微观活动。就像原子在盒子周围跳动一样，就像孩子们在操场上蹦跳一样，这种量子抖动也具有能量。但与原子和孩子们不同的是，量子抖动无处不在，不可避免。你不可能封闭一个空间区域，然后让其中的量子抖动回家去；量子抖动弥漫在空间中，它具有的能量不可消除。既然宇宙学常数就是一种弥漫在空间中的能量，那么量子场的抖动提供了一种可以产生宇宙学常数的微观机制。这个想法很关键。你可以回忆一下，当爱因斯坦引入宇宙学常数时，他只是定义了一个抽象的概念——他并没有详细说明它可能是什么，可能来自哪里，或者是如何产生的。与量子抖动的关联使得宇宙学常数不可避免，就算爱因斯坦当时没有假设宇宙学常数的存在，某个量子物理的研究者也会提出来。因为一旦考虑到量子力学，你就不得不面对空间中弥漫的各种场所贡献的能量，这将直接导致宇宙学常数概念的产生。

由此产生了一个具体数值的问题。无所不在的量子抖动中到底包含多少能量？当理论家解答这个问题时，他们得到了一个近乎荒谬的结果：单位体积内的能量值是无穷大。为了解释其中的原因，考虑某个任意尺寸的空盒子内的场的抖动。图6.3展示了一些抖动能够呈现的形状。每一种抖动模式都会对场的能量有贡献（实际上，波长越短，抖动频率越高，能量就越大）。因此，存在无穷多种不同形状的抖动，这些抖动中蕴含的总能量是无穷大的。[11]

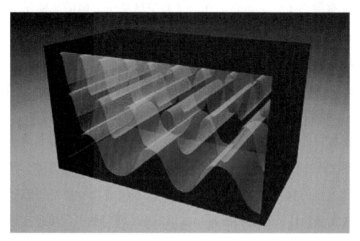

图6.3　在任意体积内有无限多的波形，因此有无限多的不同量子抖动。这就产生了能量贡献无穷大的可疑结果。

尽管这一结果明显无法让人接受，但这并没有让研究人员中风倒地，因为研究人员发现它实际上昭示着我们之前说过的另一个更大的公认难题：引力和量子力学的对立问题。我们都知道，量子场论在超小距离的尺度上是不可信的。抖动的波长小于或等于普朗克尺度（10^{-33}厘米）时，能量就会很大，就需要考虑引力效应（由于$m = E/c^2$，质量相当于能量）。要想正确地描述这些问题，还需要一个能够融合量子力学和广义相对论的理论框架。定性地说，这就把讨论引向了弦论或其他包含引力的候选量子理论。但研究人员的直接反应更为务实，他们仅仅声称，以上计算过程应舍去尺度小于普朗克长度的抖动。如果不舍去，就会把量子场论计算扩展到一个显然超出其有效范围的领域。希望有一天我们能充分理解弦论或量子引力，从而能够定量地处理超小抖动问题，但权宜之计是将最不利于计算的抖动隔离在外。目标的含义很明确：如果你忽略了小于普朗克长度的抖动，剩下的抖动的数量就是有限的了，于是它们在一个真空区域中贡献的总能量也是有限的。

　　总算有了进步。或者说，它至少将现在的重担交给了未来，到那时，上帝保佑，我们就能够驯服波长超小的量子涨落。即便如此，研究人员发现，这些抖动的能量虽然有限，但仍然相当巨大，大约为 10^{94} 克/厘米^3。这比将所有已知星系中的恒星压缩到一个顶针大小时的密度还大得多。考虑一个边长为普朗克长度的无限小立方体，其密度大得惊人，为 10^{-5} 克每立方普朗克长度，或1普朗克质量每普朗克体积（这就是为什么土豆的质量单位用千克，等待的时间单位用秒，这都是自然而又明智的选择）。宇宙学常数如此庞大，将会引发一场向外的极速爆炸，从星系到原子的一切物质都会被撕裂。更定量地说，天文观测已经为宇宙学常数的可能大小施加了严格的限制（如果宇宙学常数存在的话），而这个理论结果比限制条件大了100多个量级，这是一个令人错愕的倍数。对于充满空间的能量来说，尽管有限而巨大比无限大好，物理学家还是意识到迫切需要大幅减小他们的计算结果。

　　这时，理论的偏见就显现出来了。暂且假设宇宙学常数不只是很小，而是为零。零是理论家喜爱的数字，因为有一种可靠而正确的方法可以让它从计算中冒出来，那就是对称性。例如，设想阿奇参加了继续教育课程，他的家庭作业是将前10个正整数的63次方相加，$1^{63} + 2^{63} +$

$3^{63} + 4^{63} + 5^{63} + 6^{63} + 7^{63} + 8^{63} + 9^{63} + 10^{63}$，然后再和前10个负整数的63次方相加，$(-1)^{63} + (-2)^{63} + (-3)^{63} + (-4)^{63} + (-5)^{63} + (-6)^{63} + (-7)^{63} + (-8)^{63} + (-9)^{63} + (-10)^{63}$，最终结果是多少？他费力地计算着，越来越沮丧，乘啊乘，然后将超过60位的数字相加。这时伊蒂丝插了一句话："利用对称性，阿奇。""什么？"她的意思是第一个式子中的每一项都在第二个式子中拥有一个对称的平衡项：1^{63} 和 $(-1)^{63}$ 相加为0（负数的奇数次方还是负数），2^{63} 和 $(-2)^{63}$ 相加为0，以此类推。表达式之间的对称性导致结果从整体上抵消，就像两个重量相同的孩子坐在跷跷板的两边一样。根本不需要计算，伊蒂丝指出答案是零。

许多物理学家相信（其实我应该说希望）物理定律中存在某种尚不明确的对称性，能够产生某种类似的整体抵消机制，从而挽救量子抖动的能量计算问题。物理学家推测，一旦我们对这种物理机制有了充分的认识，某种尚不明确的巨大平衡作用就会抵消量子抖动的巨大能量。为了压低这种粗略计算得出的出格结果，这是物理学家能够想出的唯一策略。这就是为什么许多理论家曾断定宇宙学常数为零。

其中一个具体实施的例子是超对称。回忆一下第4章中的表4.1，超对称要求粒子的种类（也就是场的种类）成对出现。和电子组成一对的是一种称为超对称电子的粒子，简称为超电子（selectron）。夸克对应超夸克（squark），中微子对应超中微子（sneutrino），等等。所有这些超粒子目前都只是理论假设，但在未来几年中，大型强子对撞机实验可能会改变这种状况。无论如何，当理论家计算每对场伴随的量子抖动时都会发现一件有趣的事情。第一种场每发生一次抖动，其超对称伙伴也会相应地抖动，二者大小相同，但符号相反，就像阿奇的数学作业一样。

正如那个例子一样，当我们将所有这些贡献一对一对地加在一起时，它们就相互抵消了，得出的最终结果为零。[12]

这里有个前提，而且是个大前提，因为只有当每一对场的电荷和核荷相同（它们确实相同）且质量也相同时，整体的抵消才会成立。实验数据已经排除了这一点。即使自然界真的使用了超对称性，数据表明它也不能以最有效的形式实现。那些未知的粒子（超电子、超夸克、超中微子等）一定比它们的超对称伙伴重得多，只有这样才能够解释为什么它们还没有被加速器实验发现。如果粒子的质量不同，对称性就会受到干扰，平衡变成失衡，无法完全抵消，计算结果又变大了。

多年来，人们提出了许多类似的想法，引入了一系列额外的对称性原理和抵消机制，但没有人达到目标，没有人能从理论上证明宇宙学常数是零。即便如此，大多数研究人员并没有将它当作我们对物理学的认识尚不完备的信号，也没有从中看出相信宇宙学常数为零是一种误导。

有一个物理学家挑战了正统观念，他就是诺贝尔奖得主史蒂芬·温伯格[1]。1987年，也就是革命性的超新星测量前的10多年，温伯格在一篇论文中提出另一套理论方案，取得一个全然不同的结果：宇宙学常数很小，但不是零。温伯格的计算基于一种非常极端的观念，一个已经在物理学界立足几十年的原理——有人推崇，有人贬低；有人认为深奥，有人认为愚蠢。它的正式名称带有一定的误导性，叫人择原理（anthropic principle）[2]。

---

[1]　剑桥大学天体物理学家乔治·艾夫斯塔休也是一位强烈而有力地主张宇宙学常数不为零的先锋。

[2]　直接的含义为有关人类的原理，也译作人存原理。——译注

宇宙学的人择原理

人们普遍认为，尼古拉·哥白尼（Nicolaus Copernicus）的日心说模型第一个从科学上令人信服地证明我们人类不是宇宙的中心。现代的发现报复般地强调了这个教训。一系列层层相套的降级过程推翻了长久以来关于人类特殊地位的假设，我们现在认识到哥白尼的结果不过是其中一层：我们不在太阳系的中心，我们不在银河系的中心，我们也不在宇宙的中心，我们甚至不是由宇宙中占绝对多数的黑暗成分构成的。宇宙就像从领衔主演降级为临时演员，这充分体现了如今科学家们口中的哥白尼原理：在万物的宏大系统中，我们所知的一切都表明人类的地位并不特殊。

哥白尼之后过了近500年，在克拉科夫的一场纪念会议上，澳大利亚物理学家布兰登·卡特（Brandon Carter）在一次特别发言中对哥白尼原理实施了一场惊天逆袭。卡特解释说，在某些情况下，过度坚持哥白尼的观点可能会使研究人员失去取得重大进展的机会。是的，卡特同意，对宇宙的秩序来说，我们人类并不重要。然而他继续阐述道，与阿尔弗雷德·拉塞尔·华莱士（Alfred Russel Wallace）、亚伯拉罕·泽尔曼诺夫（Abraham Zelmanov）和罗伯特·迪克等科学家的观点类似的是，在某种场合下我们确实扮演了某种绝对不可或缺的角色，那就是在我们自己的观测中。无论我们被哥白尼和他的遗产降了多少级，每当我们收集和分析数据以此塑造我们的信念时，我们的地位就会提升，成为宇宙的主角。由于这种情况无法避免，我们必须考虑统计学家所说的选择偏差（selection bias）。

这是一个简单而普适的观点。如果你想调查鲑鱼的数量，却只在撒哈拉沙漠进行调查，那么你的数据将会因为你侧重的环境极不适于调查对象的生存而有所偏差。如果你想研究大众对歌剧的兴趣，但只将调查表发给《没有歌剧没法活》（*Can't Live Without Opera*）杂志收集的样本人群，你的调查结果就不会准确，因为被调查者并不能代表整个人群。如果你见到一群难民，他们忍受着令人无法想象的恶劣环境，一路跋涉到达安全地点，你就可能会断定他们一定是这个星球上最能吃苦耐劳的种族之一。然而，当你得知一个残酷的事实，你所采访到的人还不及难民出发时人数的百分之一时，你才会意识到这样的推断是片面的，因为只有那些强壮的人才能在这场迁徙中存活下来。

处理这些偏差很重要，只有这样才能得到有意义的结果，而非徒劳地解释那些基于非典型数据的结论。为什么鲑鱼会灭绝？大众对歌剧激增的兴趣源自什么？为什么这样一个种族具有如此惊人的恢复能力？如果观测有了偏差，你就会徒劳地为某些事物寻找解释，而这些事物在更广义、更有代表性的视角看来是没有意义的。

在大多数情况下，这种类型的偏差都很容易辨别和矫正。但是有一种相关的偏差形式更加难以捉摸，这种偏差非常基本，因此很容易被人忽视。这便是我们能够存活于什么时间、什么地点会深刻地影响我们能够看到什么。如果我们不能适当地考虑这种内在限制对我们观测的影响，那么就像上面所举的例子一样，我们还是会轻率地得出错误的结论，而且我们不得不为了解释毫无意义的"麦高芬"（MacGuffins）[1]而徒劳往返。

举个例子，想象一下你试图理解〔就像伟大的科学家约翰内斯·开普勒（Johannes Kepler）一样〕为什么地球离太阳1.5亿千米。你想找到一个

---

[1] 麦高芬是一个电影用语，指在电影中可以推动剧情的物件、人物或目标，例如一个众多角色争夺的东西。而关于这个物件、人物或目标的详细说明不一定重要，有些作品会有交代，有些作品则不会，只要对电影中众角色来说很重要，可以让剧情发展下去即可算是麦高芬。——译注

更深层次的物理定律去解释这一观测事实。你努力奋斗了好多年，但仍未得出一个令人信服的解释。你该继续寻找下去吗？好吧，如果反思一下你的努力，并将选择偏差考虑在内，你就会马上意识到你正在钻牛角尖。

所有引力定律，牛顿的也好，爱因斯坦的也罢，都允许行星在任意距离上围绕恒星公转。如果你能抓住地球，把它移动到距离太阳任意远的位置，然后让它以适当的速度（利用基础物理知识，很容易算出该速度）重新开始运动，它将会很开心地进入这条轨道。太阳之外1.5亿千米的唯一特别之处是，地球在这个位置上的温度范围刚好适宜我们生存。如果地球离太阳近得多或远得多，温度就会高得多或低得多，构成我们生命形式的基本成分——液态水就不复存在了。这体现了一种与生俱来的偏差。我们对我们的行星与太阳的距离进行测量这一事实，要求我们必然发现其结果位于我们能够生存的有限范围内；否则，我们就不可能在这里苦思冥想，思考地球与太阳之间的距离问题。

如果地球是太阳系中唯一的行星，或者是宇宙中唯一的行星，你或许仍会被迫开展进一步的调查。是的，你有可能会说，我明白我自身的存在与地球和太阳之间的距离联系在了一起，然而这只能增强我的好奇心，让我想知道为什么地球恰好处在这样一个温暖而又适合生命存在的位置。那只是一个幸运的巧合，还是有更深层次的解释呢？

然而，地球并不是宇宙中唯一的行星，即使在太阳系中也不是唯一的行星。宇宙中还存在很多其他行星，这个事实为问题的解决提供了一种特别的思路。为了理解我的意思，假设你错误地认为某个商店只卖一种尺码的鞋，你惊喜地发现售货员拿给你的鞋恰好适合你。"在所有可能尺码的鞋中，"你回味着，"他们卖的鞋正好适合我，真是太神奇了。那只是幸运的巧合，还是有更深层次的解释？"当你发现这家商店实际上有各种尺码的鞋时，这个问题就不复存在了。宇宙的情况与此很类似，其中有许多行星，它们与各自主星的距离各不相同。正如商店里所有尺码的鞋中总有一双适合你，这并无值得称奇之处。在所有星系的所有恒星系统的所有行星中，至少一颗行星产生的气候恰好适合我们这种形式的生命，这也没什么可稀奇的。当然，我们生活在其中一颗行星上，只不过我们未能在其他行星上演化或生存下来而已。

因此，地球到太阳的1.5亿千米的距离是没有什么根本原因可解释的。一颗行星与其主星的距离源于历史的偶然，涡旋气体云中数不清的复杂特征造就了一个特定的恒星系统。这是一个偶然发生的事实，不可能做出更本质的解释。事实上，这种天体物理学过程形成的行星遍及宇宙，它们以各种不同的距离围绕着各自的太阳公转。我们发现自己生活在离太阳1.5亿千米的一颗行星上，是因为这颗行星上能够演化出我们的生命形式。若没有考虑到这种选择偏差，我们就会去探索更深层次的答案，但这样做很愚蠢。

卡特的论文强调了这种偏差的重要性，他称之为人择原理（这个名字不太准确，因为该构想不仅适用于人类，也适用于任何形式的能够开展观测和分析数据的智慧生命）。没有人对卡特的这部分观点提出异议。有争议的部分是，他认为人择原理不仅适用于行星距离之类的宇宙中的事物，也应该适用于宇宙本身。

这意味着什么呢？

设想你正在苦苦地思考宇宙的一些基本特征，如一个电子的质量为0.0054（电子与质子质量的比值），或者电磁相互作用的强度为0.0073（即它的耦合常数），又或者我们现在最感兴趣的宇宙学常数的值是1.38×10^{-123}（用普朗克单位表示）。你的目的是解释这些常数为什么具有这些特定的数值。你尝试了一遍又一遍，却两手空空。"退一步看看吧！"卡特说。你失败的原因可能和无法解释地球与太阳的距离的原因相同：根本没有更基本的解释。正如存在许多不同距离的行星，我们必然居住在其中那颗轨道适宜人类生存的行星上一样，可能还存在许多不同的宇宙，其中的那些"常数"的大小不同，我们必然居住在其中那个取值适宜我们存在的宇宙中。

按照这种思考方式，询问为什么这些常数具有一些特定数值的行为是错误的。没有什么定律规定了这些数值，这些数值可以且确实在多重宇宙中变化。我们固有的选择偏差使得我们必然发现自己身处多重宇宙的一个特殊角落，其中的常数正是我们所熟悉的，这仅仅是因为我们无法生活在多重宇宙中其他取值不同的角落里。

注意，如果我们的宇宙是独一无二的，那么这个推理就会彻底失败，因为这时你仍可以提出"幸运巧合"和"更深层次的解释"问题。为了合理解释为什么商店里有你需要的鞋子，就得要求鞋架上储备各种不同的尺寸；为了合理解释为什么有一颗行星与主星的距离适合生命存在，就得要求有许多行星以各自不同的距离围绕它的主星公转。为了解释自然界中某些常数的取值问题，就得要求存在大量各不相同的宇宙，其中的常数有各不相同的取值。只有在这种设定下（假设存在多重宇宙，这是个有力的假设），人择原理才能解释这个神秘莫测的现实宇宙。[1]

那么，很明显，你被人择原理所影响的程度取决于你对它的下面三条基本假设的信任程度：（1）我们的宇宙是多重宇宙的一部分；（2）在多重宇宙中，从一个宇宙到另一个宇宙，常数的可能的取值范围非常大；（3）在那些与我们测得的常数取值相差很大的宇宙中，我们所知的生命形式不能存在。

---

[1] 对涉及多重宇宙的理论进行检验面临一些挑战，我们将在第7章中进行更彻底和更广泛的讨论；我们也将更深入地分析人择原理的作为，看它能否得出潜在的、可检验的结论。

当卡特在20世纪70年代提出这些观点时，平行宇宙的概念曾是许多物理学家所诅咒的对象。当然，怀疑的理由总是充分的。在前一章中，我们已经看到，虽然不论多重宇宙属于哪种特定版本，其论据无疑都还很初步，但有必要认真考虑这种针对现实的新认识，也就是假设1。许多科学家正在这样做。我们同样已经见过假设2，例如暴胀多重宇宙和膜的多重宇宙。我们确实料想不同宇宙中的某些物理特征（如某些自然常数）会各有不同。在本章的下半部分，我们将会更加深入地认识这一点。

但是，关于生命和自然常数的假设3又是怎么回事呢？

生命、星系和大自然的数字

对于许多自然常数来说，即使稍有变化也会使我们所知的生命无法存在。如果引力常数变强一些，恒星的燃烧就会过于迅速，使得附近的行星上来不及演化出生命。如果引力常数变弱一些，星系就无法聚集成形。如果电磁力变强一些，氢原子之间就会因为排斥力太强而无法发生聚变反应，也就无法为恒星提供能量。[13]那么宇宙学常数呢？生命的存在会依赖它的取值吗？这就是史蒂芬·温伯格在1987年的论文中提到的问题。

因为生命的形成是一个复杂的过程，我们对此的理解尚处于初级阶段。温伯格承认，我们根本无法确定宇宙学常数的不同取值对于向物质中注入生命力的无数个步骤有什么直接影响。但是温伯格并没有放弃，而是巧妙地为生命的形成引入一个代用品——星系的形成。如果没有星系，他解释道，恒星和行星根本不可能形成，这会对生命出现的机会产生毁灭性的影响。这一结果不但非常合理，而且很有用。它将问题的焦点转移到研究宇宙学常数的不同取值对星系的形成有何影响上，这是个温伯格能够解决的问题。

核心的物理机制很基础。星系形成的精确细节是一个活跃的研究领域，其大体过程涉及一种天体物理学的雪球效应。一块块物质在各处形成结团，如果它们比周围的物质更密集，就会对周围产生更强的引力，因而变得越来越大。这一过程愈演愈烈，最终产生由一大团气体和尘埃构成的涡旋，再聚集成恒星和行星。温伯格的解释是这样的：如果宇宙学常数的值太大，就会破坏这种结团过程；如果它产生的排斥性引力足够强，就会拆散最开始时的物质结团（当时它们又小又脆），使之来不及吸引周围的物质而变大变强，从而阻碍星系的形成。

温伯格对此构想进行了定量计算，他发现当宇宙学常数的值达到当今宇宙物质密度（每立方米内几个质子）的几百倍时，就会阻断星系的形成。（温伯格也考虑了负宇宙学常数的影响。此时的限制条件会更加苛刻，因为负的宇宙学常数将会增强引力的吸引效应，这将使整个宇宙在恒星开始发光之前就崩塌。）那么，设想我们身处多重宇宙的一部分中，宇宙和宇宙之间的宇宙学常数的取值千变万化，就如同恒星系中恒星和行星的间距各不相同。那个能够产生星系且适合我们居住的宇宙，其宇宙学常数的取值不会大于温伯格的限定，在普朗克单位下大约是 10^{-121}。

物理学界经历了多年的失败，这是理论计算第一次得出没有出奇地超出天文观测限制的宇宙学常数。同时，该结果也并未否定温伯格撰文的那个年代人们普遍认同的观点，即宇宙学常数等于零。对于这个结果，温伯格引入了一种更加大胆的解释，将这一显著进展向前推进了一步。他提出，我们应该料到自己正处于一个宇宙学常数的取值差不多刚好适合我们存在的宇宙中，而不是取值小得多的宇宙中。他解释说，如果宇宙学常数小得多，我们就需要再解释为什么它的大小不是刚好适合我们存在。也就是说，此时所需的解释正是物理学家们一直在英勇探索，但迄今为止仍未得到的。这使温伯格提出，总有一天，更加精细的测量可能会发现宇宙学常数不为零，但是取值与他所算出的上限接近。正如我们所看到的，温伯格的论文发表后10年，超新星宇宙学计划和高红移超新星搜索队的观测证实了他的预言。

为了充分评估这种非传统的解释架构，我们需要更深入地检验温伯格的推理。温伯格设想了一个无限蔓延的多重宇宙，其成员众多，它必须至少包含这样一个宇宙，其宇宙常数与我们的观测结果相符。但是，什么样的多重宇宙才能满足或者至少很可能满足这种情况呢？

为了好好体会这一点，我们先来看一个类似的、数值更简单的问题。设想你在为臭名昭著的电影制作人哈维·W.爱因斯坦工作，他让你安排一场试镜，为他的新影片《诸事多磨》（*Pulp Friction*）选择一个主演。"您要的演员有多高？"你问道。"我不知道。比1米高，比2米矮。但你最好保证不论我要他长多高，总会有合适的人选。"你禁不住想纠正你的老板，提醒他注意由于存在量子不确定性，他的确不需要试镜时出现每一种身高，但回想起发生在一个多嘴员工身上的事情，你克制住了。

现在你面临一个决断。你应该让多少演员参加试镜？你的推理是：如果测身高时精确到厘米，在1米和2米之间就有100种可能性，因此你至少需要100名演员。但由于某些演员的身高可能是一样的，你要找的演员数目最好超过100个。为了安全起见，你应该召集几百名演员。那可真是好多人。但如果测身高时精确到毫米，这些人还远远不够。在这种情况下，在1米和2米之间有1000种不同的高度，因此，为了安全起见，你就需要召集几千名演员。

相同的论证同样适用于宇宙学常数各不相同的宇宙。假设在某种多重宇宙中，所有宇宙的宇宙学常数分布在0和1（在通用的普朗克单位下）之间。比0小的常数会导致宇宙坍缩，而比1大的常数会超出我们的数学公式的适用性，颠覆所有的认知。就像演员身高的差异在1（米）范围内一样，所有宇宙的宇宙学常数的差异也在1（普朗克单位）之内。为了精确起见，我们可以在不同精度下测量宇宙学常数，就像以厘米或毫米为单位测量身高一样。现在的精度大约是10^{-124}（普朗克单位）。毫无疑问，将来我们的精度会提高，但我们会发现这不太会影响我们的结论。那么，正如在1米范围内以10^{-2}米（1厘米）为单位的不同身高有10^2种，以10^{-3}米（1毫米）为单位的不同身高有10^3种，在0和1之间以10^{-124}为单位的不同宇宙学常数有10^{124}种。

因此，为了确保每一个可能的宇宙学常数都存在，我们需要多重宇宙至少包含10^{124}个不同宇宙。但和那些演员一样，我们需要考虑到重复的可能性，有些宇宙可能具有相同的宇宙学常数。为了安全起见，为了遍及所有可能的宇宙学常数，多重宇宙包含的宇宙就得远远超过10^{124}个，比如100万倍，将数目正好凑成10^{130}个。我已经麻木了，当我谈到这些如此巨大的数据时，确切的取值已经不重要了。没有任何例子〔你身体中细胞的数量（10^{13}）不行，从大爆炸以来经历的秒数（10^{18}）也不行，可见宇宙中的光子数（10^{88}）也不行〕与我们所考虑的宇宙数量有哪怕一丁点儿接近。总而言之，温伯格为解释宇宙学常数而提出的方案仅当我们身处由非常多不同宇宙构成的多重宇宙中时才能成立，这些宇宙的宇宙学常数必须覆盖大约10^{124}个不同的数值。宇宙的数量只有多到这种程度时，才有很大的可能性使其中一个宇宙的宇宙学常数与我们的观测一致。

是否存在这样的理论框架，能够自然产生数量如此惊人且具有不同宇宙学常数的宇宙呢？[14]

从瑕疵到美德

这种理论确实存在。我们在前一章中已经讲到这个理论框架。在弦论中，如果考虑到通量能够穿过额外维度，后者的可能形式总计大约有 10^{500} 种。这远远大于 10^{124}。就算将 10^{124} 乘上一两百个数量级，与 10^{500} 相比仍然不值一提。用 10^{500} 减去 10^{124}，然后再减一次，又一次，一直减了10多亿次，也没有让它减小多少。结果仍然差不多是 10^{500}。

关键在于，宇宙学常数的确随着宇宙的不同而发生变化。正如磁通量具有一定能量（它能使物体发生移动），从卡拉比－丘形态的孔洞中穿过的通量也具有一定能量，其大小对该形态的几何细节十分敏感。如果不同的通量穿过了两个不同的卡拉比－丘形态中的不同孔洞，两者的能量一般来讲也是不一样的。因为给定的卡拉比－丘形态会粘在我们熟悉的宏观三维空间的每一个点上，就好像许许多多的圆形绒毛粘在地毯衬背的每一个点上，所以形态所具有的能量会均匀地充斥在宏观的三维空间中，就好像浸湿地毯绒毛的一根根纤维会使整个地毯衬背均匀地变重。因此，一旦 10^{500} 个装束不同的卡拉比－丘形态中的某一个构成了所需的额外维度，它所包含的能量将会对宇宙学常数产生贡献。拉斐尔·布索和乔·泡耳钦斯基定量地研究了这个问题。他们证明，由大约 10^{500} 个或此类不同形式的额外维度所产生的宇宙学常数会均匀地散布在一个很大的取值范围内。

这恰好是医生[1]开的处方。10^{500} 个间隔的记号散布在0~1范围内，以确保其中有很多取值非常接近天文学家在过去的10年中测得的宇宙学常数。在 10^{500} 个可能性中找到这样的明确例子会很难，因为即使现在速度

---

[1] 在英语中，医生（doctor）也有博士的意思，意指温伯格。——译注

最快的计算机1秒就能分析额外维度的一种形式，10亿年后也只分析了10^{32}个微不足道的例子。但是，这个推论强烈暗示这样的例子是存在的。

当然，由10^{500}个不同形式的额外维度所组成的集合，远不是每个人期望弦论研究会带给我们的那个独一无二的宇宙。有些人强烈坚持爱因斯坦的梦想，要寻找统一的理论来描绘唯一的宇宙——我们的宇宙，这些进展让他们感觉非常不舒服。但是宇宙学常数的分析研究带来了新的思路。与其因为独一无二的宇宙没有出现而绝望，不如鼓起勇气来庆祝：弦论使得温伯格解释宇宙学常数时最不合理的部分（宇宙的总数必须超过10^{124}）瞬间变得合理了。

简而言之，最后一步

这个引人入胜的故事的所有要素看起来都凑齐了，但是推理过程还剩下一个空白。弦论允许存在大量不同的可能宇宙是一回事，弦论确保它所允许的可能宇宙全部存在，声称一个巨大的多重宇宙中存在平行世界是另一回事。正如伦纳德·萨斯坎德强调的那样（他受到沙米特·卡其如、雷娜塔·卡罗希、安德烈·林德和桑迪普·特里维迪开创性工作的启发），如果我们将永恒的暴胀编入这条织锦，空白就填上了。[15]

现在我就来解释这最后一步，不过你可能快看不下去了，只想听几句言简意赅的话。我用三句话来进行总结。暴胀的多重宇宙（那个永远膨胀的瑞士奶酪宇宙）包含了大量泡泡宇宙，而且数目仍在不停地增加。该构想是，当我们将暴胀宇宙和弦论融合起来时，永恒的暴胀会将弦论的10^{500}种不同形式的额外维度播撒在泡泡上（每个泡泡宇宙都对应一种形式的额外维度），这就提供了一种实现所有可能性的宇宙框架。按照这种推理，我们生活在这样一个泡泡中，它的额外维度产生的宇宙、宇宙学常数以及其他属性都适合我们的生命形式，而且与观测结果一致。

在本章的后续内容中，我将具体讨论其中的细节，但是如果你准备继续向前看的话，也可跳到本章最后一节。

弦景观

我在第3章中解释暴胀宇宙时用到了一个常见的比喻：一座山的最高处代表空间中弥漫的暴胀场所包含能量的最大值，滚落下山并渐渐停在地面的一个低洼处代表暴胀释放出这些能量并转化为物质和辐射的粒子。

让我们再回顾一下这个比喻的三个方面，不过要用我们刚到手的新观点将它们重新装点。首先，我们已经知道暴胀场是唯一能够充满空间的能量源，其他的贡献来自每一种场（电磁场、核场等）的量子抖动。为了相应地修订这个比喻，现在用高度表示所有均匀散布在空间中的能量源产生的总能量。

其次，原本的比喻将山脚——暴胀子最终停止的地方设在高度为零的"海平面"上，这意味着暴胀子释放了所有的能量（和压强）。但在我们修订后的比喻中，山脚的高度应该表示暴胀结束后所有弥散在空间中的能量源的总能量。这就是泡泡宇宙的宇宙学常数的另一种称呼。我们的宇宙学常数问题就转化为山脚的高度问题：为什么山脚如此接近海平面，却没有完全落在海平面上？

最后，我们以前考虑的是最简单的山地形状，山顶光滑地通向山脚，那是暴胀子最终停留的地方（见图3.1）。然后我们进一步将其他因素（希格斯场）考虑在内，这些场的演化和最终停止的位置会影响泡泡宇宙表现的物理特征（见图3.6）。在弦论中，可能宇宙的分布范围依然很大。额外维度的形态决定了一个泡泡宇宙的物理特征，因此可能的"停止位置"〔也就是图3.6（b）中的不同山谷〕现在表示额外维度可能具有的形态。因此，为了产生10^{500}种不同形式的额外维度，这片山地需要大量形态各异的山谷、山脊和凸起，如图6.4所示。在这片山地中，任意一个小球能停下来的地方都表示额外维度的一种可能形态，该处的高度代表相应泡泡宇宙的宇宙学常数。图6.4展示了所谓的弦景观。

图6.4 能够将弦景观概括性地画成一片山地，其中的不同山谷表示额外维度的不同形式，而高度表示宇宙学常数的值。

对山（或景观）的隐喻有了更精妙的理解以后，我们现在考虑在这种情况下量子过程如何影响额外维度的形成。我们将会看到量子力学让这一景观熠熠生辉。

弦景观的量子隧穿效应

当然，图6.4只画了大概情形（在图3.6中，每个希格斯场都有自己的坐标轴。同理，穿过卡拉比－丘形态的大约500种不同的场通量也应该有各自的坐标轴，但是画出五百维空间中的山地很具挑战性），它正确揭示了具有不同额外维度形式的宇宙是一片相互连通的山地的一部分。[16]考虑到量子物理学，并运用传奇物理学家悉尼·科尔曼（Sidney Coleman）和弗兰克·德·卢西亚（Frank De Luccia）携手从弦论中独立发现的结果，我们认为宇宙和宇宙之间的关系允许戏剧性的嬗变，其核心的物理思想依赖一种称为量子隧穿的效应。假设一个粒子（比如一个电子）遇到了一个固体障碍物（比如一块3米厚的钢板），经典物理学预言它无法穿过。量子力学的一个特征是，"无法穿过"这一严格的经典概念常常会被转化为"穿过的概率很小但不为零"这一温和的量子语言。原因是粒子的量子抖动常常会使它突然出现在用其他办法无法穿过的障碍物的另一边。这种量子隧穿过程在何时发生是随机的，我们最多可以预测这种效应在某段时间内发生的可能性。但是计算结果告诉你，只要等待足够长的时间，任何障碍物上都会发生量子隧穿，而且隧穿效应确实发生了。如果量子隧穿没有发生，太阳就不会发光，因为氢原子核要想相互靠近发生聚变，就必须穿过其质子间的电磁排斥所产生的势垒。

科尔曼和德·卢西亚以及许多从那时起追随他们的人将单个粒子的量子隧穿效应放大到了整个宇宙。在宇宙的当前状态与另一个可能的状态之间，同样存在一个类似的"无法穿过"的障碍。为了对他们的结果有切身的体会，假设有两个可能的宇宙，它们在其他方面完全相同，都均匀地弥漫着一个场，其中一个能量较高，另一个能量较低。没有势垒时，能量较高的场会滚到低能处，像一个小球滚下山坡，正如我们讨论暴胀宇宙时见过的。但如果场的能量曲线上有一个"山包"将它当前的取值与它想抵达的取值分开，就像图6.5那样，则会发生什么呢？科尔曼和德·卢西亚发现那与单粒子的情况非常相似，宇宙也能发生经典物理学所禁止的行为：它以自己的方式抖动（它能发生量子隧穿），穿过势垒到达低能状态。

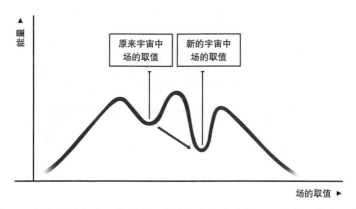

图6.5 场能量曲线的一个例子，曲线上有两个取值——两个凹槽或谷地，在这两个位置的场会自然地停下来。弥漫着场的高能量取值的宇宙能够通过量子隧穿获得能量较低的取值。这个过程随机地导致原先宇宙中的某一小块空间区域获得了低能量的取值，然后这个区域开始扩大，将越来越多的高能区域转化为低能区域。

由于我们讨论的是宇宙而不是单个粒子，这个隧穿过程就更加复杂。科尔曼和德·卢西亚认为，空间中各处场的取值并不是同时穿过势垒；相反，先有一粒"种子"隧穿，随机地在某处产生一个很小的泡泡，其中弥漫着能量相对较小的场。接下来，这个泡泡会长大，就好像冯内古

特的"九号冰"（ice-nine）[1]一样，那些隧穿到低能状态的场所在的区域
会越来越大。

这些想法可以直接应用于弦景观。假设一个宇宙具有特定形式的额

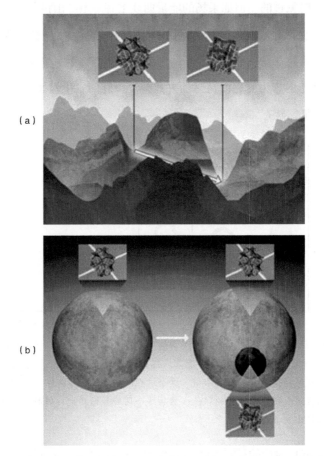

图6.6 （a）弦景观中的一个量子隧穿事件。（b）隧穿产生了一个很小的空间区域（用一个较小的深色泡泡表示），其中额外维度的形式发生了变化。

---

[1] 库尔特·冯内古特（Kurt Vonnegut, Jr., 1922—2007），美国黑色幽默文学的代表人物。"九号冰"是《猫的摇篮》（*Cat's Cradle*）中的科学家发明的一种物质，可以让水在45.8℃变成固体。"九号冰"具有连锁效应，可以将与之接触的水凝固。——译注

外维度，对应图6.6（a）左边的山谷。山谷的位置很高，所以我们熟悉的三维空间中就充盈着较大的宇宙学常数，会产生很强的排斥性引力，因此宇宙会快速膨胀。这个膨胀的宇宙和它的额外维度如图6.6（b）的左图所示。在某个随机的位置和时刻，空间中的一个很小的区域穿过中间的山峰到达图6.6（a）中右边的山谷。空间中的这个小区域并没有发生移动（不管怎样移动），而是说这一小区域内额外维度的形式（它的形态、大小以及所载的通量）发生了变化。这一小区域内的额外维度发生形变，获得了图6.6（a）中右边山谷的对应形式。如图6.6（b）所示，这个新的泡泡宇宙位于原先宇宙的内部。

　　这个新的宇宙会快速地膨胀，所到之处的额外维度纷纷变化。但是新宇宙的宇宙学常数减小了（它在景观中的高度比原先小），所以其中的排斥性引力就变弱了，它再也不能像从前膨胀得那样快了。于是，我们就拥有了一个膨胀的泡泡宇宙，具有新形式的额外维度，它被包含在一个膨胀速度更快的泡泡宇宙中，后者的额外维度保留原始的形式。[17]

　　这个过程可以重复发生。在原始宇宙的其他位置以及新的宇宙中，更多的隧穿事件产生了更多的泡泡，产生的区域具有不同形式的额外维度（见图6.7）。在这样的过程中，整个空间将会充满泡泡中的泡泡中的泡泡——每个泡泡都经历了快速膨胀，每个泡泡都具有不同形式的额外维度，每个泡泡中的宇宙学常数都比它外层的泡泡小。

　　该结果是我们前面遇到的永恒暴胀的瑞士奶酪多重宇宙的一个更复杂的版本。在原来的版本中，我们有两种不同类型的区域："干酪质"会经历剧烈的暴胀，而"孔洞"不会。这直接反映了简化版的弦景观中只有一座山，我们已假设山脚位于海平面上。更丰富的弦景观具有各种

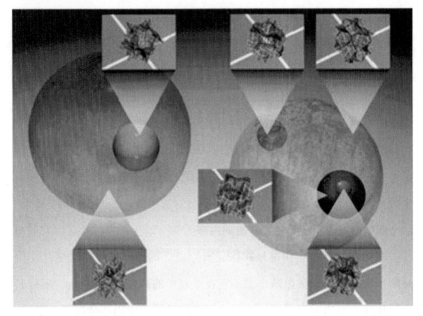

图6.7 隧穿过程可以重复发生，产生大量层层嵌套的膨胀的泡泡宇宙，其中每个宇宙的额外维度的形式都不相同。

各样的山峰和山谷，分别对应宇宙学常数的不同取值，产生图6.7中所示的大量不同区域——泡泡中的泡泡中的泡泡。这就像一套"玛特罗什卡"[1]套娃一样，每个娃娃都由不同的艺术家绘制。最终，连绵起伏的弦景观中发生的一系列量子隧穿使每种可能的额外维度都在某个泡泡宇宙中形成。这就是景观多重宇宙。

景观多重宇宙正是温伯格解释宇宙学常数时所需要的。我们已经说明，弦景观原则上确保额外维度存在某种可能的形式，其对应的宇宙学常数接近观测值：在弦景观中，有些山谷的微弱高度与通过超

---

[1] 套娃是俄罗斯特产木制玩具，一般由多个相同图案的空心木娃娃逐个嵌套组成，最多可达十多个。套娃通常为圆柱形，底部平坦，可以直立。最普通的图案是一个穿着俄罗斯民族服装的姑娘，叫作玛特罗什卡，这也成为这种娃娃的通称。——译注

新星观测得到的微小但非零的宇宙学常数相当。当弦景观与永恒的暴胀结合在一起时，所有可能的额外维度形式就焕发了活力，其中某些形式的宇宙学常数正好那么小。在景观多重宇宙中层层嵌套的泡泡中的某处，存在着一群宇宙学常数大约是10^{-123}的宇宙，这正是本章开始提到的那个微小的数字。按照这种思路，我们就生活在其中一个泡泡里。

其余的物理性质会如何

宇宙学常数只是我们所在宇宙的一个特征。它或许是最难的问题之一，因为它微小的测量值与已知理论最直接的估算结果之间存在如此巨大的鸿沟。这个鸿沟把问题瞄向了宇宙学常数，暗示着寻找一种解决问题的理论框架迫在眉睫，无论那个框架有多么怪异。以上列出的一系列构想的支持者认为弦的多重宇宙做到了这一点。

但我们宇宙的其他特征（如3种中微子的存在、电子质量的大小、弱相互作用的强度等）又会如何呢？虽然我们至少可以认为这些数值都是可以计算的，但没有人算出结果。你可能也会怀疑这些数值是否适合用多重宇宙理论来解释。事实上，弦景观的研究者已经发现，这些数值和宇宙学常数一样，也是处处不同的，因此至少从我们目前对弦论的认识来说，这些数值并不能唯一地确定。由此引发的观点与以往的主流研究截然不同。它认为，试图计算基本粒子的属性就像试图解释地球和太阳的距离一样，可能是一种误导。就像行星的轨道距离一样，不同宇宙中的某些性质或所有性质都会有所不同。

可是为了论证这个思路，我们不但至少需要知道宇宙学常数取值恰当的泡泡宇宙是存在的，而且需要知道其中至少应该存在这样一个泡泡，其作用力和粒子符合我们宇宙中的科学家测得的结果。我们需要确定，细节上与我们的宇宙完全相符的宇宙一定位于景观的某个地方。这是一个活跃领域的研究目标，称作超弦模型构造（string model building）。这个研究计划就是在弦景观中四处搜寻，定量地检验额外维度的可能形式，从中寻找与我们的宇宙最相似的宇宙。这是一个可怕的挑战，因为景观实在太大太复杂了，根本不可能用任何系统的方法做全面的研究。若要取得进展，不但需要高超的计算技巧，而且需要具备将琐碎信息（额外维度的形态和大小、环绕孔洞的场通量、各种膜的存在等）综合起来的直觉。能挑起这一重担的人需要将严谨科学的精髓与艺术的感性结合起来。迄今为止，人们还没有发现和我们的宇宙特征严格相同的例子。但是有 10^{500} 种可能性有待我们去探索，人们都相信我们的宇宙一定在景观的某个地方有一个归宿。

这科学吗

在这一章中，我们已经转过了逻辑的角落。到目前为止，我们一直在窥探现实的隐喻，更多的时候我们在探索基本物理学和宇宙学研究各方面进展的含义。每当我想到在遥不可及的空间中还存在地球副本的可能性，或者我们的宇宙是暴胀宇宙中的一个泡泡的可能性，或者我们生活在一个膜世界上，许多膜世界组成一块巨型宇宙面包的可能性，我就会沉浸在无尽的喜悦之中。这都是令人无法抗拒的诱人的想法。

借助景观多重宇宙，我们以另一种方式引出了平行宇宙。在我们刚刚用过的方法中，景观多重宇宙不但拓宽了我们的视野，让我们看到潜在的可能性，而且直接引入一系列平行宇宙，一系列超出我们能力范围的世界。我们或无法拜访，或无法看到，或无法检验，或无法施加影响，这就为我们在这个宇宙中进行的观测提供了真知灼见。

它还引发了一个本质问题：这科学吗？

第7章 科学和多重宇宙

推理、解释和预言

当2004年的诺贝尔物理学奖得主戴维·格罗斯（David Gross）猛烈抨击弦论的景观多重宇宙时，他很有可能引用了温斯顿·丘吉尔（Winston Churchin）1941年10月29日所做的演讲："永远不要对任何事屈服……永远，永远，永远，永远不要。不论是大事还是小事，不论是要事还是琐事，永远不要屈服。"当普林斯顿大学的阿尔伯特·爱因斯坦科学教授、暴胀宇宙学现代版本的发现者之一保罗·斯坦哈特表达其对景观多重宇宙的厌恶时，虽然措辞较为克制，但是你可以确信某个时候他将这个学说与宗教进行了颇为令人不快的比较。英国皇家天文学家马丁·里斯（Martin Rees）将多重宇宙看作我们为深入了解一切事物而自然而然地采取的下一个步骤。伦纳德·萨斯坎德认为，那些忽略了我们的宇宙是多重宇宙的一部分的可能性的人们只不过是在刻意回避他们所发现的确凿证据而已。这些不过是其中几个例子，还有很多其他人（或是强烈的反对者，或是狂热的支持者）表达自己的观点时并不总是显出一副高高在上的样子。

在四分之一世纪里，我一直在研究弦论。我从来没有见过像讨论弦景观及其可能产生的多重宇宙时热情如此高涨、用词如此尖锐的场景。原因很明显，许多人将这些进展视为一个战场，他们要为科学的灵魂而战。

科学的灵魂

景观多重宇宙就像一副催化剂，这场争论引出了所有涉及多重宇宙理论的关键议题。多重宇宙所引入的空间不但从实践上，而且在很多理论的语境中都是不可企及的，那么从科学上讲，多重宇宙的说法合理吗？多重宇宙的概念是可检验的或可证伪的吗？多重宇宙理论是否具有一种无可替代的解释力呢？

如果答案像反对者坚称的那样，是否定的，那么多重宇宙的支持者就站在了一个不同寻常的立场上。引入我们无法企及的隐藏空间，这种不可检验、不可证伪的想法与我们当中大部分人所谓的科学相差很远。于是，这激起了另一方的不满。支持者回应道，尽管某个特定的多重宇宙理论联系观测数据的方法与我们常用的方法不尽相同（可能不太直接，可能不太明确，也可能需要在将来的实验中有足够的运气），但在这么多的假说中，这种联系并非从根本上就不存在。关于我们的理论和观测能够揭示什么，如何才能证明这些想法，这一论题无可争辩地提供了一种广阔的视角。

你如何看待多重宇宙取决于你如何看待科学的核心使命。概要总结常常会强调说，科学的目的就是寻找宇宙的运行规律，解释这些规律如何体现基本的自然法则，接着得出一些能够被后续实验观测验证或否定的新预言，用来检验所谓的法则是否正确。尽管这种描述看起来是合理的，但它可能掩盖了一个事实：科学的真正历程可能要混乱得多，因此提出正确的问题常常与发现、检验问题的答案同等重要，而且这些问题的答案并非飘浮在某个事先存在的领域里，等待着科学将它们一个一个找出来。相反，我们今天所提出的问题常常形成于昨天的认识之中。科学上的重大突破通常能解决一些问题，但随之又会产生一些以前人们从未想过的问题。判断包括多重宇宙理论在内的任何一种理论的进展时，我们不但要考虑它揭示隐藏真相的能力，而且要考虑它对我们试图解决的问题所产生的冲击。这种冲击体现在科学的实践上。我们将会看到，多重宇宙理论具有一种能力，能够改造科学家们为之奋斗了几十年的最深刻的问题。这个展望会鼓舞一些人，也会触怒另一些人。

在这一背景下，让我们系统地思考多重宇宙理论框架的合理性、可检验性和实用性。

可以企及的多重宇宙

人们很难在这些问题上达成共识，其中一部分原因是多重宇宙的概念并不是完全统一的。我们已经遇到了5种不同版本（百衲被多重宇宙、暴胀多重宇宙、膜的多重宇宙、循环多重宇宙和景观多重宇宙），在接下来的章节中还会遇到另外4种情况。可以理解，通常的多重宇宙概念在缺乏可检验性方面鼎鼎有名。毕竟，通常的评估方法就是这样，由于我们能够触及的宇宙只有这一个，所以考虑除了这个宇宙之外还有别的宇宙就好比在谈论鬼魂和牙仙。事实上，这是一个我们马上就会讨论到的核心问题，但首先应该注意的是一些多重宇宙理论确实允许子宇宙之间存在互动。在膜的多重宇宙中，我们已经看到闭弦能够不受约束地从一块膜运动到另一块膜上。而在暴胀多重宇宙中，泡泡宇宙之间存在更加直接的接触。

回想一下，在暴胀多重宇宙中，两个泡泡宇宙之间的空间存在暴胀，因为其中充斥的暴胀场的能量和负压一直很大。暴胀会使泡泡宇宙相互远离。即便如此，如果泡泡本身的扩张速度超过了空间暴胀将它们分开的速度，泡泡之间仍会发生碰撞。记住，暴胀是可累积的，两个泡泡之间膨胀出的空间越大，它们的分离速度就越快，因此，我们就会得到一个有趣的结果。如果两个泡泡确实靠得很近，它们之间的空间就会非常狭小，以至于它们各自的扩张速度会超过分离速度。这就会使泡泡发生碰撞。

数学计算已经证实了这个推理过程。在暴胀多重宇宙中，宇宙之间可以发生碰撞。此外，许多研究团队证明〔包括饶姆·伽里噶（Jaume Garriga）、阿兰·古斯和亚历山大·维连金，本·弗莱沃戈尔（Ben Freivogel）、马修·克莱班（Matthew Kleban）、阿尔伯托·尼古利斯（Alberto Nicolis）和克里斯·西格森（Kris Sigurdson），还有安东尼·阿吉雷（Anthony Aguirre）和马修·约翰逊（Matthew Johnson）〕，一些猛烈的碰撞会破坏每个泡泡宇宙的内部结构。对于我们这样的泡泡中可能存在的居民来说，这可不妙。除此之外，宇宙之间也可能发生轻微的擦碰，在避免毁灭性的后果的同时产生一些可观测的信号。计算表明，如果我们与另一个宇宙发生一场小擦碰，其影响就是在空间中掀起一些振荡波，进而改变宇宙微波背景辐射中冷、热区域的分布模式。[1]研究人员正在计算这种擦碰留下的蛛丝马迹，为将来的观测打下基础。也许有一天我们会找到这样的证据，证明我们的宇宙与其他宇宙发生过碰撞——证明其他宇宙的确存在。

但是，不论这个展望多么激动人心，如果找不到任何与其他宇宙的相互作用或相遇的迹象，则又会怎样呢？具体地说，如果我们永远也不会发现其他宇宙存在的任何实验和观测信号，多重宇宙的概念又将立足于何处呢？

科学和不可企及的概念 I

能够引入一种科学上可检验而又不可观测的宇宙吗？

每一种理论框架都包含一套假设性的架构，即理论的基本成分及支配它们的数学定律。这种架构除了定义理论本身之外，还确立了我们能够在理论中提出什么类型的问题。艾萨克·牛顿的架构是一种有形的架构。从石块、小球到月球、太阳，牛顿的数学公式所涉及的都是我们直接接触或很容易看到的物体的位置和速度。许多观测结果证实了牛顿的预言，于是我们确信他的数学公式正确地描述了我们所熟悉的物体的运动。詹姆斯·克拉克·麦克斯韦的架构引入了一个重要的抽象化步骤。不像别的东西那样，我们的感官并没有演化出直接感受振动的电场和磁场的能力。虽然我们能看到"光"（也就是波长在我们的眼睛能觉察到的范围内的电磁波动），但我们的视觉体验并没有随着理论设想的场的波动而起伏。即便如此，我们依旧能够通过精密的仪器来测量这些振动，加上这种理论的大量预言都已被证实，这就毋庸置疑地证明我们正沉浸在电磁场的律动海洋之中。

到了20世纪，基础科学已经发展到越来越依赖一些不可企及的特征。空间和时间融为一体，为狭义相对论提供了所需的脚手架。后来，时空被爱因斯坦赋予了可塑性，成为广义相对论所需的柔韧的舞台幕布。现在，我能听到时钟在滴答，也能使用尺子去度量长度，然而我永远也不可能像抓住椅子扶手一样抓住时空。我能感受到引力的效果，但如果你一定要问我们究竟能不能直接感受到自己正处于一个弯曲的时空中，我就会回到麦克斯韦的境遇中。我确信狭义和广义相对论是正确的，并不是因为我能看到这些理论的核心成分，而是因为当我接受其假设的框架时，它们的数学公式就会对我能测量的事物做出预言，而且这些预言格外精确。

量子力学更加深刻地体现了这种无法企及的特征。量子力学的中心要素是概率波，它由埃尔温·薛定谔于20世纪20年代发现的波动方程来描述。虽然这种波动是它的标志性特征，我们将会在第8章中看到，量子物理的架构确保概率波永远是完全不可观测的。概率波预言了在哪里可能发现某个粒子，但是概率波本身游弋在日常现实的舞台之外。[2]虽然如此，由于这些预言非常准确，科学家们接受了这样一种古怪的状态：理论引入一种至关重要的全新概念，而根据理论本身的解释，这种概念是不可观测的。

贯穿在这些例子中的共同主题是，理论的成功可以成为对其基本架构的事后证明，即便我们现有的能力无法直接探测这些架构。这不正是理论物理学家们的日常经验吗？毫无疑问，他们所用的语言、所提出的问题至少远比桌椅板凳还抽象，而且其中一些概念永远无法被我们直接感受到。[1]

---

[1] 关于如何看待科学理论在尝试理解大自然的过程中所扮演的角色，不同的人持不同的观点，因此我提到的问题会存在一系列不同的解释。其中有两种鲜明的立场，一种是现实主义，他们相信数学理论可以直达现实的本质；另一种是工具主义，他们相信理论提供了一种方法，能够预言测量仪器显示什么样的测量值，但对于潜在的现实无可奉告。经过几十年严格论证，科学哲学家已经对这些观点和相关观点进行了诸多完善。毫无疑问，我的观点及我在这本书中采用的方法都坚决站在现实主义阵营。尤其在这一章中，在评估某些类型的理论的科学性时，以及在研究关于现实的本质，理论做出了何种暗示时，不同哲学倾向的人之间存在相当大的分歧。

当我们进一步用理论的架构来研究其中可能存在的现象时，另外一些不可企及的情况就出现了。黑洞产生于广义相对论的数学公式中，而天文学观测提供的大量证据表明，黑洞不但存在，而且非常普遍。即便如此，黑洞的内部仍然是一个未知的领域。根据爱因斯坦方程，黑洞的边界（即它的事件视界）是一个有去无回的界面。你进得去，但出不来。我们确信黑洞之外的人永远无法看到黑洞内部的情形，这不仅因为无法躬身实践，还因为这正是广义相对论法则的一个预言。不过，人们一致认为在黑洞事件视界另外一侧的区域也是真实存在的。

广义相对论在宇宙学上的应用产生了更极端的不可企及的例子。如果你不介意单程旅行的话，那么黑洞的内部至少是一个可能的目的地。但即使能够以接近光的速度旅行，我们也不可能抵达那些位于宇宙视界之外的区域。在加速膨胀的宇宙中（例如我们的宇宙），这一点越发明显。根据宇宙加速度的测量值（我们假定这个值恒定不变），任何距我们200亿光年以上的物体将永远处于我们能够看到、访问、测量和影响的范围之外。在那个距离之外，空间始终在以极快的速度远离我们，任何突破这个距离的尝试都是徒劳，就像一个人乘着皮划艇逆水而行，而水流的速度远远超过了他能划行的速度。我们从未观测到也永远不会观测到那些超出我们宇宙视界的物体；反之，它们从未观测到也永远不会观测到我们。那些在过去某个时期位于宇宙视界之内而后来被空间的膨胀拽出宇宙视界之外的物体，我们曾经能看到，但将来永远看不到。然而，我想我们都会承认，那些物体与任何有形的物体一样都是真实存在的，并且这些物体所处的区域也是真实存在的。假如我们早先能够看到的一个星系逃出了我们的宇宙视界，进入一个不存在的区域，而由于这一区域永远不可企及，所以我们就得将它们从现实的地图上抹去，这种逻辑当然很怪异。尽管我们不可能观测或影响到这些区域，它们也不可能观测或影响到我们，但它们的确包含在我们关于一切真实存在的事物的图景之中。[3]

这些例子清楚地表明，科学并非与这些包含无可企及的元素（从基础成分到推导结果）的理论格格不入，我们对这些无形事物的信心依赖我们对理论的信心。当量子力学引入概率波时，它对我们所能测量的事物（例如原子和亚原子粒子的行为）的惊人描述能力使我们不得不敞开怀抱，接受它提出的空灵现实。当广义相对论预言一些我们无法观测到的区域的存在时，它对我们能够观测到的物体的运动（例如行星的运行和光的轨迹）做出了异常成功的描述，这迫使我们不得不认真地对待这些预言。

因此，为了提升我们对一种理论的信心，我们并不要求其中的所有特征都必须是可检验的，只要能证实各式各样强有力的预言就足够了。一个世纪以来的科学工作都允许理论引入一些隐藏的、不可企及的元素，当然这个理论还得对大量可观测的现象做出一些有趣的、新奇的、可检验的预言。

这就说明，即使我们无法得到来自其他宇宙的直接证据，我们仍然可以为包含多重宇宙的理论搜集令人信服的论据。如果支持某种理论的实验和观测证据迫使你去接受它，如果这个理论所依赖的数学结构非常严格，而且除此之外别无选择，那么你就不得不接受它的一切。如果这个理论暗示了其他宇宙的存在，那么这就是理论要你接受的现实。

原则上（别搞错，我说的是原则上），提出许多不可企及的宇宙并不会让一个模型变得不科学。为了强调这一点，想象有一天我们为弦论收集了强有力的实验和观测证据。也许将来的加速器会探测到一系列弦振动的图案和额外维度存在的证据，而天文观测在宇宙微波背景辐射中探测到了弦论预言的特征，或探测到拉长了的弦在空间中蜿蜒起伏的信号。再假设我们对弦论的认识有了长足的进步，而且我们已经认识到这个理论将会彻底地、明确地、毫无争议地引入景观多重宇宙。尽管这些假设还没实现，但如果一个理论获得了实验和观测的强有力的支持，而这个理论的内部结构又要求存在多重宇宙的话，我们就不得不承认是时候该"妥协"了。[1]

于是，我们这样回答本节标题中的问题，在适当的科学语境下，不但引入多重宇宙是正确的行为，而且不引入多重宇宙更是一种不科学的偏见。

科学和不可企及的概念 II

原则问题到此为止，我们如何立足于实践？

怀疑论者会公正地回应说，从原则上讨论如何证明某个多重宇宙理论是一回事，而判断我们所说的某种多重宇宙模型是否像已被实验证实的理论那样，能够得出一个关于其他宇宙的绝对预言是另一回事。他们能做到吗？

百衲被多重宇宙产生于一种无限延伸的空间区域，这种可能性与广义相对论非常契合。但问题在于，广义相对论允许空间是无限的，但这并不要求它是无限的。这反过来又解释了为什么广义相对论已经是一个公认的框架，百衲被多重宇宙却仍然是一种假设。永恒暴胀的确会直接产生无限的空间区域（回想一下，从里面看时，每个泡泡宇宙都是无穷

---

[1] 多重宇宙包含大量各不相同的宇宙，于是有一个合理的顾虑，也就是说无论实验和观测发现什么样的结果，在理论的庞大集合中都会存在一些符合这些结果的宇宙。如果是这样的话，就没有实验证据能够证明这个理论是错；反之，也没有实验数据可以作为支持这一理论的证据。我马上就会探讨这个问题。

大的），但此时的百衲被多重宇宙仍然是不确定的，因为其理论的根本（永恒暴胀）仍然是一个假设。

同样的考虑也适用于同样出自永恒暴胀的暴胀多重宇宙。过去10多年中的天文观测建立了物理学界对暴胀宇宙的信心，但并没有说明这种暴胀是永恒的。理论研究表明，虽然暴胀在许多理论版本中是永恒的，并能够产生层层相套的泡泡宇宙，但有些理论版本也会认为宇宙是一个单独的空间泡。

膜的多重宇宙、循环多重宇宙和景观多重宇宙都建立在弦论的基础上，因此它们面临着更大的不确定性。虽然弦论可能很出色，它的数学结构可能会变得非常丰富，但它缺乏可检验的预言，缺少与观测和实验的联系，因此弦论仍然处于科学理论的范畴。此外，由于它的理论工作仍处于发展之中，目前还不清楚未来哪些特征仍将扮演关键角色。作为膜的多重宇宙和循环多重宇宙的基础，膜还会保持其核心地位吗？作为景观多重宇宙的基础，额外维度还有那么多种类吗？还是说我们最终会找到一个数学原理，可以从中挑选出一个特定的形状呢？我们尚不清楚。

所以，可以想象，就算不怎么考虑或完全不提及多重宇宙理论关于其他宇宙的预言，我们也可以为它高谈雄辩，但这种方法对我们所遇到的多重宇宙方案来说是行不通的，至少目前行不通。要想评估其中任何一套方案，我们就得对其关于多重宇宙的预言直接进行检验。

我们能做到吗？即使理论提出的众多宇宙超出了实验和观测范围，我们仍然能够从中得出可检验的预言吗？让我们一步一步地解决这个关键问题。我们将遵循以上模式，即从"原则上"的观点过渡到"实践上"的观点。

多重宇宙的预言 I

如果构成多重宇宙的众多宇宙是不可企及的，
那么它们能为理论的预言带来实质性贡献吗？

为什么我们看到的宇宙具有如此这般的特征，这个问题是人们追寻已久的目标。一些反对多重宇宙的科学家们将多重宇宙事业看作一场失败，一次关于这个目标的全面撤退。作为几十年来一直从事弦论工作，致力于实现弦论的诱人承诺（计算出宇宙所有可观测的基本特性，包括自然界的各种常数取值）的研究人员之一，我表示很同情。如果我们相信自己是多重宇宙的一部分，并且其中某些常数或者所有常数都会随着宇宙的不同而发生改变，那么我们也就承认了这是个错误的目标。如果基本定律允许多重宇宙中的电磁力强度存在各种各样的取值，那么计算出独一无二的强度就像让一个钢琴家挑选出独一无二的音符一样，这种概念是没有意义的。

但这里有一个问题：宇宙特征的变化多端是否意味着我们无法对所在宇宙所有的内在特征做出预言或事后断言？不一定。虽然多重宇宙不具备独特性，但我们仍可保留一定程度的预言能力。这个问题归根结底在于统计学。

以狗为例，不同狗的体重并不相同。有的狗很轻，如吉娃娃的重量小于1千克；有的狗非常重，如老式英国獒犬的体重可以超过100千克。如果我向你提出挑战，让你预言你在街上遇到的下一只狗有多重，最好的办法似乎就是从我给定的范围内挑选一个随机数。然而，只要给你提供一点点信息，你就可以猜得更准确。如果你掌握了你家附近所有狗的种群数据，例如有多少人养了这种狗或那种狗，每种狗的重量分布，甚至是每种狗每天通常需要散几次步，你就会计算出你最有可能遇到的狗的体重。

　　这个预言并不明确，用统计方法往往得不到一个明确的预言。但知道了狗的分布之后，你就不用凭空想出一个数字，而可以做得更好。如果你家附近的狗的分布非常集中，80%的狗都是平均体重为27千克的拉布拉多猎犬，其他20%的狗包含从苏格兰梗犬到狮子狗的品种，平均体重是14千克，那么在25千克到29千克的范围内猜测会是一个不错的选择。你遇到的下一只狗可能是毛茸茸的狮子狗，但这种情况不太可能发生。概率分布得越集中，你的预言就越准确。如果你所在地区的狗有95%都是28千克重的拉布拉多猎犬，那么预言你会遇到这样一只狗的依据也就更加充分。

　　类似的统计方法可以应用到多重宇宙上。想象一下，我们正在研究一个多重宇宙理论，其中包含各种不同的宇宙，这些宇宙中的相互作用的强度不同、粒子性质不同、宇宙常数的大小不同，等等。再设想我们已经充分了解这些宇宙形成的机制（例如景观多重宇宙中会产生泡泡宇宙），我们就能确定这些宇宙的分布及各种属性。我们能够从这些信息中得出真知灼见。

　　为了说明这样的可能性，假设我们算出了一种特别简单的分布：有些物理特征在不同宇宙之间相差很大，而有些物理特征是不变的。例如，设想我们通过计算发现了一批粒子，这些粒子存在于多重宇宙的所有宇宙中，而且每个宇宙中的粒子的质量和电荷都相同。这样的分布将会得出言之凿凿的预言。如果在我们孤零零的宇宙中进行的实验没有找到预言中的这批粒子，我们就会将这个理论和多重宇宙一起否决。知道了分布之后，多重宇宙模型就是可证伪的了。相反，如果我们在实验中找到了预言的粒子，就会增加我们对该理论的正确性的信心。[4]

又如，设想多重宇宙中的宇宙学常数落在一个很大的范围内，而且分布得非常不均匀，如图7.1所示。该图表示在多重宇宙中具有某个宇宙学常数取值（横轴）的宇宙数目所占的比例（纵轴）。如果我们身处这样的多重宇宙中，宇宙学常数之谜就会完全不同。在这种情况下，绝大多数宇宙的宇宙学常数的值与我们观测到的结果非常接近，虽然可能的取值范围非常大，但这种偏态分布意味着我们观测到的宇宙学常数并不稀奇。对于这样一个多重宇宙，你不应该再为我们宇宙的宇宙学常数是 10^{-123} 而感到神秘，就如同你在附近散步的途中遇到一只28千克重的拉布拉多猎犬时不会感到奇怪一样。给定了相应的分布，每个结果都有可能发生。

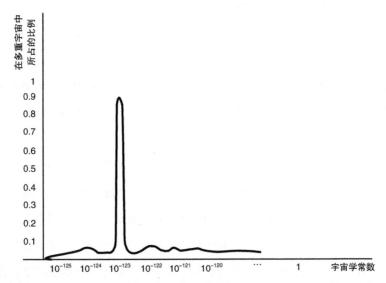

图7.1 假设在一个多重宇宙中，宇宙学常数的取值可能满足这样的分布。这表明高度偏斜的分布可以使原本令人困惑的观测值变得容易理解。

让我们转换一下主题。试想，在某个特定的多重宇宙模型中，宇宙学常数的取值范围很广，但与前面的例子不同，其取值是均匀分布的，每种宇宙学常数对应的宇宙一样多。进一步设想，关于这个多重宇宙理论的详细计算揭示了一个意想不到的分布特征。计算表明，在那些宇宙学常数与我们观测到的结果差不多的宇宙中，存在一类质量为质子质量5000倍的粒子——这种粒子太重了，不可能在20世纪的加速器内发现，但恰好位于21世纪建造的加速器的测量范围内。由于两个物理特征之间存在紧密的联系，这样的多重宇宙理论也是可证伪的。如果无法找到预言中的那些大质量粒子，我们就会证明这个多重宇宙理论是错误的；如果发现了这类粒子，我们对这个理论的信心就会随之增强。

需要强调的是，这些情形都只是假设。我之所以提到这些情形是因为它们阐明了在多重宇宙的背景下，科学的思辨和验证可能具有什么样的属性。我以前说过，如果一个多重宇宙理论除了其他宇宙之外，还预言了别的可以检验的特征，那么（原则上）我们可以找到支持它的证据，即使其他宇宙是不可企及的。刚才所举的例子更加充分地表明了这一点。对于这些类型的多重宇宙模型，可以明确地说，本节标题所提出的问题的答案是肯定的。

这种"可预言的多重宇宙"的基本特征是，它们并非由一些宇宙随意混合而成。相反，如果能对多重宇宙做出预言，就表明其中存在某种基本的数学关系：在多重宇宙的众多宇宙中，某些物理性质的分布是高度偏斜或高度相关的。

这种情况如何发生？抛开"原则上"的范畴，这种情况会在我们所遇到的多重宇宙理论中出现吗？

多重宇宙的预言 II

其原则到此为止，我们在实践中将立足何处？

狗在某个特定地区的分布取决于一系列影响因素，其中有文化和经济因素，还有传统意义上的偶然事件。由于这种复杂性的存在，如果你打算得出一些统计性的预言，最好的办法不是考虑狗的某个特定的分布是如何形成的，而是利用从当地的狗证管理机构得到的有关数据。可惜，多重宇宙模型并不存在类似的统计调查局，所以不存在这样的选择。我们不得不依靠我们对特定多重宇宙形成过程的理论认识来确定其中的宇宙分布。

基于弦论和永恒暴胀的景观多重宇宙是一个很好的研究案例。在这种情况下，驱动新宇宙产生的双重引擎是暴胀和量子隧穿效应。回想一下：暴胀的宇宙与弦景观中的某个山谷相对应，量子隧道穿过周围的某座山峰，通向另一个山谷。第一个宇宙（具有确定的特征，如力的强度、粒子的属性、宇宙学常数的值等）中产生了一个新宇宙的膨胀泡泡（见图6.7），新宇宙拥有一套新的物理特征，这个过程将持续进行。

这样一来，作为一个量子过程，这种隧穿事件就会具有概率性特征。你无法预言它们会在何时何地发生，但是你可以预言在任意给定的时间段内任意给定的方向上发生一次隧穿事件的概率，这个概率取决于弦景观的细节特征，如各个山峰和山谷的高度（即相应的宇宙学常数的大小）。概率越大，隧穿事件发生得就越频繁，这会在由此产生的宇宙分布中有所体现。于是，我们的策略就是用暴胀宇宙学和弦论的数学公式算出景观多重宇宙中具有不同物理特征的宇宙的分布。

这个问题的难点在于，到目前为止还没有人具备这种能力。根据我们目前的认识，丰富多彩的弦景观中存在大量山峰和山谷，计算多重宇宙的细节特征难于上青天。宇宙学家和弦理论家的开创性工作为深化我们的认识做出了重大贡献，但这些研究仍处于初级阶段。[5]

为了更进一步，多重宇宙的支持者主张引入一个更重要的元素，即考虑在前面的章节中介绍的选择效应——人择推理（anthropic reasoning）。

多重宇宙的预言 Ⅲ

人择推理

在一个特定的多重宇宙中，必然有许多宇宙是没有生命的，其中的原因我们已经知道。如果大自然的基本参数偏离了我们已知的取值，就会倾向于破坏适于生命出现的条件。[6]我们的存在意味着我们不可能发现自己身处任何没有生命的区域，所以不必进一步解释为什么我们没有看到这些区域具有的特定属性。如果某个特定的多重宇宙只包含一个独一无二的存在生命的宇宙，那么我们就如黄金般珍贵。我们将计算出这个特别宇宙的属性。如果这些属性与我们宇宙中的测量结果不同，我们就能排除这种多重宇宙模型；如果这些属性与我们的观测结果一致，我们就对人择的多重宇宙学理论做出了绝佳的证明，也就有理由极大地扩充我们现实的图景。

在更合理的情况下存在生命的宇宙不止一个，一些理论家（包括史蒂芬·温伯格、安德烈·林德、亚历山大·维连金、乔治·艾夫斯塔休和许多其他人）都提倡一种强化的统计方法。他们并没有计算多重宇宙中各种宇宙的相对数量优势，而是提出我们应该计算其居民的数量（物理学家通常称他们为观测者），这些居民会发现自己处于各式各样的宇宙中。在某些宇宙中，环境几乎不适合生命存在，因此其中很缺乏观测者，就像在环境严酷的沙漠中偶尔会看到仙人掌一样。在其他宇宙中，环境更加舒适，其中充斥着观测者。这个思路是，正如对犬类的普查数据可以让我们预言我们将会遇到什么样的狗一样，对观测者的普查数据也能让我们预言在多重宇宙中某处的一个典型居民（根据这种推理方法，也就是你和我）会看到具有何种属性的宇宙。

1997年，温伯格和他的合作者雨果·马特尔（Hugo Martel）与保罗·夏皮罗（Paul Shapiro）曾计算出一个具体的例子。对于一个宇宙学常数随地点变化的多重宇宙，他们计算出不同宇宙中会存在多少生命。他们没有考虑适宜生命存在的条件，而将问题转化为讨论星系的形成。借助于温伯格的这个生命代用品（见第6章），这项艰巨的任务就变得切实可行了。星系越多意味着行星系统越多，根据其中的基本假设，生命特别是智慧生命存在的可能性也就越大。于是，正如温伯格在1987年的发现，即使不太大的宇宙学常数也能产生强大的排斥作用，进而阻止星系的形成，因此只能考虑多重宇宙中宇宙学常数足够小的区域。负的宇宙学常数将会导致星系还没形成时宇宙就已坍缩了，因此多重宇宙中的这些区域也可以从分析过程中剔除。所以，人择推理将我们关注的焦点集中在了多重宇宙的部分区域上，其中的宇宙学常数在一个很狭小的窗口内变化。正如第6章中的讨论，计算结果表明，对于一个包含星系的特定宇宙来说，它的宇宙学常数需要小于约200倍的临界密度（约10^{-27}克/厘米^3，按照普朗克单位计算时大约是10^{-121}）。[7]

温伯格、马特尔和夏皮罗对这个范围内的宇宙进行了更精细的计算。他们得出其中每个宇宙中的物质占据多大比例时，才能在宇宙演化的过程中结成团块，而物质结团是星系形成道路上的一个关键步骤。他们发现，如果宇宙学常数的大小非常接近窗口的上限，形成的团块就相对少一些，因为宇宙学常数就像一股强风，将大多数尘埃的堆积物吹散了。如果宇宙学常数的大小接近窗口的下限（零），形成的团块就会很多，因为宇宙学常数的阻碍作用降到了最低。这意味着你有很大的可能性生活在一个宇宙学常数接近零的宇宙中，因为这样的宇宙中存在大量的星系。按照这种推理方法，那里也就存在大量的生命。你生活在宇宙学常数靠近窗口上限（约10^{-121}）的宇宙中的可能性会稍小一些，这是因为这些宇宙中的星系会少得多。你生活在宇宙学常数介于这两个极端之间的宇宙中的可能性既不大也不小。

利用这些结果的定量版本，温伯格和他的合作者计算了多重宇宙中的观测者看到的宇宙学常数的平均大小，这类似于在附近散步时遇到的狗的平均重量约为28千克，即相当于拉布拉多猎犬的体重。答案是什么？略大于后来的超新星观测结果，但肯定在同一个数量级上。他们发现，在多重宇宙中1/20~1/10的居民的经历与我们相似，他们宇宙中的宇宙学常数约为10^{-123}。

虽然百分比再高一些时会更令人满意，但这个结果的确令人印象深刻。在这个计算出现之前，物理学面临的是理论与观测之间的不匹配超过了120个数量级，这强烈地暗示我们的认识中必然存在重大错误。但温伯格及其合作者的多重宇宙方法表明，你发现自己所在宇宙的宇宙学常数与我们的测量值完全相同，就像在拉布拉多猎犬占绝大多数的区域附近撞见狮子狗一样，也就是说没什么可让人惊奇的。当然，从这种多重宇宙方法的角度看，宇宙学常数的观测值并不代表我们的认识存在重大缺失，这是一个令人鼓舞的进步。

但随后的分析强调了一个有趣的方面，有的人将其视作对这个结果的一种削弱。为简单起见，温伯格和他的合作者假设多重宇宙中的各个宇宙之间只有宇宙学常数的大小不同，其他物理参数均设为不变。马克斯·特格马克（Max Tegmark）和马丁·里斯指出，如果假设各个宇宙之间的宇宙学常数和早期宇宙量子抖动的大小都各不相同，结论就会有所变化。回想一下，这种量子抖动是星系形成的原始种子：微小的量子涨落被宇宙的暴胀放大，随机产生一系列物质密度比平均水平稍高或稍低的区域。高密度区域对附近物质的引力作用更强大，于是这些区域越长越大，最终形成了星系。特格马克和里斯指出，就像树叶堆积得越多就越禁得住风吹，原始种子越大就越禁得住宇宙学常数的破坏性斥力的作用。在多重宇宙中，如果种子的大小与宇宙学常数的取值都会随着宇宙不同而变化，那么就会存在大号种子与取值较大的宇宙学常数相抵消的情况。这种组合允许星系形成，也允许生命形成。在这种类型的多重宇宙中，一个典型观测者看到的宇宙学常数的值会有所增大，从而导致发现其宇宙学常数和我们的测量结果一样小的观测者的比例会（可能急剧）减小。

多重宇宙的坚定支持者喜欢将温伯格及其合作者的分析看作人择推理的巨大成功，而反对者喜欢以特格马克和里斯提出的问题为例说明人择推理的结果不太令人信服。实际上，现在争论还为时尚早。这都是一些尝试性的初步计算，最好将它们看成一种为推广人择推理而提供的思路。在某些限制性的假设下，这些计算表明人择的框架可以将我们带入宇宙学常数测量值所处的范围。若稍微放宽某些假设条件，这些计算就表明这个范围会显著扩大。这种灵敏性意味着要想对多重宇宙进行更精细的计算，就需要对体现子宇宙特点的细节属性及其变化范围持有准确的认识，从而取代理论上的武断假定。要想得出明确的结论，这一条件必不可少。

研究人员正在为实现这一目标而努力，但直到今天，他们还没有成功。[8]

多重宇宙的预言 Ⅳ
还需要什么？

在我们能够做出关于某个特定的多重宇宙的预言之前，还有哪些障碍需要我们清除呢？这里有三件最重要的事情。

首先，刚才讨论的例子尖锐地指出，对于一个多重宇宙模型，必须由我们决定哪个物理特征可以随宇宙的不同而变化。对于这些变化的特征，我们必须能够计算出它们在整个多重宇宙中的统计分布。理解多重宇宙中产生子宇宙的宇宙学机制（例如在景观多重宇宙中产生泡泡宇宙）对此十分重要。正是这种机制决定了不同宇宙的相对比例，也正是这种机制决定了物理特征的统计分布。如果我们足够幸运，物理特征在整个多重宇宙中的分布或者在适于生命存在的不同宇宙中的分布就会非常偏斜，从中能够得出明确的预言。

第二个挑战在于，如果我们确实需要引入人择推理，关于人类平均而言是一种普通物种的假设就会随之而来。多重宇宙中的生命很稀少，智慧生命则更加罕见。但按照人择原理的假设，我们在所有的智慧生物

211

中完全算是一个典型，于是我们的观测结果应该是多重宇宙中所有智慧生物观测结果的平均值。（亚历山大·维连金称之为中庸原理）。如果我们知道所有适于生命存在的宇宙的物理特征分布，就可以算出这个平均值。但关于典型性的假设非常棘手。如果今后的工作表明我们的观测结果处于某个特定多重宇宙的平均值范围内，那么我们对自身典型性（以及这个多重宇宙模型）的信心就会增强。那将是一项激动人心的成就。但是，如果我们的观测结果不在平均值的范围内，就可能说明这种多重宇宙模型是错误的，或者也可能意味着我们并不具备典型性。即使附近99%的狗都是拉布拉多猎犬，你仍然可能撞见杜宾犬——一种不那么典型的狗。到底是多重宇宙模型错误，还是模型正确而我们的宇宙不典型？要区分这两种情况是非常困难的。[9]

在这个问题上的进展可能需要我们更好地认识智慧生命是如何在某个特定的多重宇宙中出现的。有了这些知识，我们至少可以澄清迄今为止我们自己的演化历史有多么典型。当然，这是一个重大的挑战。到目前为止，大多数人择推理都完全回避了这个问题，而只是借用温伯格的假设，即在一个特定的宇宙中，智慧生命的种类与其中的星系数量成正比。据我们所知，智慧生命需要一颗温暖的行星，这又需要一颗恒星，而恒星通常是星系的一部分，所以我们有理由相信温伯格的方法行得通。但是，即使对于我们自身的起源，我们也只有最基本的认识，因此这个假设仍然是试验性的。为了完善计算，我们需要更深刻地理解智慧生命的发展过程。

第三个障碍很容易解释，但是从长远来看，它会一直存在。这就是如何除以无穷大。

除以无穷大

为了理解这个问题，我们回到狗的问题上来。如果附近生活着三只拉布拉多猎犬和一只达克斯猎犬，并忽略一些复杂因素（如狗多长时间会散一次步），你就有3/4的概率撞见一只拉布拉多猎犬。如果有300只拉布拉多猎犬和100只达克斯猎犬，3000只拉布拉多猎犬和1000只达克斯猎犬，300万只拉布拉多猎犬和100万只达克斯猎犬，等等，那么这个结果仍然适用。但是，如果这些数字是无限大，又该怎么办？你如何比较无穷多只达克斯猎犬和3倍于无穷多只拉布拉多猎犬？虽然这看似一道折磨7岁以上孩童的数学题，但这个问题确实存在。3倍的无限大比普通的无限大大吗？如果是这样的话，是大2倍吗？

比较无限大数的问题是出了名地刁钻。当然，对地球上的狗而言，这一问题并不存在，因为狗的数量是有限的。但对于构成特定多重宇宙的众多宇宙来说，这个问题是非常现实的。以暴胀多重宇宙为例，从一个虚构的局外人的视角纵观整块"瑞士奶酪"，我们会看到它始终在生长，无时无刻不产生新的宇宙。这就是"永恒的暴胀"中的"永恒"的含义。此外，从内部视角来看，我们已经知道每个泡泡宇宙包含无穷多个独立区域，构成一个百衲被多重宇宙。做预言时，我们必须面对无穷多个宇宙。

为了理解这一数学挑战，想象自己是电视节目《我们来做笔交易》（*Let's make a deal*）中的一个竞争者，你已经赢得了一个不同寻常的大奖，奖品是无穷多个信封。第一个信封内装有1元，第二个信封内装有2元，第三个为3元，以此类推。在人群的欢呼声中，蒙提插话说要给你一个选择：要么保留你现在的奖金，要么选择让每个信封里的东西加倍。起初似乎很明显，你应该接受这笔交易。"每个信封里的钱将比以前多，"你想道，"所以这是正确的选择。"如果你的信封数量有限，这么做毫无疑问应该是正确的。将5个包含1元、2元、3元、4元、5元的信封换做5个包含2元、4元、6元、8元、10元的信封，毋庸置疑是值得的。但又思考了一会儿之后，你开始动摇了，因为你意识到在无限的情况下结果是不明确的。"如果我接受了交易，"你想道，"我最后将得到2元、4元、6元等所有包含偶数元钱的信封。但如果按照现在的情况，我的信封里的钱将遍历所有整数，其中的偶数和奇数一样多。如此看来，如果接受这笔交易，就相当于从我原来的总金额中将装有奇数元钱的信封全部丢掉。这听起来并不像是一件聪明的事。"你开始感到头晕目眩了。如果对信封一个一个地进行比较，这笔交易看起来不错。如果拿整体和整体比较，这笔交易就显得很糟糕了。

你的困境说明，这一类数学的缺陷使我们很难在无限大的集合之间进行比较。人们越来越坐立不安，你必须做出决定了，但你对这笔交易的评估取决于你如何比较这两种结果。

比较两个无穷大集合的一个更基本的特征，即比较两个集合所包含的成员的数目时，一种类似的不明确同样令人苦恼。《我们来做笔交易》的例子也说明了这一点。在全体整数和全体偶数之中，谁的数量更多？大多数人会说是整数，因为整数中只有一半是偶数。但蒙提给你的经验为你提供了更敏锐的洞察力。试想一下，你接受了蒙提的交易并最终获得了所有偶数元钱。领取奖金时，你既不用交回任何信封，也不用索要新信封，因为蒙提只需将每个信封中的金额加倍。因此，你得出结论：容纳所有整数信封与容纳所有偶数信封并无二致，这表明每组信封的数量都是一样多（见图7.2）。真是不可思议！用一种方法进行比较（将偶数看作全体整数的子集），你会得出整数多一些。用另一种不同的方法

进行比较（考虑需要有多少个信封来容纳每个集合的所有成员），你会
得出整数集合和偶数集合的成员数目一样多。

图7.2　每个整数对应一个偶数，反之亦然，这表明两个集合的数目相同。

　　你甚至可以说服自己，偶数的数目比整数还要多。试想一下，蒙提
向你最初持有的每个信封中放入4倍的钱，因此第一个信封里会有4元，
第二个为8元，第三个为12元，以此类推。此时信封的数量保持不变，
这表明开始时整数的数目与能被4整除的偶数的数目相同（见图7.3）。
但是这样配对时，将每个整数嫁给一个被4整除的偶数，还剩下一个由
无穷多个单身偶数（2、6、10等）组成的集合，因而这似乎表明偶数比
整数多。

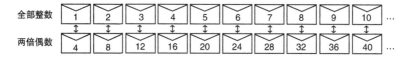

图7.3　每个整数都与一个被4整除的偶数相伴，剩下一个由单身偶数组成
的无限集合，这表明偶数比整数多。

　　从第一个角度来看，偶数比整数少；从第二个角度来看，两者是
相等的；从第三个角度来看，偶数比整数多。并不是说其中一个结论是
正确的，另外两个是错误的，因为哪种无限集合大一些是没有绝对答案
的，你发现的结果取决于你以何种方式进行比较。[10]

　　这就在多重宇宙理论中引发了一个难题。当多重宇宙包含无穷多
个宇宙时，我们如何确定某类宇宙中的星系和生命是否更丰富呢？我们

刚刚遇到的模棱两可的问题同样严重地困扰着我们，除非物理学能够制定一个精确的基准进行比较。基于不同的物理学考虑，理论家们提出了各种建议，类似于表中给出的各种配对方法，但是尚未得到一个明确的广为接受的方法。就像无限集合的例子那样，不同的方法得出不同的结果。根据一种比较方法，具有某一类属性的宇宙占优势；根据另一种方法，具有另一类属性的宇宙占优势。

对于我们得到的结论在特定的多重宇宙中是典型属性还是平均属性，这种不明确将产生巨大的影响。物理学家它称为测度问题（measure problem）。顾名思义，这个数学专有名词要求用一种手段来测量不同的宇宙无限集合的大小。这正是我们做出预言时所需要的信息，也正是计算我们居住在某类宇宙中而非另一类宇宙中的概率时所需要的信息。除非我们找到一个关于如何比较宇宙的无限集合的基本声明，否则我们无法定量地预言典型的多重宇宙居民（即我们）会在实验和观测中看到什么。解决测度问题实乃当务之急。

反对者的进一步考虑

我专门用一节的篇幅来讲测度问题，不仅因为它是我们做出预言的一个巨大障碍，还因为它可能带来另一个令人担忧的后果。在第3章中，我解释了为什么暴胀理论已经成为事实上的宇宙学标准模型。在我们宇宙的最初时刻短暂爆发的快速膨胀使得今天的遥远区域在早期可以相互交流，这就解释了测量发现的均匀温度。快速膨胀也熨平了所有空间曲率，使空间变得平坦，与观测相符。最后，这种膨胀将量子抖动转化为空间中的微弱温度涨落。这在宇宙微波背景辐射中都是可测量的，也是星系形成的关键。这些成功成了一个强有力的理由，[11] 但永恒暴胀拥有削弱该结论的能力。

不论量子过程是否相关，最好的办法是预言某个结果相对于另一个结果的概率。实验物理学家将此牢记在心，他们一遍又一遍地做着实验，获得了大量数据，从而能够进行统计分析。如果量子力学预言出现某个结果的概率是另一个结果的10倍，数据就应该大致反映这一比例。宇宙微波背景辐射的计算符合观测结果，这是暴胀理论最有说服力的证据。这些计算基于量子场的抖动，所以也是概率性的。但是，不同于实验室中的实验，我们不可能一遍又一遍地引发大爆炸来检查计算的正确性。那么又该如何解释这些计算呢？

好吧，如果理论计算得出，宇宙微波背景辐射数据应有99%的概率拥有一种形式而非另一种，并且如果观测者看到的正是这个最有可能的结果，那么接收到的数据就会强烈支持这一理论。基本原理是，如果一系列宇宙都产生于相同的基本物理机制，那么该理论就会预言其中约99%的宇宙看起来很像我们观察到的样子，约1%的宇宙存在明显的不同。

现在，如果暴胀多重宇宙中的宇宙数量有限，我们就可以直接得出量子过程导致的数据违背预期结果的古怪宇宙相对来说是非常少的。但是如果暴胀多重宇宙中的宇宙数量不是有限的，那么解释这些数字将更具挑战性。无限大的99%是多少？无限大。无限大的1%是多少？还是无限大。那哪一个更大？我们要比较两个无限集合之后才能得到答案。正如我们所见，你得出的结论取决于你所用的比较方法，即使一个无限集合似乎明显比另一个大。

反对者断言，如果暴胀是永恒的，那些令我们相信暴胀理论的预言就会受牵连。量子计算所允许的每一个可能的结果，就算概率很小，如

0.1%的量子概率、0.0001%的量子概率、0.0000000001%的量子概率，也会在数量为无穷多的宇宙中出现，这是因为其中任何一个数乘以无限大以后仍是无限大。缺乏一个比较无限集合的基本方案时，我们就不可能说一个宇宙集合比其他的宇宙集合更大，因此也不能说那就是我们最可能见到的宇宙类型，我们失去了做出明确预言的能力。

乐观主义者断言，暴胀宇宙学的量子力学计算与观测数据惊人地一致（见图3.5）必然反映了一个深刻的真理。对数量有限的宇宙和观察者来说，这个深刻的真理是测量数据偏离量子力学预言的宇宙（具有0.1%的量子概率，或0.0001%的量子概率，或0.0000000001%的量子概率）的确很罕见，这就是为什么像我们这样的普通多重宇宙中的居民并没有发现自己生活在那样的宇宙中。乐观主义者则断言，如果宇宙的数量为无限多，那么在某些尚未证明的方法看来，那些罕见的反常宇宙也必定真实存在。这是一个颠扑不破的深层真理。人们期望，我们终有一天会得出一种测度，一种比较各种宇宙无限集合的明确手段，并且相对于那些产生于可能性较大的量子结果的宇宙，产生于罕见的量子偏差的宇宙会有一个微小的测度。要做到这一点，仍然面临巨大的挑战，但这个领域中的大部分研究人员相信图3.5中的一致性意味着我们总有一天会取得成功。[12]

谜题和多重宇宙
多重宇宙可以为我们提供不可替代的解释力吗？

毫无疑问，你已经注意到，即便最乐观的推测也认为，相对于我们通常从物理学中获得的预言，多重宇宙框架中的预言将扮演一个不同的角色。水星近日点的进动、电子的磁矩、铀核分裂成钡核和氪核时释放的能量，这些都是预言。基于坚实的物理理论，它们产生于详尽的数学计算，并得出了精确的、可验证的数据。这些数据已被实验所验证。例如，理论计算出的电子磁矩是2.0023193043628，而测量结果是2.0023193043622。鉴于两个数据都存在固有的误差范围，因此实验以高于百亿分之一的精度证实了这个理论。

　　从我们现在的立足点来看，多重宇宙的预言似乎永远也达不到这样的精确程度。在最完善的模型中，我们也许能够预言宇宙学常数、电磁力的强度或上夸克的质量"极有可能"处于某个取值范围内。但要想做得更好，我们还需要特别好的运气。除了解决测度问题外，我们需要发现一个令人信服的多重宇宙理论，它具有非常偏斜的概率分布（如观测者有99.9999%的概率发现自己所处宇宙的宇宙学常数等于我们的测量值）或极为紧密的相关性（如电子只存在于宇宙学常数等于10^{-123}的宇宙中）。如果一个多重宇宙模型不具备这些有利的特征，它就缺少一种物理学一直以来有别于其他学科的精确度。在有的研究人员看来，这是不可承受的代价。

　　在相当长的一段时间内，我也坚持这一立场，但我的观点已经逐渐发生了变化。像其他物理学家一样，我喜欢清楚、精确、毫不含糊的预言。但我和许多人开始意识到，虽然宇宙的一些基本特征适用于这样精确的数学预言，但其他特征并非如此，或者最起码超出精确预言之外的特征在逻辑上是可能的。20世纪80年代中期，当时我还只是一个研究弦论的年轻研究生，人们满怀希望地认为，弦论总有一天会解释粒子的质量、相互作用的强度、空间维数和几乎其他所有的基本物理特征。我仍然希望有一天我们能够达成这个目标。但我也意识到，将理论的方程混合起来并得出一个像电子的质量（0.0000000000000000000091095普朗克质量）或顶夸克的质量（0.0000000000000000632普朗克质量）之类的数值，这个要求过于苛刻了。当它涉及宇宙学常数时，遇到的挑战会无比艰巨。经过一次又一次的运算，经过计算机消耗大量的能量，我们终于得出第6章第一段出现的那个显眼的数值。好的，这不是不可能的，但它几乎耗尽了乐观主义者的耐心。当然，相对于我刚开始从事研究时的弦论，现在的弦论似乎并没有在计算这些数值方面取得显著进步。这并不意味着弦论或将来的某个理论永远不会成功。也许乐观主义者需要更多的想象力。但鉴于物理学的现状，考虑一些新的方法是不无裨益的。

发展成熟的多重宇宙模型中存在某种针对物理特征的明确描述，在不同宇宙中，这些特征各不相同，因此研究它们的方法应该有别于标准的做法，而这就是这种方法的威力。在多重宇宙理论中，你绝对可以指望的是，我们可以明确判断哪些单一宇宙理论中的谜团仍然存在于多宇宙的背景中，而哪些谜团已然不存在。

宇宙学常数是最好的例子。在某个特定的多重宇宙中，如果宇宙学常数的取值各不相同，而且取值之间的差别足够小，宇宙学常数曾经非常神秘的取值问题就平淡无奇了。正如一个储备丰富的鞋店肯定有适合你的脚的鞋子，一个庞大的多重宇宙中肯定有宇宙学常数等于我们的测量值的宇宙。几代科学家一直在努力解决这个问题，多重宇宙将给出解释。多重宇宙理论将证明，这个看似深刻的谜题产生自宇宙学常数只能有唯一的取值这个错误假设。正是在这个意义上，一个多重宇宙理论有能力提供强大的解释力，它可能会深刻地影响科学探索的过程。

这个推理必须小心运用。假如牛顿看到苹果下落后解释说我们正处于一个多重宇宙中，其中一些宇宙中的苹果会下落，另一些宇宙中的苹果会上升，所以下落的苹果只是告诉我们所居住的宇宙类型，我们不必做进一步的研究，那么又会如何呢？或者，假如他断言每个宇宙中都存在一些下落的苹果和一些上升的苹果，我们看到苹果下落的根本原因是在我们的宇宙中，上升的苹果早已离开地球进入了无尽的太空中，那么又会如何呢？这是一个愚蠢的例子，当然从来没有任何理论上或其他方面的理由让我们产生这种想法，但问题是严重的。引入多重宇宙时，科学可能会失去阐明某些特定谜团的动力，即使标准的非多重宇宙方法已经做好解释这些谜团的准备了。但当传统方法预示着艰难的工作和更深层次的思考时，我们可能会经受不住多重宇宙的诱惑，过早地放弃传统的方法。

这种潜在的危险解释了为什么一些科学家在看到多重宇宙的推理时会不寒而栗。这就是为什么一个被人看重的多重宇宙模型必须具有来自理论结果的强烈动机，而且必须精确地阐明它由什么样的宇宙组成。我们必须谨慎且有条不紊地行事。但是，仅仅因为多重宇宙可能将我们带入死胡同就转过头去同样危险，因为这样做的话，我们可能会对现实视而不见。

第8章 量子测量的多重世界

量子多重宇宙

关于我们目前所知的平行宇宙理论，最合理的评价是一切尚不明朗。无限广阔的空间、永恒的暴胀、膜世界、循环宇宙论和弦论的景观……这些有趣的想法都萌生于一系列科学进展，但这些想法仍是假设性的，由此得出的平行宇宙模型亦然。对于这些模型，尽管许多物理学家都愿意提出各自的见解，或赞成，或反对，但大多数人还是认为未来的洞见（来自理论、实验和观测的认识）将会决定哪些理论能够成为科学经典的一部分。

我们就要说到的多重宇宙源于量子力学，人们对它的看法完全不同。关于这种多重宇宙，许多物理学家已经有了最终的判断，但问题是他们的最终判断并未达成一致。归根结底，这种差异源于一个有待解决的深刻问题，即量子力学的概率框架如何才能过渡到日常经验中的确定现实。

量子现实

1954年，也就是尼尔斯·玻尔、沃尔纳·海森堡、埃尔温·薛定谔等杰出人物为量子理论奠定基础30年后，普林斯顿大学的一位名不见经传的研究生休·艾弗雷特三世（Hugh Everett III）悟出了一个令人震惊的观点。他分析了量子力学大师玻尔考虑过而未能修补的漏洞后提出，为了正确地理解量子理论，我们可能需要一个庞大的平行宇宙网络。艾弗雷特是最早从数学动机出发，认为我们可能身处于一个多重宇宙的人。

艾弗雷特的结论后来被称为量子力学的多世界解释，它曾经有一段曲折的历史。1956年1月，艾弗雷特从他的新想法中得出数学结果，并将论文草稿发给他的博士生导师约翰·惠勒（John Wheeler）。惠勒这位20世纪物理学界最有名的思想家之一被彻底打动了。当年5月，惠勒在哥本哈根拜访了玻尔，并与之讨论了艾弗雷特的想法，但受到了冰冷的对待。玻尔和他的追随者曾花了几十年时间来完善他们对量子力学的认识。在他们看来，艾弗雷特提出的问题和他论述为何要提出这些问题的古怪思路没有一点价值。

惠勒对玻尔极为尊敬，所以十分重视对老同事的安抚工作。作为对批评的回应，惠勒推迟向艾弗雷特授予博士学位，并迫使他大幅修改论文。艾弗雷特删减了一些明显批判玻尔方法论的部分，并强调他的研究是为了阐明和扩展量子理论的传统体系。艾弗雷特对此很抗拒，但他已经在国防部找到了一份工作（在那里，他将很快在艾森豪威尔和肯尼迪政府的核武器政策方面充当重要的幕后角色），需要一个博士学位，所以他勉强同意了。1957年3月，艾弗雷特提交了大幅削减后的论文。3月，作为毕业的最后条件，这篇论文被普林斯顿大学接收，同年7月在《现代物理评论》（*Reviews of Modern Physics*）上发表。[1]但艾弗雷特对量子理论的方法已经被玻尔和他的追随者驳回，而且在原文中掷地有声的宏伟愿景已经被和谐，因此这篇论文就被人们忽视了。[2]

10年后，著名物理学家布里斯·德威特（Bryce DeWitt）将艾弗雷特的工作从故纸堆里拯救了出来。他的研究生奈尔·葛里翰（Neil Graham）

进一步发展了艾弗雷特的计算，德威特从中得到启发，开始为艾弗雷特对量子理论的反思大声疾呼。除了发表大量专业文章，将艾弗雷特的见解介绍给很有影响力的少数专业人士之外，1970年德威特还为《今日物理学》（*Physics Today*）写了一篇大众化的概述，将思想传播给更广泛的科学受众。不同于艾弗雷特1957年的论文羞于探讨其他世界，德威特着重强调了这一特征，并以不同寻常的坦诚反思表达了他看到艾弗雷特的结论（我们是一个庞大的"多重世界"的一部分）时的"震惊"。这篇文章在物理学界产生了巨大的反响，对于颠覆量子力学正统意识形态的行为，物理学界已宽容了许多。这篇文章也激起了一场仍未结束的争论，那就是当我们相信量子力学占据支配地位时，现实的本质是什么。

让我来搭建舞台。

大约在1900年到1930年间发生的认知巨变引发了一系列强烈的冲击，遍及直觉、常识以及被学界广泛接受的定律。不久，先驱者们就开始将这些定律称为"经典物理学"。这个术语背负着一套现实图景拥有的分量和人们寄予的尊崇，于是这套现实图景立刻变得庄严、直接、令人满意和可得出预言。告诉我事物现在的状况，我就能用经典物理学的定律预言事物在未来任意时刻的状态，或者给出事物在过去任意时刻的情况。除了最理想的情况外，混沌（专业含义是稍稍改变现在物体的运动状态，将导致预言结果的巨大变化）和复杂方程之类的难题都对经典物理的实际应用提出了挑战，但是经典物理定律本身依然牢牢地把握着确定的过去和未来。

量子革命要求我们放弃经典的观点，因为新的实验结果表明经典理论肯定出错了。对于像地球和月球这样的大物体以及像石头和小球这样的日常物体的运动，经典定律成功地给出了预言和描述。但是进入分子、原子和亚原子粒子的世界之后，经典定律就失效了。如果你用完全相同的粒子做完全相同的实验，而且初始条件完全相同，通常也不会得到完全相同的结果，这就与经典理论的本质产生了矛盾。

想象一下，假如你有100个相同的盒子，每个盒子里装有一个电子，并按照相同的实验程序进行设置。经过整整10分钟，你和99个同伴测量了100个电子的位置。不管牛顿、麦克斯韦甚至年轻的爱因斯坦会如何预言（可能会拿性命打赌），这100次测量都不会得到相同的结果。事实上，乍一看结果是随机的，有些电子靠近盒子前部的左下角，有些则靠近后部的右上角，还有一些在中间徘徊，等等。

规律性和模式性使物理成为一门可做出预言的严谨学科，但只有你一遍又一遍地用100个盒装的电子做相同的实验时，这种特性才能显现出来。此时，你将会发现这样的现象。如果你先进行一组100次的测量，发现27%的电子靠近左下角，48%的电子靠近右上角，25%的电子靠近中间，那么第二组测量产生的分布会非常类似。于是，第三组、第四组也是如此。因此，任何单次的测量都不会体现明显的规律性。给定任何一个电子，你无法预言它会在何处出现。相反，经过多次测量之后，规律性才会在统计分布中体现出来。这个规律性就是我们所说的可能性，或在某个特定位置找到一个电子的概率。

量子力学创始人激动人心的成就是发展了一套数学公式，这套公式摒弃了经典物理学的绝对预言本性，转而预言这种概率的大小。计算薛定谔在1926年提出的方程（等价于1925年海森堡写下的方程，后者在某种程度上更棘手），物理学家可以输入物体现在的状态细节，然后计算出未来任意时刻他们处于这种状态或另一种状态的概率。

但是，不要被我给出的小小电子例子的简单易懂误导。量子力学不但能应用于电子，而且对所有类型的粒子同样适用。从飘过你身体的中微子雨到遥远恒星中心发生的狂暴的原子聚变，它不但能告诉我们这些粒子的位置，而且能告诉我们这些粒子的速度、角动量、能量以及它们在各种情况下的行为。在如此广泛的范围内，量子力学的概率性预言都与实验数据相符，而且始终相符。在这些想法提出后的80多年里，没有任何确凿的实验和天体物理的观测结果与量子力学的预言存在矛盾。

对于整整一代物理学家来说，面对理论如此彻底地背离千百年来群体经验中形成的直觉，进而在一个基于概率的全新框架内重铸现实，实际上是一种无可比拟的智力成果。然而，自量子力学确立以来，一个令人不快的细节问题一直徘徊在它的周围，这一问题最终开辟了通向平行宇宙的道路。为了解决这一问题，我们需要更深入地看一看量子体系。

明暗交替的难题

1925年4月，在贝尔实验室的两位美国物理学家克林顿·戴维逊（Clinton Davisson）和莱斯特·革末（Lester Germer）开展的一次实验中，装有炽热镍块的玻璃管突然发生爆炸。为了将电子束发射到镍样本上，从而研究这种金属原子各个方面的性质，戴维逊和革末已花费了好几天的时间。虽然实验中出点差错实在太正常了，但设备故障还是很令人讨厌。清理玻璃碎片时戴维逊和革末发现镍在爆炸中受到了污染。这当然也没什么大不了。现在他们需要做的是加热样本，蒸发污染物，然后重新开始。他们的确这样做了，但选择清理样本而不是选一个新样本，做这样的决定完全出于偶然。当他们将电子束直接打在清理后的镍样品上时，结果与他们和其他人以前遇见的所有情况都完全不同。事情到1927年时已经很明确了，戴维逊和革末证实迅速发展的量子理论拥有一个重要的特征，而且不出10年，他们就因这个意外发现而荣获了诺贝尔奖。

虽然戴维逊和革末的实验比有声电影和大萧条还要老一些，但介绍量子理论的基本思想时，这个实验仍然是最常用的方法。我们可以这样来理解。戴维逊和革末加热受污染的样品时，使许多小块的镍晶体融合成几块较大的镍晶体。接着，反射电子束的不再是高度均匀的镍样品的表面，而是集中在几个地方，即几块较大的镍晶体的中心。图8.1是他们实验的一个简化版本，突出了其基本物理机制。在该图中，电子射向一个屏障，屏障上有两条狭缝。电子从一条狭缝或另一条狭缝射出，正如电子从一块镍晶体或它邻近的镍晶体上弹回一样。以这种方式为蓝本，戴维逊和革末就实现了现在所谓的双缝实验的第一个版本。

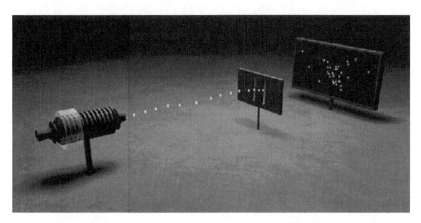

图8.1 戴维逊和革末实验的关键在于双缝的设置，即将电子射向有两条狭缝的屏障。在戴维逊和革末的实验中，当入射电子被相邻的两块镍晶体弹开时，就会产生两束电子流。在双缝实验中，电子通过相邻的狭缝时产生两束类似的流。

为了理解戴维逊和革末的惊人结果，设想把左边或右边的狭缝关闭，然后用探测屏一个接一个地捕捉通过狭缝的电子。发射过许多电子后，探测屏看起来就像图8.2（a）及图8.2（b）那样。于是，一个理性而未

图8.2 （a）只开放左边的狭缝时，发射电子后所获得的数据。（b）只开放右边的狭缝时，发射电子后所获得的数据。（c）同时开放两条狭缝时，发射电子后所获得的数据。

学过量子力学的头脑将会认为，当两条狭缝都开放时，所得数据将是这两个结果的混合。但令人震惊的是，结果并非如此。相反，戴维逊和革末发现，数据很像图8.2（c）所示的那样，由明暗相间的条纹组成，这表明其中存在一系列电子打到或没打到的带状区域。

这些结果以一种十分罕见的方式偏离了预期。如果只打开左边的狭缝或右边的狭缝，在暗带所在的位置就可以检测到大量电子〔图8.2（a）和图8.2（b）相应的区域被照亮〕，但是当两条狭缝同时打开时，电子显然无法到达这些位置。因此，左边狭缝的存在将会改变通过右边狭缝的电子的可能的着陆地点，反之亦然。这彻底让人傻眼了。在如同电子一般的微小粒子尺度上，狭缝之间的距离是巨大的。所以，当电子通过一条狭缝时，存在或不存在另一条狭缝怎么能对它产生任何影响，更遑论数据中显而易见的戏剧性影响？这仿佛多年以来你一直愉快地通过某扇门进入办公楼，但是最终当管理员在大楼的另一侧又加了一扇门时，你就再也走不到你的办公室了。

我们该怎样对待这个问题呢？双缝实验使我们不可避免地得出一个难以捉摸的结论。不论它通过哪一条狭缝，每一个电子不知何故都"知道"两条狭缝的存在。一定存在某种东西与两条狭缝相联系或相连接，或者每个电子的某个部分受到两条狭缝的影响。

但是，这种东西是什么呢？

量子波动

通过一条狭缝的电子如何"知道"另外一条狭缝的状态？为了寻找其中的线索，我们再仔细看看图8.2（c）。对物理学家来说，识别这种明暗相间的图案就像孩子辨认妈妈的脸一样。那个图案说——不，它尖叫道，那是波动。如果你以前朝池塘里扔过两块鹅卵石，然后看着产生的涟漪传开、重叠，你就明白我的意思了。在波峰与波峰相遇的地方，叠加后的波变得更高；在波谷与波谷相遇的地方，叠加后的波变得更深；最重要的是，在波峰与波谷相遇的地方，波动相互抵消，水面保持平静。图 8.3 说明了这一点。如果你在该图像的顶部插入一个探测屏，记录水在每个位置的振动（振动越剧烈，屏幕越明亮），其结果就将是在屏幕上出现一系列明暗相间的区域。波动在明亮的区域相互加强，形成更剧烈的振动；波动在阴暗的区域相互抵消，于是不产生振动。物理学家将波动的这种叠加行为称为相互干涉，将它们产生的明暗相间的条纹称为干涉图案。

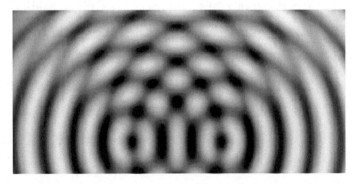

图 8.3 当两个水波重叠时，就会发生干涉，交替出现振动更强或更弱的区域，称之为干涉图案。

毫无疑问，这种情形与图 8.2（c）类似，所以，为了解释电子的实验数据，我们就遇到了波的概念。这是一个很好的开始，但细节上仍然很模糊。那是什么样的波呢？它们在哪里？它们如何跟电子之类的粒子发生作用？

第二条线索在我一开始就强调过的实验事实中。大量粒子运动的数据表明，规律性只有在统计层面才会显现出来。对初始状态相同的粒子开展相同的测量，我们通常会发现它们处于不同的位置。但是经过多次这样的测量后，我们又会发现，平均而言，在任何特定的位置上发现这些粒子的概率都是相同的。1926年，德国物理学家马克斯·玻恩（Max Born）综合这两条线索之后完成了一次飞跃。近30年后，他因此获得诺贝尔奖。你已经有实验证据表明波动在发挥作用，同时你也有实验证据表明概率在发挥作用。或许，玻恩建议道，伴随着粒子的波动是一种概率波。

这是一项前所未有的惊人的独创性贡献，其中的想法是，我们分析微观粒子的运动时不应该将它看作一块从这里飞奔到那里的岩石。相反，我们应该把它看作一种从这里波及（undulating）到那里的波动。靠近波峰和波谷的地方波动的幅值较大，这就是最可能发现粒子的地方。在那些概率波幅值较小的地方，不太可能发现粒子。在波动幅值为零的地方，不可能发现粒子。当波动翻滚前进时，幅值也在变化，有些地方的值变大，另一些地方的值变小。我们将这种起伏不定的幅值解释为起伏不定的概率值，因此，我们将这种波称为概率波。

为了使这幅图像更加具体，我们来想想如何用它解释双缝实验的数据。当一个电子向着图8.2（c）中的屏障运动时，量子力学告诉我们要把它看作一种上下起伏的波动，如图8.4所示。当波遇到障碍物时，波的两块碎片会穿过狭缝，继续朝着探测屏向前传播。接下来发生的事情是关键。就像水波会重叠一样，由两条狭缝形成的概率波相互重叠并发生干涉，产生一个酷似图8.3所示的混合形式。根据量子力学，图案中的取值有大或有小，分别对应于电子落下的概率有大有小。当电子

231

图8.4 当我们用起伏不定的概率波来描述一个电子的运动时，令人困惑的干涉数据就得到了解释。

一个接一个地射出时，它们的落点累加之后服从这个概率分布图。概率大的地方落下的电子多，概率小的地方落下的电子少，概率为零的地方没有电子落下。结果就出现了图8.2（c）中明暗相间的带状区域。[3]

　　这就是量子理论对这些数据的解释。这些描述表明每一个电子的确"知道"两条狭缝的情况，因为每个电子的概率波都会穿过两条狭缝。正是这两部分波动的叠加决定了电子在某处落下的概率。这就是为什么只要第二条狭缝一打开，就会影响测量结果。

没那么快

虽然我主要讨论的是电子，但类似的实验也为自然界中所有的基本成分建立了相同的概率波图像。光子、中微子、μ子、夸克……每一种基本粒子都可以由概率波描述。但我们还没来得及宣布胜利，就立刻遇到了三个问题。其中两个问题很简单，第三个则很难。后者就是艾弗雷特试图在20世纪50年代回答的问题，这使他提出了量子版本的平行世界。

首先，如果量子理论是正确的，世界就会呈现出概率性。那么，为什么牛顿的非概率性框架能够如此准确地预测从棒球到行星再到恒星等物体的运动呢？答案是宏观物体的概率波的形态通常（我们不久就会看到并非总是如此）非常特殊。如图8.5（a）所示，它们极为狭窄。这意味着物体位于概率波尖峰处的概率非常大，略逊于100%；物体位于其他地方的概率都非常小，略高于0。[4]此外，量子定律表明，这种狭窄波动的尖峰遵循的正是牛顿方程中出现的那条运动轨迹。因此，当牛顿定律精确地预言一个棒球的运动轨迹时，量子理论的表述仅仅做了最微小的改进，即小球以近100%的概率落在牛顿预言的落点，以接近0的概率出现在牛顿认为它不会出现的地方。

事实上，"略逊于"和"几乎"这样的措辞对物理学来说是不恰当的。宏观物体偏离牛顿预言的可能性极其微小，即使你留意整个宇宙近几十亿年来的事件，也不会发现这样的事情曾经发生过，因为概率实在太小了。但根据量子理论，物体越小，其概率波通常的散布范围就越大。例如，一个典型的电子波看起来如图8.5（b）所示，电子以很大的可能性存在于许多地方。这在牛顿的世界看来是完全陌生的概念。这就是现实将其概率性本质体现在微观领域的原因。

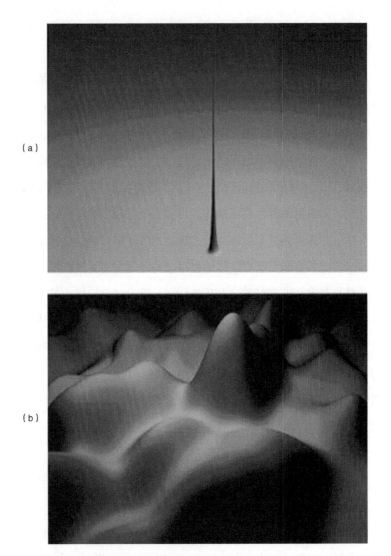

图8.5 （a）宏观物体的概率波通常是狭窄的尖峰。（b）像单个粒子之类的微观物体的概率波通常会大范围蔓延。

其次，我们能够看到量子力学所依赖的概率波吗？就像图8.5（b）所示的，在许多地方都有一定概率发现这个粒子。有什么方法能够切身体会这种陌生的概率迷雾吗？回答是否定的。玻尔和他的团队发展了一套量子力学的标准方法，叫作哥本哈根解释。这种方法设想，只要你试图观察概率波，观察行为本身就会成为你的阻碍。当你观察一个电子的概率波时（这里"观察"的意思是"测量电子的位置"），电子对观测所做出的反应就是突然摆正位置并聚集在某个确定的地方。同时，那一点上的概率波激增至100%，而其他地方的概率波坍缩为0，如图8.6所示。当你朝别的地方看时，这个尖细的概率波就会迅速扩散，这意味着我们能再一次在不同的地方以适当的概率发现这个电子。当你再次观察它时，为了占据一个确定的点，电子的概率波就会再次坍缩，将可能散布的位置范围统统清除。简而言之，每当你试着去观察概率迷雾时，它就消失了（发生坍缩），同时被我们所熟悉的现实所取代。图8.2（c）中的探测屏就是这样一种情况：当用探测屏测量一个发射电子的概率波时，就会立刻导致电子概率波发生坍缩。探测屏迫使电子放弃许多原本可以落下的地点，最终着陆在一个确定的位置上，于是在屏幕上显示为一个小点。

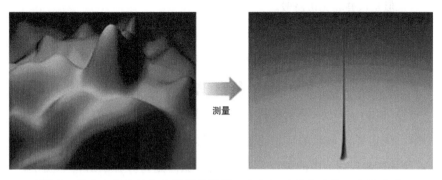

测量

图8.6　量子力学的哥本哈根解释设想，当人们测量或观察一个粒子时，粒子的概率波就会立即坍缩到一个点上。粒子可能散布的位置范围转变为一个确定的结果。

如果这个解释让你连连摇头，我就完全能够理解。无可否认，这个量子信条听起来非常像万灵药水。我的意思是，该理论以概率波为基础展示了一幅惊人的描述现实的新图像，然后在下一时刻马上宣布概率波是不可见的。想象一下，露西尔声称她有一头金发，但只要有人一看她，她就马上变成一头红发。物理学家为什么要接受这种非但古怪而且看起来完全靠不住的方法呢？

幸运的是，量子力学所有这些神秘的隐藏特征都是可以检验的。根据哥本哈根学派的说法，某个特定位置的概率波越大，当概率波坍缩时，其仅存的尖峰（即电子本身）处于该位置的可能性就越大。这种论断给出了一些预言。一遍又一遍地重复某个特定的实验，算出粒子在不同位置出现的频率，比较一下你观测到的频率是否与概率波要求的概率相一致。如果这里的概率波是那里的2.874倍，那么你在这里测到粒子的频率是在那里测到粒子的频率的2.874倍吗？像这样的预言获得了巨大的成功。量子的观点看起来可能有点圆滑，面对如此非凡的结果，人们难以提出异议。

但是这并非无可辩驳。

这就将我们带到了最复杂的第三个问题上。图8.6所示的测量导致概率波坍缩是量子理论哥本哈根解释的核心。这种方法的成功预言和玻尔的强大说服力共同使大多数物理学家接受了它，但是它又立刻体现出一种令人不安的特性。薛定谔方程，即量子力学的数学引擎，决定了概率波的形状将如何随时间演化。给我一个初始的波形〔例如图8.5（b）中的波形〕，我就能根据薛定谔方程画出概率波在1分钟后、1小时后或任意时刻的样子。但用方程直接分析图8.6中的波形（概率波瞬间坍缩到一个点上，就像一群教徒在大教堂里跪拜时刚好有个人孤零零地站着），我们会发现薛定谔的数学不可能得出这种演化结果。概率波当然可以形成尖峰的样子，我们马上就会用到大量尖峰状的概率波。但是概率波不可能以哥本哈根解释设想的方式变成尖峰。数学就是不允许它的出现（片刻之后，我们就会看到这是为什么了）。

玻尔提出一个笨手笨脚的补救措施：当你既不观察也不进行任何测量时，概率波就会根据薛定谔方程来演化。但是，当你开始观察的时候，玻尔继续道，你就应该将薛定谔方程扔到一边，然后宣布你的观察已经导致概率波坍缩了。

现在看来，这个解释不仅笨拙、武断，缺乏数学基础，甚至还不够明确。例如，它不能准确地定义"观察"和"测量"。其中必须要有人的介入吗？或者就像爱因斯坦曾说的，一只老鼠瞟一眼可以吗？一台计算机的探测呢？一个细菌或一个病毒轻轻碰一下呢？这样的"测量"能导致概率波坍缩吗？玻尔宣称他设置了一条界线，将原子这样的或由原子构成的满足薛定谔方程的微观事物与实验者或实验仪器之类的不满足薛定谔方程的宏观事物区分开来。但是，他从未说过这条界线到底应该在哪儿。事实上，他也不清楚。年复一年，实验者们不断证实薛定谔方程的有效性，不加任何修正，涵盖的粒子种类越来越多。我们完全有理由相信，对那些组成你、我以及其他一切物体的大块物质来说，量子力学也是成立的。就像洪水从你的地下室缓慢上升，冲入客厅，并威胁着要吞没你的阁楼一样，量子力学的数学公式稳步地超出原子的范畴，并且已在越来越大的尺度上取得了成功。

因此，思考这个问题的方式是这样的。你、我以及计算机、细菌、病毒等一切物质都由分子和原子组成，分子和原子又由电子和夸克组成。薛定谔方程适用于电子和夸克，而且所有证据都表明，无论涉及的粒子数目是多少，对那些由基本粒子构成的东西来说，薛定谔方程也是适用的。这意味着薛定谔方程在测量过程中也应该适用，毕竟测量过程只不过是一组粒子（人、设备、计算机……）与另一组粒子（被测量的单个或多个粒子）相互接触的过程。但是，如果情况真的如此，如果薛定谔的数学公式拒绝俯首就范，那么玻尔就有麻烦了。薛定谔方程不允许概率波发生坍缩。因此，哥本哈根解释的一个基本要素就遭到了破坏。

所以，第三个问题是这样的：如果刚才提到的推理是正确的，概率波不会坍缩，那么我们如何才能从测量前存在的一系列可能结果向测量后发现的唯一结果过渡呢？概括而言，如果测量的过程要让一个我们熟悉的、确切的、独一无二的现实落地生根，此时的概率波会发生什么变化呢？

艾弗雷特在普林斯顿大学读书期间所做的博士论文中研究了这一问题，并得出了一个令人始料未及的结论。

线性和它的不满

为了解艾弗雷特的发现过程，你需要稍微多了解一些薛定谔方程的知识。我已经强调过，薛定谔方程不允许概率波突然坍缩。但是，为什么不允许呢？它又允许哪些行为呢？让我们感受一下薛定谔的数学公式如何引导概率波随时间演化。

很简单，因为薛定谔方程是最简单的一类数学方程，它具有线性的特征——整体就是各部分之和在数学上的对应。为了弄清楚其中的含义，设想图8.7（a）中的形状是一个特定的电子在正午时分的概率波（为了一目了然，我用到的概率波只随横轴代表的一维空间而变化，但其意义是普遍成立的）。我们可以用薛定谔方程来跟踪这列波随时间的演化，比如下午1点时产生了如图8.7（b）所示的波形。现在，注意以下过程。你可以将图8.7（a）所示的初始波形分解成两个更简单的部分，如图8.8（a）所示；如果你把图中的两个波形合起来，将两列波的数值逐点相加，就会将原始的波形图复原。薛定谔方程的线性特征意味着你可以将方程分别应用在图8.8（a）所示的每一个片段上，得出下午1点时每个片段是什么形状，然后像图8.8（b）所示的那样将结果合起来，将如图8.7（b）所示的完整结果复原。这个分解方式并没有什么神奇之处，你可以将初始形状分解成任意多的片段，让它们分别演化，然后将结果合起来，从而得到最终的波形。

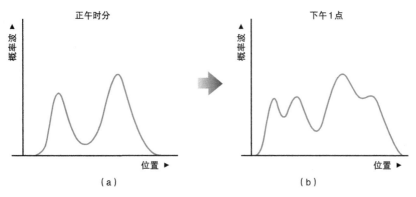

图8.7　概率波在某一时刻的初始形状通过薛定谔方程演化为后来某一时刻的另一种形状。

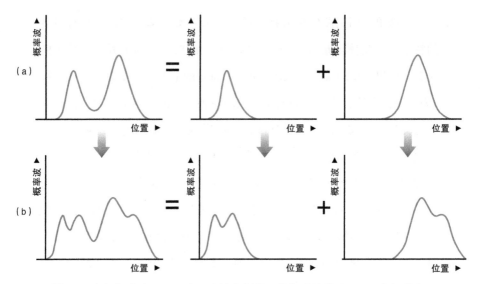

图8.8 （a）概率波的初始波形能够分解为两个相对简单的形状。（b）将相对简单的片段的演化结果合在一起，就能重现初始概率波的演化。

　　这听起来不过是一个技术细节，但实际上线性是一个非常强大的数学特征。它涉及一种极其重要的各个击破的策略。如果初始的波形很复杂，你就完全可以将它分解成几个简单的片段，然后逐个进行分析。最后，你只需要把每部分的结果加在一起即可。实际上，通过分析图8.4所示的双缝实验，我们已经看到了线性特征的一个重要应用。为了确定电子的概率波如何演化，我们先对任务进行分解：我们记下通过左边狭缝的片段如何演化，再记下通过右边狭缝的片段如何演化，然后将这两列波加在一起。这就是我们发现著名的干涉图案的过程。看一看量子理论家的黑板，你会发现这种方法正是大量数学运算的基础。

　　线性特征不仅使量子力学运算易于进行，当我们解释测量过程中发生的事情时，它也在理论的困境中占据核心地位。最好的理解方式是将线性特征应用于测量行为本身。

试想你是一个实验家，十分怀念在纽约度过的童年时光，所以你将一些电子注入了纽约的一个微型桌面模型中，并对电子的位置进行测量。实验开始时，其中一个电子的概率波的形状特别简单——又细又尖，如图8.9所示，这表明电子基本上以100%的概率暂时位于第34大街和百老汇的交界处。（不要在意电子的波形是怎么来的，暂且认为这是给定的条件。）[1]如果在那一刻你用一台做工精良的仪器测量了电子的位置，测量结果应该是准确的——设备的读数显示为"第34大街和百老汇"。事实上，如果你做了这个实验，这样的情况确实就会发生，如图8.9所示。

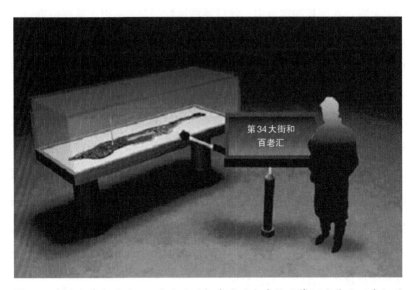

图8.9　在某个特定时刻，一个电子的概率波的尖峰位于第34大街和百老汇的交界处。此时对电子的位置进行测量，得出它位于概率波尖峰所在的地方。

---

[1]　为了简单起见，我们不考虑电子的垂直位置，而是重点考虑它在曼哈顿的地图上的位置。此外，让我再次强调一下，在本节内容中，我们会说明薛定谔方程不允许图8.6所示的概率波发生瞬时坍缩，概率波能通过实验者的精心准备处于一个尖峰形状（更确切地说，非常接近一个尖峰的形状）。

　　要想算出薛定谔方程如何将电子的概率波与组成测量仪器的数以亿亿亿计的原子的概率波缠绕在一起，然后令其中一些原子重新排列，使仪器的读数显示为"第34大街和百老汇"，这将是极其复杂的，但设计仪器的人已经为我们完成了这项异常繁重的工作。仪器的设计原理是：当电子与之发生相互作用时，读数就显示为那时电子所处的唯一的确定位置。如果该仪器在此情形下的工作不正常，我们最好换一台新的功能正常的仪器。当然，除了有梅西百货，第34大街和百老汇也没有什么特别的。如果电子概率波的尖峰位于第81大街和中央公园西路附近的海登天文馆，或者位于比尔·克林顿在第125大街上靠近莱诺克斯大道的办公室，在同样的实验中，该仪器的读数仍会显示以上这些位置。

　　现在让我们考虑一个稍微有点复杂的波形，如图8.10所示。这个概率波表示，在某个特定的时刻，有两个地方都可能发现电子——一个是中央公园的约翰·列侬纪念馆的草莓园，另一个是河滨公园的格兰特墓。（电子也怀着一种悲伤的情绪。）如果我们要测量电子的位置，但是与玻尔不同的是我们采用最精密的实验，并假设薛定谔方程继续适用于电子以及构成测量设备和所有物体的粒子，那么仪器显示的将会是什么？线性特征是答案的关键。当我们测量单个尖峰状概率波时，我们知道会发生什么。薛定谔方程会导致设备的显示结果为尖峰的位置，如图8.9所示。然后线性特征告诉我们，要想找到有两个尖峰的答案，我们需要将分别测量每个尖峰的结果合起来。

　　从现在起，事情变得怪异起来。乍一看，合并后的结果表明仪器应该同时显示两个尖峰的位置。如图8.10所示，"草莓园"和"格兰特墓"应该同时闪烁，两个位置混在一起，就像计算机显示器即将崩溃时的混乱局面一样。薛定谔方程还支配着，从测量设备的显示屏所发出的光子

图8.10 一个电子的概率波在两个地点存在尖峰。由于薛定谔方程具有线性特征，对电子的位置进行测量时，将得到电子同时处于两个位置的令人困惑的混合结果。

的概率波如何与你的视网膜和视锥细胞中粒子的概率波以及随后冲过你的神经的粒子的概率波相纠缠，产生一种思维状态，体现你所看到的东西。假设薛定谔方程的统治权不受限制，其线性特征此时仍然适用，那么不仅设备会同时显示两个地点，你的大脑也会陷入混乱，认为电子同时处于两个位置。

对更复杂的波形，局面就更加混乱了。有4个尖峰的概率波会加倍混乱，有6个尖峰的概率波则是3倍混乱。请注意，如果你继续用不同高度的尖峰布满曼哈顿模型的每一个地方，它们的形状合起来就会形成一个平缓变化的普通量子波的形状，如图8.11所示。线性仍然是成立的，这意味着仪器最终显示的内容以及大脑最终所处的状态和心理印象都是由单个尖峰叠加后的结果所决定的。

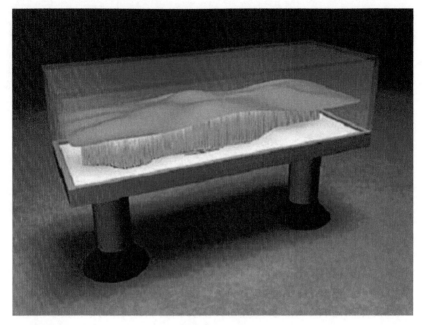

图8.11 概率波一般由许多尖峰组合而成，每个尖峰都代表电子的某个可能的位置。

设备应该同时显示所有尖峰的位置（曼哈顿的每个角落），此时你的头脑陷入深深的疑惑中，无法得出单个电子的确切位置。[5]

然而，这与我们的日常经验不符。测量时，如果仪器的功能不正常，显示的结果就会相互矛盾。测量时，如果实验人员的头脑不正常，就会将同时产生的不同结果混在一起，产生一种令人眼花缭乱的心理印象。

现在你可以看看玻尔是怎么辩解的。"拿好晕车药。"他说。根据玻尔的说法，我们并不会看到模棱两可的仪表读数，因为这样的结果不会产生。他认为，我们之所以得到错误的结论是因为我们将薛定谔方程的适用范围一味地扩大到了宏观物体的领域——测量用的实验室设备和读取结果的科学家。尽管薛定谔方程及其线性特征表明我们应该将不同的可能结果合并起来（其中不存在坍缩），但玻尔告诉我们这是错误的，因为测量行为已经将薛定谔的数学扔到窗外了。相反，他宣称：除了图8.10和图8.11所示的某个尖峰外，测量会导致所有尖峰坍缩为零；该尖峰成为唯一幸存者的概率与其高度成正比。这个唯一保留下来的尖峰使得仪器的读数是唯一的，也使得你头脑中的认知结果是唯一的。现在你的头不晕了。

但在艾弗雷特和后来的德威特看来，玻尔的方法的代价太大了。薛定谔方程能描述众多粒子，而且能描述所有的粒子。为什么它面对一些特定的粒子组合（如测量所需的设备和监控设备的实验者）时会莫名其妙地失灵？这根本说不通。因此，艾弗雷特建议我们不要这么快丢掉薛定谔方程。相反，他主张我们从一个绝对不同的角度分析薛定谔方程。

众多世界

一台测量仪器或一个观点同时经历不同现实的想法令人困惑不已，这就是我们面临的挑战。我们对某个问题可以持有不同的意见，对某个人可以抱有复杂的感情，但是涉及构成现实的事件时，我们所知道的一切都表明其中一定存在一种明确而客观的描述。我们所知道的一切都表明，一台设备、一次测量只会产生一个读数，一个读数、一个头脑只会产生一个心理印象。

艾弗雷特的想法是，薛定谔的数学公式（即量子力学的核心）的确适用于这些基本经验。仪器读数和心理印象之所以会得到模棱两可的结果，其根源在于我们使用数学公式的方法不对，即我们合并图8.10和图

8.11 所示测量结果的方法不对。让我们仔细考虑一下。

当你测量图 8.9 所示的单个尖峰的波时，仪器就会显示尖峰的位置。如果尖峰位于草莓园，仪器就会显示这个位置。如果你朝结果看了一眼，你的大脑就会读出这个位置，你就会意识到尖峰位于草莓园。同样，如果尖峰位于格兰特墓，仪器就会显示这个位置。如果你朝结果看了一眼，你的大脑就会读出这个位置，你就会意识到尖峰位于格兰特墓。当你测量图 8.10 所示的双尖峰时，薛定谔的数学公式会说你应该将刚才发现的两个结果合起来。但是，艾弗雷特说，你在合并结果的时候一定要谨小慎微。他认为，合并后的结果不会导致一台仪表和一个大脑同时显示两个位置，那种想法太草率了。

于是，放慢一些，一步一个脚印，我们就会发现合并后的结果是一台仪器和一个大脑读出了草莓园，为一台仪器和为一个大脑读出了格兰特墓。这是什么意思？我先粗略地描绘一下大致情形，稍后再细说。艾弗雷特提出，测量过程中的仪器、你和其他一切物体一定会分裂成两台仪器、两个你和两组其他一切物体。两者之间唯一的区别是其中一台仪器和一个你读出的是草莓园，而另一台仪器和另一个你读出的是格兰特墓。如图 8.12 所示，这意味着我们现在有两个平行的现实，两个平行的世界。在每个世界中的你看来，测量结果和你的心理印象都是清晰而唯一的，因此你会觉得生活像往常一样。当然，特殊之处在于抱有这种感受的你有两个。

为了便于理解，我以前主要说的是测量单个粒子的位置，并且该粒子的概率波特别简单。不过，艾弗雷特的提议是普遍适用的。不论你所测量的粒子的概率波有几个尖峰，比如说 5 个，按照艾弗雷特的提议，结果都会产生 5 个平行的现实。这 5 个现实的唯一不同之处就在于其中

图8.12 根据艾弗雷特的方法，对一个具有两个尖峰的粒子概率波进行测量，将产生两种结果。在一个世界中，粒子出现在第一个地点；在另一个世界中，它出现在第二个地点。

每台仪器和每个你的大脑都读出了不同的位置。如果5个平行现实中的某个你要测量另一个粒子，而该粒子的概率波有7个尖峰，那么这个你和这个你所处的世界将再次分裂为7个平行世界，每个世界都对应一种可能的观测结果。图8.11所示的概率波可以看作由大量尖峰紧紧捆在一起的，如果你要测量这个概率波，结果将会产生大量平行现实，每一个现实中都会有一个仪器和一个你的副本读出该粒子的一个可能位置。在艾弗雷特的方法中，任何量子力学认为可能发生的事情（也就是说所有被量子力学都赋予非零概率的结果）都在它们各自的独立世界中实际发生了。这就是量子力学的多世界方法中的"众多世界"。

用前面章节中的术语来说，这些"众多世界"完全可以称作"众多宇宙"，它们构成了我们遇到的第6个多重宇宙。我称它为量子多重宇宙。

关于两种描述方法的陈述

在描述量子力学如何产生众多现实的时候，我使用了"分裂"一词。这个词艾弗雷特用过，德威特也用过。即便如此，在这种语境下，这个含混不清的词也可能引起严重的误导。我本不打算用它，但在诱惑面前我屈服了。我的辩解是，一个障碍物将我们拦在现实规律的一种陌生解读之外，与其辛勤地凿出一个原始的洞口，从中透出新的气象，还不如举起大锤将它砸烂，然后重新修补。我一直在使用这个大锤，在这一节和下一节中，我将开始着手必不可少的修补工作。其中一些想法比我们迄今为止所遇到的想法稍微难了一些，因此解释工作所需的篇幅也会略微长一些，但希望你能和我一起坚持下来。我发现，了解甚至熟悉多世界想法的人们往往会对它抱有一种印象，认为它产生于一种最奢华的思维方式。然而，事实远远不是这样。我要向你们说明，从某个角度看，多世界方法是解释量子物理学的最保守的框架，而其中的缘由也很重要。

重点在于物理学家必须始终采用两种叙述方法。其一是数学叙述，它根据一个给定的理论来描述宇宙的演化。其二也必不可少，即物理叙述，它将抽象的数学公式翻译成日常语言。第二种方法说的是数学的演化在诸如你我之类的观测者面前是什么模样，更通俗地说，它说的是理论中的数学符号如何向我们揭示现实的本质。[6]在牛顿时代，这两种叙述在本质上是相同的，就像我在第7章中所说的，牛顿的"架构"是直观易懂的。牛顿方程的每个数学符号都有直接而清楚的物理意义。符号x代表什么？哦，那是球的位置。符号v又代表什么？那是球的速度。然而，当我们说到量子力学的时候，其中的数学符号和我们可以在周围世界中看到的事物之间的转化就变得越发难以捉摸了。接下来，这两种叙述用到的语言和与之相关的概念都变得完全不同了，你需要同时理解这两种叙述才能获得完整的认识。但重要的是如何区分这两种叙述，要充分了解哪些想法和哪些叙述属于理论的基本数学结构，哪些则被用于建造一座通向人类经验的桥梁。

让我们说说量子力学多世界方法的两种叙述。先介绍第一种。

与哥本哈根解释不同，多世界方法的数学基础纯净、简单，而且始终如一。薛定谔方程决定了概率波如何随时间演化，它从未被搁在一旁，而是永远有效。薛定谔的数学公式决定了概率波的形状，令它们随着时间的推移而移动、变形、波澜起伏。无论概率波涉及的是一个粒子还是一群粒子，抑或构成你和你的测量仪器的各种粒子聚合物，薛定谔方程都会将粒子的初始概率波形状作为输入，并得出未来任何时刻的输出波的形状，就像图形处理软件驱动着一款精致的屏幕保护程序一样。用这种方法也能得出宇宙的演化过程。讲完了，就是这么回事。或者更确切地说，第一种叙述就是这么回事。

请注意，我陈述第一种叙述的方法时并不需要"分裂"一词，也不需要诸如"多世界""平行宇宙"和"量子多重宇宙"之类的术语。多世界的方法并不假定存在这些特征。它们在理论的基本数学结构中并没有发挥任何作用。相反，就像我们现在看到的那样，这些想法都出现在理论的第二种叙述中。让我们沿着艾弗雷特和其开创性工作的思路，看看数学公式会告诉我们什么样的观察和测量结果。

让我们先从简单的开始——尽可能地简单。如图8.9所示，设想我们测量一个具有单尖峰概率波的电子。（同样，不担心它的形状是怎么来的，就当是给定的条件。）如前所述，就算用第一种方法，描述这个测量过程的细节也会超出我们的能力范围。我们需要用薛定谔的数学公式得出，那些描述你和测量仪器包含的大量粒子的位置的概率波如何与该电子的概率波相结合，以及结合后的总体概率波如何随时间演化。在我的本科学生当中，许多人能够求解薛定谔方程，但即使求解单粒子薛定谔方程，他们也往往要花很大力气。你和仪器之中大约包含10^{27}个粒子，求解变量如此多的薛定谔方程实际上是不可能的。即便如此，我们仍然可以定性地理解其数学公式的内涵。当我们测量电子的位置时，就会引发大量粒子的移动。在仪器的显示屏上大约有10^{24}个粒子，它们像是精心设计的中场表演里的演员一样，快速冲向适当的点位，共同拼出"第34大街和百老汇"几个字。与此同时，在我的眼睛和大脑中也有这么多粒子尽其所能产生了表示该结果的清晰的思维信号。无论明确地分析这么多粒子有多么困难，薛定谔的数学公式的确描述了这样一种粒子变动。

在概率波的层面想象这种变化的场景也远远超出了我们的能力。在图8.9和其他类似的插图中，我以南北和东西走向的两条街道作为两根坐标轴，将我们的曼哈顿模型网格化，以此表示单粒子的可能位置。波在不同地方的高度表示该处的概率波的大小。这里已经进行了简化，因为我已经抛开了第3根坐标轴，也就是粒子的竖直位置（不考虑它在梅西百货的2楼还是5楼）。引入竖直坐标轴会引起不便，因为如果用这根轴表示粒子的位置，我就无法描述波的大小了。这就是大脑和视觉系统的局限性，演化已经使这种局限性牢牢地扎根在三维空间中了。要想正确地将大约10^{27}个粒子的概率波形象化，我就得为每个粒子引入3根坐标轴，以便定量地考虑所有粒子可以占据的所有可能位置。[1]若仅在图8.9中增加一根竖直的坐标轴，图像就无法理解了；若考虑增加1亿亿亿多根坐标轴，那就太愚蠢了。

但是这个关键想法的思维图像很重要。因此，不论结果有多么不完美，我们还是试试吧。为了画出你和你的仪器包含的大量粒子的概率波，我会容忍平面图上只能画两根坐标轴的局限性，但会用一种新方法来解释坐标轴的含义。粗略地讲，我会将每根轴看成一大股坐标轴的集合，它们紧紧地合在一起，可以象征性地描绘数不胜数的粒子的可能位置。用这些大股坐标轴画出的概率波就能描述大量粒子处于不同位置的概率。为了强调多粒子和单粒子之间的区别，我在多粒子概率波上增加了一个发光的轮廓，如图8.13所示。

多粒子和单粒子插图有一些共同的特点。图8.6所示的尖峰状波形表示概率正在急剧下降（即在尖峰位置的概率几乎为100%，其他地方几乎为0），图8.13中的尖峰状波形也表示概率急剧下降。但你要小心，因为从单粒子图像得到的理解只能到此为止。例如，根据图8.6的解释，我们会自然地认为图8.13表示所有粒子都聚集在同一位置。然而，这是不对的。图8.13所示的尖峰波形意味着你和你的仪器包含的所有粒子都以普通状态开始，即每个粒子以接近100%的概率分别处于某个确定的

---

[1] 关于该数学叙述，见注释4。

位置，但这些粒子不是处于同一个位置。几乎可以肯定，构成你的手、肩和大脑的粒子仍然聚集在你的手、肩和大脑中的相应位置。几乎可以肯定，构成测量仪器的粒子仍然聚集在仪器中的相应位置。图8.13所示的尖峰波形表示在其他地方发现这些粒子的机会非常小。

数学叙述 物理叙述

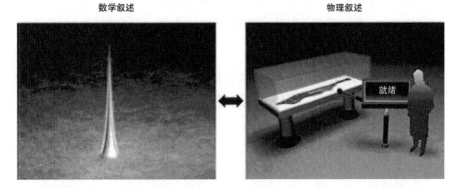

图8.13 描述你和测量仪器包含的所有粒子的总体概率波的概括性插图。

如果你现在开展图8.14所示的测量，多粒子概率波（对应于你和仪器内的所有粒子）就会与电子相互作用并发生演化。所有参与相互作用的粒子仍然具有几乎确定的位置（在你和仪器之中），这就是为什么图8.14（a）中的波仍然保持尖峰形状。但还有大量的粒子发生重排，形成了仪器上显示的和你的大脑读出的"草莓园"一词〔见图8.14（b）〕。图8.14（a）表示的是由薛定谔方程得出的数学变换，即第一类叙述。图8.14（b）展示了这种数学演化的物理叙述，即第二类叙述。同样，如果我们开展图8.15中的实验，就会在概率波中引发一种类似的变动〔见图8.15（a）〕。这种变动相当于大量粒子发生重排，在显示器上拼出"格兰特墓"，并在你的体内产生相应的心理印象〔见图8.15（b）〕。

数学叙述

图8.14（a） 当你测量一个电子的位置时，由薛定谔方程决定的组成你和测量仪器的所有粒子的概率波的演化。电子的尖峰状概率波位于草莓园。

物理叙述

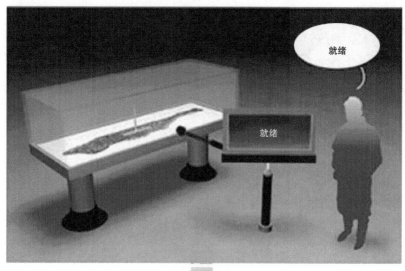

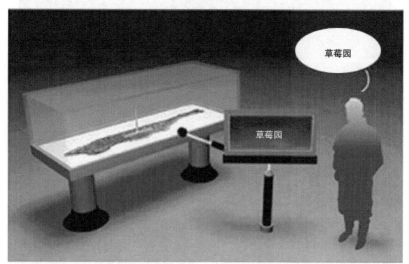

图8.14（b） 相应的物理叙述或经验叙述。

数学叙述

图8.15（a） 与图8.14（a）相似的同一类型的数学演化，但电子的尖峰状概率波位于格兰特墓。

物理叙述

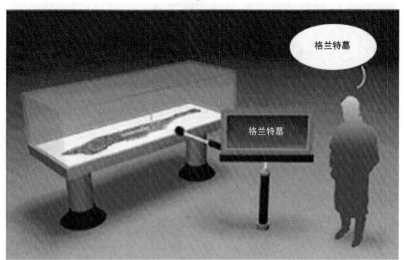

图8.15（b） 相应的物理叙述或经验叙述。

现在，把二者线性地结合起来。如果要测量的电子的概率波在两个地点存在尖峰，你和仪器的概率波与电子的概率波混合后就会出现图8.16（a）所示的变化，也就是图8.14（a）和图8.15（a）合起来的变化。到目前为止，这不过是对第一类量子叙述的图解和注释。我们开始时有一个特定形状的概率波，用薛定谔方程让它随时间演化，最终我们就得到一个新形状的概率波，但其中一些细节被我们掩盖了。现在，让我们用第二类叙述的语言来重新阐述这个数学过程，突出其中的物理特性。

从物理上来说，图8.16（a）中的每个尖峰都代表大量粒子的一个组态，每个组态都能够使仪器产生一个特定的读出结果，并使你的大脑获取这个信息。从左边的尖峰读出的是草莓园，从右边的尖峰读出的是格兰特墓。除了这个差别外，这两个尖峰之间没有任何区别。我之所以强调这一点是因为我们必须认识到没有哪个结果比另一个更贴近现实。除了仪器的特定读数以及你对那个读数的读取之外，再也没有别的什么东西能区分多粒子概率波的这两个尖峰了。

如图8.16（b）所示，这意味着我们的第二类叙述涉及两种现实。

事实上，将重点集中在仪器和你的大脑上不过是另一种简化。我可以将组成实验室和其中一切事物的粒子包含在内，也可以将组成地球、太阳等事物的粒子包含在内。这时，整个讨论过程仍然完全相同，一字不差。唯一的区别是图8.16（a）所示的发光概率波现在也会把其他所有粒子的信息都包含在内。不过，我们正在讨论的测量对它们基本上没有影响，它们只是来凑凑热闹。然而引入这些粒子是有用的，因为我们的第二类叙述还可以进一步扩充，不仅包括监视仪器的你和进行实验的仪器的拷贝，还包括周围实验室的拷贝、绕太阳公转的地球中其他事物

数学叙述

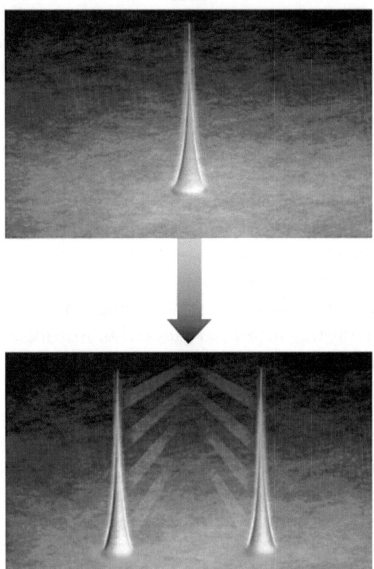

图8.16（a） 当你测量电子的概率波在两个位置上存在尖峰时，组成你和测量仪器的所有粒子的概率波。

图8.16（b） 相应的物理叙述或经验叙述。

的拷贝等。在第二类叙述的语言中，这意味着每一个尖峰都应该与一个传统的真实宇宙相对应。因此，在其中一个这样的宇宙中，你看到的读数为"草莓园"，而在另一个这样的宇宙中读数为"格兰特墓"。

假设电子的初始概率波的尖峰有4个、5个、100个或者随便多少个，这个结果同样适用：概率波的演化会产生4个、5个、100个或任意数量的宇宙。如图8.11所示，在最一般的情况下，概率波四处弥漫，在每个地方都有一个尖峰。这种波的演化将产生一大群宇宙，每一个可能的位置都有一个对应的宇宙。[7]

可是，正如我以前所说，所有这些场景中唯一发生的事件就是我们把一个概率波代入薛定谔方程，经过数学运算，然后得出一个变化的波形。这里没有"克隆机"，也没有"分裂器"。这就是为什么我在前面提到这个词可能会产生误导。这里没有别的，只有一种由量子力学的数学定律驱动的概率波演化"机制"。如图8.16（a）所示，当我们得出一个特定的波形时，我们就用第二类语言重新表述这个数学结果，并认为每存在一个尖峰，都有一个智慧生物身处一个看起来很普通的宇宙中，而且他必然只看到该实验中的某一个确定的结果，如图8.16（b）所示。如果能遇到以上所有的智慧生物，我就会发现他们都是一模一样的，唯一的区别在于每个人见证的确定结果是不同的。

因此，鉴于玻尔和哥本哈根学派认为其中只有一个宇宙会真实存在（这是因为测量行为会使所有的其他宇宙坍缩。他们声称测量行为已经超出了薛定谔的研究范围），又鉴于我们第一次试图超越玻尔时将薛定谔的数学公式扩展到所有的粒子（包括设备和大脑中的粒子），结果得出了令人头昏眼花的混乱状况（因为特定的机器或大脑似乎同时读取了所有可能的结果），艾弗雷特发现，更加仔细地解读薛定谔的数学公式之后，我们就会得出另外的结果：宇宙数不胜数，而且越来越多，形成了一种丰富现实。

在艾弗雷特1957年的论文发表之前，其初稿已流传到世界各地的物理学家手中。在惠勒的指导下，论文的语言已被过分缩减，以至于许多读过的人不能确定艾弗雷特是否认为所有数学公式中的宇宙都是真实的。艾弗雷特随后意识到了这种混乱，于是决定进行澄清。他的态度好像又回到了论文发表之前，而且这显然没有引起惠勒的注意。艾弗雷特在"补充说明"中大幅阐述他关于现实的不同结果的观点，他说："在本理论看来，所有宇宙……都是'真实的'，没有任何宇宙比其他宇宙更加'真实'。"[8]

什么时候产生另一个宇宙

除了"分裂"和"克隆"这两个误导性词语外，我们在第二类叙述中常常用到另外两个重要术语——"世界"和在相应语境中可以与之互换的"宇宙"。有没有什么方法能确定什么时候使用这两个术语？当我们考虑单个电子的双尖峰（或多尖峰）概率波时，我们并没有谈到两个（或多个）世界。我们只谈到了一个世界，即我们的世界，其中电子的位置是不确定的。然而在艾弗雷特的方法中，当我们测量或观察该电子时，我们就以多世界的方式进行探讨。未测量粒子和测量粒子的区别是什么，由此产生的叙述为何听起来完全不同？

简单地说，对于一个单一的孤立电子，我们并没有进行第二类叙述，因为没有测量和观察，就没有与人类经验衔接的环节，我们也就无须解释。在这种情况下，我们只需要概率波如何通过薛定谔的数学公式演化的第一类叙述。于是，没有第二类叙述，我们就没有机会谈及多重现实。虽然这个解释已经很充分了，但我们有必要再钻研得深入一些，使量子波动涉及多个粒子时的一个特性有所显现。

为了把握其中的基本思想，最简单的方法就是回顾一下图8.2和图8.4中的双缝实验。回想一下，一个电子的概率波遇到障碍后，有两个概率波片段穿过双缝继续向探测屏运动。受到有关多世界讨论的启发，你可能会将波动的两个飞奔的片段看作各自独立的现实。在一个现实中，电子从左边狭缝中飞驰而过；在另一个现实中，电子从右边狭缝中飞驰而过。但你马上认识到，这些所谓的不同的现实的混合结果在深刻地影响着实验的结果。这种混合就是产生干涉图案的原因。因此，考虑在不同的宇宙中分别存在两个波动的轨迹并没有太大的意义，也没有产生任何特别的观点。

如果我们把实验变一变，在每个狭缝后面放置一台仪表来记录电子是否从中通过，情况就完全不同了。此时，由于有了宏观仪器的参与，电子的两个截然不同的轨迹就会在大量的粒子中引发某种差异，即仪器显示器中的大量粒子会显示"电子通过左边狭缝"或"电子通过右边狭缝"。正因为如此，与两种可能性相对应的概率波就分道扬镳了，它们之间几乎不可能产生任何后续影响。正如图8.16（a）所示，仪表中大量粒子之间的差异导致两个结果的概率波相互远离，几乎不发生重叠。没有重叠，概率波就不会发生任何量子物理学标志性的干涉现象。事实上，放置仪表后，电子就不再产生图8.2（c）所示的条纹图案，而是产生了一种简单的，由图8.2（a）与图8.2（b）中的结果非相干叠加而形成的图案。物理学家认为概率波已经退相干了（关于更多细节，参见《宇宙的结构》第7章）。

于是关键在于，一旦退相干到来，每个结果的概率波就会开始独立演化（不同的可能结果之间无法混在一起），每一个结果都可以称为各自的世界或宇宙。对以前的那个例子来说，某个宇宙中的电子穿过左边狭缝，仪表显示"左"；另一个宇宙中的电子穿过右边狭缝，仪表显示"右"。

从这个意义上说，也只有从这个意义上说，这种观点才与玻尔的观点达成一致。根据多世界方法，由大量粒子组成的宏观物体确实不同于单个粒子或少许粒子组成的微观物体。宏观物体并没有超出量子力学的基本数学定律，但正如玻尔所想，它们的确允许概率波获得足够大的变化，以使其相互干涉的能力变得微不足道。一旦两个或多个概率波不能彼此影响，它们就相互看不见了。每个波都"认为"其他波都已经消失了。鉴于玻尔主张在一次测量中只允许存在一个结果，将多世界方法与退相干结合，就能确保在每个宇宙看来其他结果都已经消失了。也就是说，在每一个宇宙中，概率波仿佛已经坍缩了一样。但是，与哥本哈根解释相比，"仿佛"一词为辽阔的现实提供了一幅迥然不同的图景。在多世界方法看来，不单是某个结果，所有结果都是真实存在的。

前沿研究的不确定

说到这里，本章似乎应该结束了。我们已经看到量子力学基本的数学结构如何为我们带来一个崭新的平行宇宙概念，然而你会发现本章还有一些内容要讲。其中，我会解释为什么量子力学的多世界方法仍然存在争议；我们将看到，当现实的概念跳跃到一个陌生的视角中时，除了有人会感到不适之外，还有人提出了反对意见。不过为了不让你感到厌烦或迫不及待地想直接跳到下一章，我先做一个简短的总结。

在日常生活中，当我们面对一系列可能的结果时，概率就会进入我们思考的范围，但由于某种原因，我们无法确定哪个结果将实际发生。有时，我们有足够的信息来判断产生某些结果的可能性有几分，于是概率就是一种能使这种思考定量化的工具。当我们心中认为很可能发生的结果经常发生，我们心中认为不太可能发生的结果很少发生时，我们对概率方法的信心就会与日俱增。多世界方法所面临的挑战是，它需要使量子力学的概率性预言在完全不同的情况下成立，因为它设想所有可能的结果都会发生。这个困境很容易表述：如果所有结果都会发生，那么我们又该如何谈论有的结果很可能发生而有的结果不太可能发生呢？

在剩下的几节中，我会更全面地解释这个问题，并提到人们为解决这个问题所做出的尝试。当心，我们就要深入最前沿的研究。对于这个问题，人们众说纷纭，可能与我们当前的观点有所不同。

一个可能的问题

对于多世界方法的一个常见的批评是，它太花哨了[1]，不可能是真的。物理学的历史教给我们，成功的理论是简单和优雅的，它们以最少的假设解释数据，并为之提供一种精确而经济的理解。如果一个理论引入的宇宙越来越多，它就在同这个理想背道而驰。

多世界方法的支持者认为，当你评估科学方法的复杂性时，不应该将重点放在它的隐含意义上，重点在于方法本身的基本特征。多世界方法只做了一个假设，即假设一个方程（薛定谔方程）始终如一地支配着一切概率波，所以就公式的简单程度和假设的经济程度而言，它很难被驳倒。哥本哈根解释肯定不会比它更简单。哥本哈根解释也用到了薛定谔方程，但它还引入了一个模糊的、语焉不详的规定，用于说明何时应该停止使用薛定谔方程，然后还附加了一个更加含糊的规定，即概率波的坍缩过程意味着粒子有了确定的位置。多世界方法通向了一个异常丰富的现实图景，这并不是它的理论缺陷，正如地球上丰富的生物多样性不是达尔文自然选择学说的理论缺陷一样。本质很简单的机制也能够产生非常复杂的结果。

尽管连奥卡姆剃刀的锋芒都不足以剪掉多世界方法，但是该提案中存在数量过多的宇宙确实引发了一个潜在的问题。我以前曾说到，物理学家运用某个理论时，需要做出两种类型的叙述，其中一种叙述说的是世界如何按照数学公式演化，另一种叙述把数学公式和我们的日常经验联系在一起。但是实际上还存在关于这两种叙述的第三种叙述，物理学家也必须讲到。这个叙述说的是我们如何对某个理论产生信心。量子力学的第三个叙述一般是这样的：我们对量子力学的信心在于，量子力学

---

[1] 原文为"太巴洛克（baroque）了"。——译注

在解释数据方面有着非凡成就。如果一个量子学家通过理论计算得出，在某个反复进行的特定实验中，如果我们预计某个结果的发生次数是另一个结果的发生次数的9.62倍，实验者就一定会观察到这样的情形。反过来讲，如果测量结果与量子力学的预言不相符，实验者就会认为量子力学是不正确的。其实，作为严谨的科学工作者，他们会更加谨慎。他们将会宣称量子力学的正确性值得怀疑，但同时他们会强调测量的结果并不能完全推翻这个理论。即使将一个普通的硬币扔1000次，出现的结果也可能与预计的概率相悖。但偏差越大，人们就越怀疑硬币被人做了手脚，量子力学的预言与实验结果的偏差越大，实验者就会越发强烈地怀疑量子理论的正确性。

人们对量子力学的信心可以被实验数据破坏，这一点很重要。对于任何一种较为成熟的已被人们充分理解的科学理论，我们至少应该从原则上说，如果我们没有在诸如此类的实验中发现诸如此类的结果，那么我们就应该减少对该理论的信任。观测偏离预言的程度越大，这个理论的可信度就越低。

多世界方法隐含的问题以及它仍具争议的原因是，它可能会削弱这种方法对量子力学的可信度的评估能力。例如，当我抛硬币时，我知道它有50%的机会正面朝上，有50%的机会背面朝上。但这一结论取决于一个通常的假设：抛一次硬币只能产生一个结果。但如果所抛的硬币在一个世界中是正面朝上，而在另一个世界中是背面朝上，而且在每个世界中都有我的一个副本来见证这一结果，那么我们又该如何理解通常所说的概率呢？想象一下，有一个和我长得一模一样的人，他具有我所有的记忆，并自称他就是我本人，看到了硬币的正面朝上，而另一个同样是我的人看到了硬币的背面朝上。由于这两种结果都发生了，有一个布莱恩·格林看到硬币的正面朝上，有一个布莱恩·格林看到硬币的背面朝上。这样一来，我们所熟悉的概率性，即布莱恩·格林有同等机会看到正面和反面朝上的概率性似乎就无处可寻了。

如图 8.16（b）所示，概率波在草莓园和格兰特墓徘徊的电子同样面临这一问题。传统的量子逻辑会说，你（实验者）在每个地方都有50%的机会找到电子。但在多世界方法中，两种结果都发生了。一个"你"会在草莓园发现电子，而另一个"你"会在格兰特墓发现电子。那么我们又该如何理解传统的概率性预言说的在这种情况下你有均等的概率看到其中一个结果或另一个结果呢？

很多人在第一次遇到这样的问题时会自然地认为，在多世界方法里的许多不同的"你"之中，一定有一个"你"在某种程度上比其他的"你"更真实。虽然每个世界中的每个"你"看起来完全相同，并且具有相同的回忆，但通常的想法是这些"你"中只有一个是真正的你。按照这一思路，那个"你"看到了唯一的结果，所以在那个"你"看来概率性预言是成立的。我能理解这种反应。多年以前，当我第一次了解到这种想法时，我也是这样认为的。但是，这种推理与多世界方法背道而驰。多世界方法奉行极简主义。概率波随薛定谔方程演化，仅此而已。想象在你的众多副本中有一个真正的你，实际上在暗中支持某种与哥本哈根解释类似的东西。哥本哈根解释中的概率波坍缩就是将所有可能结果中的某一个变成真实结果的粗野手段。如果你认为在多世界方法中的那些"你"之中只有一个是真正的你，那么你的手段就没什么两样，只不过动静稍微小了一些。这样的举动违背了引入多世界方案的初衷。多世界方法正是艾弗雷特为尝试弥补哥本哈根解释的缺陷而引入的，而他的策略是除了久经考验的薛定谔方程之外什么也不引入。

这种认识让人们对多世界方法产生了忧虑。我们对量子力学有信心，因为大量实验证实了它的概率性预言。然而，在多世界方法中，我们很难看到概率在其中是如何起作用的。那么，我们该如何进行第三类叙述，我们对多世界方案的信心又该如何建立呢？这就是我们面临的困境。

细想起来，我们会碰到这堵墙并不奇怪。在多世界方法中根本就没有什么概率性的事情。波动只不过从一个形状演化到另一个形状，这完全由薛定谔方程决定。没有人扔骰子，也没有人转动轮盘。相比之下，哥本哈根解释模糊地定义了一种测量引起的坍缩，这才会引入概率（再次强调，波动在某个地方的幅值越大，波动坍缩之后粒子出现在那个地方的概率就越大）。正是这样，哥本哈根解释中才会出现"掷骰子"的行为。但多世界方法放弃了坍缩的概念，因此它也就摒弃了传统概率的切入点。

那么，在多世界方法中存在概率性的结果吗？

概率与众多世界

艾弗雷特认为，两者一定存在相结合的地方。在1956年的论文初稿以及1957年的删节版的大部分内容中，他专门解释如何将概率和多世界方法结合起来。但是半世纪以后，围绕这个问题的辩论仍然很激烈。对于多世界方法能否与概率结合以及如何与之结合，致力于解决这个问题的物理学家和哲学家有着广泛的不同意见。有些人认为这个问题是不可解决的，所以我们应该放弃多世界方法。有些人则认为，概率，或至少某些貌似概率的东西的确可以被纳入多世界中。

艾弗雷特原先的提案为其中的难点提供了一个很好的例子。我们在日常生活中引入概率，是因为我们的知识是不完备的。如果抛掷硬币时知道足够多的细节（硬币的精确尺寸和重量及其被抛出的方式等），我们就能够预言最后的结果。但是，我们一般没有这方面的详细信息，所以我们诉诸概率。类似的道理同样适用于天气、彩票以及每一个我们熟悉的、概率在其中起重要作用的例子。我们认为这些结果是不确定的，仅仅因为在每一种情况下我们的认识都是有限的。艾弗雷特认为，概率能够进入多世界方法中，也是因为其中潜藏着一种类似的来源完全不同的信息匮乏性。多世界中的居民只能触及各自的世界，他们体验不到其他的世界。艾弗雷特认为，有了这种受限的视角后就可以引入概率了。

为了体会其中的道理，我们暂且不提量子力学，先考虑一个不完全恰当而很有用的比喻。试想一下，Zaxtar星人已成功地建造了一种克隆机，可以造出跟你、我以及任何人完全相同的副本。如果你走进克隆机，就会有两个你走出来。两个你都完全认为他们自己是真正的你，而且事实的确如此。Zaxtar星人很喜欢将智力逊色的生命形式置入生存困境（existential dilemmas），因此他们扑向地球，向你提出以下提议。今晚当你睡着的时候，你会被人小心地推入克隆机之中，5分钟后会有两个你被人从克隆机中推出来。当其中一个你醒来时，生活一切如常，而且无论你许下什么愿望都会实现。当另一个你醒来时，生活就不再正常了。你将被押送到Zaxtar星的一个酷刑室中，永远无法离开。哦，不，那幸运的克隆人也不能许下希望你获救的愿望。你会接受这个建议吗？

对于大多数人来说，答案是否定的。因为每一个克隆人确实都是真正的你，如果接受这个建议的话，必然会有一个你要遭受终生的折磨。当然还有一个你醒来时会过正常生活，同时获得某种可以实现任何愿望的无限能力。但除了酷刑，在Zaxtar星上的你什么也没得到。这个代价太高了。

早料到你不会愿意，于是Zaxtar星人加大了赌注。他们提出同样的提议，但现在他们将制造一百万零一个你的副本。一百万个你将在一百万个完全相同的地球上醒来，并且有能力实现任何愿望，但是有一个你将在Zaxtar星上遭受酷刑。你接受吗？在这种情况下，你就开始动摇了。"哎呀，"你认为，"这个概率似乎相当不错，我不会在Zaxtar星上完蛋，而会在家里醒来，心想事成。"

最后的那个直觉与多世界方法尤为相关。如果你对概率的理解是，设想在一百万零一个你的副本中只有一个才是"真正的"你，那么你还没有完全理解这种方法。每个副本都是你，其中一个你醒来后将要面对无法忍受的未来，这件事有100%的可能发生。如果这就是导致你用概率的方式进行思考的原因，你就应该放弃这种想法。然而，概率可能以一种更完善的方式进入你的思想。试想一下，你刚刚同意了Zaxtar星人的提议，并且正在考虑明天早上醒来时的情景。你蜷缩在一床温暖的羽绒被下，刚刚苏醒而尚未睁开眼睛，你会想起与Zaxtar星人的约定。首先，这看起来像一个异常生动的噩梦，但当你的心脏开始跳动时，你会意识到这是真实的，一百万个你都处于苏醒的过程中，其中一个你注定要被送往Zaxtar星，其余的你会得到非同寻常的能力。"什么是概率？"你会紧张地问自己，"当我睁开双眼时，我会被运往Zaxtar星吗？"

在克隆之前，没有什么合理的方法能够判断你是否有可能被囚禁在Zaxtar星上，但可以绝对肯定的是一定会有一个这样的你，所以怎么会不可能呢？然而，经过克隆之后，情况似乎就不同了。每个克隆人都把他自己当作真正的你。事实上，每个克隆人都是真正的你。但每个副本又都是一个相互独立、互不相同的个体，他们都可以询问各自的未来。在这一百万零一个副本当中，每个人都可以询问他们将被送往Zaxtar星的概率。而由于每个人都知道这一百万零一个副本中只有一个人会面对这个结果，每个人都认为成为这个不幸的人的概率很小。当他们醒来时，其中一百万个人会高兴地发现他们的愿望实现了，只有一个人例外。所以，在Zaxtar星人的案例中虽然没有什么不确定，没有什么偶然，也没有什么概率（没有人掷骰子，也没有人转动轮盘），但是概率似乎还是在其中出现了。这是因为每一个克隆人在看待自己所要面对的结果时都存在一种主观上的信息匮乏。

这就为将概率引入多世界方法提供了一种行动方针。进行某个特定的实验之前，你就像克隆之前的那个你一样。你考虑量子力学所允许的所有结果，并且知道你的副本会有百分之百的把握看到每个结果，根本没有什么偶然性。然后，你开始做实验。此时，就像Zaxtar星人的例子那样，概率的概念自然而然地出现了。你的每一个副本都是一个独立的智慧生物，他们都想知道自己处于哪一个世界中。这就是实验结果所揭示的可能性，这就是其中某个副本看到某个特定结果的概率。概率通过每个居民的主观体验进入了多世界方法。

艾弗雷特的方法就是这么回事，他将此描述为概率"在主观层面再现"了的"客观的确定性"。这个方向让他非常激动。正如他在1956年的论文初稿中所强调的，这个框架在爱因斯坦的立场（他坚信一个物理学的基本理论不应涉及概率）和玻尔的立场（他对这样一个涉及概率的基本理论非常满意）之间架起了桥梁。根据艾弗雷特的说法，多世界方法能够调和这两种立场，他们之间的区别仅仅在于角度不同。站在数学的角度，爱因斯坦认为所有粒子的总体概率波的演化始终由薛定谔方程决定，概率在其中完全不起作用。[1]我喜欢想象这样一幅画面，爱因斯坦翱翔于多世界方法中的众多世界之上，注视着薛定谔方程完全支配整

---

[1] 这种非概率性的观点强烈要求我们使用专业名词"波函数"，而非我曾用过的通俗说法"概率波"。

个图景的展现方式，并愉快地得出虽然量子力学是正确的，但上帝并不掷骰子。玻尔的观点是，某个世界中的某个居民也会高兴地用概率来解释这些他的受限视角所能看到的结果，而且精确度高得惊人。

这是一幅迷人的场景——关于量子力学，爱因斯坦和玻尔达成了共识。其中还有一些繁杂的细节使人们相信，虽然半个多世纪过去了，但现在说大功告成还为时尚早。研究过艾弗雷特论文的人普遍认为，虽然他的意图是明确的（在多世界的居民看来，这个决定论的理论显示了概率性），但他并没有令人信服地阐明这个想法该如何实现。例如，跟第7章内容的精神很像，对于某个给定的实验，艾弗雷特试图确定多世界中的"典型"居民会观察到什么样的结果。但是在多世界方法中，我们需要面对的居民都是完全相同的（不同于我们在第7章中强调的）。如果你是实验者，那么他们就是你，总体上他们会看到一系列不同的结果。那么，谁才是那个"典型"的你呢？

受Zaxtar星人例子的启发，我们自然会想到要数一数将看到某个特定结果的"你"的数目；看到哪个结果的"你"的数目最多，哪个结果就可以作为典型。或者定量地说，我们要求发生某个结果的概率与看到该结果的人数成正比。举一个简单的例子，在图8.16中，看到每个结果的"你"各有一个，因此你认为看到每个结果的概率各为50%。很好，通常量子力学的预言也是各占50%，因为概率波在这两个地方的高度都是相等的。

另一方面，我们考虑一种更一般的情况，如图8.17中概率波的高度并不相等。如果概率波在草莓园的大小是格兰特墓的100倍，那么量子力学就会预言，你在草莓园找到电子的可能性会大上100倍。但在多世界方法中，你所开展的测量仍然导致一个你在草莓园看到电子，而另一个你在格兰特墓看到电子，通过计算"你"的数量而得到的概率仍然是

图8.17　你和仪器的总体概率波遇到一个具有多个不同高度的尖峰的概率波。

各占50%。显然，该结果是错误的。这种比例失调的来源很明确。看到不同结果的"你"的数量取决于概率波的尖峰数量，但量子力学的概率是由其他原因决定的——并不是尖峰的数量，而是尖峰之间的相对高度，而且量子力学的这些预言已经被实验令人信服地证实了。

　　为了解决这种失调，艾弗雷特开创了一种数学的论证方法，许多研究者后来进一步作了发展。[9]粗略地说，为了计算看到其中某个结果的概率，我们应该按照概率波的大小为不同宇宙引入相应大小的权重，如图8.18所示。但这令人十分费解，而且充满争议。你在草莓园发现电子的那个宇宙比你在格兰特墓发现电子的宇宙的真实性大100倍，还是可能性大100倍，还是意义大100倍呢？这些建议肯定会制造一种紧张氛围，让人怀疑不同的世界是否一样真实。

数学叙述

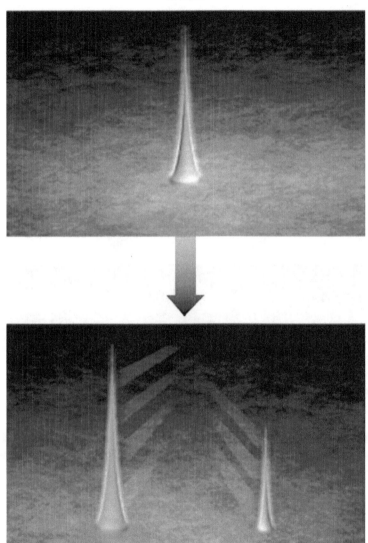

图8.18（a） 当你测量一个电子的位置时，组成你和测量仪器的所有粒子的总体概率波的演化（由薛定谔方程决定）示意图。电子本身的概率波在两个地方有尖峰，但高度不同。

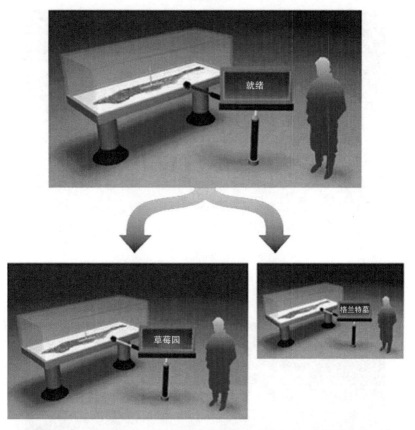

图8.18（b） 有人提议，多世界方法中概率波的高度不同意味着相对于其他世界，某些世界的真实性更低，或意义更不重要。总之，关于其中的含义仍然存在很大的争议。

　　50多年间，一些杰出的科学家重新审视了艾弗雷特的论证方法，并进行了修改和推广，但许多人认为难题仍然存在。然而，设想数学内涵简单、没有画蛇添足的、具有深刻革命意义的多世界方法得出概率性预言的情景仍然十分诱人，因为概率性预言构成了我们对量子理论的信任的基础。除了 Zaxtar 星式的论证，这个问题还激发了许多其他的想法，要将概率和多世界结合在一起。[10]

牛津大学的一组顶尖研究人员〔其中包括戴维·多伊奇（David Deutsch）、西蒙·桑德斯（Simon Saunders）、戴维·华莱士（David Wallace）和希拉里·格里夫斯（Hilary Greaves）〕提出了一个重要的想法。他们已经展开一轮复杂的进攻，集中在一个看似愚蠢的问题上。如果你是一个赌徒，并且相信多世界方法，那么你将如何制定量子力学实验中最佳的投注策略？他们用数学计算回答道，投注方法应该和尼尔斯·玻尔的方法一样。说起你的回报最大化时，这些人脑中所想到的事情会使玻尔大吃一惊——他们对多重宇宙中自称是你的那些人取了平均。但即便如此，他们的结论仍然是，自玻尔以来所有人已经计算出的叫作概率的数值正是指导你应该如何下注的数值。也就是说，虽然量子理论完全是决定论的，但你还是应该把这些数字看作概率性的。

有些人相信这种方法完成了艾弗雷特的方案，有些人则不这么认为。

在如何对待多世界方法中的概率这个关键问题上缺乏共识，并不令人感到意外。这些分析的专业性很强，并且在量子理论的应用之外，它所处理的论题（概率）也是出了名的棘手。掷骰子时，大家都相信你得到3的概率是1/6，所以我们就预言在将骰子掷1200次的过程中，得到3的次数应该是200次左右。但得到3的次数也可能会偏离200次，那么这个预言表示什么意思呢？我们希望说它的意思是得到3的结果极有可能占其中的1/6，但如果我们这样说，那么就意味着我们需要借用概率的概念来定义得到3的概率。于是，我们陷入了一个循环。

这只不过是个小小的例子，说明除了其内在的数学复杂性，这个问题在概念上也是靠不住的。再考虑到具有多世界复杂性的"你"不再意指某个单独的人，研究人员总能找到争论的焦点也就不足为奇了。我毫不怀疑，总有一天将会产生一幅完整清晰的图景，但现在还没有产生，也许暂时还不会产生。

预言和理解

虽然存在这些争论，但量子力学本身仍然像在思想史中的那些理论一样，取得了巨大的成功。究其原因，正如我们所见，我们具有的一套"量子算法"能够为我们在实验室里完成的各种各样的实验以及对许多天体物理过程做出的观测得出可检验的预言。用薛定谔方程来计算有关的概率波的演化，并利用该结果（不同概率波的高度）来预言你将观察到某个结果的概率。就预言来说，为什么这种算法能够成立（概率波是否在测量时坍缩，所有的可能性是否都在各自的宇宙中实现，是否有其他机制在起作用）倒是次要的了。

一些物理学家认为，"次要"一词甚至已经将这个问题过分抬高了。在他们看来，物理学不过是一门得出预言的学问，如果不同的方法所预言的内容相同，我们为什么要关心哪种方法才是最终正确的呢？这里我提供三个想法。

第一，除了做出预言外，物理理论还需要在数学上保持一致。哥本哈根解释是一个勇敢的尝试，但它不符合这个标准：在观察的关键时刻，数学就保持沉默。这是一个很大的缺陷。多世界方法试图弥补这个缺陷。[11]

第二，在某些情况下，多世界方法的预言或许会有别于哥本哈根解释的预言。在哥本哈根解释中，坍缩的过程会将图8.16（a）修改为单一尖峰的概率波。所以，如果你能使图中描绘两个波（代表不同的宏观情形）发生干涉，产生与图8.2（c）相似的干涉图案，就能得出哥本哈根解释假设的坍缩过程并没有发生。由于存在以前提到过的退相干效应，这将是一项非常艰巨的任务，但至少从理论上说，哥本哈根解释和多世界方法产生了不同的预言。[12]这是一个重要的原则。哥本哈根解释和多世界方法通常被称为量子力学的不同"解释"。这是对语言的滥用。如果这两种方法可以产生不同的预言，你就不能将它们仅仅称为解释。当然，你可以这样叫，人们也是这样叫的。但是，这个术语是不准确的。

第三，物理并不仅仅是做出预言。如果有一天，我们找到一个黑盒子，它总是能准确地预言我们的粒子物理实验和天文观测的结果，那么这个盒子的存在就不会为这些领域的研究画上句号。做出预言和理解预言之间存在很大的区别。物理学的美妙之处在于，它提供了一种解释宇宙万物为什么按照各自的方式运作的方法。预言行为是物理学威力的重要组成部分，但如果我们不能对隐藏在现象背后的现实产生深刻的理解，那么物理学就会失去灵魂。如果多世界方法是正确的，我们为寻找这些预言的含义而做出的不懈努力将会揭示一个多么壮观的现实啊！

在我的有生之年，我不期望理论或实验能够就量子力学体现哪种版本的现实（单一宇宙、多重宇宙或某种完全不同的宇宙）达成共识。但我毫不怀疑，我们的子孙后代回顾我们在20世纪和21世纪的工作时会说我们曾为最终产生的图景奠定了宏伟的基础。

第9章 黑洞与全息宇宙

全息的多重宇宙

柏拉图曾经将我们对世界的认知比作一位古老的祖先看着洞穴昏暗的墙壁上徐徐而动的影子。他设想，我们所感知的不过是一些朦胧的概念，而更为丰富的现实在遥不可及的地方若隐若现。两千年后的今天，柏拉图的洞穴似乎已不再限于一个比喻。根据他的思想，现实（而不仅仅是影子）可能存在于一个遥远的界面上，而我们在通常的三维空间中所见证的一切不过是远处一举一动的投影而已。换句话说，现实也许就像一张全息图片，或者现实其实就是一部全息电影。

全息原理（holographic principle）认为，我们所经历的一切都完全可以等价地描述为远处的一个薄薄的曲面上发生的运动。这可以说是平行宇宙最古怪的版本。据说，如果我们能够理解这个遥远曲面上的物理定律，能够理解如何将其中的现象与我们的经验相联系，就能掌握探究现实所需的一切知识。柏拉图影子世界的一个新版本（将日常现象以一种完全陌生的方式封装在一个平行世界中）可能就是现实。

这个具有奇特可能性的旅程融合了许多意义深远的研究进展，其中包括广义相对论、黑洞、热力学、量子力学以及最近的弦论。在众多不同领域中穿梭的线索就是量子宇宙中信息的本质。

信息

约翰·惠勒非常善于发现和指导世界上最有天赋的年轻科学家〔除了休·艾弗雷特，惠勒的学生还包括理查德·费曼（Richard Feynman）、基普·索恩（Kip Thorne）以及我们稍后就会提到的雅克布·贝肯斯坦〕。除此之外，约翰·惠勒还有另一种不可思议的能力，他善于察觉一些重要问题，而研究这些问题可能会改变我们对大自然运作规律的基本认识。1998年，在普林斯顿的一次午餐中，我问他："你觉得什么样的物理问题会成为未来几十年的主流议题？"他低下头，这个动作他那天已经重复过很多遍了，仿佛年迈的身体已经老得无法支撑他的深谋远虑。但这一次，他沉默的时间很长。我揣测道，他是不想回答这个问题还是已经把问题忘了呢？此时他缓缓抬起头，说了一个词："信息"。

我并不感到惊讶。有一段时间，惠勒主张一种新的物理规律观，这与物理学新手从标准学术课程中学到的知识大相径庭。从传统意义上讲，物理学着眼于物体（行星、岩石、原子、粒子、场等），并研究那些影响它们的行为、主导它们相互作用的力。而惠勒提出，所有物体（即物质和辐射）都是第二位的，都应被视为一种更抽象、更基本的实体——信息的载体。这并不是说惠勒声称物质和辐射是某种子虚乌有的东西。相反，他认为我们应该将物质和辐射视为对某种更基本事物实体化的结果。惠勒相信，信息（粒子的位置、自旋的方式、所带电荷的正负等）才是现实本质最基本的核心。信息化身为真实的粒子，粒子占据真实的位置，具有确定的自旋和电荷。这个过程就像人们最终将建筑师的图纸实体化为一座摩天大楼。所有的基本信息都包含在蓝图之中，而摩天大楼不过是对建筑师设计图中的信息进行物理实体化后的产物。

按照这样的观点，我们可以把宇宙想象成一个信息处理器。它获取事物当前的状态信息，并产生描述事物下一时刻以及再往后的状态信息。通过观察物理环境如何随时间变化，我们能够感知和体会这个信息处理过程。然而，物理环境本身也仅仅是一种外在的表现（emergent），它出自更基本的因素（信息），并按照特定的基本法则（物理定律）发展演化。

我不知道这个信息论立场是否会如惠勒所设想，成为物理学的主流观点。但是最近在物理学家杰拉德·特霍夫特（Gerard't Hooft）和伦纳德·萨斯坎德（Leonard Susskind）的有力推动下，人们的思想已经发生了重大转变。这个转变起因于一个令人迷惑的信息问题，其中涉及一个十分奇特的环境，那就是黑洞。

黑洞

在广义相对论问世的那一年，德国天文学家卡尔·史瓦西就发现了爱因斯坦方程的第一个精确解，给出了大质量球对称天体（如恒星和行星）附近的时空形状。值得注意的是，在第一次世界大战期间，史瓦西不仅在俄国前线计算炮弹轨迹时发现了他的这个解，而且他击败了这场竞赛的发起人。在这一点上，爱因斯坦也只是找到了广义相对论方程的近似解而已。爱因斯坦对此颇为欣赏，于是把史瓦西的工作提交给普鲁士科学院并予以发表。然而，爱因斯坦并没有意识到这个精确解会成为史瓦西最具魅力的遗产。

史瓦西关于爱因斯坦方程的精确解表明，诸如太阳和地球之类我们熟悉的天体都会使原本平坦的时空产生一定程度的弯曲，就像蹦床一样微微下陷。这与爱因斯坦以前设法得出的近似结果相符，但史瓦西没有采用任何近似，因此他可以走得更远。史瓦西的精确解揭示了一个令人震惊的结果：倘若将足够大的质量压缩到一个足够小的球形空间内，就会形成一个引力深渊。深渊中的时空弯曲得异常厉害，以至于任何胆敢冒险接近它的物体都会被它捕获。由于"任何物体"也包括光，因此这个空间区域会消失在一片黑暗之中，而拥有这一特征的天体以前被称为"暗星"。同时，时空的极度扭曲也会让这种天体边缘上的时间停滞不前，于是就有了另一个早期概念"冷冻星"。半个世纪后，惠勒凭借其在市场营销方面仅次于物理学的造诣，使用了一个更加让人无法忘记的新名词——"黑洞"。于是，这个概念传遍科学界内外并被沿用至今。

爱因斯坦读到史瓦西的文章时认为，将其中的数学计算应用到通常的恒星和行星上是可以的，但是用到我们现在所说的黑洞上时行吗？爱因斯坦对此嗤之以鼻。在早先的那段时间里，要想充分理解广义相对论的复杂数学，即使对爱因斯坦来说也是一个巨大的挑战。我们现在对黑洞的理解还要再经过几十年才会形成。当时，在爱因斯坦看来，方程中显露无遗的时空褶皱太极端了，不可能是真的。就像他几年后反对宇宙膨胀一样，爱因斯坦认为这种极端的物质形态不过是因为有人对他的方程胡乱推导，而非真实存在。[1]

如果你看到其中涉及的具体数值，也很容易得出类似的结论。与太阳同等质量的恒星若想变成一个黑洞，就需要被压缩成一个直径约为300米的球，与地球同等质量的星体则必须被压缩到厘米数量级。在当时看来，自然界可能存在这种极端物质形态的想法无异于天方夜谭。然而，在此后的几十年里，天文学家们收集了铺天盖地的观测证据，证明宇宙中不但存在黑洞，而且数量非常多。人们普遍认为，许多星系都受其中心的巨型黑洞所驱动，而我们所在的银河系则正绕着一个质量约为太阳300万倍的黑洞转动。我们在第4章中说过，大型强子对撞机甚至有可能将剧烈对撞的质子质量（和能量）压缩到一个极小的空间内，从而在微观尺度上满足史瓦西的计算结果，也就是在实验室中产生一个微型黑洞。黑洞，作为数学之光照亮宇宙昏暗隅隙的象征，业已成为现代物理学万众瞩目的焦点。

黑洞，不仅是观测天文学的福音，也是理论研究的灵感沃土。它为物理学家提供了一个数学演练场，使他们能够将想法推至极限，用纸和笔探寻自然界最极端的一种环境。这里有一个很有分量的例子。20世纪70年代初，惠勒意识到，若把古老的热力学第二定律（在一个多世纪的时间里，它一直在能量、热和功的相互转化问题上为我们充当指路明灯）用在黑洞附近，似乎就会得出一些奇怪的结果。此时，惠勒的研究生——年轻的雅克布·贝肯斯坦用他的全新思想伸出援手，也埋下了全息理论的种子。

热力学第二定律

"少即是多"的格言有很多种说法："我们简而言之""其实不过是""别那么啰唆""一切尽在不言中"。这些短语很常见，因为每时每刻我们都会受到信息的狂轰滥炸。幸好在大多数情况下，我们的感官都会删繁就简，只保留那些真正重要的信息。举个例子，假设我在非洲大草原上遇到一只狮子，我绝不会在意它的身体所反射的每个光子是如何运动的。用这种方式获取的信息太烦琐了。我只不过想知道这些光子的某些特定的整体特征。演化使我们的眼睛能够感知这些信息，并使我们的大脑能够快速解码。狮子有没有向我这边走过来？它是不是还在匍匐跟踪我？如果将每时每刻每个反射光子都登记在册，我确实会得到全部细节，但我并没有产生任何领悟。少确实意味着多。

类似的考虑在理论物理学中也发挥着核心作用。有时，我们想知道我们所研究的系统的每一个微观细节。大型强子对撞机的隧道有27千米长，粒子就在当中迎头相撞。物理学家在隧道中放置了精度极高的庞大探测器系统，能够跟踪粒子碰撞碎片的运动轨迹。所获得的数据对于深入了解粒子物理中的基本法则十分重要，因此记录得非常详细。若把一年的数据刻成DVD光盘后摞在一起，其高度就会有帝国大厦的50倍。但是，正如之前遭遇狮子的例子一样，在物理学中有时候过分追求细节也会导致纠缠不清，使人无法抽丝剥茧。19世纪的一个物理学分支——热力学以及它的现代化身——统计力学研究的就是这类系统。蒸汽机这个技术创新不仅导致热力学的出现和发展，并最终引发了工业革命。这是一个绝佳的例证。

蒸汽机的核心是一大桶水蒸气。水蒸气受热膨胀，将发动机的活塞向前推，接着冷却收缩，使活塞重新回到初始位置，然后准备再次推动活塞。19世纪末20世纪初，物理学家提出物质是由分子组成的，这为理解水蒸气的行为提供了一幅微观图景。在加热过程中，水蒸气中水分子的速度越来越快，并不断冲击活塞的底部。水蒸气越热，水分子的速度就越快，对活塞的推力也就越大。为了理解水蒸气产生的动力，我们无须知道具体是哪一个水分子以多大的速度撞到了活塞的什么地方等细节。这个简单的洞见在热力学看来非常重要。如果你给我列出一份包含数亿亿个水分子运动轨迹的清单，我就会一脸茫然地看着你，正如你逐一列出狮子所反射的光子轨迹时一样。为了弄清活塞推力的大小，我只需知道在给定的时间段内平均有多少个水分子平均以多大的速度撞到了活塞上。这样的数据确实很粗略，但正是这种精简了的数据才真正有用。

为了打造一种能够系统地删繁就简的数学方法，得出高屋建瓴的宏观认识，物理学家练就了一系列技巧，发展了许多威力强大的概念。其中一个概念在前面的章节中已经简单介绍过，那就是熵。人们在19世纪中叶引入这个概念，是为了定量地描述内燃机内的能量耗散过程。熵的现代概念产生于19世纪70年代路德维希·玻尔兹曼（Ludwig Boltzmann）的工作中，它衡量的是一个给定系统的组分需要排列得多么有序（或者多么混乱）才能在整体上呈现它现在的样子。

为了更真切地感受这个概念，想象一下菲利克斯十分暴躁的样子，因为他认定他与奥斯卡共同租住的公寓遭贼了。他对奥斯卡大声嚷道："有人洗劫了我们！"奥斯卡无动于衷，他觉得菲利克斯显然在抽风。为了证明自己的观点，奥斯卡猛地推开自己卧室的门，发现房间里到处扔的都是衣服、空的比萨盒以及踩扁的啤酒罐。"看吧，一切都和平时一模一样！"奥斯卡厉声说道。但菲利克斯丝毫没有动摇，他说："当然和平时一模一样，猪窝一样脏乱的地方，洗劫完了还是猪窝！但你看看我的房间！"菲利克斯突然推开自己卧室的门。"这像洗劫过吗？"奥斯卡嘲弄道："你的房间看起来比纯威士忌还要干净！""干净！是的，确实很干净，但他们还是留下了痕迹。看到了吗？我的维生素瓶子没有按照大小顺序摆放，我收藏的《莎士比亚文集》没有按字母顺序放好。

看看我放袜子的抽屉，黑袜子都跑到蓝格子里了！有贼，我告诉你，奥斯卡。我们显然遭贼了！"

姑且把菲利克斯的歇斯底里放在一边，这个场景清楚地说明了一个简单而重要的观点。如果某个系统像奥斯卡的房间一样是高度无序的，其组分就会有很多种可以保持总体外观不变的排列方式。从床上、地板上和衣橱中将四处散落的26件皱巴巴的衬衣捡起来，再以某种方式丢下，把42个踩扁了的啤酒罐随处乱扔，房间里看起来不会有什么两样。但是如果某个系统像菲利克斯的房间那样是高度有序的，即使有一丝细微的变动，人们都能轻易觉察到。

这种区别正是玻尔兹曼熵的数学定义的基础。给定任何一个系统，在不改变宏观的总体特征的前提下，计算其组分有多少种不同的排列方式，得出的结果就是系统的熵。[1]可供选择的排列方式越多，熵值就越大，系统的无序度就越高。如果这样的排列方式较少，熵值就较小，系统的有序度就较高（或者等价地说系统的无序度较低）。

我们来考虑一个更传统的例子，比如一大桶水蒸气和一块立方形的冰块。我们仅仅着眼于它们的宏观性质，也就是那些无须知道分子的状态细节就可以观察、测量的性质。如果在水蒸气中摆摆手，你就重排了数以亿亿计的水分子的位置，然而这一桶均匀的水雾看似未曾被你搅动过一样。但是如果在冰块中随机改变同样多水分子的位置和速度，你就会立刻发现冰块的晶体结构遭到破坏，产生了裂纹和碎片。水蒸气中的水分子在容器中随意地飞来飞去，这是一个高度无序的系统，但冰块中的水分子按照固有的晶体结构整齐排列，这是高度有序的系统。水蒸气的熵很大（其中的水分子有很多不改变外观的重排方式），而冰块的熵

---

[1] 目前这个宽松的定义已经够用了，更严格的定义稍后就会给出。

很小（不改变外观的重排方式很少）。

由于熵衡量了系统的宏观特征相对于其微观细节的敏感性，所以在一个着眼于系统总体物理特征的数学体系中，熵是一个十分自然的概念。热力学第二定律对这一思路进行了定量化。该定律指出，随着时间的推移，系统的熵总是在增加。[2]我们稍微知道点儿概率和统计的知识就可以理解其中的原理。根据定义，高熵组态对应的微观排列方式远远多于低熵组态对应的微观排列方式。当系统发生演化时，通向高熵组态的演化具有压倒性的概率，因为和低熵组态相比，高熵组态的微观状态实在太多了。烤面包的时候，你在整个屋子里都闻得到香味，这是因为从面包上散发出来的分子没有紧紧地挤在厨房的某个角落里，而是在整个房间里四处弥漫，形成均匀的香气。热分子的随机运动几乎必然使它们弥散开来，朝着含有更多排列组合方式的状态发展，而不是让它们聚集在一起，朝着含有较少排列组合方式的状态发展。分子数量众多的系统会从低熵状态向着高熵状态演化，这就是热力学第二定律的结果。

这是一个普适观点。玻璃碎裂、蜡烛燃烧、墨水洒落、香气扩散，这些过程看似不同，但从统计上看都是一样的。在以上情况下，系统从有序迈向无序，因为无序的形式实在太多了。这种分析的妙处（我不禁发出了物理学习历程中最为强烈的一次赞叹）在于，它不但没有让我们迷失在复杂的微观细节里，而且为我们提供了一个指导原则，能够解释为什么许多现象都是那个样子。

注意，这里尤其需要强调的是，热力学第二定律是统计性的规律，它并没有说系统的熵不能减少，而是说几乎不可能减少。经过随机运动，你刚刚倒进咖啡中的牛奶分子也有可能浮在表面，形成一幅圣诞老人模样的图案。但你不用屏住呼吸，因为这一层漂浮的圣诞老人图案的熵非常小，就算你只动了其中几十亿分之一的分子，你也会发现圣诞老人的头或者胳膊不见了，或者完全消失在一堆抽象的白色旋涡中。相比之下，牛奶在杯子中均匀散开时的熵则要大得多，大量的排列组合都对应于一杯看起来很普通的加奶咖啡。倒入牛奶的咖啡极有可能会变成均匀的褐色，而不会变成圣诞老人的样子。类似的道理，绝大多数熵减过程都不太可能发生，热力学第二定律看起来是不可违背的。

黑洞与热力学第二定律

现在我们来讨论惠勒关于黑洞的观点。惠勒早在20世纪70年代初就注意到，一旦有了黑洞，热力学第二定律似乎就不成立了。如果附近存在一个黑洞，我们就找到了一种现成的、可靠的方法来降低系统的整体熵。无论你正在研究什么物质，碎成渣的玻璃也好，烧成灰的蜡烛也好，洒一地的墨水也好，把它们统统扔进黑洞。系统的无序度看似永远消失了，因为任何物体都无法从黑洞中逃逸出来。这种方法也许有些粗鲁，但有了它，我们似乎就很容易减小系统的熵，前提是你的身边得有一个黑洞。热力学第二定律遭遇了劲敌，许多人都这么认为。

但惠勒的学生贝肯斯坦不信这一套。贝肯斯坦提出，也许熵并没有消失在黑洞中，而是转化成了黑洞。毕竟没有任何人宣称黑洞在吞噬星际尘埃和恒星时违反了描述能量守恒的热力学第一定律。爱因斯坦方程表明黑洞吞噬物质时会变得更大、更强壮。周围区域中的能量得到了重新分配，其中一部分掉进黑洞，另一部分则仍在黑洞之外，但两者之和是守恒的。贝肯斯坦提出，也许可以把相同的想法应用于熵，即一部分熵仍在黑洞之外，另一部分熵并没有消失，而是掉进了黑洞中。

这听起来似乎合情合理，但是专家们扼杀了贝肯斯坦的想法。史瓦西的黑洞解以及后来的许多工作似乎都证明黑洞是高度有序的象征。那些掉进黑洞的物质和辐射不论多么杂乱无章，都会在黑洞中心被压缩成无限小。黑洞就是一个高度有序的终极垃圾压缩机。的确，没有人能搞清楚在这个强大的压缩过程中究竟发生了什么，因为极端的曲率和密度已经使爱因斯坦方程不再适用。但是，黑洞中心似乎也不可能容纳一片混乱。如图9.1所示，在黑洞中心之外，除了那片一直延伸到有去无回的边界（事件视界）的空荡荡的时空，什么也没有。那里没有分子和原子飘来飘去，因而也就没有所谓的组分重新排列。黑洞，似乎不可能含有熵。

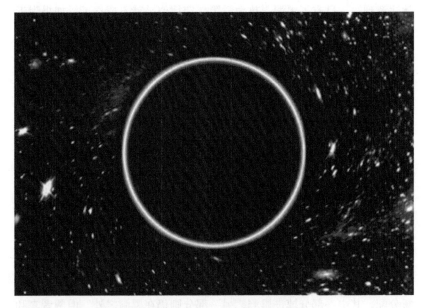

图9.1 黑洞就是一片空荡荡的时空，被事件视界包围着。

　　20世纪70年代，有人提出了所谓的无毛定理，于是这一观点得到进一步强化。这个定理从数学上证明黑洞就像蓝人组合（Blue Man Group）[1]中的那几个光头成员一样，缺少易于分辨的特征。根据这个定理，任何两个等质量、等电荷和等角动量的黑洞都是完全相同的。就像蓝人组合的成员没有刘海，没有披头长发，也没有牙买加长辫一样，黑洞也没有别的什么内在特征，所以似乎也没有什么可以算作熵的本质差异。

　　就其本身而言，这个论据已经相当有说服力了，但有许多负面意见似乎向贝肯斯坦施以了致命一击。根据热力学的基本观点，熵和温度之间存在一种紧密的联系。温度度量的是事物微观组分的平均运动：热系统的组分运动得快，而冷系统的组分运动得慢。熵度量的是事物的组分有多少种可能的排列组合方式，这种排列组合的差异仅限于微观尺度，从宏观上看则是可以忽略的。因此，温度和熵都依赖事物组分的整体特性，它们离不开彼此。经过计算之后，这一点更加明确。如果贝肯斯坦是对的，如果黑洞有熵，那么黑洞就一定有温度。[3]这个想法敲响了警钟。任何物体只要不是绝对零度，就必定会向外散发热辐射。烧红的木炭会发出可见光，而我们的身体发射的主要是红外线。如果一个黑洞也具有非零的温度，那么根据贝肯斯坦寻求的热力学守恒定律，黑洞也应该发出辐射。但这公然违背了人们达成的共识，因为任何物体都无法从黑洞的引力束缚中逃脱。几乎所有人都断定贝肯斯坦错了。黑洞没有温度，也没有熵，黑洞是熵的坟墓。他们认为在黑洞问题上，热力学第二定律失效了。

　　尽管反对贝肯斯坦的证据越来越多，但还是有一个非常诱人的结果

---

[1]　蓝人组合成立于1987年，由三个好友组成。该组合以哑剧表演为主，典型标志是三人的脸部都被涂成钴蓝色，他们身着黑衣。他们的主要乐器类似于非洲的架子鼓，演奏中运用各种不同的材质（如PVC材质的水管、木勺），获得了意想不到的音色与效果。

支持贝肯斯坦的观点。1971年，史蒂芬·霍金发现黑洞遵循一个古怪的规律。如果你有一堆黑洞，其质量不同，大小各异，有的在稳定的轨道上跳着华尔兹，有的在不断吸引附近的物质和辐射，还有的撞作一团，那么所有黑洞表面积的总和会随着时间的推移而增大。霍金用"表面积"一词来指代事件视界的面积。这样一来，虽然物理学中有很多能保证某个物理量保持不变的守恒定律（如能量守恒定律、电荷守恒定律、动量守恒定律等），但要求某个物理量持续增加的规律寥寥无几。人们自然要考虑霍金的结果和热力学第二定律之间有什么联系。如果我们设想，从某种程度上讲，黑洞的表面积度量了它所包含的熵，那么黑洞总表面积的不断增加就可以解读为黑洞的总熵在持续增多。

这个类比极具诱惑力，但没有人当真。在几乎所有人的眼里，霍金的表面积定理和热力学第二定律之间的相似性只不过是一个巧合，直到几年后霍金完成了他在现代理论物理学中最具影响力的计算。

霍金辐射

量子力学在爱因斯坦的广义相对论中完全不起作用，因此史瓦西的黑洞解所依赖的基础完全是经典物理学。但是，若要恰当地处理物质和辐射问题，就必须用到量子力学，尤其是在研究光子、中微子、电子之类的，挟裹着质量、能量和熵四处迁移的粒子时。为了充分评估黑洞的性质，为了理解黑洞如何与物质和辐射相互作用，我们必须将史瓦西的研究进行升级，使之包含量子效应。这绝非易事。尽管我们已经在弦论（以及其他我们并没有展开论述的方法，例如圈量子引力、扭量和拓扑斯理论等）中取得进展，但说到统一量子力学和广义相对论，我们仍然处于草创阶段。20世纪70年代，关于量子力学如何影响万有引力的理论基础更为缺乏。

尽管如此，许多早期的研究者还是通过研究静态弯曲时空背景（广义相对论部分）中的量子场（量子力学部分），实现了量子力学和广义相对论的局部统一。我曾在第4章中指出，若想将两者完全统一起来，不仅要考虑时空中的量子抖动，最起码还要考虑时空本身的量子抖动。为了有所进展，早期的研究纷纷避开这一难题。霍金以局部统一为方向，研究了量子场在黑洞周围那个十分特别的时空舞台上的运行规律。他的发现让其他物理学家再也坐不住了。

在普通的平坦时空中，量子真空有一个著名的特征，那就是其中的量子抖动能够使粒子（如电子和它的反物质粒子正电子）成双结对地从虚无中瞬间产生，须臾之后，它们又湮灭在一起。对于这种量子对的产生，人们从理论上和实验上进行了大量研究，获得了深入的理解。

量子对的产生机制具有一个新奇特征。若量子对中的一个粒子具有正能量，那么根据能量守恒定律，另一个粒子必然具有等额的负能量。在经典物理学的宇宙观看来，负能量的概念没有任何意义。[1]但是不确定性原理提供了一个不可思议的机会，使负能量粒子得以短暂存在。不确定性原理告诉我们，只要一个粒子存在的时间足够短，那么任何实验都无法确定它的能量符号，即使从理论上讲也不行。这就是为什么粒子对会在量子定律的驱使下迅速湮灭。于是，量子抖动令粒子对一次又一次地产生、湮灭，量子的不确定性就这样以一种不可阻挡的方式，在原本空荡荡的真空中隆隆作响。

---

[1]　我们在第3章中曾经提到，引力场的能量可以为负值，不过这种能量是势能。我们这里所讨论的能量是动能，它源于电子的质量以及电子的运动。在经典物理学中，动能必须为正值。

霍金重新考虑了这种无处不在的量子抖动，不过不是在真空中，而是在黑洞的事件视界附近。他发现那里的量子抖动有时跟往常没什么不同——粒子对随机产生，相互靠近，迅速湮灭。但有时也会发生一些怪事：如果产生的粒子对距离黑洞边界足够近的话，其中一个粒子就可能被黑洞吸进去，而另一个则会逃往太空。如果没有黑洞，这种情形就永远不会发生。因为一旦它们不能相互湮灭，负能量粒子的寿命就会过长，超出不确定度原理的保护范围。霍金发现，黑洞彻底扭曲了时间和空间，以至于一个粒子在黑洞之外的人眼中具有负能量，而在黑洞中的不幸观测者看来具有正能量。这样，黑洞为负能量粒子提供了一个安全的避难所，从此不再需要量子力学不确定性原理的庇护。出射的粒子也无须同归于尽，而是开辟一条属于自己的道路。[4]

在遥远的观测者看来，从事件视界的外侧射出的正能量粒子就像辐射一样，所以叫作霍金辐射。我们无法直接看到负能量粒子，因为它们已经掉进了黑洞，但它们仍然产生了可观测效应。黑洞吸入正能量物质后，质量就会增加。同理，如果吸入的是负能量物质，黑洞的质量就会减少。在这两种过程的共同作用下，黑洞就像一个熊熊燃烧的煤球，不断向外辐射粒子流，自身的质量则会变得越来越小。[5]如果计入量子效应，那么黑洞就不再是绝对的黑色了。这就是霍金制造的晴天霹雳。

但是，通常看来黑洞并不是一个烈焰滚滚的天体。当粒子从黑洞外表面喷涌而出的时候，它们必须仰面而攻，摆脱强大引力的束缚。在这个过程中，粒子不断消耗自己的能量，因此也就得到了充分的冷却。霍金通过计算得出，在远离黑洞的观测者看来，最终"筋疲力尽"的辐射的温度与黑洞的质量成反比。像银河系中心黑洞那样的巨型黑洞的温度仅仅比绝对零度高出不到万亿分之一开，与太阳质量相当的黑洞的温度也只有百万分之一开。即使相对于大爆炸留下的2.7开的宇宙微波背景辐射，这一温度仍然不值一提。若要让黑洞的温度足以烘焙家庭晚餐，那么黑洞的质量就得低于地球质量的万分之一。以天体物理学的标准看来，这个质量实在太小了。

不过，黑洞温度的高低倒是次要的。尽管遥远的黑洞发出的辐射并不能照亮夜空，但它们确实有温度，确实会产生辐射。这些事实表明，专家们过早地否定了贝肯斯坦关于黑洞之中确实存在熵的观点。于是，霍金圆满地解决了这个问题。霍金可以从理论计算中得出给定黑洞的温度及其产生的辐射量。根据标准的热力学定律，他还能据此得出黑洞的熵的大小。霍金得出的黑洞的熵也正比于黑洞的表面积，这与贝肯斯坦以前的观点不谋而合。

于是，热力学第二定律在1974年底时再一次获得了合法性。贝肯斯坦和霍金的洞见表明，无论在何种情况下，系统的总熵都会增加，只要你同时考虑了普通物质和辐射的熵，以及用表面积度量的黑洞的熵。黑洞不是熵的坟墓，它没有破坏热力学第二定律，反而有力地支持了热力学第二定律关于宇宙的无序度会永远增加的断言。

这个结论让人们喜出望外。对许多物理学家而言，如同任何科学定律一样，热力学第二定律的统计学基础看起来无懈可击，它的地位近乎神圣。热力学第二定律的复辟无疑让物理学家长长地舒了一口气。但是很快，其中一个至关重要的小细节清楚地表明热力学第二定律中的收支平衡表并不是最深刻的问题。这一荣誉落在了黑洞的熵储存在哪里的问题上。这一问题很重要，因为我们发现熵和本章的核心内容——信息之间有着极为深刻的联系。

熵与隐藏的信息

到目前为止，我已经粗略地将熵描述为度量系统无序程度的物理量，又定量地将其描述为系统的微观组分在保持其宏观性质不变时所具有的排列组合的数目。我还留过一点暗示，现在就来说明。也就是说，你可以认为熵度量了你拥有的信息（系统的宏观性质）和你缺乏的信息（系统特定的微观排列组合方式）之间的鸿沟。熵，反映了隐藏在系统微观细节中的额外信息。如果你能得到这些信息，就能够区分从宏观上看起来十分相似而在微观上有所差异的不同组态。

比如，试想奥斯卡已经整理了他的房间，不过他上周打牌赢来的1000块银币依旧散落在地板上。即使奥斯卡将银币整齐地码在一起，他还是能看到银币的摆放有些随意，因为有的正面朝上，有的背面朝上。如果你随意将一些正面朝上的银币翻过去，或把背面朝上的银币翻过去，奥斯卡都不会察觉，这表明散落的1000块银币所组成的系统具有很大的熵。事实上，这个例子比较明显，我们很容易计算它的熵。如果银币只有两个，那么就会有4种组态：（正、正），（正、背），（背、正），（背、背）——第一个银币有两种组态，而第二个银币的引入使得可能的组态数翻了一番。3个银币可以有8种可能的组态：（正、正、正），（正、正、背），（正、背、正），（正、背、背），（背、正、正），（背、正、背），（背、背、正），（背、背、背）。第一个银币有两种可能性，第二个银币使可能性翻了一番，第三个银币使可能性再翻一番。即使银币有1000个，其可能的组态数目也遵循同样的算法（每增加一个银币，可能的组态数就会加倍），因此共有 2^{1000} 种可能的组态，也就是10715086071862673209484250490600018105614048117055336074437503883703510511249361224931983788156958581275946729175

53146825187145285692314043598457757469857480393456777482423098542107460506237114187795418215304647498358194126739876755916554394607706291457119647768654216766042983165262438683720566806937 6。绝大多数这样的正背面组态都没有什么明显的特征，因此它们无论如何也不会引起注意。但有些情况会具有较为明显的特征，例如，1000 个银币都正面（或背面）朝上，或者 999 个正面（或背面）朝上。但是和可能的组态总数相比，这种与众不同的组态非常少，以至于从总数中减掉这个数字之后几乎没什么变化。[1]

根据我们以前的讨论，你可以推出 2^{1000} 就是这个银币系统的熵。在某些场合中，这个结论也没有什么问题。但是为了揭示熵和信息之间最紧密的联系，我还需要对以前的描述做进一步的说明。一个系统的熵关系着其组分不可区分的排列组合的数目，但准确地说，熵本身并不等于这个数目。这种关系可以表示为一种叫作对数的数学运算，这可能会勾起你在中学数学课上的一些令人烦恼的回忆，但不要因此止步不前。以我们的银币为例，这个对数符号只是让你找出排列组合数上的指数而已，也就是说熵被定义成 1000，而不是 2^{1000}。

除了可以使计算简化之外，采用对数还有一个更为重要的动机。为了描述 1000 个银币的某一种特殊的正背面组态，你到底需要给出多少信息？最简单的回答是，需要给出一个列表：正、正、背、正、背、背……这样就能把所有银币的正背面情况都说清楚。当然，我确实得到了硬币的组态细节，但这不是我提出的问题。我问的是这个列表中到底包含多少信息。

---

[1]　除了颠倒银币正背面之外，你还可以交换它们的位置。但为了说明我们的核心思想，我们完全可以忽略这些细节。

所以，你开始思考。信息到底是什么？它能用来做什么？你的反应既简单又直接。信息能够回答问题。数学家、物理学家和计算机科学家经过多年研究才得出了这个精准的答案。研究表明，信息最有用的度量方法就是看这则信息能够回答多少个是否问题。银币中包含的信息可以回答1000个这样的问题：第一个银币正面朝上吗？是。第二个银币正面朝上吗？是。第三个银币正面朝上吗？不是。第四个银币正面朝上吗？不是。以此类推。能回答一个是否问题的数据称作1bit（比特）——这个计算机时代耳熟能详的名词是binary digit（二进制数字）的缩写，也就是用数字0和1来描述是和否。上述1000个银币的正背面组合因而就包含1000比特的信息。同理，如果你像奥斯卡一样从宏观上着眼，只关心这些银币的整体特征，而不去深究每一个银币到底是正面朝上还是背面朝下等"微观"细节，那么对你而言，这些银币"隐去"的信息量也是1000比特。

注意，系统的熵就等于其隐藏的信息量。这并非简单的偶合。银币中可能出现的正背面组合的数目就等于这1000个问题可能的答案的个数，即（是、是、否、否、是……）或者（是、否、是、是、否……）或者（否、是、否、否、否……），共有2^{1000}种回答。熵的定义则是这种可能的排列组合数目的对数（在这里是1000）。熵，就是上述这一系列答案能够回答的是否问题的个数。

我着重讲这1000个银币，虽然只是将其作为一个特殊的例子，但熵与信息之间的关系是普遍存在的。如果我们只考虑一个系统整体的宏观性质，那么系统的微观细节就会包含许多隐藏的信息。例如，你知道一大桶水蒸气的温度、压强和体积，但是否有一个水分子正好撞到桶壁的右上角，而另一个水分子正好撞到桶壁左下边的中点呢？就像那些散落的银币，一个系统的熵就是其微观细节所能回答的是否问题的个数，所以熵度量的是系统所隐含的信息量。[6]

熵、隐藏信息与黑洞

如何把熵的概念及它与隐藏信息的关系应用于黑洞问题呢？当霍金从量子力学推出黑洞的熵和表面积有关时，他不但将贝肯斯坦最初的想法定量化，而且提供了一套计算黑洞的熵的基本方法。霍金指出，我们可以将黑洞的事件视界划分成很多大小一样、边长为普朗克长度（10^{-33}厘米）的网格单元。他通过计算证明黑洞的熵恰好就等于覆盖完整个事件视界所必需的网格单元的个数，也就是以普朗克长度的平方（10^{-66}厘米^2）为度量单位时所得到的黑洞表面积的大小。若用隐藏信息的语言来表述，则意味着每一个这样的格子似乎都隐含着1比特的信息（0或1），能够回答一个涉及黑洞微观结构某些方面的是否问题，[7]如图9.2所示。

图9.2　史蒂芬·霍金通过计算证明黑洞的熵等于事件视界所包含的普朗克面积单元的数目。似乎每一个这样的普朗克单元都包含1比特的信息。

因为爱因斯坦的广义相对论和黑洞的无毛定理忽略了量子力学效应，自然也就与这些隐藏的信息擦肩而过。广义相对论认为，只要给定质量、电荷和角动量的大小，就可以唯一地确定一个黑洞的性质。但稍稍看一下贝肯斯坦和霍金的研究，你就会明白根本不是那么回事。他们的研究工作表明，一定存在很多宏观特征相同而在微观上有所差异的黑洞。日常生活中的银币问题、水蒸气问题也一样，黑洞的熵反映了那些隐藏在微观细节中的信息。

这些研究进展表明，即使对于黑洞这样奇特的天体，只要一谈到熵，它也就和别的事物没什么两样了。但结果还是招致了一些难题。尽管贝肯斯坦和霍金已经告诉我们黑洞中包含多少隐藏信息，但他们并没有说明这些信息到底是什么，也没有说明这些信息回答了哪些是否问题，甚至他们连这些信息描述的微观组分是什么都无法回答。这些计算解决了黑洞信息含量的问题，但关于信息本身的含义一无所获。[8]

这在过去和现在都是令人费解的问题。除此之外，还有一个看起来更基本一些的难题：为什么黑洞的信息量取决于表面积？我的意思是说，如果你问我美国国会图书馆储存了多少信息，我就想搞清楚这个图书馆内有多少可利用的空间，我还想知道这图书馆的内部空间到底能放多少个书架、多少张微缩胶片、多少张地图、多少张照片、多少份文件。同样的分析也适用于我们的大脑。大脑所包含的信息量似乎和大脑的容量（也就是可以建立神经连接的空间的大小）有关。同样，这也适用于那一大桶水蒸气中的信息，这些信息就存储在充满整个容器的粒子属性之中。但令人惊讶的是，贝肯斯坦和霍金证明黑洞的信息储存能力竟然取决于黑洞的表面积，而不是黑洞的容积。

早在这些结果出现之前，物理学家就曾经推测，因为普朗克长度（10^{-33}

厘米）是能够保持"距离"含义的最小长度，那么保持体积含义的最小单元就是以普朗克长度为边长的立方体（10^{-99}厘米^3）。还有一个人们普遍接受的合理推测，即不管未来的技术取得多大突破，最小体积单元里最多只能存储一个基本单元的信息，即1比特。因此，还有人认为，如果一个空间区域所包含的比特数等于它所能容纳的普朗克体积单元的个数，那么它所储存的信息量也就达到了上限。于是，霍金的结果中含有普朗克长度并没有让人觉得意外。真正让人感到意外的是黑洞容纳隐藏信息的能力取决于其表面积包含多少个普朗克面元，而不是它能容纳多少个普朗克体积元。

这是全息论的第一条线索，即物体存储信息的能力决定于其边界的面积，而不是边界勾勒出的体积。在随后的30年中，这条线索历经无数曲折，最终成为一条重新理解物理定律的崭新途径。

定位黑洞中的隐藏信息

在图9.2中，许许多多标着0和1的普朗克格子散布在事件视界上，形象地说明了霍金关于黑洞的信息存储能力的研究结果。但这幅图在多大程度上是准确的呢？当数学告诉我们黑洞包含的信息量决定于黑洞的表面积时，这不过是一种计算方法，还是意味着黑洞表面才是真正存储信息的地方？

几十年来，这个深刻的问题让全世界最著名的一些物理学家孜孜以求，[1]而答案竟然严重依赖你是从黑洞里边还是从黑洞外边观察。如果从外面看，我们就有足够的理由相信黑洞的信息确实存储在这个视界上。

---

[1]　如果你希望详细了解整个发展历程，我强烈推荐你读一读伦纳德·萨斯坎德的精彩著作《黑洞战争》（*The Black Hole War*）。——译注

在熟悉广义相对论描述黑洞技术细节的人看来，这个结论匪夷所思。广义相对论表明，当你掉入黑洞并穿过事件视界的时候，你不会遇到任何阻碍，没有物质表面，没有路标，没有闪烁的灯光。没有这些东西，你也就无法发觉你正在穿过一个有去无回的边界。这个结论源自爱因斯坦最简单而又最为关键的洞见。爱因斯坦发现，你（或任何物体）在做自由落体运动时会完全失重。如果把体重计绑在你的脚上，然后让你从很高的跳台上跳下，你就会发现体重计的读数为零。实际上，这时的你已经完全向引力屈服，所以感觉不到引力的存在。由此，爱因斯坦立即得出一个结论：基于身边的环境信息，你完全无法区分自己是正朝着某个大质量天体下落，还是在太空深处飘浮。在这两种情况下，你都是完全失重的。当然，如果你朝远处看去，发现地球表面正在迅速朝你靠近，你就有充分的理由来打开降落伞。但如果把你塞进一个狭小的、没有窗户的密闭舱中，你就无法区分是在自由下落还是在自由飘浮了。[9]

20世纪初，爱因斯坦抓住了运动和引力之间的这种简单而又深刻的联系。又经过10年的发展完善，他最终将这种观点植入他的广义相对论中。我们这里的应用还算温和。假设密闭舱中的你正在自由地坠入黑洞而非落向地球。同理，你无法知道这和飘浮在空中有什么不同。换句话说，这就意味着当你自由地坠入事件视界时，不会有什么特别不寻常的事情发生。但是，当你最终撞到黑洞中心时，你就不再是自由落体了。这种撞击过程会有所不同，而且可能非常壮观。但在此之前，你会觉得这跟在昏暗的深空中漫无目的地飘浮没什么两样。

这个结论让黑洞的熵的问题变得越发让人费解。如果你飞越事件视界时什么也没发现，那么这个事件视界就和真空没有区别。可是，它是怎么存储信息的呢？

　　我们在前面的章节中讨论过对偶问题，有一个与之相关的答案在过去10年里发展得很快。回想一下，所谓的对偶是说存在两种看起来完全不同的互补视角，它们通过某种共同的物理机制紧密相连。图5.2所示的爱因斯坦－梦露照片就是一个很好的视觉隐喻。数学上的例子有弦论额外维度的镜像形态（参见第4章）以及看似不同、实则对偶的几个弦理论（参见第5章）。近年来，以萨斯坎德为代表的一些研究人员开始认识到黑洞也提供了这样一个契机，我们需要借助两种相去甚远的互补视角才能获得最基本的认识。

　　其中一个是你自由落入黑洞时的视角，另一个视角来自远处的另一位观测者，他正在用高倍望远镜目睹你坠落的整个过程。问题的关键在于，当你平安无事地穿过事件视界时，遥远的观测者却看到了一连串截然不同的事件。对于霍金辐射而言，这种差别也同样存在。[1]远处的观测者探测到的霍金辐射的温度极低，比方说大约只有10^{-13}开，说明这个黑洞的大小和我们银河系中心的黑洞差不多。但是这位远处的观测者认为辐射温度极低不过是因为那些从事件视界发出的光子已经将能量用于克服黑洞的巨大引力了。按照我以前的说法，此时的光子已是强弩之末。这位观测者由此推断，当你越来越靠近事件视界时，就会遇到越来越新鲜的光子，这些刚刚起程的光子的能量和温度也会越来越高。事实上，当你距离事件视界只有一发之遥时，远处的观测者会目睹你的躯体正在越来越剧烈的霍金辐射中熊熊燃烧，最后只剩下烧焦的残骸。

　　还好，你所经历的要比这种情形愉快得多。你看不见，感觉不到，也无法证明这种滚烫的辐射。自由落体运动已经抵消了引力的效果，

---

[1]　熟悉黑洞的读者可能会注意到，即使不考虑霍金辐射的量子力学效应，二者的时间流逝速率也是不同的。霍金辐射使得二者的区别更加明显。

[10] 所以，你会感到这和在太空中飘浮毫无区别。还有一件事我们非常肯定，你在太空中飘浮时不可能突然燃烧起来。所以，得出的结论是从你的视角看，你能够不间断地穿过事件视界，然后（不那么愉快地）撞到黑洞中心的奇点。但从远处的观测者的视角看，则是事件视界表面的炽热光冕将你化为乌有。

哪一种观点正确呢？萨斯坎德等人得出的研究结果是两种都对。就算这样，它还是跟通常的要么活着要么死了的逻辑格格不入。但这并不是通常情况，这两个截然不同的观测者显然永远也不可能相遇。你不能从黑洞里爬出来向那位远处的观测者证明你还活着，反过来，远处的观测者也不可能跳进黑洞当面告诉你其实你已经死了。我所说的远处的观测者"看着"你被黑洞的霍金辐射化为乌有的情形确实有些简化。事实上，通过仔细地分析抵达的微弱辐射，远处的观测者可以拼凑出你浴火而亡的那一幕。但这些信息的传递需要时间。计算表明，从他得知你已被烧死的那一刻起，他就已没有足够的时间跳进黑洞，并赶在你被黑洞奇点吞噬之前告诉你这一切。虽然这两种视角迥异，但物理学中像内置了一种自动防故障装置一样，并不会产生悖论。

那么信息呢？对你而言，所有储存在你的身体、大脑以及所持的笔记本电脑中的信息都和你一起穿过了事件视界。对远处的观测者而言，你携带的所有信息都被事件视界熊熊燃烧的霍金辐射吸收了。你的身体、大脑和笔记本电脑中包含的信息得以幸免，但当你进入、挤压并和酷热的事件视界融为一体时，这些信息就完全被打乱了。也就是说，对于远处的观测者而言，事件视界是一种真实的存在。一批真实的事物覆盖其上，我们可以将它们用实体承载的信息象征性地表示在图9.2的格子中。

最后的结论就是，远处的观测者（也就是我们）觉得黑洞的熵之所以决定于事件视界的表面积是因为事件视界就是储存熵的地方。这样讲似乎非常合理，但不要忘记问题在于黑洞的信息量为什么不取决于其体积。我们即将看到，这个结果的意义不只是纯粹地揭示黑洞的一个奇特性质。黑洞不仅告诉我们它如何存储那些信息，而且为一种全息的宇宙观铺平了道路。

除了黑洞

设想某种东西坐落在空间的某个地方，如国家图书馆的藏书、谷歌公司的全部计算机或者中央情报局的档案。为了简单起见，设想我们只关心一个虚拟球面所包围的区域，如图9.3（a）所示。进一步假定区域中物体的总质量还远远没有达到整个区域形成黑洞所需的条件，这就是初始设定。现在最关键的问题是，这个空间区域最多能存储多少信息。

图9.3 （a）大量存有信息的物体位于一个已经标出的区域中。（b）我们提高了该区域的信息存储能力。（c）区域中物质的量超出某个临界值（这个值可以从广义相对论算出来[11]）后就会变成黑洞。

热力学第二定律和黑洞虽然素昧平生，却共同给出了问题的答案。想象一下为了存储更多的信息，我们不断向这个区域中添加物质。你可以给谷歌公司的服务器插上大容量内存芯片或大量硬盘，你也可以带着书或者装得满满的Kindle阅读器去丰富国家图书馆的信息。既然最原始的物质都会携带信息（例如，水蒸气中的分子在哪儿，它们的速度有多快），你就可以把手头的任何东西塞进这个区域的角落和缝隙中，直到你达到临界点。此时，该区域的物质已经饱和了，也许你再加入一粒沙子，它就会突然变成一片黑暗，变成一个黑洞。这种事一旦发生，游戏就结束了。黑洞的大小取决于它的质量，所以只要你试图通过加入物质来提高黑洞的信息容量，黑洞就会报之以体积的不断增大。由于我们关心的是给定体积的空间区域所能存储的信息量，此时的情形已经违背了最初的设定，因为你无法在提高黑洞信息容量的同时又不让黑洞的体积增大。[12]

有两个结果会带我们通过终点线。热力学第二定律保证了系统的熵在整个过程中是增加的，因此隐藏在硬盘、Kindle阅读器、老式的纸质书以及所有被你塞入的东西中的信息少于隐藏在黑洞中的信息。根据贝肯斯坦和霍金的结果，我们知道黑洞中隐藏的信息量又由事件视界的面积决定。由于你特别小心，没有使原来设定的体积发生一丁点儿变化，黑洞的事件视界最终会和你设定的区域边界完全重合，于是黑洞的熵也就等于这个区域的表面积。这样，我们就得到了一个重要的结论：某个空间区域所能包含的信息量，不管以什么物质或什么形式存储，都必定小于该区域的表面积（以普朗克长度的平方为单位）。

这就是我们在苦苦追寻的结论。注意，虽然黑洞在论证过程中起到了核心作用，但这个分析适用于空间中的任何区域，与黑洞是否真的存在无关。如果你将某个区域的信息容量提高到极致，你就制造了一个黑洞，但是只要你没有达到这个极限，黑洞就不会形成。

我得赶紧补上一句，信息的存储极限在实际生活中没有意义。和我们现在所用的简陋存储设备相比，空间区域表面的潜在信息存储容量巨大无比。例如，一摞现有的5TB硬盘刚好可以装入一个半径为50厘米的球内，而球的表面所包含的普朗克单元数高达10^{70}个，也就是说这个球表面的信息存储容量为10^{70}比特。这大约是1TB的10亿亿亿亿亿亿亿倍，比你买得起的任何设备的容量都要大得多。所以，硅谷里的人不会在意这样的理论限制。

但是，信息容量极限似乎为我们指明了宇宙的某种运作规律。考虑某个空间区域，例如我正在写作的这间屋子，或者你正在读书的那间屋子。按照惠勒的观点，设想所有发生在该区域中的事情都相当于一个信息处理过程，即反映事物当前状态的信息在物理定律的支配下被转换为描述事物在1秒钟、1分钟或者1小时后的状态的信息。我们见证的物理过程以及主宰我们行为的物理过程看似都发生在这个区域内，所以我们自然期望它们所承载的信息也位于这个区域内。然而，刚才得出的结果持另外一种观点。我们发现黑洞存储的信息和其表面积之间的联系已经超越了纯粹的数值关系，"信息存储于表面"具有切实的含义。萨斯坎德和特霍夫特强调这个结论应该是普适的：在任何特定的区域中，既然描述物理现象所需的所有信息都可以编码为其边界上的数据，我们就有理由相信这些物理过程其实都发生在那个边界上。这些大胆的思想家认为，我们熟悉的三维现实世界也许可以被比作那些遥远的二维物理过程的全息投影。

如果这一系列推理都正确的话，那么当我坐在桌前向计算机中输入这些文字时，正在某个遥远界面上展现的物理过程就像一位牵动细线的傀儡操纵者，它们的动作和我的手指上、胳膊上和大脑中发生的过程完全契合。我们在这里所经历的一切与那层遥远的现实共同构成最合拍的平行世界。两个地方的现象可以完全整合在一起，它们的演化进程就像我与我的影子一样亦步亦趋。我将二者称作全息的平行宇宙。

保留条款

我们熟悉的现实或许在映射着甚至可能产生于远处的低维曲面上正在发生的现象。这个观点已成功跻身于理论物理学最出人意料的发现之列。但我们对全息原理的正确性又抱有多少信心呢？我们几乎完全仰仗一些没有经过实验检验的进展，就开始在纯理论的汪洋大海中摸索航行，这就为怀疑它的人提供了可乘之机。其中很多地方会迫使我们的论证偏离方向。黑洞的熵和温度真的不是零吗？如果不是零，那么它们的取值是否符合理论的预言呢？一个区域的信息容量是不是真的决定于其表面所能容纳的信息量？这个表面上，一个普朗克单元是否真的最多只能容纳1比特的信息？我们认为这些问题的答案都是肯定的。因为这座理论大厦经过了精心设计，颇为连贯、自洽，像是为这些结论量身定制的。但是目前还没有一个结论经过实验的验证，因此，未来的技术发展有可能（虽然我觉得极不可能）证明其中某个或者几个关键的衔接步骤是错的。一旦如此，我们就可能需要调转航向，放弃全息宇宙论的观点。

还有一点也很重要。我们在一直在讨论中提到某个空间区域、包围该区域的曲面以及各自所蕴含的信息。不过，我们主要讨论的是熵和热力学第二定律（两者关心的首要问题都是给定条件下的信息含量），因而我们也就没有详细说明信息是如何在物理过程中得到实体化和储存的。当我们谈到信息位于一个空间区域的边界面上时，这句话到底是什么意思？这些信息是如何展现的，以何种形式展现？为了将边界上发生的现象转化为内部空间中的物理过程，我们需要编纂一部明确的互译词典，那么这部词典应该编纂到什么程度呢？

物理学家还没有为这些问题发展出一套大体框架。既然引力和量子力学都在推理过程中扮演核心角色，你或许认为弦论会为我们的理论探索提供有力的支持。然而，当特霍夫特第一次提出全息概念时，关于弦论是否可以推进这项研究，他还持有怀疑。他强调说："在普朗克尺度上，大自然的疯狂程度远远超过了弦理论家的想象。"[13]不出10年，弦理论就证明自己是正确的，而特霍夫特错了。一位年轻的理论家在一篇里程碑式的论文里证明弦理论能够为全息原理提供一套明确的实现方案。

弦论与全息论

1998年，我应邀在加州大学圣巴巴拉分校举行的弦论年度会议上做报告。当时我做了一件以前从未做过且以后恐怕再也不会做的事情。面对观众，我先把左手搭在右肩上，右手搭在左肩上，然后用双手轮番抓住裤腰，兔子似的向前跳了几步，接着转过90°。谢天谢地，我在观众的大笑声中走完了余下的三步路，来到讲台上，开始了我的报告。大家找到了笑点。在前一天的晚宴上，参加会议的人们载歌载舞，庆祝阿根廷弦理论家胡安·马尔达希纳（Juan Maldacena）取得了一项重大成果（只有物理学家才会为这个庆祝）。大家唱着"黑洞曾是个巨大的谜/但现在，我们用D-膜来计算D-熵"，完全沉浸在20世纪90年代风靡一时的神曲《玛卡雷娜》[1]中。大家比阿尔·戈尔在民主党全国代表大会上的演唱更富有表现力，虽然不如原唱河人二重唱在成名作中唱得那么动听，但其中饱含着无与伦比的激情。在那次会议上，个别演讲者并没有围绕马尔达希纳的突破做报告，我就是其中之一。因此，当我第二天登台时，我觉得自己只能在报告开始前用个人的肢体语言表达钦佩之情。

如今，十几年过去了。很多人认为，从那时起，弦论之中再也没有出现可与之媲美的重大突破。在由马尔达希纳的结果发展出的众多分支中，有一个分支与我们的思路有直接的关系。在某种特定的假设下，马尔达希纳的结果明确地兑现了全息原理，并以这种方式建立了全息平行宇宙的第一个数学模型。为了便于计算，马尔达希纳在一个具有不同形状的宇宙中考虑弦论。从严格的数学意义上讲，这种形状存在一个边界，即完全包裹其内部空间的一个不可逾越的曲面。瞄准了这个曲面之后，马尔达希纳得出了令人信服的论断，在这个特定的宇宙中发生的一切事件都是只在边界上出没的定律和过程的影子。

尽管马尔达希纳的方法似乎还不能直接应用到我们这种形状的宇宙上，但他的结果具有决定性的意义。因为这些理论结果为我们建立了一个数学实验平台，我们可以利用这个平台将全息宇宙论的相关想法兑现，并进行定量研究。这些研究结果征服了许多原本对全息宇宙原理十分担忧的物理学家，并引发了一场科研雪崩，人们撰写了数以千计的论文，取得了更为深刻的认识。其中最令人振奋的是，已经有证据表明这

---

[1]《玛卡雷娜》是一首带有演唱内容的舞曲，节奏明快，动感十足，常见于欢庆场合。——译注

些理论见解和我们宇宙的物理规律之间是可以建立联系的。在接下来的几年中，我们很有可能借助这个联系在实验中检验全息宇宙的观点。

在本节的结尾和下一节中，我将专门介绍马尔达希纳是如何取得这个突破性进展的，其中的内容可能是最难以理解的。我会先给出一个简短的总结。如果复杂冗长的细节会让你失去兴趣，你就可以直接去读最后一节。

马尔达希纳的启发性工作注定会引发一场关于对偶问题的新探讨，这与我们在第5章中提到的对偶有所不同。回忆一下我们以前说过的膜，也就是"面包片"宇宙。从两种互补的角度出发，马尔达希纳思考这种紧紧叠在一起的三维膜（见图9.4）应该具备什么样的特征。一方面，内

图9.4 一些三维膜紧密地堆积在一起，开弦只在膜的表面运动，闭弦则在块体空间中运动。

部视角着眼于弦沿着膜本身的移动、振动和摆动；而另一方面，正如太阳和地球会产生引力，改变周围的环境，外部视角着眼于这些膜所产生的引力会影响附近的环境。马尔达希纳认为，这两种视角所描述的完全是同一个物理情景，只不过选取的角度有所不同。内部视角看到的是许多弦在一叠膜上四处游走，外部视角看到的则是许多弦在那叠膜包裹的弯曲空间中闪转腾挪。马尔达希纳令两者完全等价，于是发现一个区域内的物理过程和其边界上的物理过程之间存在明确的联系，也就发现一条实现全息原理的明确途径。这就是马尔达希纳的基本想法。

故事的细节应该是这样的。

马尔达希纳说，让我们来考虑一叠三维膜。它们叠放得如此紧密，以致看起来就像一个整体（见图9.4），我们就在这样的环境中来考察弦的运动。你可能已经想起来了，这里应该有两种弦（开弦和闭弦）。开弦的端点能够在膜内穿梭移动，但不能离开膜。而闭弦因为没有端点，因此可以在整个空间中自由运动。用场论的术语来讲，就是开弦被束缚在膜上，而闭弦可以在块体空间中运动。

第一步，马尔达希纳仅仅计算那些能量较低的弦，也就是那些振动相对较慢的弦。他这么做的理由是，两个物体之间的引力强度正比于各自的质量，同样的理由也适用于弦之间的引力。低能弦的质量很小，由此产生的引力也很小。这样，马尔达希纳在考虑低能弦的运动时，避开了引力的影响。这就使问题得到了极大的简化。我们已经知道（参见第5章），在弦论中，引力借助闭弦从一个地方传播到另一个地方。因此，避开引力的影响实际上就等同于避免闭弦对任何可能遇到的事物施加影响，其中最明显的例子就是生活在那叠膜上的开弦。马尔达希纳力求开弦和闭弦之间不要相互影响，这样才可以独立地分析两种弦的运动。

然后马尔达希纳改变思路，建议我们从另一个视角来思考这个情景。他觉得，这些三维膜不应仅仅视为开弦运动的支撑物，而应该单独看作一种物体。它们存在内禀的质量，因此能够扭曲附近的时空。马尔达希纳很幸运，因为以前很多物理学家的研究工作已经为这个视角转换打下了坚实的基础。以前的研究已经证明，如果把大量的膜叠放在一起，叠放得越多，它们产生的引力场就会越强。最后，叠放在一起的膜的行为举止就像一个黑洞，由于它是膜状的，所以叫作黑膜。和通常的黑洞一样，如果你离这个黑膜太近，那么你也无法从中逃逸。和通常的黑洞一样，如果你站在远离黑膜的地方，看着某个东西在向黑膜靠近，你所接收的光线也会在克服黑膜引力的过程中成为强弩之末。于是，观测对象的能量看起来越来越低，其速度越来越慢。[14]

从第二个视角出发，马尔达希纳再次着眼于含有黑膜的宇宙的这种低能特征。和他在第一个视角中所采用的方法几乎一样，马尔达希纳发现这种低能物理过程中也存在两种可以独立分析的成分。闭弦缓慢地振动，在块体空间中四处游移，它们是最明显的低能量携带者。第二种成分依赖黑膜的存在。假定你距离黑膜很远，并拥有一个以任意大能量振动着的闭弦。然后设想你在保证自己安全的同时，将闭弦放到黑膜的事件视界附近。结果正如前文所说，黑膜使得弦的能量看起来越来越低，你接收到的光线会让弦看起来就像正在播放的慢镜头一样。第二种低能量携带者就是那些在黑膜的事件视界附近振动的弦。

马尔达希纳的最后一步是比较这两个视角。他指出，两个视角所描述的是同一叠膜，只不过角度不同，因此二者必须相符。每一种描述都包含那些在块体空间中运动的低能闭弦，这部分观点明显是一致的。其余部分也应该保持一致。

其余部分非常令人震惊。

第一种描述的剩余部分就是在三维膜上运动的低能开弦。根据第4章的内容，我们知道低能量的弦可以由点粒子量子场论所描述，这里的情形也不例外。这种特殊类型的量子场论涉及大量艰涩的数学知识（而且特别拗口，即共形不变的超对称量子规范场论），不过我们已经掌握了其中两个关键特征。因为没有闭弦就意味着没有引力效应，而且因为开弦只能在像三明治一般紧紧叠放着的三维膜上运动，所以这个量子场论所描述的空间是三维的（还应加上一个时间维度，总共是四维时空）。

第二种描述的剩余部分则是以各种模式振动的闭弦。它们必须离黑膜的事件视界足够近，看起来是一副昏昏欲睡的样子，也就是能量很低。尽管这种弦不会离黑膜太远，但它们是在九维空间（加上时间维度，应是十维时空）中进行振动和移动。因为这一部分由闭弦构成，其中包含引力的作用。

无论这两个视角看起来多么迥异，它们描述的都是同一个物理情景，因此必须保持一致。这导致一个颇为离奇的结论。四维时空中一种特殊的无引力的点粒子量子场论（第一个视角）与十维时空中某个特殊狭长地带的具有引力效应的弦（第二个视角）描述了相同的物理过程。这看起来似乎有点风马牛不相及。不过，说真的，我已经尽可能通俗了。在现实世界中，我再也找不出比这两套理论差异性更大的两个东西了。但是马尔达希纳竟通过我们所概括的计算方法得出了这样的结论。

稍作思考便可以将这个结论与本章前面的思路衔接起来，不过这并不能让它显得不那么怪异，不那么无法无天。如图9.5所示，叠放在一起的黑膜所产生的引力使它附近的十维时空形成一种弯曲的形态（细节是次要的，但这个弯曲的时空叫作五维反德希特时空和五维球对称空间之积）。叠放的黑膜本身就是这种空间的边界。如此一来，马尔达希纳的结果表明，这种形态的时空块体中的弦论等价于其边界上的量子场论。[15]

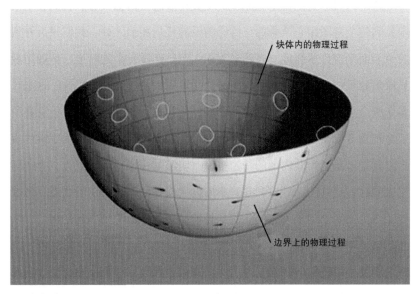

图9.5 显示了一种在特殊时空内部运作的弦论和在其边界上运作的量子场论之间的对偶关系。

这就是全息论的由来。

马尔达希纳建立了一个自给自足的数学实验室。在这里，物理学家可以研究众多物理定律的全息投影的具体细节。几个月后，两篇论文使我们的认识得到了升华。一篇论文出自爱德华·威滕，另一篇出自史蒂芬·古布泽（Steven Gubser）、伊格尔·克莱巴诺夫（Igor Klebanov）和亚历山大·坡利雅科夫（Alexander Polyakov）。他们为两个视角的相互转换编纂了精确的数学词典：给出边界的膜上的一个物理过程，我们就能从这个词典中检索到块体空间内相应的过程，反之亦然。于是，在一个假想的宇宙中，这个词典将全息原理明确地呈现出来。在这种宇宙的边界上，信息通过量子场来表达，经数学词典翻译后，我们就可以读出发生在宇宙内部的弦现象。

这个词典本身使得全息原理的相关比喻愈发恰如其分。我们在生活中见到的全息图跟它产生的三维影像没有任何相似之处。我们只会看到胶片表面刻着许多线段、弧线和旋涡。但是经过复杂的转换，例如用激光照射胶片，就可以将这些标记转化为可识别的三维立体影像。这意味着塑胶全息图和三维影像中存储着相同的数据，尽管其中一种信息在另一个视角看来是无法识别的。与之类似，定义在马尔达希纳的宇宙的边界上的量子场论和其内部的弦论也没有明显的相似性。如果让一个物理学家同时看到这两种理论，并且不向他提起我们以前所讲的联系，恐怕他会认为二者之间是不相关的。尽管如此，这个数学词典还是将二者联系起来（就像普通全息技术中的激光所起的作用一样），使得其中一个理论中发生的任何事情都会在另一个理论中拥有一个相应的化身。与此同时，仔细检查这个词典就会发现，就像真正的全息图一样，其中一种信息在另一个视角看来都是无意义的乱码。

有一个例子特别突出。威滕研究了马尔达希纳宇宙中的一个普通黑洞在边界上的理论看来应该是什么模样。注意，边界上的理论中并不包含引力，因而黑洞必然会转化成某种非黑洞的事物。威滕的研究结果证明，就像《绿野仙踪》中的狰狞面目都是由正常人扮演的，贪婪的黑洞也是某种平常事物的投影。在边界上的理论看来，黑洞就是一碗炽热的粒子汤（见图9.6）。就像真正的全息图和它产生的立体影像一样，这两

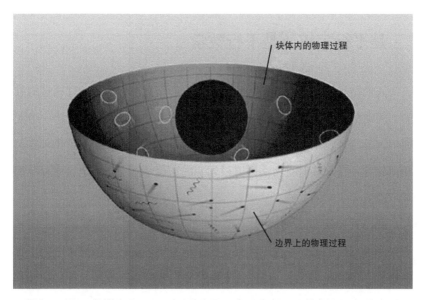

块体内的物理过程

边界上的物理过程

图9.6　将全息的等价性应用于时空块体中的黑洞，就会在空间边界上得到炽热的辐射和粒子汤。

种理论（空间内部的黑洞和空间边界上的高温量子场论）虽然毫无相似之处，但它们表达的信息是完全相同的。[1]

　　在柏拉图的洞穴寓言中，我们的感官无法体验真正的质感和更丰富的现实，只能观察它缩减后的平面"投影"。马尔达希纳的扁平世界却截然不同。这个世界并无任何缩减，完全可以反映现实的全貌。它反映的现实与我们熟知的世界大相径庭。但是，也许马尔达希纳的扁平世界才是世界的真正主宰。

---

[1]　这里还有一个与此相关的故事，我在本章中没有提到。这个问题争论已久，即黑洞是否会要求量子力学做出修正？或者说黑洞是否会吞噬信息，是否会使概率波无法完整地随时间演化？一言以蔽之，那就是威滕的结果证明黑洞和一种不损失信息的物理情形（高温量子场论）是等价的，他得出的决定性证据表明所有进入黑洞的信息最终都可以被外界获取。所以，量子力学不需要修正。这个论断用到了马尔达希纳的发现，它同样表明边界上的理论能够完全描述存储在黑洞表面的信息（熵）。

是平行宇宙还是平行数学

人们将马尔达希纳的结果和随之而来的研究都当作一种理论性的推测，所需的数学知识极为复杂，所以人们尚不知道如何才能给出一个无懈可击的论证。不过，全息思想经过大量严格的数学考验之后仍未露出任何破绽。在那些对自然法则追根问底的物理学家心中，全息原理顺理成章地成为研究的主流。

严格证明边界上和块体空间内的世界互为化身的难度很大，但其中一个难点恰恰凸显了这个结果（如果结果正确的话）的厉害之处。我在第5章中就已经讲过，物理学家经常依靠各种近似技巧，比如我介绍过的微扰方法（回忆一下拉尔夫和爱丽丝彩票中奖的例子）。我还强调，只有当相应的耦合常数的取值很小时，这种方法才是准确的。马尔达希纳在分析边界上的量子场论和块体空间内的弦论的关系时发现，如果其中一种理论的耦合常数很小，那么另一种理论的耦合常数就会很大，反之亦然。要想证明这两种理论在本质上完全相同，最自然的检验办法和最可能的方案就是利用两种理论分别展开计算，然后比较结果是否等价。但是这一点也很难做到，因为当我们在一种理论中运用微扰方法时，就不能同时在另一种理论中使用了。[16]

不管怎样，如果你能接受在前文中介绍的马尔达希纳的那种抽象论证，那么无法同时运用微扰论所带来的不便就会成为一种计算的方便。这和我们在第5章中发现的弦对偶的情况十分相似，如果其中一种理论的耦合常数过大，计算过于烦琐，利用块体空间和边界的互译词典就可以将它转入另一个耦合常数较小的理论中，由此得以直接计算。近年来，人们已经利用这种方法得到了许多可以由实验检验的结果。

坐落在纽约布鲁克黑文的相对论重离子对撞机（RHIC）可以将裸露的金原子核以接近光速的速度对撞在一起。因为金原子核中包含很多质子和中子，这种碰撞使得质子、中子的运动变得异常剧烈，产生的温度超过太阳中心温度的20万倍。这个温度足以将中子、质子熔化成一摊夸克和胶子（胶子在其中传递相互作用）构成的流体。在宇宙大爆炸之后不久，最初的物质很可能就处于这种流动状态，因此许多物理学家为研究这种流体付出了巨大的努力。这种流体叫作夸克胶子等离子体。

人们面临的挑战在于，量子场论（即量子色动力学）认为，由于这锅夸克胶子热汤的耦合常数很大，微扰方法的精确性会大打折扣。为了克服这个难点，人们发展出很多灵活多变的技巧，但实验测量的结果不断推翻其中一些理论计算的结果。例如，不论何种流体（不管是水、糖浆还是夸克胶子等离子体），只要速度不均匀，不同速度的流层之间就会相互施加一种拖曳力。这种拖曳力叫作切变黏度（shear viscosity）。科学家在RHIC上测量了夸克胶子等离子体的切变黏度，结果发现它远远小于微扰量子场论的计算值。

解决办法可能是这样的。当我介绍全息原理时，我的视角是设想我们所经历的一切都发生在时空的内部区域，同时我们意外地发现，在一个遥远的边界上，这一切的镜像过程也在上演。现在让我们把视角颠倒一下。设想我们的宇宙（确切地说，是我们宇宙中的夸克和胶子）位于那个边界上，于是RHIC实验实际上也发生在那个边界上。现在请马尔达希纳出场。他的结果说明，对撞机上的实验（由量子场论描述）还可以用另一种数学方法，也就是在块体空间中运动的弦来描述。虽然细节非常复杂，但重新表述的效果非常直接：在边界上极为艰难的计算（因为那里的耦合常数很大）转入块体空间后却十分简单（这里的耦合常数很小）。[17]

帕弗尔·科夫顿（Pavel Kovtun）、安德烈·斯塔利奈茨（Andrei Starinets）和谭青山（Dam Son）[1]进行了计算，并得出了与实验数据极为接近的计算结果。这项开创性工作激发了许多理论家，他们计算了更多弦论问题，并与对撞机上的实验结果相比较。这项创举推动了实验和理论的相互促进，受到弦论物理学家的热烈欢迎。

不要忘了，边界上的理论并不能完全复现我们的宇宙，因为它没有包括引力作用。引力的缺失并不影响我们研究计算结果与RHIC实验数据的联系，因为在那些实验中，即使粒子的速度接近光速，它们的质量也太小，引力实际上起不到什么作用。但这也说明，在这种情况下，弦论并没有成为"万有理论"。弦论只是为我们提供了一种新的计算工具，有了它，我们就可以突破许多传统方法无法逾越的障碍。保守地讲，我们把用高维弦论分析夸克和胶子的举措看作一种基于弦论的有用的数学技巧。胆子再大一点儿，我们认为高维弦论以一种未知的方式表述了一种物理实在。

保守也好、大胆也罢。无论如何，数学计算和实验观测的交融令人眼前一亮。我不是一个喜欢夸大其词的人，但我认为这些进展是近几十年来最激动人心的。通过计算某种特殊十维时空中弦的运动，我们竟然得知了生活在四维时空中的夸克和胶子的某些特征，而且计算结果告诉我们的"那些特征"似乎都已被实验证实了。

---

[1] 越南裔美籍物理学家，越南语全名为 Đàm Thanh Sơn，现为芝加哥大学教授。——译注

尾声：弦论的未来

我们在这一章中看到的研究进展不仅仅对弦论进行了评述。开始时，惠勒强调要用信息来分析我们的宇宙，接着我们认识到熵的大小度量了隐藏信息的含量，然后我们让热力学第二定律和黑洞握手言和，又发现黑洞的熵其实都储存在黑洞的表面。最后，我们得知，在给定大小的空间中，信息含量最大的东西是黑洞。我们沿着一条弯弯曲曲的路径，对过去几十年中错综复杂的进展进行了回顾和梳理。旅途中遍布非凡的见解，我们最终得到一个全新的统一思想，那就是全息原理。如前文所述，这种原理认为我们见到的一切现象都是远处的一个薄薄边界面上的投影。展望未来，我甚至觉得全息原理会成为一座灯塔，为物理学家照亮通往21世纪的道路。

弦论向全息原理敞开了怀抱，为全息的平行世界提供了一组具体实例，同时向我们展示了不同的前沿进展是如何水乳交融的。这些实例为我们开展计算打下了基础，其中一些计算结果还可以和现实世界中的实验结果相比较。这是从纯理论计算走向可观测现实的骄人一步。但是就弦论本身而言，其中一定还存在一个更宏大的框架，能够将这些进展尽数囊括。

在弦论创建之后近30年间，物理学家仍未为之提出一个完备的数学定义。早期的弦理论者提出了振动的弦和额外维度的基本思想，虽然经过几十年的深入研究，但弦论的数学仍旧建立在近似方法的基础上，因而是不完备的。马尔达希纳的洞见意味着一个重大进步。马尔达希纳发现了一种边界上的量子场论，这是20世纪中叶以来物理学家研究得最透彻的数学理论之一。这种理论并不包含引力，但这是一个巨大的优势，因为我们曾经讲过，将广义相对论直接引入量子场论就好比将明火引入火药厂一样。现在我们已经知道，计算相对简单、不含引力的量子场论可以全息地生成弦论（一种包含引力的理论）。这种量子场论在一个形状特殊的宇宙的边界上（见图9.5）运筹帷幄，便能展现生活在空间内部的弦的物理特征、运动过程和相互作用的所有特征。一本互译词典将其中的现象相互转化，使两种理论之间产生了明确的联系。关于边界上的量子场论，我们拥有一个根深蒂固的数学定义，所以我们也可以将它当作弦论的一种数学定义，它至少适用于生活在这种形状的时空中的弦。于是，全息平行宇宙不仅仅是基本定律的潜在产物，它们或许还是基本定律的定义的组成部分。[18]

我在第4章中介绍弦论时就曾强调弦论验证了一个备受尊崇的规律。弦论在为自然法则的研究开辟新途径的同时，并没有将以前的理论一笔勾销。我们现在讲到的结果将这种认识提升到了一个全新的境界。弦论不只会在特殊条件下约化成量子场论。马尔达希纳的结果表明，弦论和量子场论其实是等价的，只是讲述的语言有所不同。二者之间的变换非常复杂，正是这种复杂性使得我们用了40年的时间才逐渐看清这种联系。不过，正如现有的证据所示，如果马尔达希纳的见解完全正确，那么弦论和量子场论就很可能是同一个硬币的两个侧面。

物理学家正在努力推广马尔达希纳的方法，期望这种方法可以适用于任何形状的宇宙。因为如果弦论是对的，这种方法就应该适用于我们的宇宙。尽管这种方法存在一定的局限性，但如果我们多年以来为之呕心沥血的理论具有了一个明确的定义，那么我们也就为未来的发展打下了坚实的基础。这当然足以让一位又一位物理学家载歌载舞。

第10章 宇宙、计算机和数学现实

虚拟的和终极的多重宇宙

我们在前面几章中讲到的几种平行宇宙理论都来源于物理学家在寻求自然界基本法则时发现的数学规律。人们对不同规律的信任度存在很大的区别。例如，量子力学就被看作一种既定事实（暴胀宇宙学已经得到了观测支持，而弦论则是纯粹的理论），与之对应的每一种平行世界及其逻辑必然性亦是如此。但事情的发展规律显而易见。每当我们把方向盘交给人们提出的重要物理法则背后的数学理论时，我们就不得不一次又一次地驶入某种类型的平行世界中。

现在让我们换一种思考方式，如果把方向盘抓在我们自己手里，又会怎么样呢？我们人类能操纵宇宙的演化过程，并按照自己的意愿创造一个平行宇宙吗？如果你和我一样都相信芸芸众生的行为受某种自然法则支配，那么你就会发现人为操纵物理法则只不过提供了一个更为狭义的视角而已。就像自由意志和决定论之间由来已久的争论一样，这种思路会很快导致一些非常棘手的问题，但这并不是我要的思路。我的问题是这样的：就如同选择看什么电影或者吃什么饭一样，你能以相同的意志力和控制力创造一个宇宙吗？

这个问题听起来有些古怪。是啊，它的确很古怪。我先稍微提示一下。在解决这个问题的过程中，我们会发现自己身处一个更纯粹的理论领域中，远比我们介绍过的平行世界还要抽象。这件事就说来话长了。不过还是放松一下，让我先顺着以前的思路，归纳一下我将要用到的视角。在考虑如何创造宇宙时，我感兴趣的是物理定律所开启的各种可能性，而不是实践过程中存在哪些限制。所以，当讲到"你"创造宇宙时，我实际上是说你或你的子孙后代，抑或为了这个目的几千年来前赴后继的子孙后代。虽然这些现在或者未来的人们都不可能逃过物理定律的支配，但我会假定他们的技术要多先进就有多先进。我会考虑如何创造两种不同类型的宇宙。其中一种就是通常的宇宙，包含广阔空间并充满各种各样的物质和能量；另一种则是无形的、由计算机模拟生成的虚拟宇宙。这种讨论会自然而然地引出第三种多重宇宙方案。这种类型的平行宇宙并非源自如何创造宇宙的问题，而是源自另一个问题：数学理论或意识构建的世界是"真实存在的"吗？

制造宇宙

尽管关于宇宙的组成，仍然存在许多未知因素（例如，暗能量是什么，基本粒子的完整名单中存在哪些粒子），但科学家相信，如果你去称一称我们的宇宙视界范围内的物质，就会发现它们的总质量大约为1000万亿亿亿亿亿亿克。如果我们估计的总质量大大超出或者低于这个数目，那么在引力的影响下，图3.4中宇宙微波背景辐射形成的斑点则会增大或者缩小很多，这就会和对它的精细测量得出的角间距相矛盾。不过可见宇宙总质量的具体数值倒是次要的，我想强调的是这是个天文数字。在如此庞大的数字面前，我们人类想要制造另一个宇宙的想法看似愚蠢至极。

若将宇宙大爆炸理论作为我们制造宇宙的蓝图，那么在这个蓝图里，我们根本就找不出克服这个障碍的方法。在标准的大爆炸理论里，越是逆着时间往前回溯，可观测宇宙的范围就越小，但是我们目前测量到的那些数量惊人的物质和能量始终是那么多，只是体积会被压缩得越来越小。如果你想制造一个同样的宇宙，那么你就得从同样多的物质和能量的原材料开始。大爆炸理论将这么多原材料作为一个前提假设。[1]

从大的方面看，要通过大爆炸造出一个同样的宇宙，就必须集齐数量惊人的物质和能量，并将它们压缩到一个无比狭小的区域中。不论多么难以置信，就算我们能实现这一切，还是得面对另一个挑战。怎样才能引发大爆炸？回想一下，大爆炸并不是在静态空间中发生的一场爆炸，大爆炸会使空间本身向外扩张。于是，这个障碍就越发让人沮丧。

如果大爆炸理论是宇宙学思想的顶峰，那么对制造宇宙的科学追求将到此为止，但大爆炸并不是顶峰。我们看到，大爆炸理论已经让位给更强大的暴胀宇宙学，而且暴胀宇宙学为我们继续前进指明了战略方向。暴胀宇宙学以空间的爆发性扩张为标志，向大爆炸理论中引入了一场规模更大的爆炸。根据暴胀宇宙学，正是这种反引力的爆炸引发了空间向外扩张。同样重要的是，我们马上就会看到，暴胀宇宙理论证明其中最卑微的种子都可以制造出数不胜数的海量物质。

回想一下第3章的内容。按照暴胀宇宙学的说法，我们这样的宇宙（宇宙瑞士奶酪中的一个孔洞）之所以会形成是因为暴胀场从势能曲线上滚落后，最终会导致我们周围的空间向外急剧扩张。当暴胀场的取值变小时，它所包含的能量就会转化成一锅粒子汤，均匀地填满我们的宇宙泡。我们所看到的物质就是这样起源的。这显然是一个进步，但这种解释又引出了另一个问题，即暴胀场的能量源自哪里呢？

它源于引力。请记住，暴胀非常类似于病毒复制过程：一个取值较大的暴胀场会推动它所在的空间迅速扩大，于是大取值暴胀场就会占据越来越大的空间范围。由于均匀暴胀场的存在会使每个单位体积内都含有同样多的能量，所以，暴胀场占据的空间越大，为它所用的能量就越多。这种扩张背后的驱动力就是引力（而且是排斥性引力），所以，引力就是这个区域的能量源泉。

因此，我们可以将宇宙的暴胀看作一种能量不断从引力场流向暴胀场的过程。这似乎又是一个审批能量预算的问题（引力场的能量又是从哪儿来的呢），不过这个问题相对容易一些。引力和其他的力不一样，因为哪里有引力，哪里就有一个深不见底的蓄能池。这个解释很耳熟，只不过表达的语言很陌生。如果你跳下悬崖，你的动能（因为运动而具有的能量）就会越来越大。引力，这种迫使你运动的力就是能量的源泉。在实际情况中，你总是会撞到地面，但从理论上讲，你可以沿着一个深不见底的兔子洞一直往下坠落[1]，同时你的动能会越来越大。引力之所以能够提供无穷无尽的能量，是因为它就像美国财政部一样完全不担心债务问题。当你往下掉落时，你的正能量也会越来越大，同时引力的负能量也会越来越大。你会直观地认为引力的能量就是负的，因为当你从兔子洞向外爬时，每蹬一次腿，每撑一次胳膊，你都需要消耗掉一

---

[1] 在《爱丽丝梦游仙境》中，爱丽丝落入了一个兔子洞，从此进入了一个神奇的国度。——译注

些正能量，此时你就在偿还引力欠下的能量债务。[2]

由此得出的重要结论是，当一个充满暴胀场的空间区域越变越大时，暴胀场会从用之不竭的引力场中汲取能量，于是这个区域所包含的能量也会越来越多。又由于暴胀场提供的能量最终会转化为普通物质，因此，按照暴胀宇宙理论，制造行星、恒星和星系时，我们并不需要准备很多原材料。这一点和宇宙大爆炸理论很不相同。引力就是物质的干爹。

暴胀宇宙理论唯一需要的独立能量预算是，创造一颗最初的暴胀种子需要满足什么条件。暴胀种子就是一小块充满暴胀场的球形空间，能够启动最初的一轮暴胀。如果要考虑具体数值，相关的方程表明，这一小块空间区域的直径只需 10^{-26} 厘米。如果其中包含的暴胀场的能量转换成质量，那么它比 10 克还要轻一些。[3] 如此微小的种子会在刹那间急剧膨胀，变得比可见宇宙还要广袤，具有的能量也越来越大。暴胀场的总能量很快就会超过形成我们能看到的所有星系所需的全部能量。因此，伴随着宇宙空间的暴胀，那个不可能备齐的宇宙大爆炸食材（集齐 10^{55} 克以上的物质，并将它们紧紧压缩成一个无限小的点）已经准备就绪。搞到 10 克暴胀场，并将它压缩成直径约为 10^{-26} 厘米的一个小块，这完全可以装进你的钱包。

即便如此，这种方法还会引发一些严峻的挑战。首先，暴胀场还只是一个纯粹的理论。宇宙学家虽然将暴胀场顺利地引入他们的方程中，但与电子场和夸克场不同的是，至今也没有证据表明这种暴胀场确实存在。其次，即使能够证明暴胀场真的存在，甚至即使有一天我们能发明一种方法，能像产生电磁场一样产生暴胀场，但是要想产生暴胀的种子，它的密度就必须比原子核的密度还要高 10^{67} 倍。尽管暴胀种子的质量比一把爆米花还小，但是我们所需的压缩力则要比目前的技术能力还要高出成万上亿倍。

但这只是一个技术难题，而且我们可以认为，随着科技的发展，这个难题终究会得到解决。所以，如果我们遥远的后代有一天能够驾驭暴胀场，并制造出能够产生如此高密度的小块物质的超级压缩装置，那么这是否就意味着我们会得到宇宙创生时的状态呢？当我们思考这个通往天国的步骤时，我们应该担心会不会开辟一个新的暴胀空间，同时我们所处的这个角落是否会被这种急速膨胀的空间所吞没？阿兰·古斯和许多合作者已经就这个问题发表了一系列论文，结果是喜忧参半。让我们从最后一个问题开始，因为我们从这个问题可以获得一些振奋人心的消息。

古斯和史蒂芬·布劳（Steven Blau）、爱德华多·盖德尔曼（Eduardo Guendelman）一起证明，我们没有必要担心人造的暴胀状态是否会彻底摧毁我们现存的世界。原因就藏在压强里面。如果我们在实验室里造出了一颗暴胀种子，它就一定会具有暴胀场的正能量和负压特性，但它也会被普通空间所包围，而在这个普通空间里，不论是暴胀场的取值还是压力的大小都是零（或者几乎是零）。

通常我们并不太注重零的威力，但在这种情况下，正是零造就了一切。零压大于负压，因此外部的压强就大于暴胀种子内部的压强，暴胀种子就会受到外界的一种净压力。这与你潜水时耳膜承受外部压力的情形非常类似。这种压强差足以阻止暴胀种子向周围环境中膨胀。

但是，这并不能阻止暴胀场驱动膨胀。如果你紧紧捂住气球表面，同时又向气球中吹气，气球就会从你的指缝间鼓出来。暴胀种子的行为与此类似。暴胀种子就会像图10.1中不断长大的小球那样，从原有的外

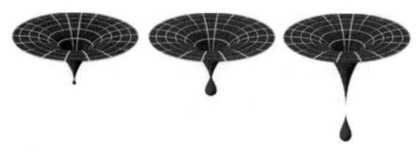

图10.1 由于周围环境的压强很大，暴胀种子只能向新产生的空间中膨胀。新生的宇宙泡长大时会脱离它的母宇宙，形成一个不断膨胀的、孤立的空间区域。在母宇宙中的人看来，这个过程相当于形成了一个黑洞。

部环境中萌生一个新的膨胀空间。计算结果显示，一旦新生的空间膨胀到某个临界尺寸，正如图10.1中最后一幅图所示的情景，暴胀核与母空间的脐带就会断开，一个独立的暴胀宇宙就这样诞生了。

人工制造一个新的宇宙，这个过程或许十分诱人，而从实验室角度看，我们并不需要为这种过程付出什么。我们很欣慰，暴胀泡并不会吞噬周围的空间，但另一方面，你也会因此而看不见任何有关宇宙创生的证据。这样，在我们宇宙之外的某处，一个新生的宇宙正在制造新的空间，但我们一点儿也看不见。实际上，当一个新生的宇宙从母宇宙剥离时，其唯一的残留物是一个引力深井（参见图10.1中的最后一幅图）。在我们看来，那就是一个黑洞。另外，因为我们没有能力去观察黑洞边缘之内的事情，我们甚至都不能确定我们所进行的实验是否成功。如果我们无法触及那个新宇宙，那么我们根本就没有什么方法能观察、确认是否产生了新宇宙。

物理定律保护了我们，但这种安全性的代价是我们完全与我们的心血隔绝起来。这就是其中的好消息。

对渴望创造宇宙的人而言，坏消息来自古斯和他在麻省理工学院的合作者爱德华·法里（Edward Farhi）得出的一个发人深省的结果。他们小心翼翼地计算的结果表明，要产生图10.1所示的一系列结果，还需要一个额外的条件。古斯和法里发现，就好像开始时你得先猛吹一下气球，然后气球才更容易快速膨胀，图10.1所示的那个新宇宙诞生过程也需要一股强大的推力来启动暴胀并使之持续下去。所需的推力如此强劲，以致在这个世界上只有一样东西能够提供，那就是白洞。和黑洞相反，白洞不吸入物质，而是不断向外喷射物质。产生这种情形所需的条件非常极端，以致现有的数学方法都会失效（跟黑洞中心的情形一样）。一言以蔽之，谁也不想在实验室中制造白洞，永远都不想。古斯和法里发现制造宇宙的过程存在一个基本障碍。

此后，很多研究小组提出了很多试图绕过这个问题的方法。杰摩尔·古芬（Jemal Guven）加入了古斯和法里的研究工作，他们发现，如果利用量子隧穿过程制造暴胀种子（与我们介绍景观多重宇宙时提到的量子隧穿类似），我们就不必再借助白洞奇点了。但发生这种量子隧穿过程的概率实在太小，以至于在任何值得考虑的时间尺度上，这个过程都不可能发生。日本物理学家坂井伸之（Nobuyuki Sakai）、中尾宪一（Ken-ichi Nakao）、石原秀树（Hideki Ishihara）和小林诚（Makoto Kobayashi）证明，磁单极子（一种只有北磁极或者只有南磁极的假想粒子）也能取代白洞奇点引发暴胀。但是经过40多年的苦苦搜寻，谁也没能发现这样的磁单极子。[1]

因此，迄今为止，我们的结论是，制造新宇宙的大门是敞开的，但是开得很勉强。既然所有方案都严重依赖某种理论因素，未来的进展

---

[1] 具有讽刺意味的是，磁单极子之所以未被发现（尽管很多统一理论的模型都预言了磁单极子的存在），其中一种解释竟然是暴胀宇宙学预言的极速膨胀稀释了磁单极子的密度。现在对这一问题的建议是，磁单极子对于暴胀阶段的开启发挥了一定作用。

很可能会将这扇大门永远关上。但是，如果大门没有关上（或者将来的研究能提出强有力的证据证明制造宇宙是可以实现的），我们是否就会有继续前行的动力？假如我们造出了一个宇宙，却看不见，无法与之互动，甚至我们都不确定这个宇宙是否已经造好了，那么我们为什么还要制造它呢？宇宙学造诣与讽刺天分并驾齐驱的安德烈·林德曾经指出，扮演上帝的诱惑不可抗拒。

我不知道事实是否真的如林德所说，但不可否认，如果我们能彻底掌握自然法则，并重现宇宙历史上所有的重大事件，结果的确会非常激动人心。不过我猜测，当我们真正慎重地考虑是否要创造宇宙时（如果这一天终将来临），我们的科技进展或许已经在其他方面取得了许多卓越成就。我们不仅可以想象，还可以亲身体验这些进展带来的丰硕成果。相比之下，制造一个无形的宇宙就变得索然无味了。

如果我们学会制造看得见甚至可以与之互动的宇宙，我们制造宇宙的愿望就越发强烈。一个"真实的"宇宙包含空间、时间、物质、能量等标准宇宙成分，这是一种通常意义上的宇宙。为了制造这样一种宇宙，我们想出的任何招数都无法与目前我们所认识的自然法则相媲美。

但如果我们撇开真实的宇宙，而只考虑虚拟的宇宙呢？

意识的要素

两年前，我患了一场严重的流感，高烧产生的幻觉栩栩如生，比通常的美梦噩梦真实得多。其中一个折磨我很久的幻境是这样的：我和一大群人坐在一个偏僻的旅馆的小房间里，困在幻觉中的幻觉里。我能清晰地感觉到一天又一天、一周又一周过去了，直到跃入最初的幻境，我才惊讶地发现那里的时间几乎一点儿也没有流逝。每当我感觉自己就要飘回那个房间时，我都会竭力反抗，因为前面的轮回让我明白，只要我再次被那个房间囫囵吞下，我就再也无法发觉这一切都是假的了，直到我又被拖回最初的幻觉里。可一回到最初的幻觉里，我就会再一次发觉我曾信以为真的事情都只是错觉，为此我又非常懊恼。这种状况周而复始，直到退了烧以后，我才从幻觉中挣脱出来，回到现实之中。此时，我才意识到这来来往往的一切都是我眩晕脑海中的幻觉。

当然，通常我在发烧时都学不到多少东西。但这一次经历，从某种意义上说，让我对一些东西有了更直观的体会，而我以前的理解大都局限于抽象的层面。我们对现实的掌控要比我们从日常生活中获得的信念更加脆弱。稍稍改变一下正常的大脑功能，现实的根基就会勃然改变。尽管外面的世界还是老样子，但我们对它的认知完全不一样了。这又引出了那个古老的哲学问题。既然我们的全部体验被我们各自的大脑进行了过滤和分析，那么我们又如何知道我们的体验反映了真实情况呢？按哲学家的套路说，你怎么知道你刚好读到了这个句子，而不是浮在某个遥远星球上的一个水缸里，一群外星科学家正在刺激你的大脑，令你产生了这些让你深信不疑的意识和体验呢？

这些问题都是认知论（研究知识由什么构成，如何获得知识，以及我们对已有的知识有多大把握的一个哲学分支）的核心命题。随着《黑客帝国》《异次元骇客》《香草的天空》等电影的热播，流行文化将这些原本只有学者才会关心的问题呈现给了大众，用这种寓教于乐的形式使他们惊醒。所以，不太严格地说，我们要问的问题是，你又怎么知道你没有掉进黑客帝国的母体中呢？

从本质上讲，这个问题你无从知晓。你通过感觉器官感知世界，感觉器官沿着某个神经回路刺激你的大脑，而神经回路作为演化的产物就是为了能解释这些刺激。如果有人人为地刺激你的大脑，使它产生的神经电位跟你在吃比萨、读到这个句子或跳伞时产生的电位完全一样，恐怕你就没有办法区分这究竟是真是假。这是因为你的体验源于大脑的运算本身，而非那些能刺激大脑开展运算的东西。

更进一步，我们想想可否将肉身的羁绊弃之脑后。如果一种模拟程序能通过巧夺天工的软件和电路模拟通常的大脑功能，那么你所有的思维和体验有没有可能就是一个模拟程序呢？如果你所有的体验都不过是超级先进的计算机中的一大堆电脉冲，那么你是否还相信血肉之躯和物质世界的真实性呢？

考虑这种情形时我们面临的直接挑战在于，这种推理会轻易地陷入怀疑论的旋涡：我们不相信任何事情，甚至连我们演绎推理的能力也不相信。对于刚刚提出的这些问题，我的第一反应是要弄明白超级计算机要强大到什么程度才有可能模拟人脑的功能。如果我真的身处这样一场模拟中，我为什么要相信神经生物学课本讲到的知识？课本也只是模拟出来的，由某个虚拟生物学家撰写的，而虚拟生物学家的研究成果应该取决于模拟软件的运行状况，因此我们容易得出这与"真实"大脑的运作机制毫无关联。这里的"真实"大脑本身也可能是计算机营造的一种骗局。一旦你不相信你的知识基础，真实性也终将石沉大海。

我们稍后再回到这个问题上，我并不想让大家沉沦在这个问题中，至少现在还不想。所以，把这个问题先放在一边。我们按照日常经验中"真实"一词的含义想象一下，你的血肉之躯（当然还有我的）都是真实存在的，而且你我认为是真实存在的一切也都是真实存在的。在所有这些假设都成立的前提下，让我们再来思考刚才所讨论的计算机和智能的问题。人脑的运算速度大概有多快？它和计算机相比，孰强孰弱呢？

就算我们没有陷入怀疑论的泥沼，这个问题也很难回答。大脑的功能在很大程度上还是一个未知领域。然而，为了打探地形，不管粗略不粗略，让我们想想其中的数量级。人类的视网膜是我们迄今为止研究得最为深入的神经元簇之一，虽然它比1分硬币的面积还小，厚度相当于几页纸，但其中的神经细胞有1亿个。机器人研究专家汉斯·莫拉维克（Hans Moravec）曾经估算过，若想制作一个和人类视网膜功能一样的计算机视觉系统，这个系统就必须每秒钟进行大约10亿次运算。仅从体积上看，整个大脑要比视网膜大10万倍。因此，莫拉维克认为，若想有效地模拟人脑功能，首先要大幅度提高计算机的运算能力，它的运算速度必须高达每秒100万亿（10^{14}）次。[4]而单独从大脑中的神经突触数量以及它们通常的放电速率估算，人脑的运算速度则还要高出几个数量级，大约是每秒10^{17}次。尽管我们很难得出确切的大小，但这些数量级还是能让我们有一个大概的感觉。我现在用的计算机的运算速度大概是每秒10^9次，当今世界上最快的超级计算机的运算速度峰值也才达到每秒10^{15}次（当然，本书中给出的这些数据很快就会过时）。若考虑人脑运算速度的那个较大估算值，我们就会发现，要想达到人脑处理信息的速度，如果用最快的超级计算机，大约需要100台，而如果用通常的笔记本电脑，那么就需要1亿台。

这样的比较很可能过于天真了，因为大脑的神秘是多方面的，而运算速度不过是衡量大脑功能的一个粗略指标。但是，几乎每个人都相信，总有一天我们会拥有与生物大脑相当甚至远远超过大脑计算能力的超级计算机。未来主义者认为，这样的科技飞跃会为我们带来一个全新的世界，它可能会远远超出日常经验的范畴，以至于我们根本没有能力去想象它的样子。这些现象超出了我们最高级的理论的适用范围，但我们还将它们模拟出来，人们把这种难题称作天方夜谭。有一个粗略的预言认为，计算机的运算能力超越人脑之后，人类和机器之间的界限就会彻底消失。还有一些人预言，未来的世界里到处都是既能思考又有情感的机器，而我们这些老式的生物人为了能够永久备份，则会定期上传大脑中的内容，将知识和品格安全地存储在硅片上。

这种前景也许有些夸张。关于未来计算机的强大威力并不存在多少争议，但我们显然不知道，我们能否利用这种威力将意识和机器彻底融为一体。这是一个有着古老根源的现代问题。关于意识问题，我们思考了几千年。外部的世界是如何让我们在身体内部做出反应的？你的色觉是不是和我的一样？那么你的听觉和触觉呢？我们头脑中的那个声音，我们唤作自我意识的那个喃喃自语者是怎么回事？或者，意识是否源于一个超越了物质世界的现实层面呢？柏拉图和亚里士多德、霍布斯和笛卡儿、休谟和康德、齐克果和尼采、詹姆斯和弗洛伊德、维特根斯坦和图灵，世世代代的杰出思想家，还有其他数不胜数的哲人墨客，都曾试图解释（或揭示）意识的本原，并通过内省来创造奇特的内心世界。

关于意识的理论种类繁多，有的相去甚远，有的略有差别。我们无须了解其中的细节，只需大致感受一下这些思路的大方向。这里简单介绍几种：二元论学说有很多版本，通常认为意识中存在一种基本的非物质成分。物理主义学说也有很多版本，但它否认这种非物质成分的存在。物理主义强调在每一种独一无二的主观体验背后，都必定存在一种独一无二的大脑状态。机能主义学说在此基础上更进一步，它认为形成意识最重要的因素是过程和功能（神经回路以及它们的连接和关系），而不是承载这些过程的物理介质。

物理主义者十分赞成这样的一种观点，不管你用什么方法，逐个分子也好，逐个原子也罢，只要你能原封不动地复制我的大脑，这个复制品就能产生和我完全相同的思维和感觉。机能主义者则倾向于认为，只要你着眼于更高级的结构，复制我大脑中的所有连接，能保留大脑中的所有过程，即使你改变这些连接和过程赖以存在的物质基础，它也照样能产生相同的思维和感觉。而二元论者则完全不认同这两种观点。

人工智慧的实现显然依赖机能主义者的观点。这种观点的一个核心假定就是意识思维并不是镶在大脑上的一层东西，而是由某种特殊的信息处理过程产生的特殊感觉。不管这个过程发生在三磅重的生物组织中还是发生在计算机的重重电路中，都没有关系。但这个机能主义的假设也可能是错误的。也许，那一大堆错综复杂的联系网必须借助一种充满褶皱的、湿漉漉的物质才能产生自我意识。如果意识就是让死物焕发生机的话，也许你需要的恰恰就是那些构成我们大脑的物质分子，而不是分子间的复杂连接和过程。也许计算机的信息处理过程和大脑的运作方式之间还存在某种本质区别，使得人工智能难以企及。也许就像传统观点所宣称的那样，意识的本质是非物质的，因此也就永远无法通过技术革新得以实现。

但是随着技术越来越先进，这些问题变得日趋尖锐，而解决图景也变得越来越实际。很多研究小组已经在用计算机模拟大脑的道路上迈出了第一步。例如，美国IBM公司和瑞士洛桑的联邦理工学院正联合展开一场探险，他们打算利用IBM最快的超级计算机来模拟人类大脑的功能。这个项目叫作蓝脑计划。"蓝色基因"（Blue Gene）是一台比1997年战胜国际象棋世界冠军卡斯帕罗夫的"深蓝"还要强大的超级计算机。

蓝脑计划的实施方法和我刚刚所描述的那些场景没什么不同。科学家们正在对真实大脑的解剖结构进行艰苦卓绝的研究，对神经网络的细胞结构、基因结构、分子结构及它们的相互连接有了越来越深刻的认识。这个计划的目标就是在目前的细胞层面上，将这些认识编码成数字模型，并在"蓝色基因"计算机上进行模拟。迄今为止，研究者借鉴针尖大小的老鼠大脑皮质单元的几万次实验结果，已经发展出了一个大约包含1万个神经元并通过1000万个交联通路互相交流的三维计算机模型。他们用信号分别刺激真实的老鼠大脑皮质单元和计算机模型，结果令人鼓舞，它表明人造模型能够高度再现真实脑神经对外界刺激的反应。虽然这和通常人脑中千亿个神经元的充放电过程相去甚远，但项目组的领导人神经科学家亨利·马克拉姆（Henry Markram）预计，蓝脑计划可将运算速度再提高100万倍以上，到那时就能建立一个完整的模拟人脑功能的计算机模型。蓝脑计划的目标并非实现人工智能，而是研制一套全新的分析工具，以期为各式各样的精神疾病寻找更好的治疗方案。此外，马克拉姆还大胆地推断，一旦这个目标实现，"蓝色基因"将具备良好的交流和感知能力。

无论结果如何，这样的躬行实践对于完善我们的意识理论十分重要，因为我非常确信，我们无法仅凭理论推测来评判不同观点的优劣，而我们在实践方面所面临的挑战也显而易见。假设一台计算机有一天宣称自己拥有意识，我们又该如何去判断它到底有没有意识呢？就算我的妻子说她有意识，我也没法进行验证，而她也没法验证我有没有意识。这个问题源于意识完全是一种个人体验，但是我们人类通过相互交流能够找到大量可以支持他人论断的间接证据，因此"唯我论"也就很快失去了市场。也许有一天，我们和计算机的交流也会达到这种程度。那时，我们可以和计算机对话，可以安慰、哄骗它。这也许会使我们确信，对于计算机看似拥有意识和自我感知的现象，最简单的解释就是它们的确拥有意识和自我感知。

让我们再用机能主义者的观点来分析这个问题，看看它会将我们带往何方。

虚拟的宇宙

如果我们最终造出了这种基于计算机的人工意识，有的人就可能将会思考的机器植入人造的躯体中，发明出一种机械物种（机器人），并将它们融入我们原有的现实世界中。但我感兴趣的是，谁会用纯粹的电脉冲编写一套程序，能够在计算机硬件上模拟出一个充满虚拟生物的世界。我们不考虑C-3PO和"百科"，而是设想《模拟人生》或《第二人生》[1]中存在着拥有自我感知、可进行思维互动的虚拟人。技术创新的历史表明，随着程序的升级换代，模拟的效果会越来越逼真，可以让人工世界的物理属性和经验特征都达到十分细致和真实的程度。谁负责模拟程序的运行，谁就负责决定其中每个虚拟人是否应该知道自己存在于一个计算机中。如果某个虚拟人推测他们所在的世界不过是一个复杂的计算机程序，那么穿着白大褂的虚拟技术员就会将他们带走，并把他们关在上锁的虚拟病房中。但绝大多数虚拟人很可能会认为他们所在的计算机模拟程序或许很蠢，蠢到不会在意这些事情。

---

[1] C-3PO是科幻电影《星球大战》中的机器人，"百科"（Data）是系列剧《星际迷航》中的机器人，《模拟人生》和《第二人生》都是虚拟类计算机游戏，后者也是一款网络游戏。——译注

也许你现在就在这样想。即使你相信人工智慧有可能实现，你还是会认为模拟整个人类文明或者只模拟一个社区的复杂程度都是无与伦比的，这样的壮举已经超出了计算机的能力范围。在这一点上，更多有关数量级的例子值得一看。我们遥远的后代子孙们很可能将大量物力投入庞大的计算网络中。所以，我们可以大胆一些，任由想象驰骋。例如，有科学家估计，若把现在的高速计算机造到地球那么大，那么它每秒钟就能完成 10^{33} ~ 10^{42} 次运算。相比之下，假定我们前面的估计是正确的，人类大脑的运算速度是每秒 10^{17} 次，按照一个人活 100 年计算，那么大脑在有生之年平均而言要进行 10^{24} 次运算。再乘上地球上所有生活过的人口数量，大概算上 1000 亿吧，那么从露西[1]算起（对了，我有一位朋友是考古学家，他告诉我应该从阿迪[2]算起），则全人类的大脑加起来大约已经进行了 10^{35} 次运算。我们保守估计，一个地球级计算机每秒能进行 10^{33} 次运算。我们发现，这台计算机只需运行不到 2 分钟的时间，就能完成全人类所有大脑做过的所有运算。

这还是只是利用我们现有的技术，而量子计算（它能够利用量子概率波中所有可能的状态，因此能够同时进行不同的计算过程）能够将计算速度乘以一个无比巨大的倍数。虽然这种超强的量子计算机距离我们还很遥远，但据研究者的估算，一台不超过笔记本电脑大小的量子计算机能在远小于 1 秒的时间内完成我们人类自诞生以来所做的所有运算。

除了模拟个体的意识，如果还想模拟意识之间的互动以及不断演化的环境的话，那么计算负荷就会陡然增加很多数量级。但是高级的模拟

---

[1] 露西（Lucy）是 1974 年在埃塞俄比亚发现的古人类化石，其生活的年代是 320 万年之前。——译注

[2] 阿迪（Ardi）是 2009 年在埃塞俄比亚发现的目前已知最古老的原始人化石，其生活的年代是 440 万年前。——译注

会省略那些不会明显影响模拟效果的角落。如果计算机只模拟宇宙视界之内的东西，生活在虚拟地球上的虚拟人类就不会觉得有什么问题。我们看不到宇宙视界之外的东西，所以计算机完全可以将它们忽略。胆子再大一点，模拟程序甚至只需要在虚拟的夜晚且虚拟的天气晴朗时才会模拟太阳系之外的恒星。如果没有人朝天上看，那么计算机中的天体模拟功能就可以暂停一下，不必再为那些会去仰望天空的人计算天体带给他们的刺激。如果这个计算机程序的结构良好，它应该可以跟踪它所模拟的所有居民的意识状态和意图，因此也就能够预测任何仰望天空的行为，并预先做出恰当的反应。模拟细胞、分子和原子时的情形也一样。在大多数情况下，只有在虚拟科学家求证某个层面的科学问题时，或者只有在虚拟科学家研究这些奇特的领域时，这些微观细节才有必要被模拟出来。我们熟悉的现实的廉价复制品能够按照最低限度的需求调整模拟精细度就足够了。

这样的虚拟世界将有力地实现惠勒关于信息第一性的图景。如果你制造了一套带有正确信息的电路，你就生成了一个栩栩如生的虚拟世界。这个世界之于其中的虚拟居民，就像我们的世界之于我们一样真实。这种虚拟现实就是多重宇宙的第8种版本，我将称之为虚拟的多重宇宙。

你是否活在虚拟现实之中

用计算机模拟宇宙的想法具有悠久的历史，可以一直追溯到20世纪60年代的计算机先驱康拉德·楚泽（Konrad Zuse）和数码大师爱德华·弗雷德金（Edward Fredkin）。我上大学和读研究生期间，有5个暑假在IBM公司打工。我的老板——已故的约翰·科克（John Cocke）是一位受人尊敬的计算机专家。他经常说起弗雷德金的观点：宇宙不过是一台吭哧吭哧地运行着宇宙FORTRAN程序[1]的巨型计算机。这种思想将数字化视角推至极致，让我深受震撼。多年以来，我实在无法想象其中的景象。直到有一天，也就是最近，我见到了哲学家尼克·博斯特罗姆（Nick Bostrom）那简单而又让人耳目一新的结论。

为了领会博斯特罗姆的观点（莫拉维克也曾提到这个观点），我们进行一个直观的对比，看看制造一个真实宇宙存在哪些障碍，再看看制造一个虚拟宇宙又有多大难度。我们已讨论过，要制造一个真实宇宙，我们会遇到很多障碍，而且就算我们能够成功，造出的宇宙也可能根本看不见。既然如此，我们为什么还要去制造它呢？

制造一个虚拟宇宙则完全是另一回事。计算机的运算能力不断提高，计算机程序越来越复杂，这都是不可阻挡的发展趋势。尽管现在的技术还很简陋，但人们已然十分痴迷于制造虚拟环境。很难想象，随着运算能力的不断提高，人们的兴趣不会与日俱增。问题不在于我们遥远未来的子孙是否会制造虚拟的计算机世界，我们都已经在这么做了。问题是我们不知道那些虚拟世界到底会有多么逼真。如果人工智能从根本上存在障碍，那么所有的希望都会化为乌有。博斯特罗姆假定这种逼真的模拟是完全可能的，随后对这个问题进行了一个简单的分析。

他说，我们的子孙注定会制造大量的虚拟世界，而且在这些虚拟世界里到处都是形形色色的具有意识和自我认知的虚拟居民。只要其中一个人会趁着夜色回到家里，平静下来，启动制造宇宙的软件，那么不难想象，这样的事情不会只发生这么一次，他们一定会经常这么做。好好

---

[1] FORTRAN是英文"FORmula TRANslator"的缩写，意为"公式翻译器"，是世界上最早出现的计算机高级程序设计语言，广泛应用于科学和工程计算领域。——译注

地想想这个场景的后果吧。在未来的某一天，宇宙的人口调查员会统计所有智慧生物的数量。他发现，相对于那些由芯片和字节组成的虚拟人及类似的对应物，有血有肉的人类的数量已经变得微不足道了。博斯特罗姆推断，一旦虚拟人的数量远远超过真实人类的数量，那么残酷的统计法则就会认为我们并非生活在一个真实的宇宙中。概率计算会以压倒性的优势断言，你、我以及所有人类其实都活在一场模拟中，而且这场模拟或许是某个未来的历史学家因为想了解一下21世纪的地球生活才制造出来的。

你可能会反对说，我们一头钻进了怀疑论的泥潭，而这是我们一开始就打算避免的。如果我们断言说我们以极高的概率生活在一场计算机模拟中，那么还有什么事情可以相信？比如，得到这个断言的推理过程还可信吗？好吧，我们原本相信的很多东西都可能变得不再可信。那么，明天的太阳还会升起来吗？也许吧，只要运行这场模拟程序的人还没有拔掉电源插头。那么我们的记忆都可信吗？或许是可信的，不过坐在键盘边上的那个人可能颇为喜欢随时调整这些记忆内容。

不过，博斯特罗姆强调，我们生活在虚拟世界中的结论并不会完全阻断我们对真正的基本现实的探索。即使我们已经确信自己身处虚拟世界里，也能够发现基本现实的一个特征——计算机能够模拟真实的世界。根据我们的推断，我们就生活在这样的一个世界里。永无止境的怀疑论同样源于我们生活在虚拟世界里的假设，它和计算机能够模拟真实世界一样，都位于同一推理环节，因此不足以产生破坏。当然怀疑论也有些用处，但当我们开始起航，准备探讨一切貌似真实的东西的真实性时，怀疑论就不再是必需的了。单纯的逻辑推理并不能保证我们并非生活在计算机模拟中。

为了避免得出我们很可能生活在虚拟世界里的结论，充分利用推理的本质漏洞是我们唯一的出路。也许智慧根本就不能模拟，到此结束。或许，博斯特罗姆还曾经提出，在发展那些智慧模拟必备技术的漫漫征途中，人类文明也许会不可避免地伤及自身，毁掉自我。或许，当我们遥远未来的子孙获得宇宙模拟能力的时候，他们可能会选择不去模拟。这可能是因为道德观念的作用，也可能是因为还有其他什么我们现在还无法想象而又更加有趣的愿望（比如我们说过的制造真正的宇宙）要实现，而把虚拟宇宙的模拟丢在路边。

这个推理过程中的漏洞多如牛毛，以上不过是其中几个。但它们是不是已经大到足以让大卡车呼啸而过？谁知道呢？[1]如果不是，你可能希望活得出众一些，获得世人的承认。不论是谁，这个世界的模拟者一定已经厌倦了袖手旁观的生活。成为名人可能会让你活得更久。5

模拟之外的视角

如果你真的生活在模拟之中，如何才能发现这一点？问题的答案在很大程度上取决于运行模拟程序的是什么样的人（不妨称之为模拟者），以及程序是怎么写的。例如，模拟者可能会选择让你知道这个秘密。有一天你正在洗澡，耳边会传来一阵轻柔的丁零声。你冲掉沐浴露，睁开眼睛，看到一个窗口飘浮在半空中，里面出现了一位微笑的模拟者，他

---

[1] 另外一个漏洞源于第7章提到的测度问题的一个案例。如果真实（非虚拟的）宇宙的数量是无限的（如果我们身处百衲被多重宇宙之中），那么就会有无穷多个像我们一样的世界，我们在这些世界中的后代也会进行模拟，生成无穷多个虚拟世界。虽然虚拟世界的数量看起来仍然会大大超过现实世界的数量，但是正如我们在第7章中所说的，比较无穷大数目的大小是一项危险的任务。

开始做自我介绍。或许，这一揭开真相的场景发生在全世界的尺度上，整个星球萦绕着一个巨大的窗口，从中传来振聋发聩的声音，他宣布天上有一个无所不能的程序员。不过，如果模拟者不想暴露自己，你就很难找到这样的线索了。

那些存在虚拟智慧生物的模拟程序应该称得上逼真了，但是就像有名牌服装就有假冒伪劣产品一样，模拟的质量和自洽性也有很大的差别。例如，有一种模拟程序的编程方法叫作"层展策略"（emergent strategy），它能够博采众长，根据具体情况合理采取相应的措施。模拟粒子加速器中的质子碰撞时调用量子场论，模拟球拍击球的轨迹时选用牛顿定律，模拟一位母亲看到孩子迈出人生第一步的反应时则会同时用到生物化学、生理学以及心理学知识，模拟政府领导人的行为时则会综合运用政治学、历史学和经济学理论。层展策略将描述虚拟现实不同层面的不同方法堆砌起来，所以当一个现象处于两个层面之间的交界处时，层展策略就必须保持其内部的自洽性。一个心理学家并不需要完全掌握脑功能在细胞层次、化学层次、分子层次、原子层次以及亚原子层次上的所有机制，这对精神病学家可能有好处。但是当我们要模拟一个人时，层展策略面临的挑战是，如何才能将许多细致程度不同的信息自洽地融合起来，以保证（举例而言）人的情感和认知功能也符合生物化学的有关数据。这张由知识跨界织成的大网适用于所有的现象，它迫使科学理论不得不去寻找一种更深层次的统一解释。

使用层展策略的模拟者不得不设法消除不同方法之间的罅隙，并保证整张大网织得天衣无缝。这要求模拟者不断摆弄和拉扯手中的丝线。于是，在其中的虚拟居民看来，周围的环境会发生莫名其妙的激变，毫无缘由，无法解释，而且这张大网可能不会面面俱到。随着时间的推移，模拟的误差会越积越大。更有甚者，虚拟世界可能会变得不合常理，最后发生崩溃。

有一种方法也许能避免这个问题，我们称之为"极度还原策略"（ultra-reductionist strategy）。在这种策略里，整个模拟程序只依赖一套基本方程组，就像物理学家设想真正的宇宙只有一套基本法则一样。这种模拟会选用一套数学理论，用来描述物质和基本相互作用，并设定一组"初始条件"（就是万物在模拟开始时的状态），然后让这些事物随时间推移进行演化。这样就避免了层展策略中出现的衔接问题。然而，除了模拟一切事物包含的所有粒子时产生的惊人计算负担之外，这种模拟还存在自身的计算难题。如果我们的子孙所掌握的方程组和今天的一样（涉及可以连续变化的数据），那么模拟程序就必须引入近似。为了准确地表达能够连续变化的数，我们必须在小数点后面保留无限位数字。（例如，一个量要从0.9连续变化到1，应会经过0.9、0.95、0.958、0.9583、0.95831、0.958317等。为了追求绝对准确，小数点后面必须无限计算下去。）显然，就算花费无穷多的时间，耗尽所有的内存，资源有限的计算机也无法完成这样的运算。因此，即使运用那个最基本的方程，计算机的数值计算也不可避免地采用近似，于是随着时间的推移，误差越积越大。[1]

当然，我说的"误差"意指模拟中发生的事情与模拟者最精确的物理理论的预言之间的偏差。但对于像你这样的虚拟人类而言，计算

---

[1]　在一个有限体积的空间区域中，如果一个理论要求可区分的物理状态的数量是有限的（例如前一章提到的熵的上限），它的数学方程中仍然可以存在连续变化的物理量。量子力学就是这样的例子。在量子力学中，虽然只有可能结果的数量是有限的，但概率波函数的取值可以连续变化。

机用到的数学公式才是你的自然法则。于是，问题并不在于计算机用到的数学公式在多大程度上模拟了外部世界，而且我觉得你也无法从模拟内部去观察外部世界。虚拟宇宙的问题在于，计算机采用的必要近似会全面影响原本精确的数学方程组，因此计算结果很不稳定。所以，经过大量数值计算之后，不断积累的舍入误差就会产生不自洽。你以及别的虚拟科学家可能都见过一些异常的实验结果。你所珍爱的物理定律可能会开始做出不精确的预言，有些实验多年以前就已得到广泛验证并取得一致的结果，重新测量时却可能得出另一个完全不同的答案。很久以后，你和你的虚拟同事会认为，正如你的前辈几个世纪或几千年以来的境遇一样，你遇到的证据表明你所谓的终极理论根本不是终极理论。你们会一起审视原来的理论，这时你们也许会发现一种新思想、一套新的方程组或者一些新原理，它能更好地描述你的数据。但如果假定这些误差不会产生摧毁整个程序的反常现象，你在某个时候就会撞上南墙。

　　你试遍了所有可能的解释，没有一个解释能圆满地说明所发生的事情，而一个不落俗套的思想家则可能会提出一个根本不同的想法。把几千年来物理学家研究的连续变化的定律输入一台强大的数字计算机中，用它生成一个虚拟的宇宙，那么不可避免的近似所积累起来的误差也许就刚好产生了你所看到的反常现象。你可能会问："你认为我们身处一场计算机模拟之中吗？"你的同事会回答道："是的，我们就是在虚拟世界里！"你又说："噢！这太不可思议了，是真的吗？"他回答道："你来看。"他搬出一台显示器，显示一个虚拟的世界。这是他根据那些深层次物理定律编程得来的。看到这个虚拟世界，你屏住呼吸，待在那儿。你会发现其中的虚拟科学家也在为同样的反常数据而备感困惑。[6]

有些模拟者苦苦寻找隐藏自己的方法，当然会选择更加咄咄逼人的策略。一旦他发现了不自洽，也许就会重启程序，并擦除虚拟人所有关于反常现象的记忆。所以，这看起来更像是在更广义的范围内宣称虚拟现实会通过故障和反常显露它真正的本质。当然，我也不敢说不自洽、反常、未解之谜和戛然而止的现象并不能说明我们的科学理论尚不完善，而是反映了某种别的东西。面对这些证据，合理的解释也许是我们科学家应该更加努力、更具创造性地探索问题的答案。然而，在我所讲的这些充满幻想的场景背后有一个严肃的结论。万一有一天我真的运行了一个虚拟世界，其中充满了明显具有智慧的居民，那么一个根本问题就会随之产生：我们在科技发展的历史长河中占据着某个特殊地位，这种信念合理吗？凭什么相信我就是第一个模拟出智慧生物的人？也许吧。但我们若执意计算概率，就应该考虑另一种解释，从大处着眼，不要苛求我们有什么与众不同的地方。而且，就这个问题有一个现成的合理解释。一旦研究使我们确信智慧模拟是可行的，那么第7章讨论过的关于"普遍性"的指导原则就会告诉我们：这样的模拟不止这一个，而是多如牛毛，无数这样的虚拟世界构成了虚拟的多重宇宙。就我们所能企及的有限时空而言，我们的模拟不啻为一项里程碑式的壮举。不过，在整个虚拟多重宇宙中，这样的成就也许早已取得无数个了，因而也没有什么独特之处。一旦我们能接受这种观点，就不得不去思考，既然虚拟多重宇宙中的绝大多数智慧生物都生活在虚拟世界中，那么我们是否也生活在虚拟现实之中？

为了重新思考你所在的现实世界的本质，这些关于人工智慧和虚拟世界的证据都是基础。

巴别图书馆

在大学第一学期，我选修了已故的罗伯特·诺齐克（Robert Nozick）主讲的哲学引论。从第一堂课起，它就为我带来了疯狂的体验。当时诺齐克正在完成他的长篇巨著《哲学解释》，于是他把课堂当作书中很多中心论点的试衣间。几乎每堂课都在撼动我对世界的认识，而且有时十分彻底。这是一个意想不到的收获，我曾经认为颠覆现实的重担原本只会落在物理课的肩膀上。然而，二者之间存在本质的区别。质量巨大、速度颇高或体积极小的物体位于一个完全陌生的领域，物理课通过揭示其中的奇怪现象来挑战已有的成熟观点，而哲学课则通过挑战日常经验的基础来撼动已有的成熟观念。我们怎么知道这里有一个真实的世界？我们应该相信我们的认知吗？究竟是什么将我们身上的原子和分子绑在一起，使我们的人格不会随时间改变？

有一天下课后，我正无所事事。诺齐克问我对什么感兴趣，我厚着脸皮告诉他我想研究量子引力和统一理论。一般情况下，这样的回答会让我们的交谈到此为止，但对诺齐克而言，这是个展示新视角教育年轻人的好机会。"你为什么会对这个感兴趣？"他接着问。我告诉他我想发现不朽的真理，它能帮助我们理解万物的本原。毫无疑问，我当时很天真，很会吹。但诺齐克和蔼地听着，并进一步发问。"让我们假设你已经发现了统一理论，"他说，"这个理论真的就是你要寻找的答案吗？难道你不想知道为什么结果是这样一种理论，别的理论为什么就不行呢？"当然，他是对的，但我回答说在寻找答案的过程中总有那么一刻我们不得不将某些东西当作必须接受的假设。这正是诺齐克想要我思考的问题。在《哲学解释》的写作过程中，他提出了另一种不同的观点。

这个观点基于他所谓的繁育原理，它试图构建一种新的解释方法，不用"把某些东西当作必须接受的假设"。正如诺齐克所说，这就意味着无须将任何东西当作不证自明的真理。

这种技巧背后的哲学策略很简单：剔除问题。如果你不想解释为什么某个理论与众不同，那么就不要觉得它与众不同。诺齐克建议，我们设想自己正身处一个包含所有可能宇宙的多重宇宙中。[7]这种多重宇宙不仅包含量子多重宇宙所有可能的演化结果，而且包含暴胀多重宇宙的众多泡泡宇宙，以及膜的多重宇宙或景观多重宇宙所描摹的各种可能的弦世界。这些多重宇宙并不能自动满足诺齐克的提议，因为你仍会情不自禁地思考为什么是量子力学，为什么是暴胀，为什么是弦论。我们不妨换一种思路，不管是哪种可能的宇宙（它可以由通常的原子构成，也可以完全由融化的马苏里拉奶酪构成，这样想想也不错），它们都在诺齐克的方案中占有一席之地。

这就是我们要考虑的最后一种多重宇宙，它在所有多重宇宙中是意义最广泛的一种。所有已经提出或将要提出的多重宇宙本身都由各种可能的宇宙所构成，所以，它们都位于某个庞大的集合之中，我们称之为终极多重宇宙。在这种框架中，如果你还要追问为什么我们的宇宙受制于我们得出的那些法则，答案又要说到人择原理：世上还存在许多其他的宇宙，事实上所有可能的宇宙都是存在的。我们活在这个宇宙中是因为它是其中一个适合我们这种生命形式的宇宙。在另一个适合我们的宇宙中（适合我们的宇宙很多，因为除了别的方面之外，只要众多基本物理常数的变化范围足够小，我们就可以存活下来），也会有人像我们一样提出同样的问题，而且答案是相同的。这里的关键在于存在这一属性不会为任何宇宙赋予特殊地位，因为在终极多重宇宙中，所有可能的宇宙都是存在的。于是，关于为什么一套法则能描述我们所在的真实宇宙，而其他法则都是终生不育的空想，这样的问题也就荡然无存了。不存在什么终生不育的法则。每种法则都在描述某个真实的宇宙。

奇妙的是，诺齐克指出他的多重宇宙中存在一种空无一物的宇宙，绝对一无所有。我们的意思不是说空荡荡的空间，而是如戈特弗里德·莱布尼茨的那个著名的诘问"为什么有物存在，而不是一无所有"所说。这并不是说诺齐克知道答案，但我对这个问题产生了某种共鸣。在我还只有10岁或11岁的时候，我就见过莱布尼茨的这个问题，而且我发现它很难回答。我在房间里走来走去，努力思考空无一物到底是什么样。我常常将一只手悬在脑后，然后设想努力完成不可能的事情（观察脑后的那只手）也许能帮我领会空无一物的含义。即使现在，一想到绝对的一无所有还是会让我沉思良久。从我们熟悉的有物存在的视角来看，什么都没有意味着极大程度的缺失。但是，由于空无一物看起来要比有物存在大为简单（没有法则在实施，没有物质在演化，没有空间可以占据，没有时间可以流逝），许多人认为莱布尼兹的问题一针见血。为什么不存在一无所有的状态呢？一无所有本该是一种最为雅致的状态。

在终极多重宇宙里，一无所有的宇宙确实是存在的。据我们所知，一无所有的可能性完全合乎逻辑，所以无所不包的多重宇宙必然会包含这样的情况。于是对于莱布尼兹的问题，诺齐克的回答是，在多重宇宙里，有物存在和一无所有可以平起平坐，因此无须引入额外的解释。这两种宇宙都是多重宇宙的组成部分。对于一无所有的宇宙，也就没有什么要操心的了。我们之所以会被一无所有的宇宙难倒恰恰是因为我们人类自己。

精通数学语言的理论家会将诺齐克的包罗万象的多重宇宙理解为所有可能的数学方程都在物理层面得到了实体化。这就是豪尔赫·路易斯·博尔赫斯（Jorge Luis Borges）所写的《巴别图书馆》[1]的又一个版本。在这个版本里，巴别图书馆里的书都是用数学语言编写的，而且囊括了所有合理的、不自相矛盾的数学符号的字符串。[2]其中一些书中清楚地罗列了我们熟悉的公式，例如适用于自然界中已知的所有粒子的广义相对论方程组和那些量子力学方程，但这种可识别的数学字符串极为稀少。大部分书中包含的方程都是从未有人写过的，它们被视为纯粹的抽象概念。终极多重宇宙的思想放弃了这种熟悉的观点。这意味着大多数方程不再枕戈待旦，而且莫名其妙地在物理层面得到实现也不再是少数方程的幸运。巴别数学图书馆中的每一本书都是一个真实的宇宙。

在这样一个数学框架内，诺齐克的建议具体回答了一个长期争论的问题。在过去几百年里，数学家和哲学家都想知道数学应该算发现还是算发明？数学的概念和真理是不是早已存在，一直在等某个勇敢的探险家去发现？既然那个探险家更可能坐在书桌前，手握铅笔在纸上奋笔疾书，涂写出一大堆晦涩难懂的数学符号，我们能否将由此得出的数学概念和真理看作人类心灵在追寻秩序和规律时的一种发明创造？

许许多多数学理论都能够化身为某种物理现象。乍一看，这种离奇的事情似乎在用铁一般的证据证明数学是真实的。这样的例子数不胜数。从广义相对论到量子力学，物理学家发现很多数学发现都似乎是为

---

[1] 博尔赫斯（1899—1986），阿根廷诗人、小说家兼翻译家，一生从事图书馆工作。《巴别图书馆》是他的一篇描写图书馆的小说。——译注

[2] 博尔赫斯允许书中包含所有可能的字符串，不管这些字符串代表什么意义。

某个物理领域量身打造的。在这一点上，保罗·狄拉克关于正电子（电子的反粒子）的预言就是一个令人难忘的简单例证。1931年，狄拉克在求解电子运动的量子力学方程时发现数学计算会得出一个"多余的"解。显然，这个解所描述的粒子除了带正电之外，和电子没什么区别（电子带负电）。1932年，卡尔·安德森（Carl Anderson）在仔细研究从太空轰击地球的宇宙射线时发现了这种粒子。这样，从狄拉克在草稿本上摆弄数学符号开始，到实验室中的实验发现为止，人类发现了有史以来的第一种反物质。

怀疑论者会反驳说，不管怎样，这些数学理论还是源于我们人类自己。演化使我们能够从周围的环境中总结规律。这种能力越强，我们就越容易预测在哪里才能找到下一顿大餐。作为一种规律的语言，数学起源于我们的生物适应性。有了这种语言，我们探索规律的过程就变得更加系统，这已经远远超出了单纯的生存需要。但是，就像我们在历史长河中发明和使用的工具一样，数学也是我们人类的一个发明。

我的数学观会定期地发生变化。当我在进展顺利的数学研究中苦苦挣扎时，我就经常觉得数学是一种发现，而不是发明。我知道，没有什么经历会比看着数学拼图的各个部分突然拼成一幅完整连贯的画面更令人兴奋了。每当此时，我都会觉得这幅图景早已存在，就像晨雾笼罩着一幅蔚为壮观的景象。另一方面，当我更加客观地研究数学时，我就不这么认为了。数学知识是人类精通了异常精确的数学语言之后，用它写成的一种文学作品。当然，就像用自然语言写成的文学作品一样，数学也是人类的智慧和创造力的结晶。这并不是说其他形式的智慧生物不会发现同样的数学结果，应该很有可能才对。但这很容易反映出我们的经验（例如需要计数、需要贸易、需要调查研究等）存在一定的相似性，因此在最低限度上证明数学是一种超然的存在。

许多年前在一场关于这个问题的公开辩论中，我说我能想象。当我问一个外星人他学了我们的科学理论之后有何感想时，外星人会说："噢，数学。是啊，有段时间我们也搞过。一开始还有点儿意思，但最终它成了一个死胡同。来，让我给你演示一下到底是怎么回事吧。"但是，我仍然犹豫不决，因为我不明白外星人到底是怎么把这句话说完的。如果我们对数学的定义足够宽泛（例如，从一组假设开始的逻辑推理也是一种数学），我甚至不能确定还有什么答案不能算作一种数学。

在这个问题上，终极多重宇宙毫不含糊。所有的数学理论都是真实的，这意味着所有的数学理论都描述了某些真实存在的宇宙。在多重宇宙中，所有的数学都能够得偿所愿。一个受牛顿方程组支配的、完全由固体台球（没有进一步的内部结构）组成的宇宙是真实存在的，一个具有666个空间维度并由高维爱因斯坦方程组支配的真空宇宙也是真实存在的。如果外星人碰巧是对的，那么就会有一些宇宙只能用数学之外的方式去描述。但我们还是不要去考虑这种可能性吧。一个实现了所有数学方程的多重宇宙已经足够我们受用了，这就是终极多重宇宙为我们带来的启迪。

多重宇宙的合理解释

与我们见过的其他平行宇宙相比，终极多重宇宙的独特之处在于得出它的推理过程。我们在前面章节中所提出多重宇宙理论，不是为了解决什么困难或回答什么问题。其中一些理论确实解决了某些问题，或者至少宣称它们解决了一些问题，但这些理论并不是出于这样的目的而提出的。我们已经看到，有的理论家相信量子多重宇宙解决了量子测量的难题，有的理论家相信循环多重宇宙解决了时间开端的难题，有的理论家相信膜的多重宇宙告诉我们为什么引力比别的相互作用弱得多，有的理论家相信景观多重宇宙能够为暗能量的观测值提供注解，有的理论家相信全息多重宇宙解释了重原子核碰撞得出的数据。但是，这些用处都是次要的。量子理论为描述微观世界而生，暴胀宇宙学为解释我们观测到的宇宙特征而生，弦论为统一量子力学和广义相对论而生。这些理论产生的各式各样的多重宇宙都是一种副产品。

相比之下，终极多重宇宙除了假设一个多重宇宙论之外，并没有提供更多的解释力。它只是精准地达成了一个目标，也就是从我们的任务清单中剔除一个问题：为什么我们的宇宙会依附于某一套特定的数学法则，而不是别的数学法则。终极多重宇宙通过引入一种多重宇宙刚好完成了这项奇特的壮举。因为它是专门为解决一个问题而提出的，与前面章节讨论过的各种多重宇宙理论相比，终极多重宇宙没有独立的基本原理。

这是我的观点，但不是每个人都认可。有一种哲学观点（来自结构现实主义学派）认为物理学家可能错误地割裂了数学和物理的联系。理论物理学家通常会说数学是我们描述物理现实时所用的一种定量化语言，我在本书中的很多地方也都是这么说的。但是这种观点认为，也许数学不光是对现实的一种描述，数学本身也许就是一种现实。

这是一个古怪的想法。我们还不太习惯想象用无形的数学理论构建有血有肉的现实。我们在前面几节中介绍的虚拟宇宙为我们设想这种情形指出了一条富有启发性的具体途径。想一想赛缪尔·约翰逊（Samuel

Johnson）[1]那个著名的下意识反应。为了反驳伯克利主教（George Ber-keley）[2]宣称的"物质是意识凭空捏造的产物"，约翰逊朝一块大石头踢了一脚。但是想象一下，约翰逊博士并不知道他的这个动作发生在高度逼真的虚拟计算机程序里。在那个虚拟世界里，约翰逊博士踢石头的感觉也许就像实际历史中的动作同样真实。计算机程序不过是一连串数学操作，它们从计算机某一时刻的状态信息（一组复杂的比特序列）出发，按照特定的数学法则，将这些比特推演至下一个时刻的排列。

这意味着如果你一心一意地研究计算机在模拟约翰逊时都做了哪些数学运算，你就会发现其中早已包含了踢的动作、脚的反弹、约翰逊的思考以及那一声洪亮的"所以我反对"。将计算机连接到显示器（或者未来的某种显示设备）上，你就会看见那些在数学的精妙指挥下翩翩起舞的比特模拟了约翰逊博士以及他的动作。但不要为这个模拟画蛇添足（例如计算机的硬件、精美的界面等），以免掩盖其中的基本事实——这一切的本质不过是数学。只要你变一下数学法则，舞动的比特们就会跳出另外一幅现实的景象。

现在，怎么不接着说呢？我将约翰逊博士置入虚拟世界里，是因为这种情形对于我们理解约翰逊的现实和数学之间的关系有所启发。但

---

[1] 赛缪尔·约翰逊（1709—1784），常称为约翰逊博士（Dr. Johnson），英国历史上最有名的文人之一，集文评家、诗人、散文家、传记家于一身。他在前半生名不见经传，但他花了9年时间独立编写的《约翰逊字典》为他赢得了名声及"博士"头衔。博斯韦尔后来为他写的传记《约翰逊传》记录了他后半生的言行，使他成为家喻户晓的人物。——译注

[2] 乔治·伯克利（1685—1753），通常称为伯克利主教，爱尔兰哲学家。他与约翰·洛克和大卫·休谟一起被认为是英国近代经验主义哲学家的三位代表人物。他著有《视觉新论》（1709年）和《人类知识原理》（1710年）等。——译注

是这个观点中还有一个更深层次的问题，那就是计算机模拟的只是一个无关紧要的中间步骤，是一种纯粹的思维方法，帮助我们理解可感知的有形世界和抽象的数学方程之间的关系。数学本身（通过创建联系、建立连接和实施变换）包含了约翰逊博士以及他的行为和思想。无须计算机，无须舞动的比特。约翰逊博士就蕴含在数学之中。[8]

一旦你接受了这种思想，承认数学本身能够通过其与生俱来的结构体现出全部或部分现实（有意识的心灵、沉重的石头、使劲的一脚、踢到的脚趾），你就会设想我们的现实不过是一种数学。按照这种思维方法，你所知道的一切（捧着这本书的感觉、你现在抱有的想法、你的晚餐计划）都只是某种数学体验。现实，就是你从数学中得到的切身感受。

诚然，理解这种观点需要一次观念上的飞跃，并非每个人都能接受，就连我也接受不了。但是在那些欣然接受的人的世界观中，数学不仅"存在"，而且是世上唯一"存在"的东西。不管是牛顿方程组还是爱因斯坦的或者别的什么方程组，一套数学理论并非在物理实体将它具象化后才变成现实。数学（所有的数学）本来就是真实存在的，并不需要对应的物理实体。不同的数学方程组就是不同的宇宙。因此，终极多重宇宙就是这种数学观带来的意外收获。

麻省理工学院的马克斯·特格马克（Max Tegmark）极力倡导终极多重宇宙（他称之为数学宇宙猜想），他列举了一些相关的理由为这种观点辩护。关于宇宙的最深层次的描述不应该包含那些含义依赖人类经验或者解释的概念。现实本身超越了我们的存在，因此从根本上不应该依赖我们的理解。在特格马克看来，所谓数学（考虑一组运算的集合，如加法）作用在某组抽象的对象（如整数集合）上，得出对象间各式各样的相互关系（如1+2=3），它恰恰是能够在陈述时摆脱人类影响的一种语言。但是，如果这样的话，一套数学理论就和它所描述的宇宙有什么区别呢？特格马克认为二者完全没有区别。如果有什么特征能区分数学和它所描述的宇宙，那么这种特征就必定是非数学的；否则，它也会被吸收到原有的数学描述之中，消除所谓的区别。但是，根据这种思路，如果这种特征是非数学的，那么它就必定已经打上了人类的烙印，因此不可能是最基本的。于是，我们通常所说的现实的数学描述和相应的物理实体之间也就没有区别了。它们本来就一样，根本不存在什么开关能够"开启"数学状态。数学存在和物理存在是一组同义词。又由于这种观点适用于所有的数学理论，所以这就为通向终极多重宇宙开辟了另一条途径。

这些理论都很匪夷所思，我仍然持怀疑态度。评价某个特定的多重宇宙模型时，我总是希望存在一种物理机制，就算是一种初步设想也好（有涨有落的暴胀场、膜世界之间的碰撞、弦景观中的量子隧穿、按照薛定谔方程演化的波函数），能够帮助我们产生多重宇宙。我更加喜欢让我的思考扎根于一系列事件中，这些事件至少在理论上能够产生某种多重宇宙。但是对于终极多重宇宙而言，我无法想象什么样的机制能做到这一点，这种机制应该能在不同的领域中得出不同的数学法则才行。我们已经在暴胀多重宇宙和景观多重宇宙中看到不同宇宙中物理定律的细节特征可以千变万化，但这属于环境条件的差异，例如某些希格斯粒子场的取值或者额外维度的形态可以各不相同。所有平行宇宙都适用同一套基本的数学方程组。那么，什么样的机制在服从某一套数学方程组的同时又能修改这些数学法则呢？这就像5非要变成6一样，几乎是不可能的。

但是，我们在下最终结论之前也要想到，也许这些不同的领域只是看似在遵守不同的数学法则。再思考一下那些虚拟世界。以前说到约翰逊博士时，我用一个计算机模拟程序作为教学设备来解释数学如何将体验的本质作了具体体现。但是，如果我们就像在虚拟多重宇宙中一样，站在模拟程序自身的角度上看问题，那又将怎样呢？此时我们会看到这正是我们所需的机制：尽管运行模拟程序的计算机受制于通常的物理定律，但虚拟世界本身可以基于模拟者选取的数学方程组。通常不同模拟程序中的数学法则也是不同的。

正如我们所见，这种想法点出了一种机制，能够生成终极多重宇宙的一个特殊部分。

模拟巴别图书馆

我以前强调过，对于我们通常在物理中研究的各种方程而言，计算机模拟程序只是它们的一种数学近似。数字计算机处理连续变化的数目时总会遇到这种情况。例如，在经典物理学里（我们在经典物理学里假设时空是连续的），棒球从本垒飞向左外场时会经过无数个点。[9]我们永远也不能跟踪一个经过无数个地方、在每个地方还有无数种速度的球。计算机最多也就是尽可能地提高精度，但计算仍然是近似的，例如跟踪棒球时精度提高到百万分之一、十亿分之一或万亿分之一厘米。对于很多问题来说，这已经相当精确了，但终究还是一种近似。量子力学和量子场论引入了各种形式的离散性，这在某种程度上很有用，但是二者也都广泛使用了连续变化的数（如概率波的取值、场的大小等）。同样的道理适用于其他所有的标准物理方程。计算机虽然可以近似地进行数学运算，却无法精确地模拟这些物理方程。[1]

然而，世上存在另一种数学函数，可以在计算机模拟中达到绝对精确。这些函数通常称为可计算函数。在计算机上运行一套数量有限的离散指令，就可以计算这样的函数。在这种问题里，计算机可能需要一遍又一遍地重复某些步骤，但迟早会得出准确的答案。所有步骤都不需要什么原创性和创新性，我们只需要机械地得出最终结果。因此，在实践中，我们对你在高中所学的物理定律进行可计算近似后，便能精确地模拟棒球的运动（通常，我们将连续的时空近似成一组细小的格子）。

相比之下，不管计算机的速度有多高、内存有多大，即使对不可计算函数进行无限次运算，也不会得出结果。计算机求解飞行棒球的精确连续轨迹时就会遇到这种情况。举一个稍微定性一点的例子，设想在一个虚拟的宇宙中，计算机程序需要模拟一个厨师，这个厨师必须具有极高的效率，能为其中所有自己不做饭的虚拟居民（并且只为这些人）做饭。就在厨师玩命地烘烤煎炸时，他自己也觉得饿了。问题是，计算机指定谁来为厨师做饭呢？[10]好好想一想，你就会发现这是个很让人头疼的问题。厨师不能给自己做饭，因为他只给那些自己不做饭的人做饭，但是厨师如果不给自己做饭，他自己就应该给自己做饭。我敢肯定，计算机绝对不如你聪明。不可计算函数就像这样的例子，计算机根本无法完成不可计算的运算，所以，计算机的模拟程序就会卡死在这里。虚拟多重宇宙中能够正常运转的宇宙都应该基于可计算函数。

---

[1] 讨论百衲被多重宇宙时（参见第2章），我曾强调，量子物理学向我们保证，在一个有限体积的空间区域中，物质本身的排列组合方式也是有限的。然而，在量子力学的数学公式中涉及一些连续变化的属性，因而也就存在无穷多种取值。这些量是我们无法直接观测的（例如某点的概率波函数的波幅），而我们能测量的物理量只能存在有限种可能的结果。

上述讨论表明，虚拟多重宇宙和终极多重宇宙之间存在一定的重叠。考虑终极多重宇宙的一种精简版，它只包含那些基于可计算函数的宇宙。我们不是单纯为了回答某一特定问题（为什么有的宇宙是真实存在的，而其他可能的宇宙不行），而是因为这种精简的终极多重宇宙可以通过某种机制产生。也许和当今的《第二人生》发烧友的脾气差不多，未来的计算机用户也是欲壑难填，他们会基于各种各样的方程运行大量的模拟程序，最后生成这种类型的多重宇宙。这些用户不会生成所有记载在巴别数学图书馆中的宇宙，因为他们无法生成那些基于不可计算函数的宇宙，但这些用户会不断将图书馆中的可计算宇宙模拟出来。

计算机科学家于尔根·施密特胡伯（Jürgen Schmidhuber）进一步拓展了楚泽早先的想法，他曾从另一个不同的角度得出类似的结论。施密特胡伯发现，相对于在大量计算机上运行不同的程序，将可计算宇宙一个一个地模拟出来时更简单的办法是用一台计算机将所有可计算宇宙模拟出来。为什么呢？我们想一下怎么编写一个模拟棒球比赛的计算机程序。对于每一场比赛，你都需要提供大量信息：每一个球员的每一个细节，包括生理上的和心理上的，还有球场的细节、裁判的细节以及天气的细节等。另外，对于每一场比赛，你都得将所有的数据重新设定一遍。然而，如果你要模拟的比赛不是一场或者几场，而是所能想象出来的所有比赛，那么程序的编写工作可能就会容易得多。你只需要编写一个控制程序，让它能够系统地设置所有可能的变量（它们会影响球员、环境和其他所有相关特征），然后开始运行就可以了。要在浩如烟海的输出结果中找到某一场特定的比赛是一个挑战，但你只需要保证每一场可能的比赛迟早都会被模拟出来即可。

其中的关键在于，虽然指定庞大集合中的一个成员需要大量信息，但指定整个集合往往容易得多。施密特胡伯发现这个结论也适用于虚拟宇宙。有人雇了一个程序员来模拟一大堆宇宙，这些宇宙基于各式各样的特定数学方程组。就像棒球爱好者一样，为了省事，他可能选择只编写一个相对较短而又能产生所有可计算宇宙的程序，然后就丢给计算机去运行。在所产生的海量虚拟宇宙中，这个程序员应该能找到别人要他模拟的那些宇宙。我可不想按小时为计算机付费，因为要生成所有这些宇宙所需的时间同样很多；但我很乐意按小时给这个程序员发薪水，因为编写一套能生成所有可计算宇宙的指令要比生成任何一个特定宇宙容易得多。[11]

一大堆用户模拟一大堆宇宙，或者一个主程序生成所有宇宙，这两个方案都可以产生虚拟多重宇宙。因为所生成的宇宙基于各种不同的数学法则，我们可以等价地将两种方案都视为生成了一部分终极多重宇宙，这一部分只包含基于可计算函数的宇宙。[1]

只产生一部分终极多重宇宙的缺点在于，这个精简版不足以回答那个最初由诺齐克的繁育原理引发的问题。如果并不存在所有的可能宇宙，如果不能产生完整的终极多重宇宙，我们又会回到那个为什么有的方程能产生宇宙而有的不能的问题上。我们不得不诘问，为什么那些基于可计算方程的宇宙能够独占鳌头？

---

[1] 马克斯·特格马克指出，从开始到结束，整个模拟过程本身就是一系列数学关系的集合。于是，如果有人相信所有数学理论都是真实存在的话，那么这个集合也是真实存在的。反过来，从这种观点出发，也就没有必要真的去运行什么计算机模拟了，因为每一个模拟所生成的数学关系都已经是真的了。他还指出，虽然直觉会让我们关注模拟程序随时间演化的问题，但这一问题实在过于狭隘了。要想评估一个宇宙的可计算性，应该先评估定义宇宙整个历史的数学关系的可计算性，不管这些关系是否描述了模拟程序随时间的演化。

这一章的内容完全是理论性的，沿着这条道路继续前进，也许可计算和不可计算的泾渭分明会告诉我们一点什么。可计算的数学方程避免了20世纪中叶一些敏锐的思想家〔如库尔特·哥德尔（Kurt Gödel）、阿兰·图灵（Alan Turing）、阿隆佐·丘奇（Alonzo Church）等人〕提出的问题。哥德尔著名的不完备定理表明，某些数学系统中必然存在一些无法在该数学系统内证明的假设。物理学家们也一直想知道哥德尔的定理会对自己的研究工作产生什么影响。或许物理学也是不完备的，例如自然界的某些特征是永远也无法用数学描述的？对于精简的终极多重宇宙而言，答案是否定的。根据定义，可计算数学函数完全处于可以计算的范围内。计算机可以通过某些特定的步骤完成这些函数的计算。因此，如果一个多重宇宙中的所有宇宙都是基于可计算函数的话，那么它们就会绕过哥德尔的定理。巴别数学图书馆的那些可计算的宇宙，终极多重宇宙的这个版本，将不再受制于哥德尔的幽灵。也许正是这个原因使得可计算函数与众不同。

我们的宇宙是否也在这个多重宇宙中占有一席之地？换言之，如果有一天我们真的找到了终极的物理定律，它们所描述的宇宙是否也都基于可计算函数呢？这里不是说我们目前在计算机上模拟物理定律时用到的近似的可计算函数，而是说精确的可计算函数。没有人知道答案。如果真是那样的话，物理学的进展会趋向于那些完全不存在连续性特征的理论。那里盛行的是数值计算的核心——离散性。当然空间看起来是连续的，但是我们现在的测量只能精确到一米的百亿亿分之一。随着测量越来越精细，也许有一天我们会发现空间的本质也是不连续的。现在，这个问题还没有办法回答。我们对时间的认识也面临同样的局限。根据第9章中讲到的研究成果，空间中任何区域的最大信息容量是1比特每普朗克面积，这是通向离散性的一大步。但是数字化的思路到底进展到什么程度？我们还远不能回答这个问题。[12]我的猜测是，不管将来能否模拟意识，我们最终都会发现这个世界在根本上是不连续的。

现实的根基

在虚拟的多重宇宙里，哪个宇宙才是"真实存在的"？换句话问，哪个宇宙才是枝繁叶茂的虚拟世界之树的根基？这个宇宙中应该放置着许多一旦崩溃、整个多重宇宙就会随之瓦解的计算机。一个虚拟人会在虚拟的计算机上模拟出他自己的一套宇宙，那些虚拟世界中的虚拟人又会进一步开展模拟。但是必然存在一台真实的计算机，在这台计算机上，那些一层又一层的虚拟世界呈现为一个个纷至沓来的电脉冲信号。在虚拟多重宇宙里，哪些事实、哪些规律、哪些法则才是真实存在的（传统意义上的真实）？这个问题毫不含糊，答案就是那些在根宇宙中运作的事实、规律和法则。

但是，遍布虚拟多重宇宙的典型虚拟科学家们也许会持有不同的观点。假设这些虚拟科学家已经拥有足够的自主权（假如模拟者几乎从不篡改虚拟居民的记忆或者打断事态的自然发展），那么根据我们自己的经验，我们预计他们研究虚拟世界的数学代码时会获得重大进展，而且他们会将这些代码当作他们自己的自然法则。不管怎样，他们发现的法则并不一定要等同于真实宇宙服从的法则。他们的定律必须很管用。也就是说，当他们能在计算机上运行模拟时，能够得出一个充满智慧生物的宇宙。如果有很多套数学法则都可以认为是很管用的，那么越来越多的虚拟科学家就会相信那些数学法则。这些数学法则并非基本法则，因为它们都是由模拟它们的程序员选出来的。如果我们就是虚拟多重宇宙中的居民，号称能揭示现实本质（位于虚拟世界之树根基处的那个现实）的知识体系就会满目疮痍。

这是一种让人很不自在的可能性，但还不至于让我夜不能寐。除非我真的看到有人模拟了意识并为之目瞪口呆，否则，我才不会认真考虑我们现在所讨论的观点。从长远来看，即使有一天我们真的能够模拟意识（这本身就是一个宏大的假设），我也完全能想象一旦某个文明的科技首次实现了这种模拟，那么开展更多模拟的呼声就会铺天盖地。但是这种呼声会长久吗？我怀疑创造人工世界，并且不让其中的居民发现他们身处虚拟世界而带来的新鲜感也会逐渐淡化，毕竟你有那么多真人秀电视节目可以看。[1]

反过来，如果我允许自己的想象在这个理论领域自由飞翔的话，我的感觉就是能够让虚拟世界和现实世界开展交流的应用程序会更具持久力。大概虚拟居民也能够移民到现实世界中，或者真实的人类也会融入虚拟世界中。到了那时，区分真实人类和虚拟人类可能就会变得不合时宜了。对我而言，这种天衣无缝的结合更合理。在那种情况下，虚拟的多重宇宙会以一种实实在在的方式并入广阔的现实（我们的广阔现实，也就是真实存在的现实）之中，它也会变成我们所谓现实的不可或缺的一部分。

---

[1] 作者这里可能在讽刺电视真人秀节目就像一种虚拟世界，会使人们过度沉迷其中。——译注

第11章　科学研究的局限性

各种多重宇宙和未来

艾萨克·牛顿彻底叩开了科学的大门。他发现不论一个物体是在地球上还是在太空中，我们只需用少数几个方程就能描述它的运动。考虑到牛顿方程非常简单，但威力非凡，人们很容易认为牛顿方程反映了宇宙根基的永恒真理，但牛顿本人并不这么认为。他相信宇宙远比他的定律所刻画的世界丰富得多，神秘得多。众所周知，牛顿后来曾经反思道："我不知道这个世界会如何看待我，但我觉得自己只是一个在海边玩耍的孩子，真理的海洋就摆在那里，等待着我去发现，而我不时地被一个不太寻常的光滑石子或者更加美丽的贝壳所吸引。"这句话在之后的几个世纪里不断得到验证。

我很高兴。如果牛顿方程能无限精确地描述任何种类现象，而不论大小、不论轻重、不论快慢，那么后来的科学探险也许就不是现在这个样子了。牛顿方程大大加深了我们对世界的认识，但如果它在任何时候都成立，那就好比宇宙尝起来始终是香草味的。如果你在日常生活的尺度上思考宇宙，你就大错特错了。将视角推向更宏观或更微观的领域，结果也一样。

　　沿着牛顿的探索之路，科学家们大胆挺进的领域远远超出了牛顿方程的适用范围。根据我们学到的知识，我们必须彻底改变对现实本质的认识，但这种改变并非唾手可得。它们必须接受科学界的认真检查，甚至会受到某些人的坚决抵制。只有等到证据足够充分以后，新的观点才会被人们所接受。事情本该如此。我们并不需要急着做出判断。现实会耐心等待。

　　近百年来的理论和实验进展都大力强调的一个关键的事实是，日常经验一旦超出了日常生活的范围就会失去指导意义。但对于在极端条件中出现的全新物理现象而言〔由广义相对论、量子力学和弦论（如果弦论是正确的话）所描述〕，一系列全新思想呼之欲出也不足为奇。科学的基本假定是，所有尺度上都存在规律和模式。但是就像牛顿自己所预料的那样，我们没有理由去期待直截了当的模式适用于所有尺度。

　　令人惊讶的事物终会显得平淡无奇。

　　毫无疑问，关于未来的物理学还会揭示什么，这个说法仍然成立。每个时代的科学家都不可能知道很多年之后的人们会怎样评价他们的工作。是一个转折还是一时的热潮？是一块基石还是经得起时间考验的新见解？这种局部的不确定性会被物理学中最受人喜爱的一个特征（整体稳定性）所平衡。也就是说，新理论一般不会将它所替代的旧理论一笔勾销。我们已经说过，虽然新理论会从全新的角度来看现实的本质，但它们几乎从来不会完全脱离原有的理论。相反，新理论会吸收和拓展原有的理论。正是因为如此，物理学的故事才会体现出令人惊叹的一致性。

　　在这本书里，我们已经探寻了这个故事中下一个可能出现的重大进展：我们的宇宙可能属于某种多重宇宙。我们已经领略了9种不同的多重宇宙模型，如表11.1中的总结。尽管这些模型在细节上大相径庭，但它们都认为我们的常识图景只是某个宏大整体的一部分，而且它们都打

表11.1 不同版本的平行宇宙汇总

平行宇宙模型	描 述
百衲被多重宇宙	如果宇宙是无限大的，各种环境条件必然会重复出现，这就产生了平行世界
暴胀多重宇宙	永恒宇宙暴胀会生成一个由泡泡宇宙组成的庞大网络，我们的宇宙就是其中之一
膜的多重宇宙	在弦论（或M-理论）的膜世界方案中，我们的宇宙存在于一个三维膜上，这个膜飘浮在一个更高维度的空间中，周围还可能存在很多其他的膜，也就是其他平行宇宙
循环多重宇宙	膜世界之间的碰撞可以表现为一个大爆炸式的开端，生成许多在时间上平行的宇宙
景观多重宇宙	将暴胀宇宙学和弦论相结合，弦论的额外维度的各种不同的形态就会导致各种不同的泡泡宇宙
量子多重宇宙	量子力学提出，量子力学概率波中蕴含的每一种可能性都在一系列平行宇宙的某个子宇宙中成为现实
全息多重宇宙	全息原理声称我们的宇宙是一个遥远边界面上发生的现象的严格镜像，从物理上看，这个遥远的边界面等价于一个平行宇宙
虚拟多重宇宙	技术飞跃使得虚拟宇宙总有一天会变成可能
终极多重宇宙	繁育原理认为每一种可能的宇宙都是真实的宇宙，因此也就剔除了为什么我们的宇宙比较特殊的问题。这些宇宙枚举了所有可能的数学方程

上了人类智慧和创造性的烙印，无法抹去。这些想法是否仅仅是人类发明的一堆数学理论呢？以我们现在的理解、认识、计算、实验和观察水平，这个问题还无法回答。因此，平行宇宙是否就会书写物理学的新篇章呢？只有未来的科学才能解答。

这本书也是一本隐喻自然的书。在最后一章里，我很想将所有的片段连在一起，并回答本书中最根本的问题：宇宙是唯一的还是多重的？但我做不到。这就是探讨前沿知识时所具备的特点。但是，为了一睹多重宇宙的概念会将我们引向何方，也为了强调多重宇宙理论目前的精华所在，我在这里列出了5个核心问题。未来，物理学家将为这些问题奋斗不息。

哥白尼是一种基本的科学范式吗

显然，在实验观测和数学计算中，规律性和模式性对于推导物理定律至关重要。一代代物理学家所接受的物理定律中所蕴含的另一类模式也颇具启迪意义。这些模式反映出，随着一个个科学发现的问世，人类眼中的自身在宇宙中的地位也在一步步改变。在近500年的时间里，哥白尼式的进展一直占据着主导地位。从太阳的东升西落到夜空中的斗转星移，再到我们每个人对自己内心世界的把握，大量的经验和线索表明整个宇宙都在围绕我们而转，我们就位于宇宙的中心。但是科学发现所采用的客观方法逐渐纠正了这种观点。几乎在每一轮这样的纠正中，我们都会发现，就算我们不是宇宙的中心，宇宙的秩序也不会有什么改变。我们不得不放弃曾经的信念，承认地球不是太阳系的中心，承认太阳不是银河系的中心，承认银河系不是其他星系的中心，甚至承认质子、中子和电子（组成我们的物质材料）在宇宙的物质成分表中也不是中心。长久以来，人类都生活在一种身份高贵的幻觉中。曾经有一段时期人们认为，那些打破幻觉的科学证据是对人类价值的迎头痛击。通过亲身实践，我们才在价值观启蒙运动中取得进步。

沿着这本书呈现出的漫漫征途，你已经到达了哥白尼式的修正主义的顶点。也许我们的宇宙不是任何宇宙秩序的中心。也许我们的宇宙就像地球、恒星和银河系一样，不过是沧海一粟。基于多重宇宙的现实拓展了甚至可能完成了哥白尼模式，这种想法激发了研究的热情。但是，我们反复强调的一个重要问题是，多重宇宙的观念何以超越了纯粹的思辨？科学家们已经不再寻求各种延续哥白尼革命的方法，也不再在昏暗的实验室中运筹帷幄，以期圆满完成哥白尼模式了。相反，科学家们所做的是他们一直在做的事情：以数据和观测结果为向导，他们已经建立了许多数学理论，用来描述物质的基本组成，以及物质发展、互动和演化时所服从的相互作用。值得注意的是，循着这些理论开辟的道路不断前行，科学家们发现了一个又一个潜在的多重宇宙。到处都是这样的繁忙的科学高速公路，沿着任何一条道路前进，只要你适度留意一下，就会遇到各式各样的多重宇宙候选者。避开多重宇宙比发现多重宇宙还要难。

也许未来的发现会以另一种方式重新照亮哥白尼式的修正之路。但是，根据我们目前的处境，我们的知识越多，我们的中心地位就越岌岌可危。如果前面章节中所讨论过的科学论证会继续把我们推向基于多重宇宙的理论，那么这就应该是完成哥白尼革命的自然而然的一步。这一步已是500年。

我们能够检验作为多重宇宙基础的科学理论吗

尽管多重宇宙的概念完全符合哥白尼模式，但这个概念的特性和我们早些时候的中心地位的演变还是不太相同。引入一些永远无法检验的理论领域（不论何种精度，或者从某些方面来看，甚至从任何方面来看都无法检验）之后，多重宇宙似乎在科学知识面前竖起了一道悬崖峭壁。不论你如何看待人类在宇宙中的地位，人们广为接受的一个假设是，通过认真的实验、观测和数学计算，人类深化认识的能力是永无止境的。但如果我们真的属于多重宇宙的一部分，不难推断，我们最多就只能研究我们所在的这个宇宙，而它也不过多重宇宙中的一个角落而已。更让人严重担忧的是，多重宇宙会把我们带到一个无法检验的理论领域中。这些理论的基础可能都是一些"本来就是这么回事"的故事，我们所见的一切也都会退化到"碰巧存在这么回事"的地步。

然而，正如我所辩解的，多重宇宙的概念是相当微妙的。我们已经看到，涉及多重宇宙的理论也可能通过各种各样的方法得出可检验的预言。例如，虽然构成多重宇宙的各个宇宙之间也许存在很大差别，但它们都源于同一个理论，所以它们应该具有一些共同特征。如果我们在这个唯一能够企及的宇宙中做实验，却没有找到这些共同特征，那么就证明这种多重宇宙模型可能是错误的。如果实验证实了这些特征，而且是一种全新的特征，我们就会相信这种多重宇宙模型是正确的。

如果这些宇宙之间不存在共同特征，那么从不同物理特征之间的关联性出发，我们就能得出另一类可检验的预言。例如，我们已经说过，如果所有宇宙的粒子成分表都含有电子以及一种我们目前尚未发现的粒子，如果我们没有在此处的实验中发现这种粒子，这种多重宇宙模型就可以被排除了。而发现这种粒子则会帮助人们树立信心。从更复杂的关联出发，我们也能得出可检验、可证伪的预言。例如，这些宇宙的粒子成分表囊括了所有已知的粒子（如电子、μ子、上夸克、下夸克等），那么它就必定包含某种新型粒子。

如果连这种紧密的关联都没有，那么从不同宇宙之间物理特征的差异出发，我们也会得出一些可检验的预言。例如，在整个多重宇宙中，宇宙学常数或许会在某个很宽的范围里变化。如果绝大多数宇宙的宇宙学常数都和我们宇宙中测得的大小相符（见图7.1），我们对这种多重宇宙的信心也会理所当然地增强。

最后，就算某种多重宇宙中的绝大多数宇宙都不同于我们所在的宇宙，我们还是有一种方法能够检验这种多重宇宙正确与否。我们可以引入人择推理，只考虑那些适宜我们这种生命形式生存的宇宙。在这样的类型中，如果绝大多数宇宙的特征都类似于我们的宇宙（如果我们的宇宙是一个适宜我们这种生命形式生存的典型宇宙），对于这种多重宇宙的信心就会树立起来。如果我们并不典型，我们就不能排除这个理论，这正是统计推理众所周知的一个局限性。不太可能的事情也可以发生，而且有时候确实会发生。即便如此，我们越缺乏典型性，这种多重宇宙模型就越不可信。在这种多重宇宙中，如果我们的宇宙与所有允许生命存在的宇宙都格格不入，我们就有足够的理由认为这种多重宇宙模型无关紧要。

所以，若想对一种多重宇宙模型进行定量研究，我们就必须拥有其中所有宇宙的统计资料。仅仅知道这种多重宇宙模型允许哪些可能的宇宙是不够的，我们还必须确定这个模型真正能产生宇宙的详细特征。这要求我们必须理解这种多重宇宙中的众多宇宙产生于什么样的宇宙学机制。在多重宇宙中，不同宇宙的物理特征会千变万化，可检验的预言也就会随之产生。

这一系列评判方法能否得出旗帜鲜明的结果？这个问题还要根据具体的多重宇宙模型进行具体分析。但我们的结论是，涉及许多其他宇宙（它们是我们暂时或永远无法企及的地方）的理论依然能够给出可检验的，因而也是可证伪的预言。

我们能够检验现有的多重宇宙模型吗

在理论研究过程中，物理直觉至关重要。理论家必须尝试一系列令人眼花缭乱的可能性。我应该用这个方程还是那个方程呢？我是应该提出这种模式还是提出那种模式呢？最好的物理学家应该具备犀利的、令人惊叹的敏锐直觉和预感，以便迅速确定哪个方向最有前途，哪种方法最可能结出累累硕果。但这种事情都发生在幕后。在科学家提出了某个科学模型之后，我们就不能再凭直觉和预感加以评判了。只有一个判断标准是值得信赖的：这个模型能否对实验数据和天文观测进行解释和预言。

这就是科学的奇特和美妙所在。既然追求更加深刻的认识，我们就必须为创造力和想象力提供更广阔的发挥空间。我们必须乐于打破传统观念和束缚我们的条条框框。但是，不同于其他富于创造性的人类活动，科学的价值在于为执对执错的问题提供其固有的评判和最终的意见。

从20世纪末到21世纪初，科学研究面临的一个问题是，某些理论已经超出了我们能够检验和观测的能力。曾几何时，弦论就是这样一个典型的例子，多重宇宙的可能性是一个更加庞大的例子。我已经大致描述了什么样的多重宇宙模型才是可检验的，但是仅凭我们现在的认识水平，我们还无法检验书中讲过的任何一个多重宇宙理论的真伪。随着研究的不断深入，这种形势也许会有很大的改观。

例如，我们对景观多重宇宙的研究处在最初阶段。虽然弦论给出的各种可能的宇宙（也就是弦景观）可以大致表示成图6.4的样子，但我们画不出这片山地的细节特征。就像古代的航海家一样，虽然我们大概知道彼处的模样，但要想画出完整的地形图，我们还需要进行大量的数学研究。掌握了这些知识之后，下一步计划应该是搞清楚这些可能的宇宙是如何在相应的景观多重宇宙中分布的。关于其中的基本物理过程，即通过量子隧穿效应生成宇宙泡泡的过程（见图6.6和图6.7），虽然原则上我们已经认识得非常好了，但它们还没有在弦论中得到定量的验证。很多研究小组（包括我们的小组）已经开始对景观多重宇宙开展初步勘察，但需要勘察的地方实在太大了。我们在以前的章节中已经看到，许多类似的未尽事宜也在困扰着其他多重宇宙模型。

实验观测和理论计算还要经过多长时间才能从某个多重宇宙中得出详细的预言，是几年、几十年还是更长的时间？没有人知道。鉴于现在的境况，我们还应该坚持下去吗？我们面临这样一个抉择。我们为科学（受人尊敬的科学）下定义时，是否只应该考虑那些地球上现有人类能够检验或观测的想法、领域和可能性？或者，我们的视野是否应该扩大一些，把那些在下一个世纪、下两个世纪甚至更遥远的未来能够借助技术进步而得到检验的"科学"观点也包含在内？或者，能否再扩大一些？从已证实的理论出发，不论科学指出了何种道路，哪怕沿着这个方向前进时，我们的理论研究最终会陷入一个人类可能永远无法企及的隐秘王国，我们是否都应该勇往直前？

这个问题没有明确的答案。此时，个人的科学品位就体现出来了。我非常理解有人试图将科学研究紧紧拴在当前或不久的将来可以检验的命题的身上。我们就是这样将科学大厦建成的。但是我也发现，让我们的思想受限于时代、环境和人类自身的想法也非常狭隘。现实并不会受到这样的限制，因此可以预计，我们对深层真理的探求过程迟早也会摆脱这些桎梏。

我偏爱更广泛的科学定义，但绝不包含那些在实验和观测面前毫无意义的想法，这并不是因为人类太弱小或者技术太落后，而是因为这些想法的内在特征就是这样的。在我们所考虑的各种多重宇宙模型中，只有完整版的终极多重宇宙论才属于这种情况。如果将每一种可能的宇宙都计算在内的话，那么不管你测量或者观测时会得出何种结果，终极宇宙论都会点头笑纳。但是，表11.1罗列的其他8种多重宇宙并没有这样的缺陷。其中每种宇宙都具有充分的动机，都经过一环环的逻辑推理，而且都可以接受评判。如果观测能够提供强有力的证据证明空间是有限的，那么就应该放弃百衲被多重宇宙存在的可能性。如果我们对暴胀宇宙学的信心遭到破坏，比如只有极度扭曲暴胀场势能曲线（因而也是不可信的）才能解释宇宙微波背景辐射数据的进一步细节，那么暴胀多重宇宙就会失去意义。[1]如果弦论遭遇理论上的挫折，也许是因为人们发现了一个不易察觉的数学漏洞，证明整个理论是不自洽的（早期研究者

---

[1] 注意，我们在第7章中强调过，若想通过观测数据彻底驳倒暴胀宇宙理论，我们得先提出一个能够在无穷多个宇宙间进行比较的机制——这一点目前还没有做到。但是，更多的实际研究者认为，如果宇宙微波背景辐射数据不是图3.4中的样子，那么他们对暴胀宇宙的信心就会一落千丈，虽然根据暴胀理论，暴胀多重宇宙之中总会存在一个符合这些数据的泡泡宇宙。

就是这样认为的），那么基于弦论的各种多重宇宙就会化为泡影。相反，如果我们在宇宙微波背景辐射中观测到泡泡宇宙碰撞所预言的图案，那么暴胀多重宇宙就能获得最直接的证据支持。正在粒子加速器上开展的实验如果真的发现了超对称粒子、能量丢失的信号和微型黑洞，就能为弦论和膜的多重宇宙提供有力的支持，而泡泡宇宙碰撞的证据也会为景观多重宇宙提供支持。如果我们探测到早期宇宙留下的引力波或者证明它们不存在，那么我们就会知道我们的宇宙属于暴胀宇宙或循环宇宙了。

量子力学的多世界表述导致了量子多重宇宙的诞生。不论量子力学方程目前多么值得信赖，但如果未来的研究证明这些方程还需要引入一些微小的修改才能符合更精细的数据，那么量子多重宇宙也就可以被排除在外了。对于放弃了线性特征（第8章的内容在很大程度上依赖这一点）的量子力学的修正版本也是如此。我们也说过，从原则上讲，量子多重宇宙也不是没有办法检验，不过这些实验的结果取决于艾弗雷特的多世界图景是否正确。我们现在没法开展这些实验，或许将来也不行，但这是因为实验的难度超乎想象，而非量子多重宇宙的某个固有特征排除了这种实验的可行性。

全息多重宇宙起源于已经被证实的广义相对论和量子力学，并且从弦论那里获得了最有力的理论支持。基于全息原理的计算已经在尝试与相对论重离子对撞机上的实验结果进行比对，而且所有迹象都表明未来这样的联系会变得越发稳固。有的人将全息多重宇宙当作纯粹的数学工具，有的人则将它当作全息现实的一个佐证。为了给出物理上的诠释，我们必须等待未来的实验和理论提供更确凿的证据。

虚拟多重宇宙的基础并不是某种理论框架，而是计算机运算能力的无限提高。虚拟多重宇宙的关键假设是，知觉并不需要由某种特定的物质（大脑）来承载，它其实是一系列特定的信息处理过程所呈现出的某种特征。这是一个颇具争议的假设，而且正反双方的激烈辩论仍在进行。未来关于大脑和意识本质的研究也许会让能思考的智能机器化为泡影，也许不会。显然有一种方法能够判断这种多重宇宙模型正确与否。如果有一天我们的后世子孙能够亲眼见证、虚拟访问或者融入一个栩栩如生的虚拟世界，那么这个问题在实践层面上就会得到圆满解决。

至少就理论而言，虚拟多重宇宙可以和终极多重宇宙的精简版（只包含所有基于可计算数学框架的宇宙）联系在一起。和完整版的终极多重宇宙不同，这个有限的精简版可以付诸实践，而不仅仅是一种信念。根据定义，虚拟多重宇宙背后的计算机用户（虚拟的也好，真实的也罢），他们都在模拟可计算的数学框架，因此，他们有能力产生这部分终极多重宇宙。

用实验和观测判断这些多重宇宙模型是否成立当然是一项长期工作，但这项工作并非难于登天。花费了巨额资金之后，如果科学理论研究自然而然地引领我们探索多重宇宙，我们就必须沿着这条线索继续走下去，看看它究竟通往何方。

多重宇宙会如何影响科学的解释力

有时，科学很注重细节。科学告诉我们为什么行星的轨道是椭圆形，为什么天空是蓝色的，为什么水是透明的，为什么我们的桌子是固体。

这些事实在我们看来是如此熟悉，但我们能够回答这些问题也的确显得妙不可言。有时，科学也需要大局观。科学揭示了我们生活在一个由几千亿颗恒星组成的巨大星系里，科学证明我们的星系也不过是千亿个星系中的一员，科学证据表明广阔宇宙空间的每个角落和缝隙都充满了看不见的暗能量。回望100年前，那时我们还以为整个宇宙都是静止的，其中只有一个孤零零的银河系。科学在这100年中描绘了一幅波澜壮阔的图景，着实可喜可贺。

有时，科学也会另有所图。有时，它会挑战我们的既有观念，让我们重新审视自己的科学观。数百年来，通常的科学体系都是这样工作的。描述一个物理系统时，物理学家需要经过三个步骤。我们已经在各种场合见过这三个步骤，现在不妨把它们连在一起。第一个步骤就是确定那些描述相应物理定律的数学方程（例如牛顿的几个运动定律、电磁学中的麦克斯韦方程组、量子力学中的薛定谔方程）。第二个步骤就是确定数学方程中出现的所有常数的取值（例如决定引力固有强度的常数、决定电磁力固有强度的常数以及决定基本粒子质量的常数）。第三个步骤就是确定系统的"初始条件"（例如，从本垒击出的瞬间，棒球所具有的速度以及飞行方向，或者电子的初始状态是各有50%的概率分别在格兰特墓和草莓园中出现）。有了这三个步骤，数学方程就可以推演未来任意时刻将会发生什么事情。经典物理学和量子物理都服从这种架构，但它们的区别在于经典物理力图阐明某个时刻必然会发生什么事情，而量子物理只给出各种可能事件发生的概率有多大。

如果要预言棒球会落到哪里或者预言一个电子如何在计算机芯片中（或者在一个曼哈顿模型中）运动，"三步走"的方法屡试不爽。但是如果要描绘整个现实的面貌，这三个步骤就要求我们提出一些更深刻的问题。我们能解释为什么会有这样的初始条件（也就是事物在某个所谓的最初时刻的状态）吗？我们能解释为什么物理定律中的那些常数（如粒子质量、力的强度等）会有这样的取值吗？我们能解释为什么某套特定的数学方程能够描述物理宇宙的某些方面吗？

我们所讨论的每种多重宇宙模型都有潜力彻底改变我们对这些问题的思考。在百衲被多重宇宙中，不同宇宙所服从的物理定律都是一样的，但是粒子的排列组合方式各不相同。现在的粒子排列组合之所以不同是因为过去的初始条件不同。于是，在这种多重宇宙里，我们对宇宙初始条件为何如此这般的疑问就发生了改变。不同宇宙的初始条件可以不同，而且确实会有所差别，所以，对于某种特定排列组合，也就不存在什么更基本的解释。寻求这种基本解释的行为本身就是错误的，这是在用单一宇宙的心态思考多重宇宙问题。我们应该问的是，在多重宇宙中是否存在一个宇宙，它的粒子排列方式与我们宇宙的粒子排列方式相同，因而初始条件也和我们宇宙的初始条件相同？我们能证明这样的宇宙数量众多吗？如果是这样的话，你只要耸耸肩就能回答有关初始条件的深层问题。因为在这个多重宇宙里，我们这个宇宙的初始条件也许根本就不用解释，就像纽约市里总有一家鞋店出售的鞋子刚好能配上你的脚一样。

在暴胀多重宇宙里，不同泡泡宇宙中的自然"常数"也可以各不相同，而且确实各不相同。回忆一下第3章的内容，你就知道环境条件不同（每个泡泡中充斥的希格斯场的取值不同）时，得出的粒子质量和力场特性也不同。膜的多重宇宙、循环多重宇宙和景观多重宇宙的情形也是类似的。其中，弦论额外维度的形状各异，场和通量千姿百态，都会导致不同宇宙的特征各有不同——从电子质量的大小到电子是否存在，从电磁力的强弱再到电磁力是否存在，还有宇宙学常数的取值，等等。在多重宇宙的背景下，如果还要为测得的粒子和场的特性寻求更基本的解释，我们就会再次犯错，因为这还是单一宇宙的思维。我们应该问的是：在这些多重宇宙中，是否存在一个物理特性与我们相同的宇宙？最好我们能证明这样的宇宙数目众多，或者至少在适合我们所知的生命的宇宙中占有很大的比例。但是，就好比问为什么莎士比亚用那个字眼描写麦克白，这个问题毫无意义。为什么方程中有关特定宇宙属性的常数会等于我们宇宙中的这个测量值，这个问题也是毫无意义的。

虚拟多重宇宙和终极多重宇宙则完全是另外一回事，它们并非源于某个特定的物理理论。但是，它们同样具备改变问题本质的潜力。在这两种多重宇宙里，各个宇宙所服从的数学法则截然不同。因此，就像初始条件和自然常数一样，数学法则的差异性表明，为我们的宇宙为何服从其中某些特定法则的问题寻找答案也是错误的。不同的宇宙服从不同的法则，我们受制于某些法则，也仅仅是因为它们允许人类存在。

总之，我们发现标准科学架构中的三个主要步骤在单一宇宙的设定中显得神秘莫测，在表11.1罗列的多重宇宙模型中就显得平淡无奇了。在各式各样的多重宇宙中，初始条件、自然常数以及数学法则都不再需要任何解释！

我们应该相信数学吗

诺贝尔物理学奖得主史蒂芬·温伯格曾经这样写道："我们的错误不在于将理论看得过于认真，而在于看得还不够认真。我们总是弄不明白我们每天坐在桌前推演的这些数字和公式跟现实世界究竟有何关系。"[1]

温伯格指的是拉尔夫·阿尔珀、罗伯特·赫尔曼和乔治·伽莫夫关于宇宙微波背景辐射的开创性研究，我们在第3章中已经介绍过了。虽然这个预言是广义相对论与基本热力学结合后直接就能够得出的推论，但又过了几十年，人们才再次从理论上发现这个预言，又在机缘巧合之下进行观测之后，宇宙微波背景辐射才得以名声大噪。

诚然，温伯格的看法必须小心对待。尽管有太多已经证明与现实世界有关的数学方程是在他的桌子上得出的，但并不是说我们这样的理论物理匠人提出的每一个方程都能达到温伯格的水准。如果没有可靠的实验或者观测结果，就贸然判断哪个数学方程值得认真对待，科学就变成艺术了。

实际上，对于这本书中讨论过的所有多重宇宙，这个问题都非常重要。这一点已经在本书的书名中有所体现。表11.1中列出的各式各样的多重宇宙已经为我们呈现了隐藏的现实的全貌。但我之所以选择这样一个书名就是因为想反映多重宇宙背后那个绝无仅有而又威力无穷的主题：数学有能力揭示世间万物不为人知的真相。我们在过去几个世纪里所取得的成就早已突出了这一主题。正是在数学强有力的引领下，物理学才出现了一个又一个意义非凡的巨变。爱因斯坦的数学情结就是一个绝佳的例证。

19世纪中后期，麦克斯韦意识到光是一种电磁波。他的方程表明光速大约是30万千米/秒，这和实验测量的结果十分接近。美中不足的是，麦克斯韦方程遗留下一个未解之谜：30万千米/秒的速度是相对于谁而言的呢？为此，科学家提出一个权宜之计。他们假设空间中充斥着一种看不见的物质，也就是"以太"，用来充当那个无形的静止参照物。但是到了20世纪初，爱因斯坦提出科学家必须更认真地看待麦克斯韦方程组。如果麦克斯韦方程并没有提到绝对的静止参照物，那么就根本不需要引入绝对的静止参照物。爱因斯坦大胆宣称光速就是30万千米/秒，相对于任何物体都是如此。具体细节只有历史学家才会感兴趣，但我提起这段往事是为了强调一个更重要的问题：每个人都看到了麦克斯韦方程组背后的数学，但只有天才的爱因斯坦毫无保留地接受了它。从此，爱因斯坦大刀阔斧地提出了狭义相对论，颠覆了数百年来人们对空间、时间、物质和能量的理解。

在此后的10年里，爱因斯坦发展了广义相对论。此时，他已经精通多门数学理论，而那个年代的大多数物理学家对这些数学理论知之甚少，甚至一窍不通。当他摸索着写出最后的广义相对论方程时，爱因斯坦展示了宗师一般的数学技巧，将这些数学公式与物理直觉牢牢地融为一体。1919年的日食观测证实了广义相对论关于星光弯曲的预言。爱因斯坦得知这个消息时满怀信心地说，如果实验否定了他的预言，"他就会为亲爱的上帝感到遗憾，因为理论肯定是正确的"。当然，假如确凿的观测数据否定了广义相对论，爱因斯坦肯定会换一套说辞。不过，爱因斯坦的话生动地体现了如下事实：一套数学方程通过条理清晰的内在逻辑、自身的美妙以及广泛应用的潜力，似乎完全能够反映真正的现实。

尽管如此，爱因斯坦对他的数学方程的信赖也是有限度的。爱因斯坦并没有"足够认真地"看待他的广义相对论，因为他不相信这个理论预言的黑洞，也不相信它预言的宇宙膨胀。我们已经知道，包括弗里德曼、勒梅特和史瓦西在内的其他物理学家对爱因斯坦方程的态度比他本人更加虔诚，并且他们的成就为随后近一个世纪的宇宙探索指明了方向。相比之下，爱因斯坦将生命的最后几十年献给了数学研究，他满怀激情地为物理学的理论统一这个高尚目标而倾尽全力。根据我们现有的知识评价这些工作，我们不得不承认在这些年里，爱因斯坦对他身处的数学丛林过于执着了，甚至有的人会说他过于盲目。所以，爱因斯坦在他人生的很多时候都未能正确地判断哪个方程值得认真对待，而哪个方程不必郑重其事。

另一个例子是现代理论物理学的第三次革命，即量子力学。这个例子与我在本书之中讲过的故事有着直接的联系。1926年，薛定谔写下了一个关于量子波动如何演化的方程。几十年以来，人们一直认为这个方程只能描述诸如分子、原子和基本粒子之类的微观物体。但是在1957年，休·艾弗雷特三世接过了半个世纪以前爱因斯坦在麦克斯韦方程中扮演的角色：认真对待数学。艾弗雷特提出，薛定谔方程应该适用于一切事物，因为不论大小，所有物质都是由分子、原子和亚原子粒子构成的。我们已经知道，艾弗雷特据此提出了量子力学的多世界方法和量子多重宇宙。50多年过去了，我们仍然不知道艾弗雷特的方法究竟对不对。然而，完完整整、彻彻底底地认真看待量子论背后的数学，或许已经让他发现了科学研究中最为重要的一个启示。

数学已经紧紧地织入了现实的构造中，其他多重宇宙模型也同样基于这个信念。终极多重宇宙理论将这个信念推向了巅峰。按照终极多重宇宙论的观点，数学就是现实。不过，虽然数学和现实之间的联系看起来不那么直截了当，但表11.1中罗列的其他多重宇宙模型都起源于书桌前的物理学家所摆弄的常数和方程——他们将其记在了笔记里，抄在了黑板上，编进了程序里。无论是否引入广义相对论、量子力学、弦论或更广义的数学理论，我们之所以提出表11.1中的多重宇宙仅仅是因为我们假设数学推导能引领我们发现不为人知的真相。只有时间才能告诉我们这个假设对待数学的态度是过于认真还是不够认真。

爱因斯坦提出过一个著名的问题：宇宙是现在这个样子，是不是仅仅因为其他宇宙不可能存在？如果某些或者所有迫使我们考虑平行世界的数学被证明与现实世界有关，这个问题就有了一个明确的答案：非也！我们的宇宙并非唯一的可能。宇宙也可以是别的样子，而且其他宇宙确实具有截然不同的特征。反过来，寻找"世界为什么是现在这个样子"的本质解释就显得徒劳无益了。概率和巧合的概念会取而代之，并深深植根于我们对一个极为广袤的宇宙的认识中。

我不知道这是不是最后的结局。结局无人知晓。但是，只有勇敢面对我们的局限性，只有理性追求科学的理论（哪怕我们认真对待其中的数学时，有些理论会将我们引入完全陌生的领域），我们才有机会揭露现实世界被隐藏起来的那片广阔天地。

注 释

第1章 现实的边界

1. 可能是关于飘浮在高维区域中的一块板材的理论，可以追溯到苏联的两位著名物理学家罗巴可夫（V. A.Rubakov）和沙波什尼科夫（M. E. Shaposhnikov）发表在 *Physics Letters* B 125（May 26，1983：136）上的一篇论文"Do We Live Inside a Domain Wall?"，其中并没有讲到弦论。我在第5章中探讨的版本源于20世纪90年代中期的弦论进展。

第2章 魅影重重

1. 引自1933年3月刊的《文学文摘》（*The Literary Digest*）。值得一提的是，最近这则引文的准确性遭到丹麦科学史学家海力格·克拉夫（Helge Kragh）的质疑（参见他的 *Cosmology and Controversy*，Princeton：Princeton University Press，1999）。他提出，这可能是对《新闻周刊》（*Newsweek*）在那年之前的一篇报道的重新解读。在那篇报道中，爱因斯坦所指的是宇宙射线的起源。不过可以确定的是，爱因斯坦就在那一年放弃宇宙静止不变的信念，接受了从他原始的广义相对论方程中萌生的动态宇宙学。

2. 这个定律说的是，两个物体之间所产生的引力 F 由它们的质量 m_1 和 m_2 以及相互之间的距离 r 决定。从数学上讲，这个定律写作 $F=Gm_1m_2/r^2$，其中 G 表示牛顿引力常数（这个常数描述了引力的固有强度，需要由实验测定）。

3. 这条注释写给有数学功底的读者。爱因斯坦方程组是 $R_{\mu\nu}-\dfrac{1}{2}g_{\mu\nu}R=\dfrac{8\pi G}{C^4}T_{\mu\nu}$，

其中 $g_{\mu\nu}$ 是时空的度规，$R_{\mu\nu}$ 是里奇曲率张量，R 是标量曲率，G 是牛顿引力常数，$T_{\mu\nu}$ 是能量-动量张量。（这里的希腊字母 μ 和 ν 是变量的角标，由于时空的维度等于4，因此 μ 和 ν 的组合共有16种变化。由于交换 μ 和 ν 的顺序不影响结果，只有10个方程是相互独立的，因此后文说爱因斯坦方程一共有10个。——译注）

4. 在这次观测验证广义相对论后的几十年间，许多声音都在质疑其结果的可靠性。为了看到掠过太阳的遥远星光，这次观测必须在日食发生时进行。可惜，1919年观测那天天气不好，日食的照片很难拍清楚。问题在于爱丁顿和他的合作者是否事先知道自己想要什么结果，故而蒙上了偏见。他们剔除了一些在他们看来受天气影响而不太可靠的照片，也就扔掉了与爱因斯坦的理论不符合的数据。最近丹尼尔·肯尼菲克（Daniel Kennefick）对此进行了彻底的研究（不同于其他研究，这篇论文用现代方法对1919年拍摄的底片进行了重新评估），令人信服地证明了1919年对广义相对论的验证确实是可靠的。

5. 这条写给有数学功底的读者。正文中爱因斯坦的广义相对论方程组化简为 $\left(\dfrac{da/dt}{a}\right)^2 = \dfrac{8\pi G\rho}{3} - \dfrac{k}{a^2}$。变量 $a(t)$ 是宇宙的尺度因子。顾名思义，这个数的大小决定了物体之间的距离〔如果两个时刻对应的 $a(t)$ 的大小不同，比如相差一个2的因子，那么在这两个时刻任意两个星系的距离也会相差一个2的因子〕。G 是牛顿引力常数；ρ 是物质/能量的密度；k 是取值为1、0或-1的参数，分别代表空间的形状是球对称的、欧几里得的（"平坦的"）或双曲。方程的这类形式通常归功于亚历山大·弗里德曼，所以，称之为弗里德曼方程。

6. 有数学功底的读者必须注意以下两个问题。（1）在广义相对论中，我们通常使用的坐标系定义依赖空间中的物质：我们以星系作为坐标系的载体（就好比每一个星系都有一组特定的坐标系"涂"在上面，即所谓的共动坐标系）。因此，我们研究空间的某个特定区域时，通常将其中的物质作为参照系。更准确的表述是包含某个由 N 个星系组成的星系群的空间区域，其在 t_2 时刻的体积比在早前的 t_1 时刻的体积大。（2）一个从直觉上看来很合理的表述说空间膨胀或收缩时，物质和能量的密度就会发生变化。这句话其实已经对物质和能量状态方程做出了一个假设。我们很快就会遇到另外一些情况。当空间膨胀或收缩时，一种特定的能量分布密度（所谓的宇宙学常数的能量密度）仍旧保持不变。实际上还有一种更诡异的情况，当空间膨胀时，能量密度会变大。这种情况会发生，因为在特定条件下，引力可以成为能量的源泉。这段内容的重点在于广义相对论方程的原始形式并不容许存在一个静态的宇宙。

7. 我们很快就会看到爱因斯坦得知天文数据表明宇宙正在膨胀时就放弃了静态宇宙模型。不过，值得注意的是，爱因斯坦在看到数据之前就开始怀疑静态宇宙模型了。物理学家威廉姆·德希特告诉爱因斯坦静态宇宙模型是不稳定的：稍微拉大一点儿，它就会继续变大；稍微压小一点儿，它就会持续收缩。物理学家不能接受那种在绝对不受干扰的情况下才能存在的解。

8. 在大爆炸理论中，空间向外膨胀的过程很像一只球被人扔上了天：引力把朝上飞的球往下拉，于是就把球速减慢了；同理，引力把朝外飞的星系往回拉，就把它们的速度减慢了。在这两种情况下，如果想引发运动，就必须存在一种斥力。但是你又会问：你的手臂把球抛向天空，那又是什么东西把宇宙空间"抛"向外面呢？我们在第3章中会回到这个问题上。我们会看到现代宇宙学理论提出了一种短暂的爆发性的排斥性引力，它会在宇宙的早期发挥作用。我们还会看到更精确的观测数据表明空间的膨胀并没有随着时间变慢，这导致宇宙学常数神奇般地起死回生（后面的章节会详细介绍），具有重大的潜在意义。

空间膨胀的发现是现代宇宙学的一个转折点。除了哈勃的贡献之外，这还要归功于外斯多·斯莱弗（Vesto Slipher）、哈罗·沙普利（Harlow Shapley）和弥尔顿·赫马森（Milton Humason）的工作和远见卓识。

9. 二维环面通常被描述成一个空心的甜甜圈，通过两个步骤就可以证明这个图像符合正文中的描述。当我们说越过屏幕右边又会把你带到左边时，就相当于让屏幕的右侧边缘等价于它的左侧边缘。如果屏幕有弹性的话（比如由很薄的塑料做成），这件事就很好办，可以把屏幕卷成圆柱的形状，然后用胶带把两条边粘起来。当我们说越过屏幕上边又会把你带到下边时，也相当于让上下两条边等价。只要1秒就可以演示这个效果，我们可以把圆柱体掰弯，再把上下两条边用胶带粘起来，最后的形状很像甜甜圈。这种处理会造成一种误解，认为甜甜圈的表面看起来是弯曲的。如果在甜甜圈上面涂上一层反光物质，你就会看到自己扭曲的倒影。这是因为我们人为地把甜甜圈表示成了三维环境中的物体。作为一个本质上的二维面，环面并没有弯曲。环面是平坦的。很明显，电子游戏屏幕所代表的环面就是平坦的。这就是为什么在正文中我把重点放在它的两对边等价的根本问题上。

10. 有数学功底的读者会注意到，我说的特定的切削操作是指取单连通覆盖空间与不同的离散等距群的商。

11. 正文提到的数据来自现有的观测结果。在早期宇宙中，临界密度比现在的大。

12. 如果宇宙是静态的，那么在宇宙中传播了137亿年后刚刚被我们接收的光确实是从距我们137亿光年的地方发出的。在膨胀的宇宙中，发光天体会在光传播的上百亿年间中不断退行。当我们接收到那束光时，天体早已远去——远的不是一星半点儿，超过了137亿光年的距离。通过广义相对论可以直接算出此时的天体（假设它还在且一直随着空间膨胀）大约距我们410亿光年。这就表明当我们向宇宙深处极目远望时，理论上我们能看到现在距我们约410亿光年的光源。从这个角度讲，可见宇宙的直径大约是820亿光年。更远的天体发出的光还没来得及传到地球，所以它们位于我们的宇宙视界之外。

13. 粗略地说，你可以设想，根据量子力学，粒子无时无刻不经历着我喜欢称作"量子抖动"的过程：一种不可避免的随机的量子振动，使得粒子所谓的确切位置和速度（动量）变得不那么确切。从这个角度讲，如果位置/速度的变化小得跟量子抖动不相上下，就会淹没在量子力学的"噪声"中，变得没有意义了。

确切地说，如果你将位置测量的不精确度乘以动量测量的不精确度，得到的结果——不确定性总是会大于一个叫作普朗克常数的数值。马克斯·普朗克是量子物理学的先驱之一。特别值得一提的是，这说明如果想精确测量一个粒子的位置（位置测量的不确定度很小），就必然会使动量以及能量测量带有很大的不精确度。既然能量总是有限的，位置测量的分辨率也肯定是有限的。

还要注意的是，我们总是将这些概念用在一个有限的空间区域中，通常用在现在的宇宙视界上（在下一章会谈到）。如果一个区域的大小是有限的，那么无论它的体积有多大，其位置测量的不确定性就存在一个上限。假设一个粒子处于这个区域之中，那么粒子位置的不确定性当然就不会超过区域本身的大小。根据不确定性原理，这种位置的不确定性的上限就会导致动量测量的不确定性存在一个下限。也就是说，动量测量的分辨率是有限的。加上位置测量的有限分辨率，我们就将粒子的位置和速度可能存在的原本无穷多的搭配变成了有限多个。

也许你还是想知道测量粒子位置的装置的精确度为什么不会越来越高，困难究竟在哪里？困难仍然在于能量不能过高。就像正文中说的，如果你想不断提高粒子位置测量的精确度，就得先提高探针的精度。为了测量苍蝇在不在房间里，你可以打开一束普通的发散的光。为了测量一个电子在不在空腔里，你得用一束很细的激光脉冲来照射它。而为了不断提高电子位置测量的精度，你必须先提高激光脉冲的能量。现在将一束能量越来越高的激光打在电子上，同时对电子的速度施加越来越强烈的扰动。所以，底线就是为了提高粒子位置测量的精度，就要付出粒子的速度发生巨大变化的代价，而且粒子的能量会发生巨大的变化。如果粒子的能量存在一个上限（一般总是会存在），它们的位置测量就不可能无限精确，也存在一个上限。

所以，有限空间中的有限能量使得位置和速度测量的分辨率都是有限的。

14. 得到这个结果最直接的方法是引入我在第9章中介绍的非技术性术语：黑洞的熵——可区分的量子态数量的对数，正比于以普朗克长度的平方计算的黑洞表面积。填满宇宙视界的黑洞半径约为 10^{28} 厘米，大约是 10^{61} 个普朗克长度。因此，这个黑洞的熵约为 10^{122} 普朗克长度的平方，可区分的量子态的总数大约是 10 的 10^{122} 次方或 $10^{10^{122}}$。

15. 也许你会问，为什么我没有把场也考虑在内？我们将会看到，粒子和场是互补的语言。就好比用组成海水的水分子来描述海洋一样，我们可以用组成场的粒子来描述一个场。适当选取粒子或场的语言可以带来很大的便利。

16. 光在给定时间内能够传播的距离与空间膨胀的速率有密切关系。在后面的章节中，我们会讲到有观测证据表明空间膨胀的速率正在增大。果真如此的话，无论我们等多久，光在空间中能传播多远都会存在一个上限。空间的遥远区域会以极快的速度离我们远去，以至于我们发出的光追不上它们。同理，它们发出的光也追不上我们。这就意味着宇宙视界（我们能交换光信号的那部分空间）不会无止境地变大。（有数学功底的读者可参照第6章注释7中的基本公式。）

17. 伊利斯和邦德里特研究了经典无穷大宇宙中的重复世界问题；伽里噶和维连金研究了重复世界的量子版本。

第3章 永恒和无穷

1. 迪克的想法跟先前的研究有一点不同，他研究的是一种振荡宇宙的可能性，这种宇宙不断重复一组循环：大爆炸—膨胀—收缩—大坍缩—新一轮大爆炸。在每一轮循环中，空间都会充满辐射的残留物。

2. 值得注意的是，虽然星系没有喷气式引擎，但除了随空间一起膨胀之外，它们还是会参与额外的运动。通常的原因是，星系之间存在大范围的引力，而且星系内部的气体云处于运动状态，后者会导致恒星的形成。这种运动叫作本动（peculiar motion），其幅度通常都很微小，研究宇宙学时可以放心地忽略它们。

3. 视界问题说起来很复杂，由于我对暴胀宇宙学的描述有点儿不标准，所以在此我再给有兴趣的读者讲一讲。首先，问题在于应考虑夜空中的两个区域相距甚远，从未进行过交流。具体说来，我们可以设想每个区域都存在一个观测者，他手持一台恒温器，可以对他那儿的温度进行调节。观测者都希望把两个区域的温度调成一样的。但由于观测者之间从未进行过交流，他们不知道该如何设置各自的恒温器。人们自然会想，既然100多亿年前观察者们曾经靠得很近，如果他们老早就进行过交流，两个区域的温度就可以被调成一样的，事情就好办了。然而如正文中所说，在标准的大爆炸理论中，这个理由说不通。现在我来说明详细的原因。在标准的大爆炸理论中，宇宙会发生膨胀，但由于引力的吸引作用，膨胀速率会随时间减小。就好比你向空中扔出一只球。在上升的过程中，球会迅速离你而去，但由于地球的引力把它往下拽，球速会稳步减小。空间膨胀的减速会产生一个重要的影响，我还是用扔出的球来解释其中的基本原理。想象一只球向上运动了6秒。因为它（刚离开你的手时）的初始速度很大，只花2秒就跑完了一半路程，但由于速度在不断减小，完成剩下的一半路程还要再花4秒。因此，时间过了一半，也就是3秒时，球的位置高于距离的中点。同理，空间的膨胀速度会随时间减小。当宇宙的年龄等于现在的一半时，我们说的那两个观测者之间的间隔会比他们目前的间隔的一半还要大。想想这意味着什么。两个观测者确实靠得更近了，但他们之间进行交流的难度更大，而不是更小了。一个观测者发出的信号只有一半的时间可以传到对方那里，但所要走过的距离比今天所要走过距离的一半远。分出一半时间，却要跨越超过现在一半的距离，交流就变得越发困难。

因此，物体之间的距离只是考虑他们相互影响的能力的一个方面，另一个重要方面是大爆炸发生后有多少时间能让那些影响传播出去。在标准的大爆炸理论中，尽管过去所有的一切都比现在靠得更近，但宇宙当时的膨胀速度也比现在大，按照百分比来说，留给相互之间施加影响的时间就更少了。

暴胀宇宙学提供的解决方案是，向宇宙最早的历史时期增加一个阶段，在那个阶段，空间的膨胀速度不会像向上扔出的球的速度一样逐渐减小。相反，空间刚开始膨胀时的速度很慢，然后持续不断地提高——膨胀会加速。基于我们刚刚提到过的同样的原因，暴胀进行到一半时，两个观测者之间的距离会小于他们在暴胀结束时距离的一半。于是，分出一半时间，让他们在小于一半距离的地方进行交流。这就说明时间越早，他们交流起来就越容易。一般而言，加速膨胀意味着时间越早，按照百分比来说，留给相互之间施加影响的时间就越多，而不是越少。这就能够使今天的遥远区域在宇宙早期得以自如地交流，于是就解释了为什么它们现在具有一样的温度。

相对于标准的大爆炸理论，加速膨胀导致空间的膨胀程度更大，所以两个区域在暴胀启动时的间隔远远小于标准大爆炸理论中相同时刻的间隔。在这两种理论中，早期宇宙的大小不同，这也可以等效地用来理解为什么在大爆炸理论中两个区域不可能进行交流，而在暴胀理论中就轻而易举地做到了。在宇宙诞生后的某个给定时刻，两个区域之间的距离越小，它们交换信息就越容易。

将膨胀方程仔细地用在宇宙任意早的时期（准确地说，要把空间想象成球形的），我们同样会发现两个区域在标准大爆炸理论中的初始分离速度大于暴胀模型中的速度。它们在标准大爆炸理论中的间隔变得比在暴胀理论中的间隔更远。从这个意义上讲，暴胀模型引入了这样一个阶段，不同区域在这个阶段的分离速度会小于通常的大爆炸理论中的分离速度。

描述暴胀宇宙学时，人们通常只强调传统理论所缺乏的宇宙膨胀速率的急剧增大，却忽视了速度变小的问题。这个差异取决于你要比较两种理论的哪些物理特征。在宇宙的甚早期，如果给定某个距离，你要比较这个距离上两个区域的运动轨迹，那么这些区域在暴胀理论中的分离速度远远高于标准的大爆炸理论中的分离速度。今天，暴胀理论中这些区域分开的距离也远远大于传统大爆炸理论中的距离。然而，如果你考虑的是今天某个特定距离上的两个区域（就像夜空中方向相反的两个地方，我们曾经提到过），我以前给出的表述就很重要。换句话说，给定宇宙甚早期的某个时刻，相对于没有暴胀，暴胀理论中的这些区域曾经靠得更近，分离的速度更小。暴胀的作用在于让宇宙开始时膨胀得更慢，然后以越来越快的速度将这些区域推开，以保证它们目前在夜空中的位置与标准大爆炸理论中的位置一致。

视界问题的完整解决方案需要涉及更多更详细的条件，包括暴胀开始的时刻以及后续的物理过程，例如宇宙微波背景辐射的产生。不过，以上讨论已经强调了加速膨胀和减速膨胀的本质区别。

4. 注意挤包装袋的时候，你已经增加了它的能量。由于质量和能量都能引起引力弯曲，重量增加的一部分原因就是能量的增加。但关键问题是，压强增加本身也会导致重量增加。（准确地说，我们必须假想在真空的空腔中进行这个"实验"，于是我们就不必考虑袋子周围的空气所产生的浮力了。）在日常生活中，重量的增加微不足道。可是，在天体物理学的范畴中，重量的增加变得很重要。实际上，它可以用来理解为什么恒星在特定的情况下必然会向内坍缩，形成黑洞。通常的恒星都处于平衡状态，恒星中心的核反应产生向外的压强，恒星的质量产生向内的引力。当恒星耗尽它的核燃料时，正压强减小，导致恒星发生收缩。恒星的各个部分靠得更近，所以引力会变得更大。要想避免进一步收缩，恒星就需要增大向外的压强（就像正文中的下一段说的，这个压强是正压强）。然而，更大的正压强本身又会产生更大的吸引性引力，于是更加需要强度更大的正压强。在特定情况下，这会导致一种螺旋不稳定性（spiraling instability），而恒星赖以抵抗向内的引力的压强——正压强会导致更加强烈的引力，于是一场彻底的引力坍缩就在所难免了。恒星会向内爆炸（implode），形成一个黑洞。

5. 我刚才介绍暴胀理论时，既没有解释为什么场的初始取值位于势能曲线的高处，也没有解释势能曲线为什么有这样的特殊形状。这是理论做出的假设。在暴胀的后续版本中，最著名的是安德烈·林德提出的混沌暴胀（chaotic inflation）。这种理论提出一种更"普通的"势能曲线（形状为抛物线，没有平台部分，这源自势能最简单的数学形式），也能引发暴胀。为了能够引发暴胀，暴胀场的初始取值也得位于这种势能曲线的高处。早期宇宙的环境极为炽热，应该会自动满足这个条件。

6. 为了某些勤奋好学的读者，我再强调一处细节。在暴胀宇宙学中，空间的快速膨胀必然导致大幅度的降温（相反，快速压缩空间就会导致温度飙升，几乎所有的东西都是如此）。但当暴胀停止时，暴胀场就会在势能曲线的最低点附近振荡，将能量转化为一锅粒子汤。这个过程叫作"再加热"，由此产生的粒子具有一定的动能，所以可以定义一个相应的温度。当空间经历更为普通的（非暴胀的）膨胀时，粒子的温度就会逐渐降低。不过重点在于暴胀场的均匀性为整个过程提供了均匀的环境，所以产物也是均匀的。

7. 阿兰·古斯意识到暴胀具有永恒的本性，保罗·斯坦哈特在几篇文章中用数学形式表述了这一想法，亚历山大·维连金将这一想法写成了最一般的形式。

8. 暴胀场的取值决定了空间中能量和负压的大小。能量越大，空间的膨胀速度就越大。空间的快速膨胀会对暴胀场本身施加反作用：空间膨胀得越快，暴胀场的取值就抖动得越剧烈。

9. 有一个问题你可能会想问，我们在第10章中还会遇到。当空间正在经历暴胀时，总能量会增加：一个包含暴胀场的空间的体积越大，总能量就越大。（如果空间无限大，能量也会无限大。这时，我们就得讨论一个有限大小的空间区域中的能量如何随着区域增大而变化。）这自然而然会引出一个问题：这些能量从哪儿来？在香槟瓶的例子中，瓶中增加的能量来自你的肌肉。在膨胀的宇宙中，谁又在扮演肌肉的角色呢？答案是引力。正如你的肌肉（通过拔出瓶塞）增大了瓶内的空间，引力也会导致宇宙中的空间膨胀。致命之处在于，引力场的能量可以取任意的负值。考虑两个粒子在相互之间的引力作用下向对方跌落。引力诱使粒子越靠越近，越落越快。与此同时，粒子的动能越来越大。引力场为粒子提供了这么多正能量，是因为引力可以降低自己的能量储备，可以在这样的过程中变成任意的负值：粒子靠得越近，引力场的负能量就越泛滥（换句话说，为了克服引力，将两个粒子再次分开，你就得注入更多的正能量）。引力就像一个不设信用额度的银行，你可以从那里借到无穷无尽的钱。引力场可以提供无穷无尽的能量，因为它自己的负能量会越来越大。这就是暴胀的能源。

10. 我将使用"泡泡宇宙"一词，不过"口袋宇宙"（这个词是由古斯提出的）沉浸在暴胀场中的景象也不错。

11. 为了照顾有数学功底的读者，我们详细讲述一下图3.5中的横坐标。想象宇宙微波背景辐射光子刚开始自由传播时，空间中有一个二维球面。就像对待普通的二维球面一样，选用球极坐标系上的角度坐标能够较为方便地讨论问题。宇宙微波背景辐射的温度可以看作其中的角度坐标的函数，于是又能够以

标准的球谐函数 $Y_l^m(\alpha, f)$ 为基矢将其分解成傅里叶级数。图3.5中的纵坐标体现了展开项的系数大小——越往横轴的右边走，角度差就越小。若想知道技术细节，请看斯科特·都德尔逊（Scott Dodelson）的杰作《现代宇宙学》（*Modern Cosmology*）。

12. 确切地说，时间变慢并非由引力场本身的强度决定，而是由引力势能决定。例如，你跑到大质量恒星中心的一个空腔里，就根本不会感受到任何引力，但你仍然处于很深的引力势阱中。相对于远在恒星之外的人，你的时间变慢了。

13. 这个结果（以及密切相关的想法）是由很多研究者在不同的背景下发现的，其中进行过明确表述的有亚历山大·维连金、悉尼·科尔曼和弗兰克·德·卢西亚。

14. 回想一下讨论百衲被多重宇宙时，我们假设每一块碎布上的粒子排列都是随机出现的。根据百衲被多重宇宙和暴胀多重宇宙的关系，我们同样可以利用这个假设。泡泡宇宙形成于暴胀场取值变小的区域。与此同时，暴胀场包含的能量也转化成了物质粒子。这些粒子每时每刻的精确排列方式取决于转化过程中暴胀场的精确值。但由于暴胀场会遭受量子抖动，当它的取值变小时，又会产生随机的涨落，也就是产生图3.4中的偏热、偏冷区域的随机涨落。考虑泡泡宇宙中的一块碎布，这些抖动就会导致暴胀场的取值发生随机的量子涨落。于是，这种随机性就能保证最终物质粒子的分布也是随机的。这就是为什么我们认为正如我们现在所看到的宇宙，粒子的任何排列方式都会反复出现。

第4章　自然定律的统一

1. 感谢沃尔特·艾萨克森（Walter Isaacson）在这个问题以及很多其他与爱因斯坦有关的历史问题上对我提供的帮助。

2. 详细地说，格拉肖、萨拉姆和温伯格的理论说明电磁力和弱核力是一种复合而成的电弱力的不同方面，20世纪70年代末80年代初的加速器实验证实了这个理论。格拉肖和乔治进一步指出电弱力和强核力也是一种更基本的作用力的不同方面，这种理论叫作大统一理论。（这里的大统一理论特指将引力以外可以被量子场论描述的电磁力、弱力、强力三种作用力统一起来的理论。而弦论的目标是统一所有的作用力。——译注）但是，大统一理论最简单的版本已经被否定了，因为科学家没有观察到其中一个预言的现象，即质子很容易发生衰变。虽然如此，但大统一理论还有很多版本没有被实验否定。比如，某些版本预言质子的衰变速度非常慢，而现有的实验灵敏度不够，没有办法探测到质子衰变。尽管大统一理论还未被数据证实，但人们确信3种引力之外的作用力都能够用同一种量子场论的数学语言来描述。

3. 弦论的发现也衍生出许多紧密相关的理论方法，这些方法都在寻找自然力的统一理论。超对称量子场论（supersymmetric quantum field theory）及其在引力问题上的推广（即超引力）在20世纪70年代中期广受人们的追捧。超对称量子场论和超引力基于一个名为超对称的新原理，这个原理是在弦论中发现的，不过也适用于传统的点粒子理论。我们将在这一章的后续部分简要提到超对称。但我想提醒一下有数学功底的读者，在一个非平庸的基本粒子理论中，超对称是最后一个可用的对称性。（以前还有转动对称性、平移对称性、洛伦兹对称性以及更具一般性的庞加莱对称性。）超对称将量子自旋不同的粒子联系起来，为传播作用力的粒子和组成物质的粒子找到了深刻的数学亲缘关系。超引力将超对称原理推广到引力之中。在弦论研究的早期阶段，科学家从弦论的低能量分析中发现了超对称和超引力的框架。在低能量的范围内，弦的结构基本上可以被忽略，看起来像一个点粒子。我们将在这一章中提到，当考虑低能量的过程时，弦论的数学形式会相应地变换为量子场论的样子。科学家发现这种变换不会影响超对称和引力，从低能量的弦论可以得出超对称量子场论和超引力。我们将在第9章讲到，近年来超对称量子场论和弦论的联系越来越重要。

4. 见多识广的读者或许会对我说的任何一种场都对应一种粒子提出异议。所以，更准确的说法是，场在势能曲线局部极小值附近的微小涨落通常可以看作粒子的激发。对于我们要讨论的问题，这种说法已经够用了。见多识广的读者还会发现把粒子局限在一个点本身就是一种理想化的情况，因为如果这样的话，根据不确定性原理，这个粒子就需要拥有无穷大的能量和动量。于是精髓在于量子场论原则上不限定粒子究竟可以局限在多小的范围内。

5. 从历史上看，为了应对量子场在小尺度上（高能量时）的剧烈抖动所导致的无穷大问题，一种名为重整化（renormalization）的数学技巧应运而生。当人们把重整化用在3种非引力的量子场论中时，很多计算中的无穷大结果消失了，物理学家又可以得出无比精确的预言了。然而，重整化并不能对付引力场的量子抖动：计算引力场的量子行为时，这种方法并不能消除无穷大。

从更加现代的视角来看，这些无穷大的结果并不能一视同仁。物理学家已经意识到，在通往更深层自然法则的道路上，明智的选择是将所有的理论当作暂时的过渡（provisional），而且这些理论都只能描述一定尺度之上（或者说一定能量标度之上）的物理现象，如果理论和这些现象相关的话。超出这个范围的物理现象无法被相应的理论所描述。根据这种观点，我们不能一味蛮干，试图把理论扩展到其适用范围之外的更小尺度（或者更高的能量）上。于是，由于理论本身止步于某个范围（正如正文中所说的那样），无穷大的结果就不会产生了。计算的有效性受到理论的限制，而理论的适用范围从一开始就定好了。这就说明我们只能对理论适用范围内的物理现象做出预言——理论在非常小的尺度（或者说非常高的能量）上毫无意义。我们的终极目标是找到一个完备的量子引力理论，它能跳出本身的限制，在任何尺度上都能做出定量的预言。

6. 为了领会这些特定的数目从何而来，请注意量子力学认为每一个粒子都伴随着一种波（见第8章），粒子的质量越大，相应的波长（相邻两个波峰之间的距离）就越短。爱因斯坦为每一种物体都量身定制了一个长度——物体被压缩到这个尺码以下时就会变成黑洞。物体的质量越大，这个尺码就越大。于是，想象一个由量子力学描述的粒子逐渐增加它的质量，于是粒子的量子波长会越变越短，而它的"黑洞尺码"会越变越大。达到某个质量时，量子波长就会等于黑洞尺码。这就为物体的质量和尺码设立了一个界限，此时的量子力学和广义相对论效应都很重要。将这个思维实验定量化，我们就得到了正文中出现的质量和长度——普朗克质量和普朗克长度。透露一下，我会在第9章中讲到全息原理。这个原理可用广义相对论和黑洞物理学证明，一定体积的空间所包含的物理自由度数目存在一个特定的上限（第2章中的讨论更详细，即在一定体积的空间中，粒子的不同排列方式是有限的；亦见第2章的注释14。）如果这个理论是正确的，那么在距离还没那么小、时空弯曲程度还没那么大的时候，广义相对论和量子力学的矛盾就会显现出来。如果体积足够大，即使其中包含的粒子只形成了低密度的气体，量子场论所预言的自由度数目也会超过全息原理的限定（后者依赖广义相对论）。

7. 在量子力学中，自旋是一个很复杂的概念。在量子场论中，粒子都被看成一个点，很难看出自旋究竟代表什么。实际上，实验表明粒子拥有一种内在的性质，对应一种角动量的不变量。量子理论认为实验也证实了这一点，粒子角动量的大小必须是一个基本量（普朗克常数除以2）的整数倍。由于经典物体进行自转时具有一种内禀的角动量（但是这种角动量不是恒定的，它会随着自转速度而变化），理论家就借用"自旋"的名字并将其用在类似的量子情况下，所以它的全称是"自旋角动量"，可以合理地将其想象为"像陀螺一样自旋"。更准确的想法是，设想粒子不仅可以由质量、电荷、力荷所定义，而且可以由它们携带的不变的内禀自旋角动量所定义。我们将粒子的电荷看作一种基本定义的特征，实验证明自旋角动量也是如此。

8. 回想一下，广义相对论和量子力学存在冲突，是因为引力场产生的剧烈量子抖动撼动了时空，传统的数学方法因此而失效。量子不确定性告诉我们，要考察的空间尺度越小，其中的量子抖动就越剧烈（这也就是为什么我们在日常生活中没有观察到量子抖动）。计算表明，在普朗克尺度以下，抖动会变得更加狂暴，数学计算陷入一片混乱（考察的空间距离越短，抖动的能量就越高）。由于量子场论把粒子描述成没有大小的点，这些粒子能够探测的距离可以无限小，于是粒子受到的量子抖动就可以无限大。弦论改变了这种状况。弦不是一个点，而是占据了一定的空间范围。由于一根弦不可能探测比自身还小的距离，所以即使从原则上看，弦可以探测的距离也存在一个下限。于是，探测距离的下限对应于一个抖动能量的上限。这种上限很管用，恣意妄为的数学计算变得容易驯服，弦论便能将量子力学和广义相对论合而为一。

9. 如果一个物体真的只有一个维度，我们就没法直接看到它，因为它没有可以反光的表面，也没有办法通过原子跃迁产生光子。所以，当我在正文中说"看到"时，所指代的是任何可以证明一个物体存在一定空间范围的观测或实验。关键在于，如果一个东西的空间范围比实验的分辨率还要小，你的实验就无法觉察它的存在。

10.《爱因斯坦也不知道》（*What Einstein Never Knew*），美国新星（NOVA）公司出品的纪录片，1985年。

11. 确切地说，宇宙中与我们的存在联系最紧密的成分就会截然不同。由于常见的粒子和由粒子组成的物体（恒星、行星和人等）占不到宇宙质量的5%，这种破坏不会影响到宇宙的主体，至少从质量的大小上算是如此。但是，按照对生命的影响来算，这一变化非常重要。

12. 量子场论对这些内部参数施加了一些温和的限制。为了避免某类不可接受的物理行为的出现（违反重要的守恒定律、特定的变换对称性等），理论中的粒子所携带的电荷、力荷等就要受到一些限制。为了保证所有物理过程的不同结果对应的概率加起来等于1，粒子的质量也要受到一些限制。但即使有了这些限制，粒子的性质也还有很大的活动空间。

13. 有些研究者会强调说，尽管无论是量子场论还是我们现在所理解的弦论都不能解释粒子的性质，但在弦论中这个问题更加紧迫。原因有点儿复杂，但我可以为读者中的技术流略作介绍。在量子场论中，粒子的性质（确切地说也就是质量）由一些写入理论的方程中的数字决定。量子场论的方程允许这些数字发生变化，这在数学上的意思就是说量子场论没有把粒子的性质确定下来，而是将其作为输入信息。在弦论中，粒子质量的灵活性也具有类似的数学起源——方程允许特定的数字自由变化，但是这种灵活性的意义更加重要。自由变化的数字（换言之，这些数字变化时不消耗能量）对应于无质量粒子的存在。（借助第3章中的势能曲线，想象一条完全平坦的势能曲线形成一条水平线。正如在一片完全平坦的平原上漫步不会改变你的重力势能，改变这样一个场的取值也不消耗能量。由于粒子的质量对应于量子场势能曲线在极小值附近的弯曲程度，这种势能曲线对应的场量子就是无质量的。）在任何理论看来，无质量粒子的泛滥都是一个特别尴尬的问题，因为加速器和宇宙学观测数据都对粒子的性质施加了很大的限制。弦论要想站稳脚跟，让这些粒子拥有质量势在必行。近年来，许多人发现有些方法可以实现这一点，这些方法需要让通量（flux）穿过额外维度的卡拉比－丘形态的孔洞。我将在第5章中讨论其中一些进展。

14. 通过实验并非不可能得出对弦论非常不利的证据。弦论的结构保证了某些基本原理适用于一切物理现象，其中包括幺正性（unitarity，一个给定实验的所有可能结果的概率之和必须等于1）、局域洛伦兹不变性（local Lorentz invariance，狭义相对论在很小的空间范围内成立）以及学术性更强的特征，例如解析性（analyticity）和交叉对称性（crossing symmetry，粒子碰撞的结果必须取决于粒子的动量，而且必须遵循某类特定的数学形式）。如果有人发现（或许在大型强子对撞机上）实验证据违反了其中任何一条原理的话，将弦论和这些数据相匹配就变得非常具有挑战性。（另一项挑战在于如何将粒子物理学的标准模型与这些数据相匹配，因为标准模型也遵循这些原理，但是有一个隐含假设，即标准模型不能描述引力，所以就得让步于足够高能量标度的某些新物理机制。如果有数据违反了以上任何一条原理，那就说明新的物理机制并非弦论。）

15. 人们说到黑洞中心时通常都假设那是空间中的一个具体位置，但事实并非如此。黑洞中心其实是时间中的一个时刻。在物体穿过黑洞的事件视界以后，时间和空间（径向的方向）就互换了各自的角色。例如，你掉入一个黑洞，你的径向运动就代表时间的进程。所以，当你被拖向黑洞中心时，你就被拖向了下一时刻。从这个意义来说，黑洞的中心类似于时间的最后一刻。

16. 基于很多原因，熵成了一个物理学的关键概念。在我们讨论过的例子中，熵被当作一个诊断工具，用于检查弦论在黑洞问题上有没有遗漏关键的物理信息。如果遗漏了，那么从弦论算出的黑洞无序度就不再准确。事实上，不同计算方法得到的答案都与贝肯斯坦和霍金得到的结果完全吻合，说明弦论成功地抓住了基本的物理信息。这个结果非常鼓舞人心。关于更多细节，可参见《宇宙的琴弦》第13章。

17. 第一个暗示卡拉比-丘形态存在配对的预言首先由兰斯·迪克森提出，并由沃尔夫冈·莱尔切（Wolfgang Lerche）、尼古拉斯·华纳（Nicholas Warner）和卡姆朗·瓦法独立提出。我和洛南·普莱瑟（Ronen Plesser）合作发现了一种方法，得到了这种配对的第一个例子，称之为镜像对（mirror pairs），二者之间的关系称为镜像对称（mirror symmetry）。普莱瑟和我又证明，虽然关于其中一个形态的复杂计算包含看似令人束手无策的细节（如塞入卡拉比-丘形态的球体的数目），但这些计算又可以转化到它的镜像形态上去，于是计算变得简单多了。菲利普·坎德拉斯（Philip Candelas）、齐尼亚·德拉·奥萨（Xenia de la Ossa）、保罗·格林（Paul Green）和琳达·帕克斯（Linda Parkes）将这个想法付诸实践，他们发展出一种技巧，能够明确地评估普莱瑟和我提出的"复杂"公式和"简单"公式之间的等价关系。于是他们利用简单的公式，从复杂公式中提取出一些信息，包括正文中说的有多少方式可以向空间中塞入球。从那时起，镜像对称性就成了一个独立的研究领域，产生了许多重要结果。关于详细历史，参见丘成桐和史蒂夫·纳迪斯（Steve Nadis）的《大宇之形》（*The Shape of Inner Space*）。

18. 弦论声称自己能成功地融合量子力学和广义相对论，这一说法建立在大量计算的基础上。我们在第9章中提到的结果进一步支持了这一观点。

第5章　宇宙，咫尺之遥

1. 经典力学：$\vec{F}=m\vec{a}$。电磁学：$d^*F={}^*J$；$dF=0$。量子力学：$H\Psi=ih\dfrac{d\psi}{dt}$。广义相对论：$R_{\mu\nu}-\dfrac{1}{2}g_{\mu\nu}R=\dfrac{8\pi G}{C^4}T_{\mu\nu}$。

2. 这里我指的是精细结构常数（fine structure constant），$\alpha=e^2/hc$，（在电磁过程的典型能量下）其数值约等于1/137，大约是0.0073。

3. 威滕说，强耦合的 I 型弦理论可以变换为弱耦合的杂化-O 型弦理论，反之亦然；强耦合的 IIB 型弦理论可以变换为它自己的弱耦合理论。杂化-E 型和 IIA 型弦理论的情况略微复杂（参见《宇宙的琴弦》第12章），但是总体的图像是所有这些超弦理论形成了一张关系网。

4. 这条注释写给有数学功底的读者。一维弦的特殊之处在于描述弦运动的物理方程遵循一种无穷维对称群。也就是说，一根运动的弦扫过一个二维曲面，能够得出弦运动方程的作用量泛函也就构成了一种二维量子场论。在经典理论中，这种二维作用量是共形不变的（对二维曲面进行保角的尺度变换，作用量不变），而且向量子场论中引入一些限制条件（如弦在几维时空中运动，也就是时空的维度）之后，这种对称性仍然可以保留。对称变换对应的共形群有无穷多维，这一点至关重要，因为它能够保证弦运动的量子微扰分析在数学上是自洽的。比如说，在无穷维共形群的帮助下，原本具有负模（源自时空度规的时间分量前的负号）的弦的无穷多个激发态就被系统地"转"走了。关于更多细节，参阅 M. 格林、J. 施瓦茨和 E. 威滕的《超弦理论：第 1 卷》（*Superstring Theory* Vol.1）。

5. 正如许多重大发现一样，创建理论基础的人和确立理论意义的人同样值得赞颂。参与发现弦论中的膜的有迈克尔·达夫、保罗·浩（Paul Howe）、稻见武夫（Takeo Inami）、凯利·施戴勒（Kelly Stelle）、埃里克·博格舒埃夫（Eric Bergshoeff）、额尔金·斯奇金（Ergin Szegin）、保罗·汤森德、克里斯·哈尔、克里斯·蒲柏（Chris Pope）、约翰·施瓦茨、阿寿克·森、安德鲁·斯特罗明戈、柯蒂斯·卡兰（Curtis Callan）、乔·泡耳钦斯基、派特·霍拉瓦（Petr Hořava）、戴堇（J. Dai）、罗伯特·利（Robert Leigh）、赫尔曼·尼古拉（Hermann Nicolai）和伯纳德·德威特（Bernard DeWitt）。

6. 勤奋的读者或许会争辩说，暴胀多重宇宙也通过一种基本的方式与时间纠缠在了一起，毕竟我们泡泡的边界标志着我们宇宙的时间起点，在我们的泡泡之外意味着在我们的时间之外。虽然这一点完全正确，但我在这里要强调的东西更具一般性。到目前为止，我们提到的多重宇宙理论都基于对空间中基本物理过程的分析研究。在我们即将讲到的多重宇宙中，时间从一开始就是问题的核心。

7. 亚历山大·弗里德曼的著作 *The World as Space and Time*，1923 年在苏联出版。被 H. 克拉夫在 "Continual Fascination：The Oscillating Universe in Modern

Cosmology"中引用。见*Science in Context*第22期第4卷（2009），第587~612页。

8. 有一处关键细节很有趣，膜世界循环模型的作者为暗能量找到了一个非常实际的应用（第6章会详细介绍暗能量）。在每个循环的最后一个阶段，膜世界中存在暗能量与今天观测到的加速膨胀相符；反过来，加速膨胀又会稀释熵的密度，为下一轮宇宙循环化做好准备。

9. 高强度的通量也会让额外维度相应的卡拉比－丘形态变得不稳定。也就是说，这种通量会让卡拉比－丘形态变大，很快就会与额外维度不可见的标准产生矛盾。

第6章　老常数的新思考

1. 乔治·伽莫夫的*My World Line*（New York：Viking Adult, 1970）以及 J. C. 佩克尔（J. C. Pecker）的 Letter to the Editor（*Physics Today*，May 1990，第117页）。

2. 阿尔伯特·爱因斯坦的*The Meaning of Relativity*（Princeton：Princeton University Press，2004，第127页）。请注意，爱因斯坦使用的专有名词"宇宙学成员"现在称为"宇宙学常数"。为了便于表述清晰，我已经在文章中使用了这个替换词汇。

3. *The Collected Papers of Albert Einstein*（Princeton：Princeton University Press，1998，第316页）。

4. 当然，有些事情确实发生了变化。正如第3章的注释所说，除了随空间一起膨胀之外，星系一般还有一个额外的小速度。在宇宙学的时间尺度上，这些额外的运动能改变星系之间的位置关系，也会引发各种有趣的天体物理学事件，例如星系的碰撞和并合。然而在解释宇宙中的距离概念时，这些复杂因素毫无影响，可以忽略。

5. 这里有一个复杂因素，虽然它不影响我解释的基本思想，但它的确会在所述的科学分析中发挥作用。当一群光子从某个特定的超新星向我们传播时，光子的数密度会按照我说的方式不断减小。然而，它们还会遭受另外一种衰减作用。

在下一节中，我将介绍空间的拉伸如何导致光子的波长变长，同时光子的能量也会减少（我们将这种效应称作红移）。我们会解释说天文学家利用红移数据得出了光子发出时的宇宙大小——这是确定空间的膨胀如何随时间变化的一个重要步骤。但是光波的变长（即能量的衰减）会导致另一个影响：遥远的光源会变得更加暗淡。因此，为了在比较视亮度和固有亮度时正确地得出超新星的距离，天文学家不应该只考虑光子数密度的稀释效应（正如我在正文中描述的那样），还应该考虑红移引起的额外的能量衰减。（更精确地说，这个额外的衰减因子必须使用两次；第二个红移因子源于接收到光子的速率同样被宇宙的膨胀减小了。）

6. 确切地说，关于测到的距离的含义，第二个答案也可以理解为正确的。在地表膨胀的例子中，纽约、奥斯汀和洛杉矶彼此远离，但仍然占据着地球上的相同位置。城市之所以相互远离是因为地表在膨胀，而不是因为有人把它们挖出来放在货车上，然后运到一个新的站点。同样，因为导致星系相互远离的是宇宙的膨胀，星系仍然占据着原先的位置。你可以认为它们被缝在了空间的结构上。当空间的结构伸长时，星系就相互远离，但每个星系仍然被束缚在相同的位置上。所以，即使第二个和第三个答案看起来有所不同（前者侧重于现在的我们和亿万年前遥远星系的距离，我们现在观察到了超新星在那时发出的光；后者侧重于我们和星系当前位置之间的距离），但其实它们并没有什么不同。不管是现在还是几十亿年以前，遥远的星系都处于同一个空间位置。除非它穿过空间发生运动，而不是仅仅随着膨胀的空间运动，这样位置才会有所变化。从这个意义上说，第二个和第三个答案实际上是相同的。

7. 这里为有数学功底的读者介绍一下如何计算在 $t_{emitted}$ 时刻发出的光传播到如今（即 t_{now} 时刻）的距离。我们假设在时空中的空间部分是平坦的，所以度规可以写为 $ds^2 = c^2 dt^2 - a^2(t) ds^2$，其中 $a(t)$ 是宇宙在 t 时刻的尺度因子，c 是光速。我们正在使用的坐标系被称为随动坐标系。用这一章中的话来说，可以认为这种坐标是静态地图上的标记点。尺度因子相当于地图的图例。

光的轨迹的特点是，在沿着路径的方向上满足 $ds^2 = 0$（等价于光速始终是 c），这意味着 $|dx| = \dfrac{c\,dt}{a(t)}$，或在有限的时间间隔（如 t_{now} 和 $t_{emitted}$ 之间）时，

$\int |d\mathbf{x}| = \int_{t_{emitted}}^{t_{now}} \dfrac{c\,dt}{a(t)}$。这个等式的左边给出了光从发射时到现在在静态地图上传播的距离。为了将其转化为现实空间中的距离，我们必须用现在的尺度因子对公式进行修正。因此，光走过的总距离等于 $a(t_{now})\int_{t_{emitted}}^{t_{now}} \dfrac{c\,dt}{a(t)}$。如果空间没有拉伸，总的传播距离应该就是 $\int_{t_{emitted}}^{t_{now}} c\,dt = c(t_{now} - t_{emitted})$。计算光在膨胀宇宙中的传播距离时，我们看到光的每一段轨迹都需要乘以一个因子 $\dfrac{a(t_{now})}{a(t)}$，这是因为光经过某段路程以后，该段路程又被拉长了，直至今天。

8. 确切地说，约为 7.12×10^{-30} 克/厘米^3。

9. 转换过程为 7.12×10^{-30} 克/厘米^3＝（7.12×10^{-30} 克/厘米^3）×（4.6×10^4 普朗克质量/克）×（1.62×10^{-33} 厘米/普朗克长度）^{3}＝1.38×10^{-123} 普朗克质量/普朗克体积。

10. 对暴胀而言，我们考虑的排斥性引力是短暂而强烈的。这是因为暴胀场提供了巨大的能量和负压。然而，通过修改量子场的势能曲线，我们就能减少它的能量和负压的供给，从而得出一种温和的加速膨胀。此外，通过适当调整势能曲线，也可以延长这一加速膨胀的时期。我们解释超新星的数据时所需要的正是一个温和的长期加速膨胀过程。然而，在首次发现宇宙加速膨胀后的 10 多年间，宇宙学常数非零的微小取值仍然是最有说服力的解释。

11. 有数学功底的读者应注意，每个这样的抖动都会有一个与其波长成反比的能量贡献，将所有可能波长的能量贡献相加，将产生无限大的能量。

12. 这条注释写给有数学功底的读者。抵消的原因是超对称将玻色子（自旋为整数的粒子）和费米子（自旋为半整数的粒子）配对。玻色子是交换对易的，费米子是交换反对易的，所以它们的量子涨落的正负号是相反的。

13. 虽然科学界普遍认同改变我们宇宙的物理特征将不适宜我们所知的生命的存在，但有人认为这些适合生命存在的特征的分布范围或许比我们原先想象的更大。这些问题已在大量作品中有所体现，例如约翰·巴罗（John Barrow）、弗兰克·蒂帕勒（Frank Tipler）的 *The Anthropic Cosmological Principle*（New York：

Oxford University Press, 1986）、约翰·巴罗的 *The Constants of Nature*（New York：Pantheon Books,2003）、保罗·戴维斯（Paul Davies）的 *The Cosmic Jackpot*（New York：Houghton Mifflin Harcourt, 2007）、维克托·斯腾格（Victor Stenger）的 *Has Science Found God*（Amherst, N.Y.：Prometheus Books, 2003）以及其中提到的参考文献。

14. 基于前面几章内容所涉及的材料，你可能马上想到答案完全是肯定的。你说，想想百衲被多重宇宙，它具有无限大的空间区域，也包含无穷多个宇宙。但是你要小心。即使有宇宙有无穷多个，也并不代表宇宙学常数会有很多个不同的取值。例如，基本定律不容许宇宙学常数存在那么多个值，因此不管宇宙的数量是多少，只有少许可能的宇宙学常数可以存在。因此，我们所问的问题是：（a）是否存在一些能产生多重宇宙的候选物理定律；（b）产生的多重宇宙包含的宇宙是否远远超过 10^{124} 个；（c）定律是否确保在各个宇宙中的宇宙学常数的值各不相同。

15. 这四位科学家第一次充分证明选择合适的卡拉比-丘形态及穿过其中孔洞的通量，他们就可以构造出一些弦模型，它们具有取值很小的正宇宙学常数，与观测保持一致。随后，这个小组和胡安·马尔达希纳（Juan Maldacena）与利亚姆·麦卡利斯特（Liam McAllister）撰写了一篇极具影响力的论文，讨论如何将暴胀宇宙与弦论结合起来。

16. 更确切地说，这个多山的地形会占据大约500维的空间，其中的独立方向（即坐标轴）对应于不同的场通量。图6.4只是一个粗略的图形描述，但反映了额外维度的各种不同形式之间的关系。此外，物理学家谈到弦景观时会普遍设想，除了可能的通量取值之外，多山的地形还会包括大小和形状不同的所有可能的（不同的拓扑结构和几何结构）额外维度。泡泡宇宙会自然地停留在弦景观中的山谷（具有特定的额外维度形式和穿过其中的通量）中，就像小球会停留在真正的山地中一样。从数学上讲，山谷是与额外维度的能量相关的势能（局域的）极小值。在经典力学看来，一旦泡泡宇宙获得一个与山谷对应的额外维度的形式，这个特征就不会再变化。但是在量子力学看来，我们会发现隧穿事件可能会导致额外维度的形式发生改变。

17. 根据量子力学的计算，借助量子隧穿，也有可能到达一座更高的山峰，但可能性非常小。

第7章　科学和多重宇宙

1. 泡泡在碰撞前的膨胀时间决定了随后的碰撞会造成多大影响以及产生多大混乱。这样的碰撞也产生了一个与时间有关的有趣问题，这让人想起第3章中特雷克希和诺顿的例子。当两个泡泡发生碰撞时，它们的外缘（那里的暴胀场的能量较高）发生接触。在任何一个碰撞泡泡内的任何人看来，暴胀场的高能量取值对应于时间的较早时刻，也就是接近那个泡泡的大爆炸时刻。因此，泡泡碰撞的地方也就是每个内部宇宙产生的时刻，这就是为什么碰撞产生的涟漪会影响另一个宇宙的早期过程，影响宇宙微波背景辐射的形成。

2. 我们将在第8章中更系统地介绍量子力学。我们将看到，我所说的"游弋在日常现实的舞台之外"可以从许多层面上得到解释。这里我要表达的是概念上最简单的解释：量子力学的方程组假定概率波一般并不存在于通常意义下的空间维度中。概率波所驻留的各种环境不仅包括日常的空间维度，而且包括所描述的粒子的数量。这叫作位形空间（configuration space），我会在第8章的注释4中向有数学功底的读者解释。

3. 如果我们所观察到的空间的加速膨胀不是永久性的，那么在未来的某一时刻，空间的膨胀速度将会放缓。这种放缓将导致现在已经超出我们的宇宙视界的物体发出的光可以到达我们这里。此时，我们的宇宙视界也会变大。于是提出现在处于我们的视界之外的区域并不真正存在的观点就更加奇怪了，因为将来我们会有机会观察到那些区域。（你可以回顾一下第2章末，我说过图2.1所示的宇宙视界将随着时间的推移而变大。对一个空间没有加速膨胀的宇宙来说，的确如此。然而，如果空间正在加速膨胀，那么无论等待多久，我们永远不可能看到视界之外的区域。在一个加速宇宙中，宇宙的视界不可能超过根据加速率计算得出的一个范围。）

4. 关于特定多重宇宙中的所有宇宙都具有的一个物理特征，这里有一个具体的实例。在第2章中，我们说过当前数据强烈认为空间的曲率是零。然而，基于某些数学技术方面的原因，计算表明暴胀多重宇宙中的所有泡泡宇宙都具有负的曲率。粗略地讲，空间的形状〔由图3.8（b）中数值相同的区域连接而成〕被大小相同的暴胀值清除了，看起来更像薯片而不是平坦的桌面。即便如此，暴胀多重宇宙仍然与观察相符，因为任何形状膨胀时其曲率都会减小。弹珠的曲率很明显，而几千年来地表的曲率则被人们忽视了。如果我们的泡泡宇宙经历了规模足够大的膨胀，它的负曲率就可能变得非常小，以至于今天的测量无法将它与零区分开。这就产生了一个潜在的检验机会。本·弗莱沃戈尔、马修·克莱班、M. 罗德里格斯·马丁内斯（M. Rodríguez Martínez）和伦纳德·萨斯坎德指出〔参见 Observational Consequences of a Landscape, *Journal of High Energy Physics* 0603，039（2006）〕，如果未来更精确的观测发现空间的曲率虽然很小，但它是正的，就会成为反对我们是暴胀多重宇宙的一部分的证据。如果测到的正曲率达到10^{-5}，这就会成为强烈反对弦景观中存在量子隧穿跃迁（参见第6章）的理由。

5. 推动这一论题的众多宇宙学家和弦理论家包括阿兰·古斯、安德烈·林德、亚历山大·维连金、饶姆·伽里噶、丹·佩奇（Don Page）、谢尔盖·威尼茨基（Sergei Winitzki）、理查德·伊斯特（Richard Easther）、尤金·里姆（Eugene Lim）、马修·马丁（Matthew Martin）、米迦勒·道格拉斯（Michael Douglas）、弗里德里奇·德内夫（Frederik Denef）、拉斐尔·布索、本·弗莱沃戈尔、杨益升（I-Sheng Yang）、迪莉娅·施瓦茨－佩尔洛夫（Delia Schwartz-Perlov）以及其他一些学者。

6. 一个重要的注意事项是，虽然我们可以可靠地推导出几个常数适度变化所产生的影响，但是大量常数的更为显著的变化会使这项工作变得更加困难。但至少存在这样的可能，各种自然常数的显著变化抵消了彼此的影响，或以一种新颖的方式共同起作用，从而适于我们所知的生命存在。

7. 更精确一点儿说，如果宇宙学常数是负的，但它足够小，坍缩的持续时间就会很长，足以让星系形成。为简单起见，我忽略了这种微妙的情况。

8. 另一值得注意的要点是，我所描述的计算并没有选取特定的多重宇宙。相反，温伯格和他的合作者设定了一个物理特征可以变化的多重宇宙，并计算了其中每个宇宙中的星系含量。一个宇宙包含的星系越多，当计算典型的观测者观察到的特征的平均值时，温伯格及其合作者给它的属性分配的权重也就越大。但因为他们没有针对一个基本的多重宇宙理论，他们的计算就必然无法得出在多重宇宙中发现具有某种属性的宇宙的概率（这是我们在前一节中讨论过的概率问题）。具有一定大小的宇宙学常数和原初涨落的宇宙可能更适于星系的形成，但如果在某个特定的多重宇宙中这样的宇宙很少产生，那么我们就非常不可能发现自己身处这样的宇宙中。

为了便于计算，温伯格和他的合作者提出，因为他们考虑的宇宙学常数的取值范围很狭小（介于0和大约10^{-120}之间），特定的多重宇宙中存在这类宇宙的固有概率不可能相差很大，就好像你遇到体重为29.99997千克的狗和体重为29.99999千克的狗的概率也不相差很大。因此，他们认为在适于星系形成的狭小范围内每个宇宙学常数的取值都会以相同的固有概率出现。由于我们对多重宇宙的形成只有基本的了解，这似乎是一个合理的尝试。但后续工作对这一假设的有效性提出了质疑，强调需要进一步开始完整的计算：选取一个确切的多重宇宙模型，并得出具有各种属性的宇宙的实际分布。人择推理自成一派的计算过程应该基于最低限度的假设，这是判断这种方法是否具有解释力的唯一途径。

9. "典型"的意义同样令人烦扰，因为这取决于它是如何定义和测量的。如果以孩子和汽车的数量作为标准，我们就能定义一类"典型的"美国家庭。如果我们用对物理学的兴趣、对歌剧的喜爱或对政治的热衷等不同标准来衡量"典型"，那么"典型的"美国家庭的特征就会发生变化。"典型的"美国家庭的道理很可能也适用于多重宇宙中"典型的"观测者：考虑除人口规模之外的其他特征会导致"典型"的概念发生变化。于是，这会影响到我们关于在宇宙中看到某种属性的概率的预言。真正有说服力的人择计算必须解决这个问题。或者，如正文中所言，这些分布需要有非常尖锐的峰值，存在生命的宇宙之间没有什么不同。

10. 关于元素无限多的集合的数学研究非常多，也相当成熟。有数学功底的读者可能对此较为熟悉。早在19世纪就有研究表明无穷大有不同的"大小"，更通俗地说，无穷大有不同的"级别"。也就是说，一个无穷大的数可能会大于另一个无穷大的数。包含所有整数的无穷大集合的级别叫作$\aleph_0$。乔治·康托（Georg Cantor）证明这个无穷大集合的元素个数要小于包含所有实数的无穷大集合。粗略地讲，如果你尝试将整数和实数配对，你必然先将整数配完。如果你考虑实数集合的所有子集的集合，无穷大的级别就会变得更大。

这样一来，在我们正文讨论的所有例子中，有关的无穷大为$\aleph_0$。我们着手的无穷大集合涉及的是离散的对象或"可数的"对象，即整数的不同集合。那么，从数学意义上说，所有的例子具有相同的大小，其中的元素总数具有相同的无穷大级别。然而我们不久就会发现，从物理上来说，这种结论不会特别有用。因为我们的目标是寻找一个基于物理动机的比较无穷多宇宙集合的方案，从中得出一个更精致的层次结构，并以此来衡量遍布多重宇宙的不同物理特性的相对比例。挑战这种结论的一个典型的物理方法是，先比较有关的无穷大集合的有限子集（因为在有限的情况下，所有令人费解的问题都消失了），然后让子集包含更多的元素，最终变成无穷大的集合。障碍在于如何找到一种物理上可检验的手段来挑选参与比较的有限子集，并且保证当子集逐渐增大时，这种比较仍然有效。

11. 暴胀理论在其他方面也获得了一些成功，其中包括磁单极子问题的解决。研究人员在尝试把除引力之外的其他三种力融合在一个统一的理论框架中时（被称为大统一理论）发现，数学推导的结果表明在大爆炸后产生了大量的磁单极子。这些粒子实际上就像一个只有北极而没有对应南极的磁棒（反之亦然）。但我们从未发现过这样的粒子。暴胀宇宙对没有发现磁单极子的解释是，大爆炸后空间发生短暂而剧烈的暴胀，稀释了磁单极子，导致现在它在我们的宇宙中的密度几乎为零。

12. 目前，人们对这会引起多大的挑战持有不同意见。有的人认为测度问题是一个棘手的技术问题，它一旦得以解决，将为暴胀宇宙提供一个重要的附加细节。有的人（如保罗·斯坦哈特）坚信，要想解决测度问题，就得跳出目前的暴胀宇宙数学公式，由此得出的结果应该理解为一个全新的宇宙理论。我的看法是测度问题已经触及位于物理学根基的深层次问题，可能需要对基本思路做出大幅度修改。虽然持相同观点的研究人员很少，但人数正在增加。

第8章　量子测量的多重世界

1. 艾弗雷特的1956年论文初稿和1957年删减版可以在 *The Many-Worlds Interpretation of Quantum Mechanics*（Princeton：Princeton University Press，1973）中找到。

2. 1998年1月27日，我与约翰·惠勒有过一次关于量子力学和广义相对论的对话，我本打算将其写进《宇宙的琴弦》一书中。惠勒指出，在完全进入科学圈之前，尤其对年轻的理论家而言，找到一种合适的语言来表达他们的结果非常重要。当时我只是把这些话当成了充满睿智的忠告。他可能是在同我这个表现出需要用普通的语言描述数学领悟的"年轻的理论家"谈话时受到了启发。我在读过彼得·伯恩（Peter Byrne）在 *The Many Worlds of Hugh Everett III*（New York：Oxford University Press，2010）中展现的启蒙史之后就震惊了，因为40多年前惠勒就跟艾弗雷特强调了同样的问题，不过其中的措辞提出的要求要高得多。对于艾弗雷特论文的第一草案，惠勒告诉艾弗雷特他需要"找出语言而非形式上的漏洞"，并警告他说"用日常用语来表达一种与之相距甚远的数学方案会非常困难，因为矛盾和误解会就此产生；为了不产生这样的误解，你必须背负非常沉重的负担和责任"。伯恩提到了一个引人注目的情况，惠勒在对艾弗雷特工作的赞美和对玻尔及众多其他著名物理学家辛辛苦苦建立的量子力学框架的钦佩之间保持了微妙的平衡。一方面，他不希望艾弗雷特的见解由于表述过于出格，或者语言显得异想天开、惊世骇俗（如宇宙的"分裂"）而被保守势力草率地否定。另一方面，他不想让既有的物理学界认为他放弃了业已成功的量子体系而正带头进行无理的攻击。惠勒强迫艾弗雷特修改他的论文是为了在保留他所发展的数学方案的同时，以更柔和、更平静的语气表达它具有的意义和作用。同时，惠勒强烈建议艾弗雷特拜访玻尔，并与他单独在黑板上讨论这一问题。艾弗雷特在1959年拜访了波尔，他原本认为这次对决要持续两周时间，但到头来只是一场徒劳的对话。两个人的想法和立场都没有改变。

3. 让我澄清一个不严谨的地方。薛定谔方程表明，量子波（用该领域的语言来说是波函数）的取值既可以是正的也可以是负的，更普遍情况下的取值可以是复数。这些取值不能直接解释为概率——负的或复数的概率又意味着什么呢？概率的大小与量子波在某个特定位置的取值的模平方有关。从数学上讲，这意味着要想确定粒子在某个特定的位置出现的概率，我们就需要将波在那一点上的取值乘以它的复共轭。其中还涉及一个重要的相关问题。波动重叠时的相互抵消对于干涉图案的产生至关重要。但如果波动本身真的可以描述为概率的波动，由于概率都是正数，这种抵消便不可能发生。然而我们现在已经知道量子波的取值不仅仅可以是正数，于是正数和负数之间以及更一般的复数和复数之间都可以相互抵消。因为我们只需要定性地讨论这些波的特征，为简单起见，我没有在正文中区分量子波和与之相关的概率波（即量子波幅值的模平方）。

4. 有数学功底的读者需要注意的是，大质量粒子的量子波（波函数）符合我在文中的描述。然而，质量非常大的物体一般是由大量粒子而非单个粒子组成。在这种情况下，量子力学的描述更加复杂。你可能会认为描述其中所有粒子的量子波可以定义在与单粒子相同的三维空间坐标系上，但这是不对的。概率波的用法是，我们向其中输入每个粒子可能的位置，就能得出粒子以多大概率占据这些位置。因此，在这个概率波存在的空间中，每个粒子都拥有3个坐标轴，也就是说坐标轴的总数是粒子个数的3倍（如果考虑到弦论中的额外空间维度，坐标轴的总数就会是粒子个数的10倍）。这就意味着由 n 个基本粒子组成的复合系统的波函数并不是普通三维空间中的复函数，而是一个 $3n$ 维空间中的复函数；如果空间维数不是3而是 m，那么表达式中的数字3将被替换为 m。这个空间被称为位形空间。也就是说，在通常的框架内，波函数是一个映射 $\psi: \Re^{mn} \to C$。当我们说一个波函数呈尖峰状时，我们的意思是说这个映射在其定义域内有一个mn维闭合小球的支撑集。（一个定义在集合X上的实值函数f的支撑集，或简称支集，是指X的一个子集，满足f恰好在这个子集上非零。——译注）要特别注意的是，该波函数一般并不驻留在日常经验的空间维度中。只有在理想情况下，一个完全孤立的粒子的波函数占据的位形空间才与我们所熟悉的空间环境相吻合。还要注意，当说到量子定律显示一个质量很大的物体的尖峰状波函数的轨迹与牛顿方程描述的轨迹相同时，你可以理解为波函数描述了物体质心的运动。

5. 你可能会从这样的描述中得出，能发现电子的地方有无穷多个。为了完全填出一个地势平缓的波函数，你需要无数个尖峰的形状，每个形状都代表电子的一个可能位置。这又与我们在第2章中说的无穷多种不同的粒子组合有什么联系呢？为了不让大家认为我跑题，我并未强调我们在第2章中就提起过的一个事实，即探测电子位置时的精度越大，你的设备需要施加的能量就越大。由于在实际的物理过程中，我们只能获得有限的能量，因此，分辨率不可能无限提高。对于尖峰状量子波来说，这意味着只要能量有限，尖峰的宽度就不为零。反过来，这意味着在任何大小的有限区域里（如宇宙的视界内），测量可区分的不同电子的位置都是有限的。此外，尖峰越尖（粒子的位置的分辨率越高），量子波所描述的粒子的能谱就越宽，这说明测不准原理迫使我们必须有所取舍。

6. 需要向哲学控读者强调的是，我提到的科学解释具有两个层面的叙述，这一直是哲学讨论和哲学辩论的主题。关于相关的想法和讨论，请参见弗里德里克·萨普（Frederick Suppe）的著作 The Semantic Conception of Theories and Scientific Realism（Chicago：University of Illinois Press，1989）以及詹姆斯·雷迪曼（James Ladyman）、唐·罗斯（Don Ross）、戴维·斯普雷特（David Spurrett）和约翰·科利尔（John Collier）的著作 Every Thing Must Go（Oxford：Oxford University Press，2007）。

7. 物理学家经常会不严谨地说量子力学的多世界方法与无穷多个宇宙不无关系。当然，其中存在无穷多种可能的概率波形状。即使在空间的某个位置上，你也可以让概率波的取值连续变化，因此概率波可以有无穷多个不同的取值。

然而，概率波不是物理系统的一个可以直接测量的物理属性。概率波包含特定情况下各种不同可能的结果的信息，而这并不需要有无穷多种。具体来说，有数学功底的读者会注意到量子波（波函数）处于希尔伯特空间中。如果希尔伯特空间是有限维的，那么在波函数所描述的物理系统中，测得的不同可能结果的数目也是有限的（也就是说，任何厄米算符的本征值数目都是有限的）。如果观察次数或测量次数有限的话，那么产生的多世界数目也是有限的。人们相信任何能量有限且在有限大小的空间内发生的物理过程对应的希尔伯特空间必然是有限维的（我们将在第9章中做更一般的讨论）。这同样表明多世界的数目是有限的。

8. 参见彼德·伯恩的著作 *The Many Worlds of Hugh Everett* Ⅲ（New York：Oxford University Press，2010，第177页）。

9. 多年以来，奈尔·葛里翰、布里斯·德威特、詹姆斯·哈特尔（James Hartle）、爱德华·法里、杰弗里·戈德斯通（Jeffrey Goldstone）、萨姆·古特曼（Sam Gutmann）、戴维·多以奇、悉尼·科尔曼、戴维·阿尔伯特（David Albert）以及包括我在内的一些研究人员都独立得到了一个惊人的数学事实，这似乎对于理解量子力学的概率本性至关重要。对于有数学功底的读者，可以这样描述：设一个量子力学系统的波函数为$|\psi\rangle$，它是希尔伯特空间 H 中的一个矢量。n个完全相同的系统副本的波函数则为$|\psi\rangle^{\otimes n}$。设A为任意厄米特算符，其本征值为α_k，本征函数为$|\lambda_k\rangle$。$F_k(A)$为一个"频率"算符，用来描述 $H^{\otimes n}$ 空间中某个特定状态中$|\lambda_k\rangle$出现的次数。数学的结果是$\lim_{n\to\infty}[F_k(A)|\psi\rangle^{\otimes n}]=|\langle\psi|\lambda_k\rangle|^2|\psi\rangle^{\otimes n}$。也就是说，当完全相同的系统副本的数量增长至无穷大时，复合体系的波函数将趋于频率算符的本征函数，其本征值为$|\langle\psi|\lambda_k\rangle|^2$。这个结果很值得注意。作为频率算符的本征函数意味着在上述极限下，测量算符A得出结果α_k的次数占总测量次数的比例为$|\langle\psi|\lambda_k\rangle|^2$。这看似是用最简单的方式导出了著名的量子力学概率的玻恩规则。在多世界方法看来，在n趋于无穷大的情况下，那些测量值α_k的出现频率与玻恩规则不相符的世界在希尔伯特空间中的模为零。从这个意义上看，似乎量子力学的概率在多世界方法中存在一种直接的解释。

当 n 趋于无穷大时，除了在希尔伯特空间中的模趋于零的世界中的观测者之外，在多世界中的所有观测者将会看到的结果的出现频率均与标准量子力学相符。这似乎很有希望，但再三考虑之后，我们还是觉得这不太可信。我们可以基于什么理由认为，当一个观测者对应的希尔伯特空间的模很小或者在 n 趋于无穷大的情况下模趋于零时，这个观测者就不重要或者不存在？我们想说这些观测者是反常的或"不太可能的"，但是怎样才能将希尔伯特空间中矢量的模和这些特征联系起来呢？有个例子可以说明这个问题。在一个二维的希尔伯特空间中，假设具有自旋向上的状态为 $|{\uparrow}\rangle$，自旋向下的状态为 $|{\downarrow}\rangle$，我们考虑一个状态 $|\psi\rangle=0.99|{\uparrow}\rangle+0.14|{\downarrow}\rangle$。在此状态下测得自旋向上的概率大约是 0.98，自旋向下的概率大约是 0.02。如果我们考虑这个自旋系统的 n 个副本 $|\psi\rangle^{\otimes n}$，那么当 n 趋于无穷大时，该矢量的绝大多数展开项中自旋向上和自旋向下的状态数都大致相等。因此，站在观测者（实验者的众多副本）的立场来看，绝大多数人看到的自旋向上和自旋向下的状态数的比例与量子力学的预言并不相符。只有极少数 $|\psi\rangle^{\otimes n}$ 的展开项与量子力学预计的 98% 自旋向上和 2% 自旋向下相符。上述结果告诉我们，这些状态是 n 趋于无穷大时仅有的希尔伯特空间中的模不为零的矢量。那么，从某种意义上说，绝大多数 $|\psi\rangle^{\otimes n}$ 的展开项（实验者的绝大多数副本）都应被视为"不存在"。问题的挑战就在于如何理解其中的含义。

　　某次我在准备所教的量子力学课程时，也独立发现了上述数学结果。量子力学的概率解释直接由数学公式得出，这的确激动人心。我能想象到在我之前发现这一结果的物理学家也一定有相同的感受。我很惊讶这一结果在主流物理学界中居然鲜为人知。例如，我不曾听说任何一本标准的量子物理教科书中包含这一结果。我对该结果的看法是，最好将它作为：（1）玻恩得出波函数的概率解释时的一个强烈的数学动机，假如玻恩没有"猜出"这种解释，总有人会在数学的指引下得到这种解释；（2）针对概率解释自洽性的一次检验，如果这个数学结果不成立，波函数概率解释的内部自洽性就会遭到挑战。

　　10. 我用短语"Zaxtar 式的论证"来表示一个虚拟架构，其中多重世界里的每个居民都对自己所在的那个世界不甚了了，此时概率性就出现了。列夫·魏德曼（Lev Vaidman）建议要认真对待Zaxtar星人故事的更多细节。他认为在实验者完成测量之后和读取结果之前的这段时间内，概率就已进入了多世界方法。但是，持怀疑态度的人反驳道，概率性登场太晚了。他们认为，量子力学和更广义的科学义不容辞的责任不是阐述实验中发生了什么，而是预言实验中将会发生什么。此外，如果量子概率的基础基于这种本可以避免的姗姗来迟似乎非常危险：如果一个科学家在实验之后能够立刻获得结果，量子概率就有被这种图景抛弃的危险。关于魏德曼的观点以及对这种类型的无知型概率的最后一个问题是：当我在熟悉的单宇宙情形下抛硬币时，我说硬币有50%的概率正面向上的原因是，虽然我遇到的结果只有一个，但我可能遇到的结果有两个。但是，现在让我闭上眼睛，然后想象一下我刚才测量了悲情电子的位置。我知道我的探测屏上要么显示草莓园要么显示格兰特墓，但我不知道结果是哪一个。然后你站在我的面前问我道："布莱恩，你的探测屏上显示格兰特墓的概率是多少？"为了给出回答，我回想起抛硬币的情形。而鉴于同样的理由，我迟疑了。"嗯，"我想，"我可能遇到的结果真的有两个吗？我和另一个布莱恩的唯一差异是在屏幕上看到的示数。设想屏幕上也可能显示另一个结果就等于设想我不是我，就等于设想我是另一个布莱恩。"因此，即使我不知道我的屏幕上显示什么，我（这家伙现在在我的大脑里说话）也不可能经历其他任何一种结果。这表明我的信息匮乏并没有对概率性思维产生帮助。

11. 科学家们都希望做出客观的判断，但我可以大方地承认，考虑到数学形式的经济性和关于现实的深远意义，我很希望这个方法是正确的。与此同时，考虑到概率难以被纳入这个框架，我保持一种明智的怀疑态度，所以我也完全可以接受别的进攻方法。在正文的讨论中，有两种方法起到了很好的书立（bookend）作用。其中一种方法试图将不完备的哥本哈根解释发展成一个完备的理论，另外一种方法可以视为没有众多世界的多世界方法。

第一个方向由吉安卡罗·吉拉尔迪（Giancarlo Ghirardi）、埃尔伯托·里米尼（Alberto Rimini）和图利奥·韦伯（Tullio Weber）率先提出。为了将哥本哈根解释合理化，他们试图改变薛定谔的数学公式，以至于它竟然允许概率波发生坍缩。但是说起来容易，做起来难。修改后的数学不应该对一些微观物体的概率波产生影响，比如单个粒子或原子，因为我们不想改变理论在这一范围内的成功描述。但是当涉及实验室设备之类的宏观物体时，修改后的数学公式就必须复仇般地杀出来，使混合的概率波发生坍缩。吉拉尔迪、里米尼和韦伯所发展的数学公式能够做到这一点。结果是，根据他们修改后的方程，测量过程的确会使概率波坍缩，它所引发的演化过程如图8.6所示。

第二种方法起初是由路易·维克多·德布罗意在20世纪20年代提出的，几十年后又由戴维·玻姆（David Bohm）做了进一步的发展。这种方法始于一个与艾弗雷特方法类似的数学前提。在任何情况下，薛定谔方程始终支配着量子波的演化。因此，在德布罗意－玻姆理论中，概率波的演化过程和多世界方法中的一样。但是，德布罗意－玻姆理论进一步提出了我以前强调过的一个错误观点：在德布罗意－玻姆理论中，只有一个世界是真实的，其余包裹在概率波中的众多世界都不过是一些可能的世界。

为了做到这一点，这种方法抛弃了关于波动性或粒子性的经典量子俳句（即测量之前电子是波，测量后转变为一个粒子），而是提出一种波动性且粒子性的统一图景。与标准的量子力学图景相反，德布罗意和玻姆将粒子设想为一个微小的局域化实体，它沿着确定的轨迹运动，得出一个普通的、明确的现实，就像经典理论所描述的那样。粒子占据了各自独一无二的确切位置的世界才是唯一"真实的"世界。然后，量子波扮演了一个不同的角色。量子波并没有产生众多的现实，而是起到引导粒子运动的作用。量子波将粒子推向波的幅值较大的地方，使粒子有很大的可能性出现在这些地方，并将粒子推离波的幅值较小的地方，使粒子不太可能出现在那些地方。为了说明这个机制，德布罗意和玻姆还需要一个额外的方程来描述量子波对粒子的影响，因此在他们的方法中，尽管薛定谔方程不可替代，但它需要和其他的数学演员分享这一舞台。（有数学功底的读者可以看以下这些方程。）

多年以来，坊间传言认为德布罗意和玻姆的方法不值得考虑，因为它装满了不必要的累赘。这不仅因为它需要引入第二个方程，也因为它涉及粒子和波两种成分。最近，科学家们越来越认识到，这些批评需要弄清楚来龙去脉。因为吉拉尔迪、里米尼和韦伯的工作明确指出，即使是一马当先的哥本哈根解释的合理化版本同样需要第二个方程。此外，同时包含波和粒子产生了巨大的好处：它恢复了物体沿着确定的轨迹从这里移动到那里的观念，回归到我们熟知的现实的基本特征上来，而哥本哈根学派可能过早地说服大家放弃了这一特征。更专业的批评是该方法是非局域的（那个新方程表明在一个位置施加的影响会瞬间影响到远方），而且这个方法很难与狭义相对论相结合。可是哥本哈根解释甚至都存在非局域的特征，而且已被实验证实。认识到这一点时，前一部分批评的效力就减弱了。至于后面关于相对论的问题，肯定是一个有待彻底解决的重要问题。

德布罗意－玻姆理论遇到的部分阻力在于这种理论提出时的数学形式还不够简单。有数学功底的读者可以看看以下最直接的理论推导。

我们从一个粒子的波函数所满足的薛定谔方程 $H\psi=\mathrm{i}h\dfrac{\partial\psi}{\partial t}$ 出发。其中粒子在 x 处的概率密度 $\rho(x)$ 由标准的方程 $\rho(x)=|\psi(x)|^2$ 给出。然后假设粒子沿着确切的轨迹运动，其在 x 处的速度为函数 $v(x)$。这个速度函数应该满足什么样的物理条件？当然，它应该确保概率守恒：如果粒子以速度 $v(x)$ 从一个区域移动到另一个区域，概率密度应进行相应的调整，$\dfrac{\partial\rho}{\partial t}+\dfrac{\partial(\rho v)}{\partial x}=0$。现在直接求解 $v(x)$，得到 $v(x,t)=\dfrac{-1}{\rho(x,t)}\displaystyle\int\dfrac{\partial\rho}{\partial t}=\dfrac{h}{m}\mathrm{Im}\left(\dfrac{\psi^*\cdot\frac{\partial\psi}{\partial x}}{\psi^*\psi}\right)$，其中 m 是粒子的质量。

后面的方程连同薛定谔方程一起构成德布罗意－玻姆理论。注意，后面的这个方程是非线性的，但是这并没有对薛定谔方程产生影响，它还是保留了完整的线性。那么正确的解释是，为了填补哥本哈根解释留下的空白，这种方法增加了一个非线性地依赖波函数的新方程。薛定谔的基本波动方程的所有能力和美好都被完全保留下来。

我还可以说一说由此可以立刻推广到多粒子的情形：我们在新方程的右边

代入多粒子系统的波函数 $\psi(x_1, x_2, x_3, \cdots, x_n)$。计算第 k 个粒子的速度时，我们就对第 k 个坐标求导（为方便起见，这只适用于一维空间；对于更高维空间，我们只需适当增加坐标数量即可）。这种推广后的方程体现了这种方法的非局域性：第 k 个粒子的速度取决于这一瞬间其他所有粒子的位置（因为粒子的坐标位置是波函数的参数）。

12. 下面是一个具体区分哥本哈根解释和多世界方法的原理性实验。像其他所有的基本粒子一样，电子具有一种称为自旋的属性。就如同陀螺可以绕轴旋转一样，电子也可以，但有一个显著的区别，即不论轴的方向如何选取，电子的自旋速度永远是恒定的。这就像质量和电荷一样，它们是电子的固有属性。其中唯一的变量是自旋方向。如果自旋是逆时针方向的，我们称电子的自旋向上；如果自旋是顺时针方向的，我们称电子的自旋向下。由于量子力学中存在不确定性，如果电子围绕某根轴的自旋是确定的，比如它绕 z 轴方向向上自旋的概率是100%，那么它绕 x 轴或 y 轴方向的自旋就是不确定的：它绕 x 轴方向的自旋有50%的概率向上，并且有50%的概率向下；它绕 y 轴方向的自旋也是一样的。

那么，试想某个电子绕 z 轴方向的自旋是百分之百向上，然后测量它绕 x 轴方向的自旋。根据哥本哈根解释，如果你发现结果是向下自旋，这就意味着电子自旋的概率波坍缩了：向上自旋的可能性被从现实中剔除了，只留下向下自旋的概率波尖峰。相对而言，在多世界方法中，向上自旋和向下自旋的结果同时出现，所以，向上自旋的可能性原封不动地保留了下来。

为了在这两幅图景之间做出决断，想象以下情形：在你测量了电子绕 x 轴方向的自旋之后，有人彻底反转了物理演化。（包括薛定谔方程在内，物理学的基本方程都是时间反演不变的，这意味着至少从理论上说，任何演变都可以撤销。关于这一点，《宇宙的结构》一书做了深入的讨论。）这种反转适用于一切物体，包括电子、实验设备以及实验中的其他部分。这样一来，如果多世界方法是正确的，接下来测量出的电子绕 z 轴方向的自旋应该完全与初始状态相同，即向上自旋。但是，如果哥本哈根解释是正确的（这里我所指的是保持了数学一致性的版本，如吉拉尔迪－里米尼－韦伯体系），我们就会得到一个不同的答案。哥本哈根学派认为，在测量电子绕 x 轴方向的自旋时，如果我们发现结果是向下自旋，那么向上自旋的可能性就消失了，它被从现实中抹去了。因此在反转测量时，我们已经永远地丢失了概率波的一部分，而不可能回到原先的出发点。在接下来测量电子绕 z 轴方向的自旋时，我们没有100%的把握得到原先的相同状态。结果是有50%的机会得到相同的状态，有50%的机会得不到相同的状态。如果你反复进行这个实验，并且哥本哈根解释是正确的，那么大约有一半的测量结果是你不能得出到电子绕 z 轴方向的最初的自旋状态。当然，该问题所面临的挑战是如何实现物理演化的完全逆转。但是从理论上讲，这个实验对于判断这两种理论孰是孰非具有一定的借鉴意义。

第9章　黑洞与全息宇宙

1. 爱因斯坦曾在广义相对论的框架内进行演算，试图从数学上证明史瓦西预言的极端结果（我们现在叫作黑洞）并不存在。毫无疑问，他的计算过程是正确的，但是他做了一个额外的假设。他假设时空不会像在黑洞周围那样发生剧烈弯曲，不然这个条件就太严格了。实际上，这个假设会让人遗漏物质内爆（implode）的可能性。这个假设意味着爱因斯坦的数学演算无法证明黑洞的存在。但是，这都是爱因斯坦在推导中加入的人为因素。现在我们已经知道广义相对论允许存在黑洞解。

2. 一旦某个系统达到了熵最大的状态（比如在一定温度下均匀地充满整个容器的水蒸气），它的熵就不可能再增加了。所以，更准确的表述是在达到系统允许的最大值之前，熵有增加的趋势。

3. 1972年，詹姆斯·巴丁、布兰登·卡特和史蒂芬·霍金得出了黑洞演化服从的数学定律，他们还发现这些方程看起来很像热力学方程。若要让这两套定律相互转化，唯一要做的就是把"黑洞视界的面积"换成"熵"（反之亦然），同时把"黑洞表面的引力"换成"温度"。所以，如果贝肯斯坦的观点成立（如果这种相似性并非巧合，而是表明黑洞也有熵），那么黑洞就应该具有非零的温度。

417

4. 从表面上看，能量发生了变化，其中的原因非常复杂，这涉及能量和时间的紧密联系。你可以将粒子的能量看作它所在的量子场的振动速度。注意，有了速度的概念，就必然涉及时间的概念，那么能量和时间之间的联系也就很明了了。这样一来，黑洞就对时间施加了重大影响。在远处的观测者看来，如果一个物体在向着黑洞视界靠近，它的时间看起来就会变慢，到事件视界上时就会完全停下来。越过事件视界之后，时间和空间的角色就会颠倒过来——在黑洞内部，指向黑洞奇点的方向才是时间方向。这表明在黑洞内部，向黑洞奇点运动的物体具有正能量。当粒子对中具有负能量的那个粒子穿过事件视界时，它必然会朝着黑洞中心掉落。所以，在远处的观测者看来，这个粒子具有负能量，但在黑洞内部的观测者看来，它就会变成正能量的了。这就说明这种负能量粒子可以存在于黑洞内部。

5. 黑洞缩小时，它的事件视界的表面积也会缩小，这就和霍金关于总的表面积始终变大的论断产生了矛盾。不过请注意，霍金表面积定理的基础是经典的广义相对论。我们现在考虑的是量子过程，所以结论更加完善。

6. 稍微精确点儿说，这是确定系统所有微观细节时所需要回答的是否问题的最小数目。

7. 霍金发现，熵等于以普朗克面积为单位的事件视界表面积的1/4。

8. 在本章讲到的所有观点看来，黑洞微观组成的问题还没有得到彻底解决。我在第4章中说过，1996年安德鲁·斯特罗明戈和卡姆朗·瓦法发现，如果能（从数学上）逐步减弱引力的强度，那么某种黑洞就会转化为一大堆特定的弦和膜。斯特罗明戈和瓦法计算了这些弦和膜可能有多少种排列符合方式之后，重新得到了著名的霍金黑洞熵公式，这是当时最直截了当的推导方法。尽管如此，当引力很强大时，比如真的有黑洞形成时，他们还是无法描述它的微观组成。其他研究者，例如萨米尔·马图尔（Samir Mathur）和他的许多合作者，提出了另外一些观点。例如，他们认为黑洞可能是一种他们称为"毛绒球"的东西，也就是一大堆振动的弦散布在黑洞中。这些观点仍然很初步。本章稍后讨论的研究（见弦论和全息理论一节）将对这个问题提出非常深刻的见解。

9. 更准确地说，一个区域中的引力效应可以被自由落体运动抵消。这个区域的大小取决于引力场变化的尺度。如果引力场只在大尺度上变化（也就是说，如果引力场是均匀的或者近似均匀），你的自由落体运动就会在较大的空间范围中抵消引力效应。但是如果引力场在很小的尺度上（例如在你身体的范围内）发生变化，那么抵消了脚上的引力效应之后，你的头或许还是能感觉到引力的存在。在你后来的下落过程中，这一点尤为重要，因为越靠近黑洞的奇点，引力场就越强。所以，你向奇点掉落的时候引力会急剧增强。引力的急剧变化意味着我们无法消除奇点的影响，最终你的身体会分崩离析，因为扯着你的脚的引力永远都要比扯着你的头的引力大，前提是你的脚朝下。

10. 这个讨论举例说明了威廉姆·盎鲁在1976年的发现，这个发现将观测者的运动和他碰到的粒子联系在一起。盎鲁发现，如果你在原本空无一物的空间中加速运动，你就会遇到一大堆具有特定温度的粒子，而温度的高低取决于你的运动。广义相对论告诉我们，确定观测者加速度的大小时，要以自由落体运动的观测者为基准点（参见《宇宙的结构》第3章）。因此，远处的非自由落体运动观测者能够看见从黑洞发射出来的辐射，但自由落体运动观测者看不见。

11. 在半径为R的球形空间内，如果物质的质量M超过了$c^2R/2G$，它就会形成黑洞，其中c是光速，G是牛顿引力常数。

12. 事实上，当物质在自身引力的作用下发生坍缩并形成黑洞时，黑洞的事件视界通常会位于我们所讨论的区域边界之内。这意味着此时我们还没有让这个区域的熵达到最大值，不过我们有办法补救。我们可以向其中添加更多物质，直到事件视界超出最初设定的区域的边界。在这个精心设计的过程中，熵也是增加的，所以，我们放进这部分空间的物质的熵不会大于填满这部分空间的黑洞的熵，不会大于这个区域的表面积以普朗克面积为单位计算的数值。

13. 参阅杰拉德·特霍夫特的论文"Dimensional Reduction in Quantum Gravity"。

14. 我们已经说过，"精疲力竭"或者"强弩之末"是说光从黑洞附近（或者从其他任何引力源）向远处逃逸时，能量不断减小，所以波长有所变长（红移），振动频率有所降低。和很多周期性的运动一样（如地球绕太阳的公转、地球绕自转轴的自转等），光的振动也可以用来定义流逝的时间。实际上，科学家们目前就是用铯-133原子的激发态发出的光的振动来定义"秒"的。这样，"精疲力竭"的光降低振动频率就意味着在远处的观测者看来，黑洞附近的时间流逝也变慢了。

15. 科学上最重要的一些发现都依赖大量的前期研究，这里就是其中的一个例子。除了特霍夫特、萨斯坎德和马尔达希纳之外，为这个结果做出贡献的还有史蒂芬·古布泽、乔·泡耳钦斯基、亚历山大·坡利雅科夫、阿寿克·森、安德鲁·斯特罗明戈、卡姆朗·瓦法、爱德华·威滕以及其他许多人。

下面关于马尔达希纳的研究结果更严格的表述，有数学功底的读者可以看看。用 N 代表一堆黑膜中的三维膜的数目，g 代表 IIB 型弦论中的耦合常数。如果 gN 很小，远远小于1，那么低能弦在膜上的运动就可以很好地描述其中的物理机制。某种四维超对称共形不变的量子场论可以很好地描述这些弦。但是如果 gN 是一个很大的数，这种量子场就是强耦合的，解析处理就会非常困难。不过，在这种设定下，马尔达希纳的结果表明，我们可以用黑膜视界附近的几何来描述弦的运动，也就是 $AdS_5 \times S^5$（五维反德希特时空和五维球对称空间之积）。这些空间的半径取决于 gN〔确切地讲，半径正比于 $(gN)^{1/4}$〕，因此 gN 很大时，$AdS_5 \times S^5$ 的曲率就非常小，这就保证了弦论计算可以进行（尤其是可以根据爱因斯坦引力的某种特定的修正版进行近似计算）。因此，当 gN 由非常小变成非常大时，描述物理机制的方法也就相应地从四维超对称共形不变的量子场论变成了 $AdS_5 \times S^5$ 上的十维弦论。这就是所谓的 AdS/CFT（反德西特空间/共形场论）对应。

16. 尽管目前我们还不能完全证明马尔达希纳的论点，但是近年来人们对边界描述和块描述的相互关系的认识在逐渐加深。例如，人们得出了很多计算结果，适用于任何大小的耦合常数。所以，不管耦合常数是大是小，我们都可以演算这些结果。这就为我们开启了一扇"互译"的窗口，由此我们可以在块体视角的描述和边界视角的描述之间转换。例如，这些计算已经为我们展示了边界视角中一系列相互作用的粒子会如何转化为块体视角中的弦。这令人信服地证明二者之间存在联系。

17. 更准确地说，这是马尔达希纳结果的另一个版本。在这个版本中，边界上的量子场论已不再是马尔达希纳最初研究的量子场论，而是量子色动力学的一个精确近似。这个版本使得块体空间的理论也必须得到相应修正。特别是根据威腾的工作，边界理论中的高温可以转化为块体描述中的黑洞。两种描述之间的互译词典表明，关于夸克胶子等离子体黏度的复杂计算会转化为黑洞的事件视界对特定形变的响应。这种计算虽然也需要一些技巧，但处理要容易得多。

18. 还有一种方法也能给出弦理论的完整定义，这种方法起源于以前的矩阵理论（这也许是M-理论中M的另一层可能的含义），是由汤姆·班克斯、威利·费施勒、史蒂夫·申克和伦纳德·萨斯坎德发展出来的。

第10章　宇宙、计算机和数学现实

1. 我引用的数字"10^{55}克"是可观测宇宙目前的质量，而在宇宙初期，宇宙组成物的温度则要高得多，因而其所包含的能量也大得多。在宇宙形成后的大约1秒，质量大约是10^{65}克，你需要集齐这么大一块尘埃才能重现宇宙的演化历程。

2. 你可能会想你的速度必须小于光速，所以你的动能也不能超过某个上限，但事实并非如此。实际上，随着你的速度越来越接近光速，你的能量也越变越大。根据狭义相对论，能量没有上限。从数学上说，你的能量写作

$$E = mc^2 / \sqrt{1 - \frac{v^2}{c^2}}$$ ，其中v就是你的速度，c是光速。从中不难发现，如果v无限接近c，E就会变成无限大。还需要注意的是，这个结论是从看你做自由落体运动的旁观者的角度得出的，也就是从站在地表的静止观测者的角度得出的。而在你自己看来，自由下落的你是静止的，但你周围的物质的速度在不断增加。

3. 按照我们现在的认识水平，这种估算具有很大的弹性。"10克"的数值出于以下考虑：暴胀的能量标度大约是10^{-5}，也就是普朗克能量乘以10^{-5}，普朗

克能量约等于质子质量的10^{19}倍。（许多模型认为，如果暴胀的能量标度更大，我们就应该早已观察到早期宇宙产生的引力波了。）采用传统的单位，普朗克能量就大约是10^{-5}克。（在日常生活中，这个值非常小，但在基本粒子物理尺度上，这就是一个巨大的数值。我们说的是单个粒子所携带的能量。）因此，暴胀场的能量密度大约就是10^{-5}克除以一个立方体的体积，这个立方体的边长大约是普朗克长度10^{-28}厘米的10^5倍。（回想一下，按照量子力学中的不确定关系，能量标度和长度互为反比关系）。据此，边长为10^{-26}厘米的小立方体中的暴胀场所携带的总质量（或总能量）就大约是$10^{-5}/(10^{-28}厘米)^3 \times (10^{-26}厘米)^3$，也就是大约10克。读过《宇宙的结构》的读者也许还记得，我在那本书里用了一个略微不同的值，这是因为在那里所假设的暴胀场的能量标度要大一些。

4. 参阅汉斯·莫拉维克的 *Robot: Mere Machine to Transcendent Mind*（New York：Oxford University Press，2000）以及雷·库兹韦尔（Ray Kurzweil）的 *The Singularity Is Near: When Humans Transcend Biology*（New York：Penguin，2006）。

5. 例如参阅罗宾·汉森（Robin Hanson）的 "How to Live in a Simulation"（*Journal of Evolution and Technology* 7，2001年第1期）。

6. 丘奇–图灵论题认为，任何可称为通用图灵机的计算机都可以模拟其他图灵机的行为，因此完全可以用模拟中的计算机（这场模拟本身就是由运行整个虚拟世界的母计算机模拟出来的）执行某些与母计算机等价的任务。

7. 哲学家戴维·刘易斯（David Lewis）也曾提出过类似的思想，他称之为模型实在论（Modal Realism）。参阅 *On the Plurality of Worlds*（Malden，Mass：Wiley-Blackwell，2001）。不过，刘易斯引入所有可能宇宙的初衷和诺齐克不同。比方说，刘易斯只是需要一个场景，在这个场景中，那些和事实不符的表述（比如，"如果希特勒赢了第二次世界大战，那么现在的世界就可能完全不同了"）也会拥有各自的实例。

8. 在 *Pi in the Sky*（New York：Little，Brown，1992）一书中，约翰·巴罗也持有相同的观点。

9. 就像第7章注释10所解释的，这种无限集合的大小比整个自然数的无限集合还要大。

10. 这是著名的塞维利亚理发师悖论的一个变种。在这个悖论里，理发师只为那些自己不刮胡子的人刮胡子。其中的问题是：谁来为理发师刮胡子？当然，通常要求理发师是男性，这是为了避免过于简单的回答。如果理发师是女性，那么她就不用刮胡子了。

11. 施密特胡伯指出，有一个很有效的方案，就是让计算机按照一种"犬牙交错"的方式向未来推演虚拟宇宙：每隔一个时间步长刷新第一个宇宙的下一个状态，接着在剩下的时间步长中每隔一个时间步长刷新第二个宇宙的下一个状态，然后在剩下的时间步长中每隔一个时间步长刷新第三个宇宙的下一个状态，以此类推。这样一来，经过任意多个时间步长后，每一个可计算的宇宙得以向前推演。

12. 讨论可计算函数与不可计算函数时，还应该包含极限可计算函数。对于这类函数，每次提高计算精度所需的额外计算都是有限的。例如，求解 π 的每一位数字的过程就是如此。计算机可以一位接一位地得出组成 π 的数字，但永远也不能把 π 完整地表示出来。所以，虽然 π 严格来讲是不可计算函数，但它是极限可计算的。和 π 不同，大多数实数不仅是不可计算的，也不是极限可计算的。

当我们考虑"成功的"模拟程序时，我们应该包括那些基于极限可计算函数的模拟。从原则上说，借助计算极限可计算函数时得出的部分结果，计算机就能生成一个栩栩如生的现实。

为了让物理定律成为可计算的或者极限可算的，我们必须放弃依赖实数的传统。这不仅涉及用连续变化的实数坐标描述的时间和空间，也涉及物理定律包含的其他所有数学因素。例如，电磁场的强度不能按照实数变化，而只能取一些离散的值。同样，电子出现在某处的概率也应该如此。施密特胡伯强调：物理学家所完成的所有计算都涉及对离散符号的操作（不管是写在纸上、黑板上还是输入计算机中）。所以，尽管长期以来大家都一直认为这些科学工作的主体在于引入实数，但实践中并非如此。对测量过的所有物理量来说也是如此。

不存在无限精确的仪器，所以我们的测量都涉及离散的数字输出。在这个意义上，物理上取得的所有成功都可看作数字化模式的成功。因此，真正的物理学定律实际上也许就是可计算的（或者是极限可计算的）。

围绕"数字化物理学"的可能性存在很多不同的观点，参见史蒂芬·沃尔弗拉姆（Stephen Wolfram）的 *A New Kind of Science*（Champaign, Ill.: Wolfram Media, 2002）以及塞思·罗伊德（Seth Lloyd）的 *Programming the Universe*（New York: Alfred A. Knopf, 2006）。数学家罗杰·彭罗斯相信人类的意识基于不可计算过程，所以我们所栖居的宇宙必定涉及不可计算数学函数。按照这种观点，我们的宇宙不能套用数字化模式。参见 *The Emperor's New Mind*（New York: Oxford University Press, 1989）和 *Shadows of the Mind*（New York: Oxford University Press, 1994）。

第11章　科学研究的局限性

1. 参见史蒂芬·温伯格的《宇宙最初三分钟》（*The First Three Minutes*, New York: Basic Books, 1973）第131页。

推荐读物

平行宇宙的主题涉及一系列科学问题。越来越多的著作聚焦于这些问题的各个方面，它们大多为非专业读者而作，但也非常适于具有更多专业背景的读者。除了注释中提到的参考文献，这里还有不少杰出人士的著作，读者通过阅读这些书，可以继续探索本书讨论的主题。

[1] Albert, David. *Quantum Mechanics and Experience*. Cambridge, Mass.: Harvard University Press, 1994.

[2] Alexander, H. G. *The Leibniz-Clarke Correspondence*. Manchester: Manchester University Press, 1956.

[3] Barrow, John. *Pi in the Sky*. Boston: Little Brown, 1992.

[4] Barrow, John. *The World Within the World*. Oxford: Clarendon Press, 1988.

[5] Barrow, John, and Frank Tipler. *The Anthropic Cosmological Principle*. Oxford: Oxford University Press, 1986.

[6] Bartusiak, Marcia. *The Day We Found the Universe*. New York: Vintage, 2010.

[7] Bell, John. *Speakable and Unspeakable in Quantum Mechanics*. Cambridge, Eng.: Cambridge University Press, 1993.

[8] Bronowski, Jacob. *The Ascent of Man*. Boston: Little Brown, 1973.

[9] Byrne, Peter. *The Many Worlds of Hugh Everett III*. New York: Oxford University Press, 2010.

[10] Callender, Craig, and Nick Huggett. *Physics Meets Philosophy at the Planck Scale*. Cambridge, Eng.: Cambridge University Press, 2001.

[11] Carroll, Sean. *From Eternity to Here*. New York: Dutton, 2010.

[12] Clark, Ronald. *Einstein: The Life and Times*. New York: Avon, 1984.

[13] Cole, K. C. *The Hole in the Universe*. New York: Harcourt, 2001.

[14] Crease, Robert P., and Charles C. Mann. *The Second Creation*. New Brunswick,

N.J.: Rutgers University Press, 1996.

[15] Davies, Paul. *Cosmic Jackpot*. Boston: Houghton Mifflin, 2007.

[16] Deutsch, David. *The Fabric of Reality*. New York: Allen Lane, 1997.

[17] DeWitt, Bryce, and Neill Graham, eds. *The Many-Worlds Interpretation of Quantum Mechanics*. Princeton: Princeton University Press, 1973.

[18] Einstein, Albert. *The Meaning of Relativity*. Princeton: Princeton University Press, 1988.

[19] Einstein, Albert. *Relativity*. New York: Crown, 1961.

[20] Ferris, Timothy. *Coming of Age in the Milky Way*. New York: Anchor, 1989.

[21] Ferris. *The Whole Shebang*. New York: Simon & Schuster, 1997.

[22] Feynman, Richard. *The Character of Physical Law*. Cambridge, Mass.: MIT Press, 1995.

[23] Feynman, Richard. *QED*. Princeton: Princeton University Press, 1986.

[24] Gamow, George. Mr. *Tompkins in Paperback*. Cambridge, Eng.: Cambridge University Press, 1993.

[25] Gleick, James. *Isaac Newton*. New York: Pantheon, 2003.

[26] Gribbin, John. *In Search of the Multiverse*. Hoboken, N.J.: Wiley, 2010.

[27] Gribbin, John. *Schrödinger's Kittens and the Search for Reality*. Boston: Little Brown, 1995.

[28] Guth, Alan H. *The Inflationary Universe*. Reading, Mass.: Addison-Wesley, 1997.

[29] Hawking, Stephen. *A Brief History of Time*. New York: Bantam Books, 1988.

[30] Hawking, Stephen. *The Universe in a Nutshell*. New York: Bantam Books, 2001.

[31] Isaacson, Walter. *Einstein*. New York: Simon & Schuster, 2007.

[32] Kaku, Michio. *Parallel Worlds*. New York: Anchor, 2006.

[33] Kirschner, Robert. *The Extravagant Universe*. Princeton: Princeton University Press, 2002.

[34] Krauss, Lawrence. *Quintessence*. New York: Perseus, 2000.

[35] Kurzweil, Ray. *The Age of Spiritual Machines*. New York: Viking, 1999.

[36] Kurzweil, Ray. *The Singularity Is Near*. New York: Viking, 2005.

[37] Lederman, Leon, and Christopher Hill. *Symmetry and the Beautiful Universe*. Amherst, N.Y.: Prometheus Books, 2004.

[38] Livio, Mario. *The Accelerating Universe*. New York: Wiley, 2000.

[39] Lloyd, Seth. *Programming the Universe*. New York: Knopf, 2006.

[40] Moravec, Hans. *Robot*. New York: Oxford University Press, 1998.

[41] Pais, Abraham. *Subtle Is the Lord*. Oxford: Oxford University Press, 1982.

[42] Penrose, Roger. *The Emperor's New Mind*. New York: Oxford University Press, 1989.

[43] Penrose, Roger. *Shadows of the Mind*. New York: Oxford University Press, 1994.

[44] Randall, Lisa. *Warped Passages*. New York: Ecco, 2005.

[45] Rees, Martin. *Before the Beginning*. Reading, Mass.: Addison-Wesley, 1997.

[46] Rees, Martin. *Just Six Numbers*. New York: Basic Books, 2001.

[47] Schrödinger, Erwin. *What Is Life?* Cambridge, Eng.: Canto, 2000.

[48] Siegfried, Tom. *The Bit and the Pendulum*. New York: John Wiley & Sons, 2000.

[49] Singh, Simon. *Big Bang*. New York: Fourth Estate, 2004.

[50] Susskind, Leonard. *The Black Hole War*. New York: Little Brown, 2008.

[51] Susskind, Leonard. *The Cosmic Landscape*. New York: Little Brown, 2005.

[52] Thorne, Kip. *Black Holes and Time Warps*. New York: W. W. Norton, 1994.

[53] Tyson, Neil de Grasse. *Death by Black Hole*. New York: W. W. Norton, 2007.

[54] Vilenkin, Alexander. *Many Worlds in One*. New York: Hill and Wang, 2006.

[55] von Weizsäcker, Carl Friedrich. *The Unity of Nature*. New York: Farrar, Straus and Giroux, 1980.

[56] Weinberg, Steven. *Dreams of a Final Theory*. New York: Pantheon, 1992.

[57] Weinberg, Steven. *The First Three Minutes*. New York: Basic Books, 1993.

[58] Wheeler, John. *A Journey into Gravity and Spacetime*. New York: Scientific American Library, 1990.

[59] Wilczek, Frank. *The Lightness of Being*. New York: Basic Books, 2008.

[60] Wilczzek, Frank, and Betsy Devine. *Longing for the Harmonies*. New York: W. W. Norton,1988.

[61] Yau, Shing-Tung, and Steve Nadis. *The Shape of Inner Space*. New York: Basic Books, 2010.

主题索引

注：页码后面的n（note的缩写）表示脚注或注释。例如：68n表示第68页脚注；397n.14表示第397页中的注释14。

Q

译 后 记

常常幻想有人这样问我："我又不想当科学家，为什么一定要懂科学？""你都研究到天上去了，这跟我有什么关系？"我则这样反问："假如你生病了，有两种截然不同的药可以给你吃，你会如何选择？"对方一定会说："你又没说是哪两种药，叫我怎么选？"

人生的每一步行动甚至每一个念头都可以看作一次选择。我们希望每一个选择都对自己有益，能够带我们走向幸福生活。所以，在许多重大选择面前，我们都应该能看清每一个选项的真实含义。于是，我们开始诉诸科学。其中最根本的是，树立世界观时，我们需要了解现实世界的全貌。如果你始终待在一个井里，从没有见过井外的世界，你的世界观一定与井外的人大为不同。但是，一旦游历了花花世界之后，你就会发现之前的某些选择并没有你当初设想的那么美好。

现在格林要带领我们游历井外的世界，相信这样的经历会让你重新看待自己的生活。我本人就是这样的一个例子。读了林德的论文《暴胀宇宙学》之后，我写下了《娶不到媳妇怨宇宙》，那也是我在平面媒体上发表的第一篇科普文章。从那以后，我便学会了把不顺心的事归咎于我们宇宙中的宇宙学常数。这种思路可以减少不幸福状态的持续时间，增加幸福的期望值。

由于缺乏实验基础，平行宇宙在科学界仍是个极具争议的议题。翻译这本书之前，我的两位理论物理同行对这个主题的反应都很冷淡，而科幻爱好者的热情超乎我的想象。在一场讨论平行宇宙纪录片的线下活动开始前，主持人问有没有观众以前听说过平行宇宙，结果几乎没人举手。但当主持人宣布最后一个提问已经结束时，有一个观众在台下抢过话茬说:"在他(指最后一个提问者)的平行宇宙中那是最后一个问题,在我的平行宇宙中,我的问题才是最后一个问题。"可见,平行宇宙作为一个文化概念是非常亲民、非常接地气的。

与其他介绍平行宇宙的书不同,除了介绍平行宇宙理论之外,格林还从科学哲学的层面讨论了平行宇宙对于科学研究模式的影响。19世纪末,曾经有物理学家认为既然原子无法直接探测,那么这种概念就不是真实存在的东西。这种哲学观点并非全无道理,正是实证至上的理念导致了科学的诞生,正是"如无必要勿增实体"的奥卡姆剃刀原则让我们免于偏离科学的轨道。可是,反对原子论的观点最终还是失败了。格林暗示,基于类似理由反对平行宇宙的观点也可能会重蹈覆辙。话又说回来,假如我们接受格林的观点,我们又该如何将平行宇宙与其他需要被剃刀剔除的概念进行区分呢?我认为阅读这部分内容时一定要小心,万不可大胆演绎。

本书第1章至第5章和名词索引等部分由李剑龙翻译,第6章至第8章由田苗翻译,第9章至第11章由权伟龙翻译。全书统稿、校译和注释由李剑龙负责。本书翻译工作历时一年有余。虽然我们在翻译时力求做到信、达、雅,但由于翻译难度较高,涉及的知识较多,所以难免会有一些纰漏,希望读者提出宝贵意见,以便改正。

另外,我要感谢以下朋友在英文和专业问题上的答疑解惑。他们是吸血土豆、红猪、八爪鱼、苏岚岚、桔子、加菲众、fwjmath、Maigo、lailaijie、Yifu Cai、Steed和cloudforest。南开大学数学学院副院长梁科教授也对书中一些涉及数学内容的翻译给予了指点。此外,还要感谢王丫米对书名的建议。格林出版过另外两本书《宇宙的琴弦》和《宇宙的结构》。作为一个"强迫症"患者,我多么希望格林的第三本书能够叫《宇宙的云图》。没关系,总有一个宇宙会实现这个愿望。

李剑龙

2013.4.20